Universum für alle

Joachim Wambsganß (Hrsg.)

Universum für alle

70 spannende Fragen und kurzweilige Antworten

Mit Beiträgen von

Tom Abel, Martin Altmann, Matthias Bartelmann, Ulrich Bastian, Henrik Beuther, Max Camenzind, Norbert Christlieb, Cornelis Dullemond, Christian Fendt, Eva Grebel, Roland Gredel, Jochen Heidt, Thomas Henning, Tom Herbst, Werner Hofmann, Klaus Jäger, Stefan Jordan, Lisa Kaltenegger, Ralf Klessen, Joachim Krautter, Martin Kürster, Ralf Launhardt, Christoph Leinert, Dietrich Lemke, Carolin Liefke, Thorsten Lisker, Hans-Günter Ludwig, Holger Mandel, Markus Pössel, Andreas Quirrenbach, Hans-Walter Rix, Siegfried Röser, Helmut Schwier, Cecilia Scorza, Volker Springel, Stefan Wagner, Joachim Wambsganß

Joachim Wambsganß
Heidelberg, Deutschland

ISBN 978-3-662-55896-6 ISBN 978-3-662-56002-0 (eBook)
https://doi.org/10.1007/978-3-662-56002-0

Die Deutsche Nationalbibliothek verzeichnet diese Publikation in der Deutschen Nationalbibliografie; detaillierte bibliografische Daten sind im Internet über http://dnb.d-nb.de abrufbar.

Planung und Lektorat: Margit Maly, Martina Mechler
Redaktion: Dr. Vera Spillner, Dr. Dominik Leier, Beate Bahner
Einbandabbildung: ESO; Weihnachtsbaum-Sternhaufen (Christmas Tree Star Cluster) NGC 2264

Gedruckt auf säurefreiem und chlorfrei gebleichtem Papier

Springer ist Teil von Springer Nature
Die eingetragene Gesellschaft ist Springer-Verlag GmbH Deutschland
Die Anschrift der Gesellschaft ist: Heidelberger Platz 3, 14197 Berlin, Germany

Abbildung oben: ESO//B. Bailleul; Sternentstehungregion NGC 2359, „Thor's Helmet"

Universum für alle: Inhalt

Inhalt

Abbildung vorhergehende Seite: ESO, Spiralgalaxie NGC 6744

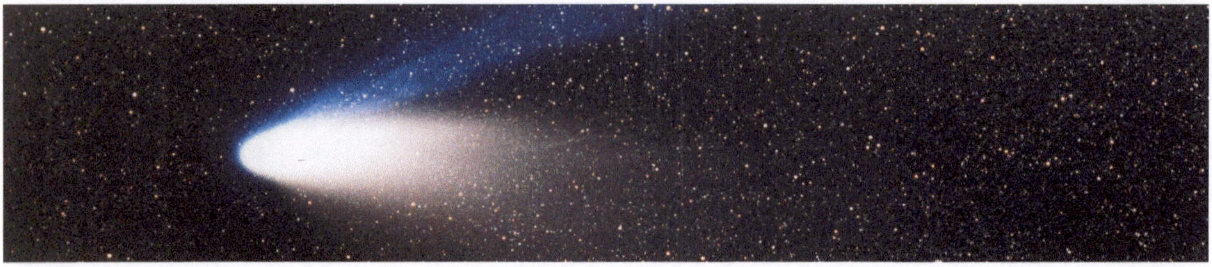

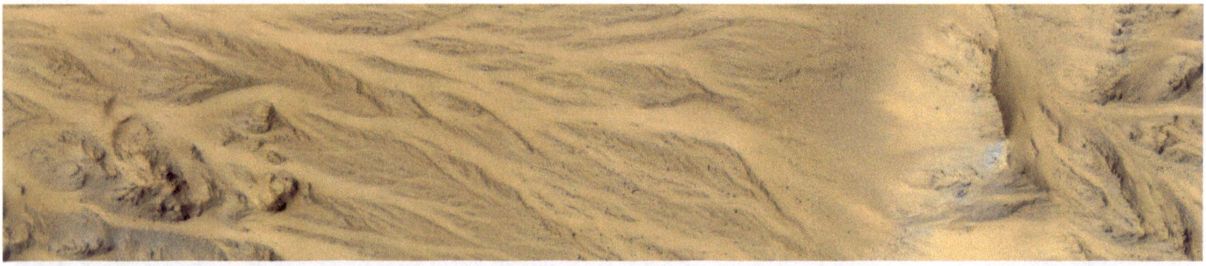

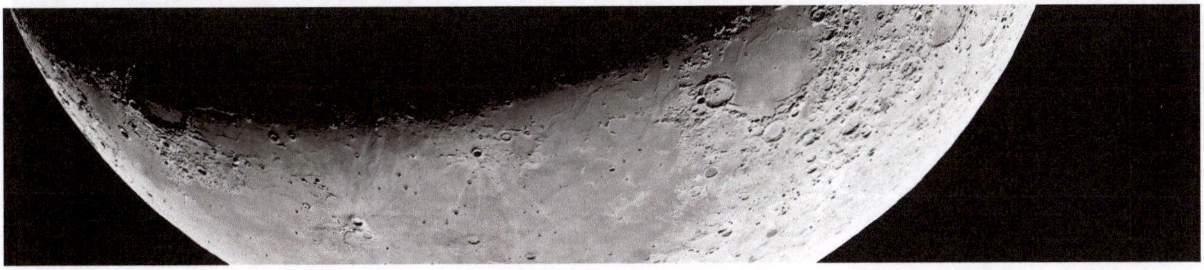

Abbildung oben: NASA, ESA und das Hubble Heritage Team (STScI/AURA); Galaxienpaar Arp 273

Universum für alle: Vorwort

Ja, Sie können dieses Vorwort überspringen und direkt ins „Universum" eintauchen! Blättern Sie, lesen Sie, schauen Sie und staunen Sie! Gönnen Sie sich eine Tour „In 70 Tagen durch das Weltall"! In jedem der 70 Kapitel finden Sie etwas Interessantes, Neues, Beeindruckendes über Sonne, Mond und Sterne.

Sie mögen beginnen beim Mond auf Seite 48, oder im Kapitel 16 über Planeten. Oder Sie fangen an mit dem Urknall in Kapitel 3. Das hätte ja auch was. Manche/r Leser/in wird zuallererst die faszinierenden Aufnahmen unseres Himmels bewundern. Egal, in welcher Reihenfolge Sie loslegen: Jedes Kapitel in diesem Buch ist in sich abgeschlossen. Sie finden hier sozusagen 70 wissenschaftliche Kurzgeschichten. Gelegentlich gibt es Hinweise auf verwandte Themen, die anderswo ausführlicher dargestellt sind. Das ermöglicht Ihnen ein sprunghaftes Leseverhalten. Aber jedes Kapitel ist eine Einheit und aus sich heraus verständlich.

Deshalb sind manche in der Astronomie wichtigen Techniken oder Methoden mehrfach erläutert. So wird Ihnen der Dopplereffekt oder die sich drehende Eistänzerin in verschiedenen Kapiteln begegnen. Aber manchmal versteht man ja die zweite Erklärung noch besser. Jedes Kapitel ist sechs Seiten lang und beginnt mit der Seitenzahl, die sich ergibt, wenn Sie die Kapitelnummer mit sechs multiplizieren, also etwa Seite 192 für Kapitel 32 (das erspart häufiges Zurückblättern).

Wenn Sie mal vom Lesen genug haben, dann können Sie sich einzelne Geschichten auch in Bild und Ton vortragen lassen: Entweder Sie tippen die Web-Adresse, die am Ende jedes Kapitels rechts unten angegeben ist, in Ihren Web-Browser ein, oder Sie lassen Ihr Smartphone den QR-Code lesen, der ebenfalls rechts unten am Kapitelende angefügt ist. Damit werden Sie zu einem etwa 15-minütigen Video geführt, in dem die Sprecher das jeweilige Kapitel-Thema als Kurzvortrag präsentieren.

Das bringt mich zum Hintergrund dieses Buches, den ich Ihnen gerne erzählen möchte. Im Rahmen des 625-jährigen Jubiläums der Ruprecht-Karls-Universität Heidelberg habe ich im Frühsommer des Jahres 2011 eine etwas ungewöhnliche astronomische Vortragsreihe initiiert und organisiert. Jeweils um 12:30 Uhr wurde den Bürgern und Gästen der Stadt Heidelberg ein astronomischer Kurzvortrag angeboten. Im Anschluss hatten die Teilnehmer die Möglichkeit, den Referenten Fragen zu stellen. Nach 30 Minuten war (meist) Schluss.

Die Vortragsreihe hieß „Uni(versum) für alle – Halbe Heidelberger Sternstunden" mit dem Untertitel „Astronomische Mittagspause". Die Vorträge liefen während der Vorlesungszeit des Sommersemesters vom 11. April bis zum 22. Juli 2011, und zwar jeden Tag. Als Veranstaltungsort wählten wir die Heidelberger Peterskirche, die nicht nur günstig in der Altstadt liegt, sondern auch die Universitätskirche ist.

Die 70 Vorträge, alle von Heidelberger Astronominnen und Astronomen gehalten, wurden von einem professionellen Kamerateam aufgezeichnet. Diese Videos sind inzwischen im Internet über die Youtube-Seiten von Spektrum der Wissenschaft zugänglich. Sie werden zu unserer Freude rege betrachtet. Vielleicht finden ja auch Sie Gefallen an dem einen oder anderen Video-Vortrag, der Ihnen hier im Buch am Ende jedes Kapitels angeboten wird.

Die Kapitel des Buches sind exakt in der chronologischen Reihenfolge der Vorträge angeordnet. Gelegent-

Abbildung vorhergehende Seite: ESO; Weihnachtsbaum-Sternhaufen (Christmas Tree Star Cluster) NGC 2264

lich werden ähnliche Themen von zwei verschiedenen Referenten behandelt. Meist ist aber der Schwerpunkt doch etwas anders gewählt.

Am Gelingen des Buches und der Vortragsreihe waren sehr viele Menschen beteiligt. Zuallererst danke ich Prof. Dr. Jochen Tröger, der als ehemaliger Prorektor die Veranstaltungen zum Universitätsjubiläum koordinierte. Seine bedingungslose Unterstützung von Anfang an hat die Vortragsreihe und damit dieses Buch erst ermöglicht (erst beim Abschluss bekannte er, gedacht zu haben: *„Super Idee, aber das kriegt der nie hin!"*).

Sehr herzlich danke ich allen meinen Heidelberger Kolleginnen und Kollegen, die die Vorträge gehalten und viele Kapitel geschrieben haben. Das ungewöhnliche Format war durchaus auch für Professoren herausfordernd. Wie skeptisch der eine oder andere das zunächst sah, kommt zum Ausdruck im Interview eines Kollegen mit SWR4: *„So viele Vorträge, über ein ganzes Semester, jeden Tag! Als der Kollege Wambsganß mir das erzählt hat, dann hab' ich erstmal gedacht, er ist verrückt … ."*

Mein Dank gilt Prof. Dr. Helmut Schwier, Pfarrer Hans-Georg Ulrichs, Sigrund Großjohann und Erika Ludebühl, die von Seiten der Peterskirche die Vortragsreihe begleiteten und unterstützten. Ich danke den Studierenden Anja Kärcher, Andre Herling, Johannes Ludwig, Fabrice Ngambele-Pamen und Britta Zieser, die beim täglichen Auf- und Abbau kraftvoll mitgewirkt haben.

Ganz besonders herzlich danke ich Thilo Körkel (Spektrum der Wissenschaft) und Peter von Saalfeld (TRO TV), die die Video-Aufnahmen, -Verarbeitung und -Veröffentlichung mit unerschöpflicher Energie vorangetrieben und ebenso die Buch-Herstellung unterstützt haben, auch wenn aus dem ursprünglich geplanten Zeit- und Arbeitsaufwand ein Vielfaches geworden ist.

Helga Ballmann und Dietmar Möricke danke ich für Unterstützung technischer und administrativer Art. Dr. Guido Thimm hat mehrfach Vorträge moderiert, wenn es mir nicht möglich war, herzlichen Dank dafür. Dank auch an die Abteilung KUM der Universität, die uns bei der Poster- und Flyer-Gestaltung unterstützte.

Die Klaus Tschira Stiftung (KTS) unterstützte die Vortragsreihe und das Buch auf sehr großzügige Weise: Herzlichen Dank dafür! Bei Dr. Dominik Leier und Dr. Vera Spillner bedanke ich mich sehr für die intensive Unterstützung beim Schreiben und Redigieren der 70 Kapitel. Von Frau Spillner vom Springer-Verlag stammt die Idee zu diesem Buch, und sie ist seit der ersten Minute ganz außergewöhnlich engagiert dabei. Dank geht auch an Frau Mechler vom Springer-Verlag für die technische Unterstützung.

Meine allerliebste Bea war aktiv beteiligt an den ersten Ideen zur Vortragsreihe und zudem die fleißigste Sternstunden-Besucherin. Von ganzem Herzen danke ich ihr für grenzenlose Ermutigung und uneingeschränkte Unterstützung in arbeitsintensiven Zeiten. Ich danke auch ganz herzlich meinen Töchtern Lisa und Annika und meinen Eltern Trudel und Klaus, die auf manches verzichteten und dadurch auch zu diesem Buch beitrugen.

Nun überlasse ich Sie dem „Universum" und wünsche Ihnen viel Spaß und Freude sowie unterhaltsamen Erkenntnisgewinn!

Ihr Joachim Wambsganß

Heidelberg, im Oktober 2012

1 Gibt es eine zweite Erde?

Joachim Wambsganß

Unsere Erde ist ein Planet, der um die Sonne kreist. So wie Merkur, Venus, Mars, Jupiter, Saturn, Uranus und Neptun. Der Pluto gehört nicht mehr in diesen illustren Kreis. (Warum das so ist, können Sie in Kapitel 22 nachlesen.)

Aber was ist denn eigentlich ein Planet? Im Gegensatz zu den Fixsternen verändern die Planeten am Nachthimmel ihre Positionen von Monat zu Monat, von Woche zu Woche, und sogar von Tag zu Tag. Deshalb erhielten sie schon im Altertum den Namen „Wandelsterne" – dies ist auch die ursprüngliche Bedeutung des griechischen Wortes „planos".

Seit Kopernikus und Kepler wissen wir dreierlei: Planeten kreisen um die Sonne; sie leuchten nicht von selbst, sondern sie werden von der Sonne angestrahlt; und Planeten sind sehr viel kleiner als die Sonne. (Jupiter, unser größter Planet, besitzt beispielsweise nur 0,1 % der Masse der Sonne.)

Die Sonne wiederum ist einer von über 100 Milliarden Sternen in unserer Milchstraße. Und da wir wissen, dass die Sonne von Planeten umgeben ist, liegt es da nicht nahe, zu fragen, ob es dort draußen auch Planeten um diese vielen anderen Sterne gibt?

Planeten um andere Sterne?

Als ich in den 80er Jahren Student war, gab es auf diese Frage noch keine Antwort. Die meisten Astronomen waren der Ansicht, dass es solche Planeten wahrscheinlich schon geben sollte. Aber es waren auch Wissenschaftler darunter, die sagten, vielleicht sei unser Sonnensystem ja doch etwas ganz Besonderes. Erst seit 1995 wissen wir, dass es tatsächlich Planeten um andere sonnenähnliche Sterne gibt.

Die ersten dieser sogenannten „extrasolaren" Planeten, die wir außerhalb unseres Sonnensystems entdeckten,

Die acht Planeten unseres Sonnensystems im gleichen Größenmaßstab. Von links nach rechts: Merkur, Venus, Erde, Mars, Jupiter, Saturn, Uranus und Neptun. Ganz links ist ein kleiner Teil der Sonne im gleichen Maßstab dargestellt.

Abbildung vorhergehende Seite: ESO
Abbildung oben: NASA

- ähnliche Masse?
- ähnliche chem. Zusammensetzung?
- ähnliche Oberfläche?
- ähnliche Atmosphäre?
- ähnlicher Zentralstern?
- ähnlicher Abstand?
- ähnliche Temperatur?
- ähnliches Alter?
- ähnlicher Mond?
- ähnliche Partner-Planeten?
- ähnliches Leben?

haben sehr große Massen, deutlich mehr als Jupiter. Und sie befinden sich ganz nahe bei ihren Sternen. Solche Planeten brauchen nur wenige Tage für einen kompletten Umlauf. Inzwischen kennen wir über 700 solche Exoplaneten, viele davon mit deutlich kleineren Massen als die der ersten Findlinge. Auch einige „Super"-Erden sind dabei, mit nur fünf- bis zehnfacher Erdmasse. Eine der großen noch immer offenen Fragen lautet daher: Gibt es eine zweite Erde?

Dafür sollten wir zunächst einmal festlegen, was denn unsere Erde so einzigartig macht, und wann wir einen Exoplaneten als „zweite Erde" bezeichnen würden. Sicherlich soll er eine ähnliche Masse haben wie unser Heimatplanet. Am besten auch eine ähnliche chemische Zusammensetzung. Auch die Oberfläche sollte idealerweise aus Ozeanen und Landmassen bestehen. Eine Atmosphäre gehört auch dazu, am besten mit Sauerstoff. Der Zentralstern sollte wie die Sonne beschaffen sein. Der Abstand muss so sein, dass die Temperaturen an der Oberfläche „angenehm" sind, das heißt: Wasser sollte flüssig sein. Soll dieser Planet auch wie die Erde etwa 4,6 Milliarden Jahre alt sein? Einen Mond haben? Ähnliche Partner-Planeten? Gar Leben tragen?

Jede/r Leser/in würde wohl aus dieser Liste andere Kriterien auswählen. Eine exakte Kopie unserer Erde wird es gewiss nicht geben, so wenig, wie es ein genaues „zweites Heidelberg" gibt.

Vor ein paar Jahren waren meine Doktoranden und ich bei der Entdeckung eines „coolen" Planeten mit 5,5 Erdmassen beteiligt. Damals im Jahre 2006 war das der Rekordhalter mit der kleinsten Masse. Inzwischen wurden einige Exoplaneten mit noch niedrigerer Masse gefunden. Und europäische wie amerikanische Astronomen planen und bauen neue, größere, bessere Teleskope, um in den nächsten Jahren vor allem die Frage zu beantworten, ob es tatsächlich eine zweite Erde gibt.

Leben auf Exoplaneten?

Was wäre wenn? Angenommen, die Suche nach der zweiten Erde wäre erfolgreich. Dann sind viele neue Fragen zu klären: Gibt es dort ebenfalls Leben? Eventuell sogar hochentwickeltes? Wenn ja: Können wir mit den dortigen Lebewesen kommunizieren? Oder gar hinfliegen, als Touristen oder Auswanderer?

Die Frage nach Leben auf anderen Planeten hoffen wir, bald beantworten zu können. Denn Spuren von Leben könnten bereits heute in der Atmosphäre von extrasolaren Planeten nachgewiesen werden. Falls etwa Sauerstoff oder Ozon in einer Exoplaneten-Atmosphäre gemessen wird, dann ist dies ein starkes Indiz für auf diesem Planeten existierende Lebensformen. Denn diese Moleküle würden schnell verschwinden, wenn sie

Abbildung oben: NASA

Erdgeschichte:

• Erde seit	4 600 000 000 Jahren
• Primitives Leben seit	3 500 000 000 Jahren
• Vielzeller	1 200 000 000 Jahren
• Säugetiere seit	100 000 000 Jahren
• Homo Heidelbergensis vor	600 000 Jahren
• Hochkulturen seit	6 000 Jahren
• Raumfahrt seit	50 Jahren
• "Menschheit noch	x 000 000 Jahre

nicht – etwa durch Photosynthese – permanent nachgeliefert würden (mehr dazu in Kapitel 67).

Zur Kommunikation wiederum wäre ein Partner notwendig, eine andere technische Hochkultur. Bei der Frage, ob es anderswo hochentwickelte Zivilisationen gibt, müssen wir etwas innehalten. Wenn wir dazu die Erdgeschichte betrachten, dann gab es auf unserem Heimatplaneten zwar bereits vor etwa 3,5 Milliarden Jahren erste Lebensformen. Aber die allermeiste Zeit waren sie von primitivster Natur. Erste Vielzeller gab es bereits vor 1,2 Milliarden Jahren, Säugetiere erst seit 100 Millionen Jahren. Der Homo Heidelbergensis hat vor 600 000 Jahren seine Runden im Odenwald gedreht. Hochkulturen gibt es seit vielleicht 10 000 Jahren, und die Technik, Signale oder Raumschiffe ins Weltall zu schicken, seit gerade mal 100 oder 50 Jahren.

Verglichen mit dem gesamten Zeitraum, in dem die Erde Leben trägt, ist der Anteil verschwindend gering, den eine menschliche Hochkultur einnimmt, die in der Lage ist, interstellar zu senden. Von daher scheint es extrem unwahrscheinlich, dass wir bei einem Planeten, der Spuren von Leben aufweist, auch gleich intelligente Lebensformen antreffen. Und selbst in einem solchen Falle würde der Signalweg viele, viele Jahre dauern.

Kommunikation und Reisen?

Große Probleme stellte auch die Art der Kommunikation dar, die „Sprache". Wie schwierig dieses „Miteinander Reden" ist, können wir schon bei uns, auf der „ersten" Erde sehen: Sicherlich sind Delfine, Pferde oder Affen intelligente Lebensformen. Aber wir Menschen sind noch immer weit davon entfernt, mit diesen Tieren wirklich kommunizieren zu können.

Die Möglichkeit einer Reise zu einer „zweiten Erde" schließlich halte ich für vollständig ausgeschlossen. Schon zum Mars, einem Planeten in unserem Sonnensystem, dauert eine Reise mit unseren gegenwärtigen Möglichkeiten viele Monate. Und jeder Exoplanet ist mindestens 200 000-mal weiter entfernt. Anstatt ans „Auswandern" nach Terra-2 zu denken, sollten wir uns lieber anstrengen, unsere lieb gewonnene erste Erde bewohnbar zu halten.

Die neuesten Ergebnisse der Exoplanetenforschung kann man in drei Sätzen zusammenfassen: Es ist sehr wahrscheinlich, dass fast alle Sterne in der Milchstraße Planeten besitzen. Es ist gut möglich, dass viele erdähnliche Planeten darunter sind. Und es ist absolut sicher, dass wir Astronomen in den kommenden Jahren sehr viel zu tun haben!

2 Wie alt ist der älteste Stern?

Norbert Christlieb

Sterne können sehr alt werden. Entscheidend ist ihre Masse und die Geschwindigkeit, mit der sie ihren nuklearen Brennstoffvorrat verbrauchen. Unsere Sonne zum Beispiel ist schon etwa 4,6 Milliarden Jahre alt. Erst in etwa 6 Milliarden Jahren wird sie den Wasserstoff in ihrem Zentralbereich aufgebraucht haben und sich dann langsam zu einem sogenannten Roten Riesen entwickeln (siehe auch Kapitel 9).

Sterne, die nur 80 % der Sonnenmasse haben, können sogar 20 Milliarden Jahre alt werden. Es ist also umgekehrt als erwartet: Je weniger Masse ein Stern hat, desto größer ist seine „Lebenserwartung". Das liegt daran, dass die kleineren Sterne ihren Brennstoff sehr viel langsamer verbrauchen.

Sterne bewahren in ihren äußeren Schichten die chemische Zusammensetzung der Gaswolke, in der sie geboren wurden. Wir können alte Sterne daher als „Zeitzeugen" nutzen und sie sozusagen zur chemischen Zusammensetzung des Universums vor vielen Milliarden Jahren „befragen".

Um den Verlauf der chemischen Entwicklung genau rekonstruieren zu können, müssen wir das Alter der Sterne kennen. Außerdem ist es wichtig, zu wissen, wie alt der älteste Stern ist. Dies sagt uns sofort, wie alt das Universum mindestens sein muss. Die Astronomen haben daher verschiedene Methoden entwickelt, um das Alter von Sternen zu bestimmen. Eine davon werde ich hier beschreiben.

Himmelsausschnitt mit dem sehr alten Stern HE 1523-0901 im Zentrum

Wie misst man das Alter von Sternen?

Wenn wir die Sterne am Himmel betrachten, sehen diese zunächst alle ziemlich gleich aus, abgesehen davon, dass einige etwas heller und andere etwas schwächer leuchten, siehe obige Abbildung. Erste Hinweise auf das Alter kann ein Spektrum liefern, mit dem man die chemische Zusammensetzung von Sternen bestimmen kann. (Wie das funktioniert, wird in Kapitel 39 erklärt.)

Zur Altersbestimmung nutzt man die Tatsache, dass es chemische Elemente gibt, die radioaktiv sind und daher im Laufe der Zeit zerfallen.

Abbildung vorhergehende Seite: ESO/VISTA. Acknowledgment: Cambridge Astronomical Survey Unit; Infrarot-Aufnahme des Zentralbereichs der Milchstraße
Abbildung oben: Autor
Abbildung rechte Seite: Autor

Wenn man etwa eine gewisse Menge des Uran-Isotops Uran-238 hat und 4,6 Milliarden Jahre warten könnte, dann wären nach dieser Zeit die Hälfte aller Uran-Atome zerfallen. Man nennt diese Zeitspanne daher die Halbwertszeit. Um diese im Labor zu messen, muss das Experiment natürlich nicht ganz so lange laufen. Vielmehr genügt es, über einen kurzen Zeitraum hinweg die Anzahl der Zerfälle von Uran-Atomen zu zählen und dann auszurechnen, wie lange es dauern würde, bis die Hälfte aller Uran-Atome zerfallen wäre.

In bestimmten Sternen kann man die Häufigkeit von Uran messen. Dies allein reicht aber für eine Altersbestimmung noch nicht aus, denn wir können nicht wissen, wie viel Uran ursprünglich in dem Stern vorhanden war. Die Gaswolke, aus der sich der Stern gebildet hatte, könnte zufällig etwas mehr oder etwas weniger Uran enthalten haben. Und je nachdem würde man daraus ein höheres oder ein niedrigeres Sternalter ableiten. Zur Altersbestimmung muss man daher die Häufigkeit von Uran mit der eines anderen, stabilen Elements vergleichen, das gemeinsam mit dem Uran und in einem festen Verhältnis zu ihm erzeugt worden ist.

Uran und Europium als Zeitmesser

Ein Beispiel hierfür ist das chemische Element Europium, genauer gesagt dessen stabile Isotope Europium-151 und Europium-153. Mit Hilfe von theoretischen Modellen kann man berechnen, wie viele Uran-Atome pro Europium-Atom in dem Element-Entstehungsprozess gebildet wurden. Zusammen mit einer Messung der Europium-Häufigkeit liefert uns dieses sogenannte

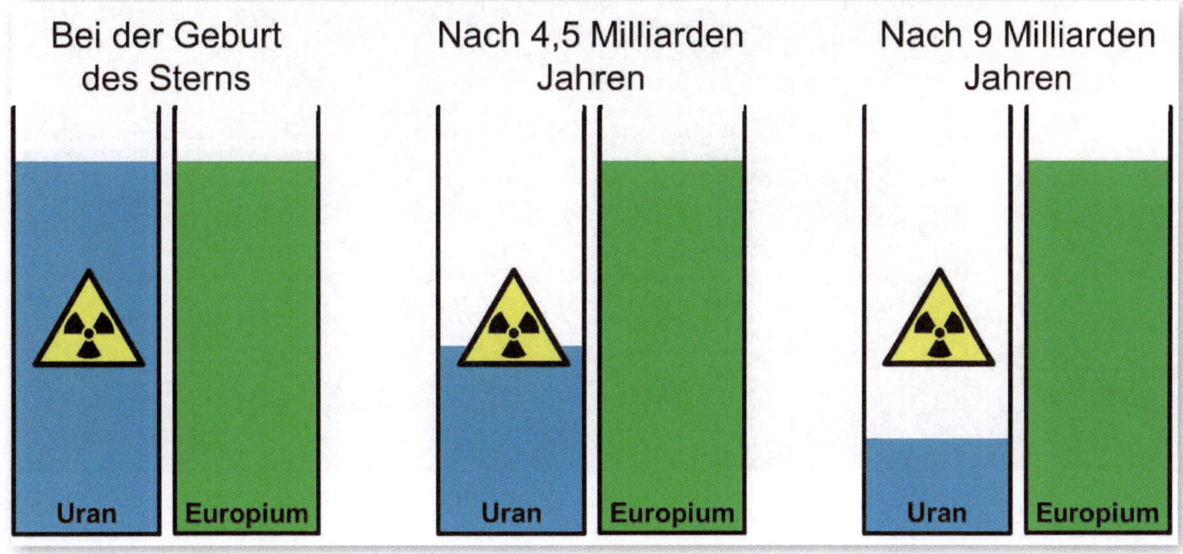

Produktionsverhältnis dann eine Berechnung der Anzahl der ursprünglich vorhandenen Uran-Atome.

Das Verhältnis von Uran- zu Europium-Atomen nimmt im Laufe der Zeit ab, wie in der schematischen Darstellung auf der vorhergehenden Seite veranschaulicht. Somit sagt uns eine Messung der Häufigkeiten von Uran und Europium, wie viel Zeit seit der Entstehung dieser Elemente vergangen ist.

13,2 Milliarden Jahre

Der älteste heute bekannte Stern heißt HE 1523–0901. Für diesen Stern gelang Anna Frebel und ihren Kollegen im Jahre 2007 eine sehr genaue Altersmessung. Der Abfall der Häufigkeit der radioaktiven Elemente als Funktion der Zeit ist in dem Diagramm unten veranschaulicht. Ergebnis ist, dass dieser Stern 13,2 Milliarden Jahre alt ist!

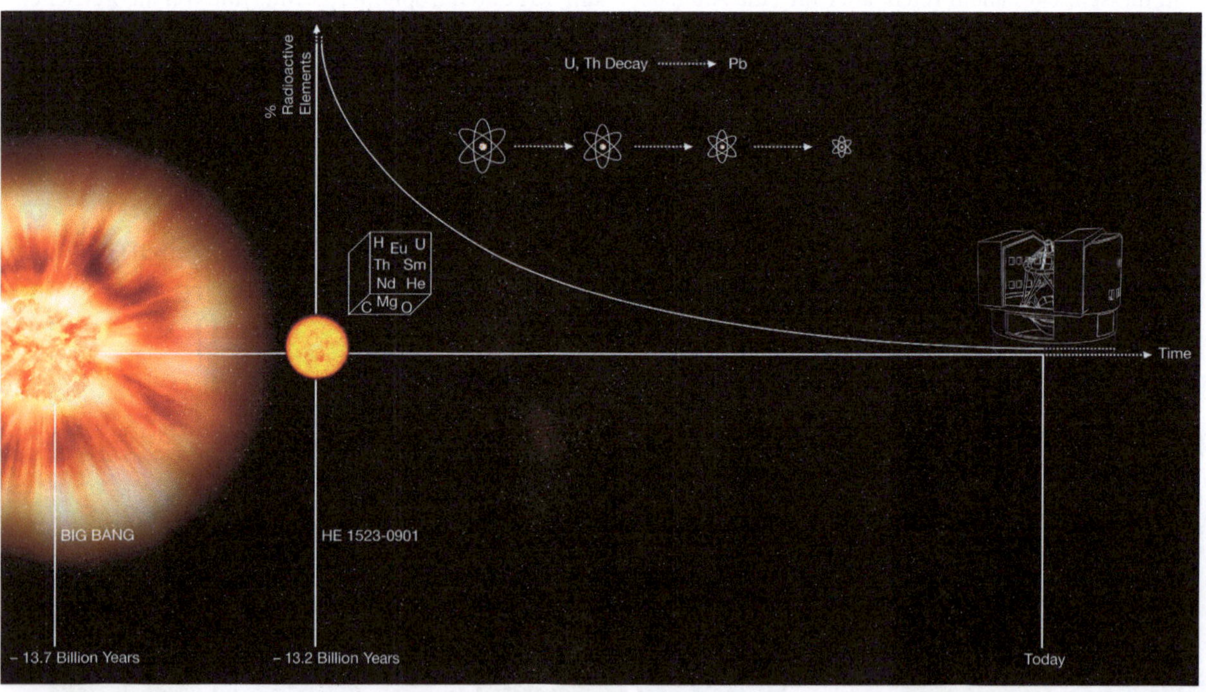

Der metallarme Stern HE 1523-0901 ist 13,2 Milliarden Jahre alt, er entstand etwa 500 Millionen Jahre nach dem Urknall. Durch den Zerfall der radioaktiven Elemente Uran und Thorium konnte sein Alter bestimmt werden.

Abbildung oben: ESO/Anna Frebel, Norbert Christlieb
Abbildung rechte Seite: ESO/Digitized Sky Survey 2/Elisabetta Caffau

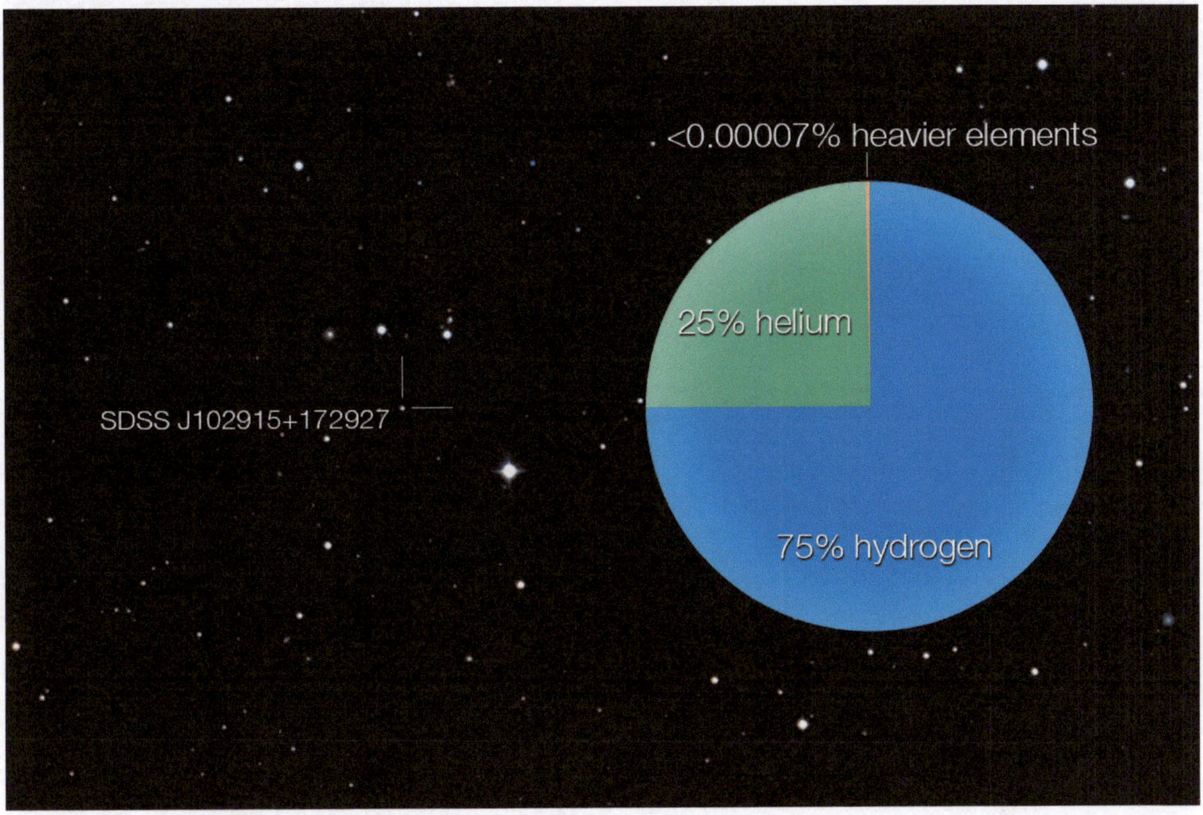

Der senkrechte und der waagrechte Strich markieren die Position des Sterns SDSS J102915+172927, der ebenfalls sehr alt ist. Das Diagramm auf der rechten Seite zeigt seine chemische Zusammensetzung: Er besteht fast ausschließlich aus Wasserstoff und Helium.

Er muss also schon relativ kurz nach dem Urknall geboren worden sein, der vor etwa 13,7 Milliarden Jahren stattgefunden hat, wie wir durch andere Beobachtungen wissen (mehr dazu im folgenden Kapitel 3).

Der Stern SDSS J102915+172927 ist ebenfalls sehr alt. Er besteht fast nur aus Wasserstoff und Helium, der Anteil schwererer Elemente liegt unter einem zehntausendstel Prozent (siehe Diagramm oben). Damit muss auch er zu einem sehr frühen Zeitpunkt schon kurz nach dem Urknall entstanden sein und gehört vermutlich zu den ältesten Sternen im Universum.

www.universum-fuer-alle.de/sternstunde/02

3 Woher wissen wir, dass es einen Urknall gab?

Matthias Bartelmann

Unsere nähere kosmische Heimat ist die Milchstraße, die wir in klaren Nächten als ein schimmerndes Band am Himmel erkennen können. Die Milchstraße ist eine Galaxie, ein Sternsystem aus etwa 100 Milliarden Sternen. Mit großen Teleskopen sind auf einer Fläche am Himmel, die so groß wie der Vollmond ist, einige Zehntausend solcher Galaxien zu erkennen. In der Weite des Universums markieren diese großen Sternsysteme nur Punkte im Raum, deren Abstand Millionen Lichtjahre beträgt.

Zu Beginn des 20. Jahrhunderts wurde es möglich, die Geschwindigkeiten der Galaxien zu messen, die in unserer kosmischen Nachbarschaft stehen. Das gelingt aufgrund eines Effekts, der aus dem Alltag bekannt ist und sich Dopplereffekt nennt: Der Ton einer Schallquelle, die sich auf uns zu bewegt, ist höher, als wenn die Schallquelle in Ruhe ist, und tiefer, wenn sich die Schallquelle von uns entfernt. Ein höherer Ton entspricht einer kleineren, ein tieferer einer größeren Wellenlänge.

Licht verhält sich genauso: Das Licht einer Quelle, die sich uns nähert, erscheint uns mit geringerer Wellenlänge, und es hat eine größere Wellenlänge, wenn sich das Objekt entfernt. Geringe Wellenlängen entsprechen blauem, größere rotem Licht. Eine Lichtquelle, die sich von uns entfernt, erscheint uns roter, als sie in Ruhe wäre. Diese Rotverschiebung ist umso größer, je schneller sich die Quelle entfernt.

Spiralgalaxie, ähnlich der Milchstraße

Nützliche Fingerabdrücke im Licht

Rotverschiebungen und ihr Gegenstück, die Blauverschiebungen, lassen sich messen, wenn das Licht der Galaxien durch einen Spektrografen in seine Bestandteile zerlegt wird. Galaxien leuchten aufgrund ihrer Sterne. Seit den Versuchen Joseph von Fraunhofers Anfang des 19. Jahrhunderts wissen wir, dass das Spektrum der Sonne von zahlreichen dunklen Linien durchzogen ist, von denen jede wie ein Fingerabdruck eines chemischen Elements ist, das sich in der Sonne befindet.

Auch die Spektren der Galaxien weisen solche Fraunhofer-Linien auf. Viele Linien sind charakteristisch für ein Element und leicht identifizierbar, so dass die Wellenlängen verglichen werden können, bei de-

Abbildung vorhergehende Seite: ESO/MPIA; Himmelsaufnahme mit dem Galaxienhaufen Abell 226
Abbildung oben: NASA/ESA, The Hubble Heritage Team and A. Riess (STScI)
Abbildung rechte Seite: NASA/STScI

nen sie im Spektrum einer Galaxie und im Labor erscheinen. Anhand dieser Linien kann die Rot- oder Blauverschiebung festgestellt werden.

Schon früh im letzten Jahrhundert fanden die Astronomen Vesto Slipher in USA und Carl Wirtz in Kiel heraus, dass sich die damals bekannten Galaxien mehrheitlich von uns entfernen. Anfang der 1930er Jahre entdeckten Edwin Hubble und Milton Humason, dass diese Fluchtgeschwindigkeit der Galaxien mit ihrer Entfernung wächst. Eine solche Bewegung tritt dann ein, wenn sich der Raum selbst ausdehnt, wobei sich jeder Punkt von jedem anderen entfernt. Die Galaxien markieren nur die Punkte im Raum, die durch die Ausdehnung des Raums mitgenommen werden (siehe Abbildung rechts).

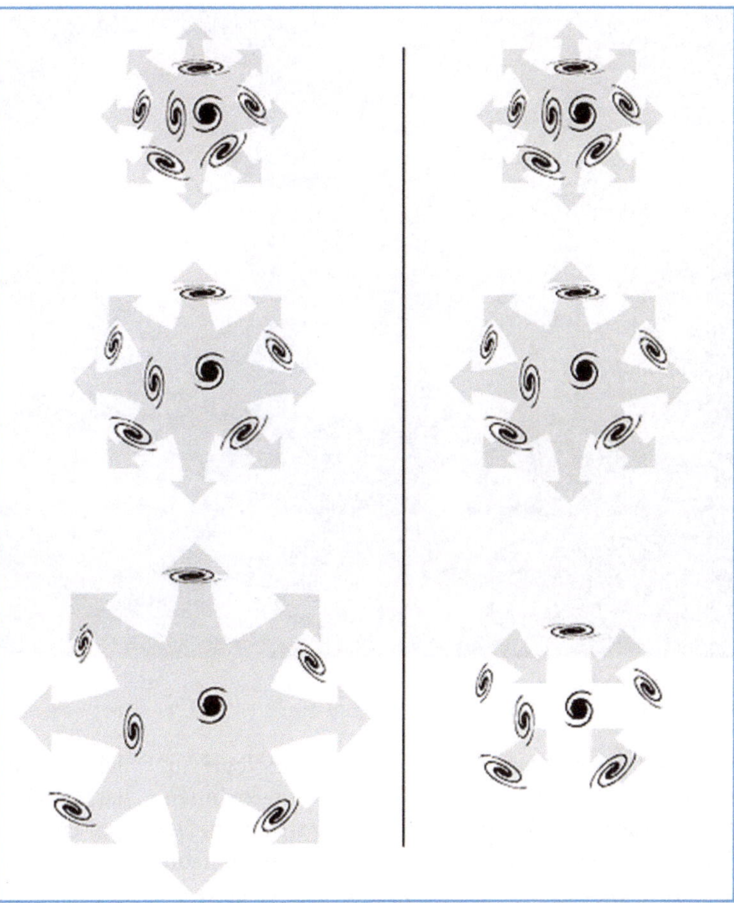

Illustration eines offenen, sich ewig ausdehnenden Universums (links) und eines geschlossenen, nach einer anfänglichen Expansion wieder zusammenfallenden Universums (rechts). Die Zeit läuft von oben nach unten.

Dynamisches Universum

Dieser Befund fügt sich in eine Vorstellung vom Universum ein, die in den 1920er Jahren entstanden war. Ausgehend von Albert Einsteins Allgemeiner Relativitätstheorie hatte vor allem der belgische Physiker und katholische Priester Georges Lemaître argumentiert, dass die Fluchtbewegung der Galaxien das erwartete Signal einer Ausdehnung des gesamten Universums sein könnte.

Aus der Allgemeinen Relativitätstheorie hatte er ebenso wie vor ihm der russische Mathematiker Alexander Friedman physikalische Modelle für das Universum konstruiert, die sich so verhielten, wie es den Messungen entsprach. Legt man diese Modelle, die heute Friedman-

Kombinierte Aufnahmen des sehr massereichen Galaxienhaufens MACS J0717.5+3745 im sichtbaren Licht und im Röntgenlicht; neben den Galaxien ist das intergalaktische Gas farbig dargestellt. Die Bewegungen der Galaxien deuten auf große Mengen Dunkler Materie.

Modelle heißen, einer physikalischen Kosmologie zugrunde, dann kann man den Versuch unternehmen, die Geschichte des Universums zu rekonstruieren. Die Galaxien zeigen uns an, dass sich das Universum heute ausdehnt. Gestern muss es also etwas kleiner gewesen sein. Aber kann man daraus wirklich schließen, dass es in die Vergangenheit hinein betrachtet immer kleiner wird, bis es zu einem gedachten Punkt zusammenschrumpft? Ein solcher punktförmiger Zustand größter Dichte würde als Urknall bezeichnet werden.

Denkbar wäre schließlich auch, dass das Universum irgendwann in der Vergangenheit eine kleinste Ausdehnung durchlaufen hat und davor aber größer war, dass es also einen Urknall vermeiden konnte. In der großen Familie der Friedman-Modelle gibt es durchaus auch solche, denn die Entwicklung des Universums hängt davon ab, wie sich die Materie und die Energie zusammensetzen, die das Weltall anfüllen, und wie viel davon es enthält. Können wir ausschließen, dass wir in einem solchen Universum leben, das zwar heute anwächst, aber dennoch nicht mit einem Urknall begann?

Zwei Beobachtungen kommen uns zu Hilfe. Die eine davon ist, dass es eine Klasse von Objekten im Universum gibt, die aus der tiefen Vergangenheit zu uns leuch-

Abbildung oben: NASA/CXC/IfA/C. Ma et al. (Röntgenaufnahme); NASA/STScI/IfA/C. Ma et al. (Aufnahme im sichtbaren Licht)
Abbildung rechte Seite: NASA, ESA, und S. Beckwith (STScI) und das HUDF Team

Ausschnitt aus dem Hubble Ultra Deep Field, einer sehr lange belichteten Aufnahme des Hubble-Teleskops. Sie zeigt sehr weit entfernte Galaxien aus der Frühzeit des Universums.

ten. Das sind die Quasare, die so hell sind, dass sie über einen großen Teil der heute sichtbaren Entfernungen hinweg beobachtet werden können (mehr dazu in Kapitel 53). Es gibt Quasare, aus deren Spektren eine Rotverschiebung von vier oder noch mehr abgelesen werden kann. Die Linien in ihren Spektren erscheinen also bei Wellenlängen, die um das Vier- oder noch Mehrfache größer als im Labor sind. Das bedeutet, dass das Licht, das wir heute von diesen Quasaren empfangen, zu einer Zeit dort abgesandt wurde, als das Universum fünf- oder noch mehrfach kleiner war als heute.

Anfänglicher Zustand höchster Dichte

Die andere Beobachtung ist, dass es erheblich mehr Materie im Universum gibt als diejenige, die wir anhand ihres Lichts erkennen können. Galaxien und Galaxienhaufen enthalten etwa zehnmal mehr Masse, als allein aus der Menge ihres Lichts geschlossen werden kann. Wir sehen das anhand der Geschwindigkeiten der Sterne in den Galaxien oder der Galaxien in den Galaxienhaufen. Denn diese Geschwindigkeiten sind so hoch, dass die Galaxien und Galaxienhaufen durch die Schwerkraft einer erheblich größeren Masse zusammen gehalten werden müssen als die der sichtbaren Materie allein.

Wenn es aber so viel Materie im Universum gibt, und wenn es in seiner fernen Vergangenheit mindestens fünfmal kleiner war als heute, dann sind solche Ausdehnungsmodelle nicht mehr möglich, in deren Verlauf das Universum immer endlich groß war. Es muss also doch einen anfänglichen punktförmigen Zustand größter Dichte gegeben haben, den wir Urknall nennen.

www.universum-fuer-alle.de/sternstunde/03

4 Warum beobachten wir die kältesten Objekte im Universum mit Infrarot-Teleskopen?

Thomas Henning

Der Wasserhahn in Ihrem Badezimmer hat zwei Drehknöpfe, einer ist mit einem blauen Punkt gekennzeichnet, der andere mit einem roten. Jedes Kind weiß, „blau" steht für kaltes, „rot" für warmes Wasser. So selbstverständlich das für uns alle ist, physikalisch gesprochen ist das ein falsches Konzept: Der Handwerker, der diese Farbgebung erfunden hat, hatte von Physik wenig Ahnung.

In der Physik entspricht die Farbe Rot dem Licht langer Wellenlängen (oder niedriger Frequenzen), das bedeutet eher kühle Temperaturen. Blaues Licht dagegen hat kurze Wellenlängen (oder hohe Frequenzen), das entspricht hohen Temperaturen. Sie kennen das eigentlich aus eigener Erfahrung: Wenn Eisen erhitzt wird, dann glüht es zunächst rötlich, dann gelblich, schließlich weißlich und bei den höchsten Temperaturen leuchtet es bläulich.

UV-, Infrarot- und sichtbares Licht

Auch im Universum strahlen die heißen Objekte überwiegend Licht mit kurzen Wellenlängen aus (noch kürzer als blau ist ultraviolettes Licht, oft einfach als UV-Licht bezeichnet). Und kühle Sterne oder Gasnebel senden Licht mit langen Wellenlängen aus, also im Infrarot-Bereich. Deshalb brauchen die Astronomen zur Untersuchung heißer Sterne Fernrohre, die im UV messen können, und zur Erforschung kühler Objekte bauen und nutzen sie demgegenüber Infrarot-Teleskope.

Licht ist physikalisch gesprochen eine elektromagnetische Welle. Dazu gehören neben der Infrarot- und Ultraviolett-Strahlung auch Mikrowellen und Radiowellen, sowie die Röntgenstrahlen. Der Unterschied zwischen allen diesen Strahlungsarten besteht nur in der Wellenlänge. Alle diese Strahlungsbereiche können in einem Diagramm dargestellt werden, das „Spektrum" genannt wird. Dabei fächert man die Strahlung so auf, wie es ein Regenbogen für das sichtbare Licht macht und zerlegt weißes Licht in seine verschiedenen Farbbestandteile.

Infrarot-Licht kann man mit dem menschlichen Auge nicht sehen, wir spüren es aber auf der Haut und nehmen Infrarot-Licht als Wärmestrahlung wahr. Wir wissen auch, dass UV-Licht eher unangenehm ist, es erzeugt Sonnenbrand, wenn wir uns nicht gegen zu lange Bestrahlung schützen. Der Röntgenstrahlung möchte man indessen gar nicht ausgesetzt sein: Sie ist zwar manchmal medizinisch notwendig, aber in hohen Dosen richtig schädlich.

Wir wissen also schon aus dem Alltag: Je kürzer die Wellenlänge, desto „energiereicher" ist die Strahlung. Und Energie hat durchaus etwas mit Temperatur zu tun: Hohe Energie bedeutet hohe Temperatur und damit kurze Wellenlänge und „blaue" Farbe. Niedrige Energie entspricht niedriger Temperatur, also langer Wellenlänge und „roter" Farbe. Diesen Zusammenhang zwischen Temperatur und Farbe haben Physiker vor mehr als 100 Jahren herausgefunden. Jeder Körper strahlt also in der „Farbe", die seiner Temperatur entspricht.

Die Sonne strahlt im grünen Bereich

Die Sonne hat an ihrer Oberfläche eine Temperatur von etwa 5 500 °C (oder 5 778 Kelvin, abgekürzt K) und strahlt deshalb vorwiegend im sichtbaren Licht, präziser gesagt, im „grünen Bereich". Im Laufe der Evolution haben sich die menschlichen Augen angepasst und sind

Abbildung vorhergehende Seite: ESO/S. Gillessen et al.; Infrarot-Aufnahme des Zentralbereichs der Milchstraße
Abbildung rechte Seite: NASA, Akira Fujii (Sichtbares Licht) und Infrared Astronomical Satellite IRAS (Infrarot-Aufnahme)

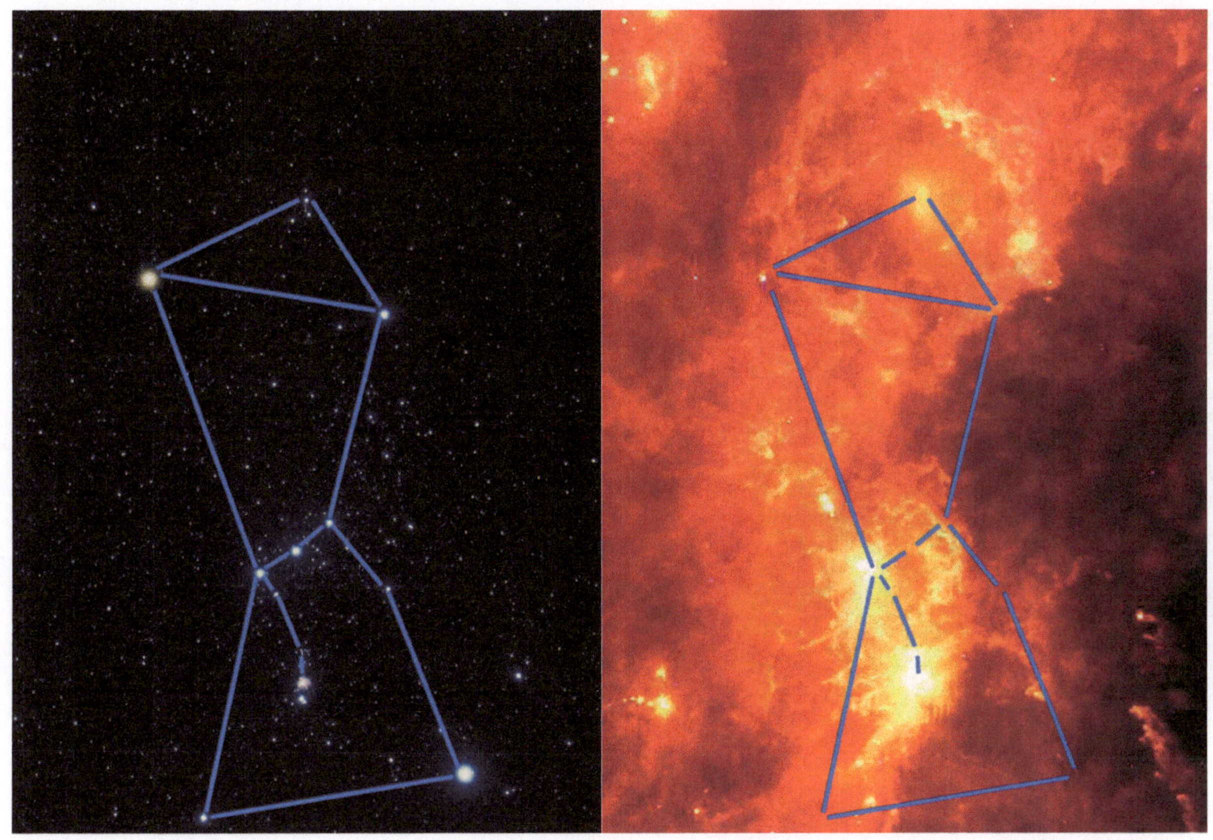

Sternbild Orion im sichtbaren Licht (links) und im infraroten Licht (rechts). Die hellblauen Linien verbinden die Hauptsterne, darunter den Roten Riesen Beteigeuze oben links und den heißen blauen Stern Rigel unten rechts.

am empfindlichsten in diesem Bereich. Wenn die Sonne nur 2000 °C heiß wäre, könnten wir vermutlich im infraroten Licht sehen. Die Blätter der Pflanzen sind aus diesem Grunde grün, weil sie damit am effektivsten das Sonnenlicht zur Energiegewinnung mit Photosynthese nutzen können.

Sternbild Orion

Andere Sterne und Gaswolken strahlen auch in anderen „Farben". So sieht etwa das Sternbild Orion, das uns am Winterhimmel so beeindruckend erscheint, im infraroten Licht ganz anders aus als wir es kennen (siehe Abbildung oben): Ausgedehnte kühle Gas- und Staub-

Großräumiges Infrarot-Panorama des Carinanebels, einer Sternentstehungsregion am Südhimmel

nebel sind im sichtbaren Licht unsichtbar, leuchten aber bei einer Wellenlänge von 10 Mikrometern, was etwa „Zimmertemperatur" entspricht. Diese Gas- und Staubwolken umhüllen Gebiete, in denen junge Sterne entstehen und werden von diesen angestrahlt und etwas aufgeheizt. Von den bekannten Orion-Sternen ist im Infraroten nur der linke Schulterstern Beteigeuze zu erkennen, der als „roter Riese" ein relativ kühler Stern ist.

Celsius und Kelvin

Menschliche Körpertemperaturen von 37 °C entsprechen 310 K und damit einer Wellenlänge von 10 Mikrometern, sie liegen also im infraroten Bereich. Bei Temperaturen von −240 °C, also 33 K, liegt die Wellenlänge der „Farbe" bei 100 Mikrometern, im fernen Infrarotbereich. Kalte Gas- und Staubwolken in der Milchstraße haben solch niedrige Temperaturen und sind deshalb nur mit Infrarot-Teleskopen sichtbar und meßbar.

Abbildung oben: ESO/T. Preibisch

Dies ist der Hauptgrund dafür, dass Astronomen Infrarot-Teleskope nutzen: Kühle Sterne, Gas- und Staubwolken strahlen ihr Licht bei langen Wellenlängen ab, während im sichtbaren Bereich nur wenig oder gar kein Licht ausgesandt wird. Ein zweiter Grund, warum Infrarot-Teleskope sehr nützlich für die Astronomie sind, ist die sogenannte „Extinktion".

Gas- und Staubwolken schlucken UV

Damit ist der Effekt gemeint, dass Gas- und Staubwolken Licht kurzer Wellenlängen verschlucken und Licht langer Wellenlängen durchlassen. Sie alle kennen diesen Effekt gut: Bei Sonnenuntergang wird die Sonne immer „röter"! Das liegt daran, dass das Sonnenlicht bei niedrigem Sonnenstand einen viel weiteren Weg durch die Erdatmosphäre zurücklegen muss, als wenn die Sonne zur Mittagszeit hoch am Südhimmel steht. Die Gas- und Staubmoleküle in der Atmosphäre haben dann mehr Möglichkeiten, blaues Licht zu absorbieren.

Rotes Licht wird ebenfalls etwas geschwächt, aber viel weniger als das blaue (in Wahrheit wird die Sonne beim Sonnenuntergang also nicht „ge-rötet", sondern sie wird „ent-bläut"). Licht längerer Wellenlänge, also rotes oder infrarotes, kann entsprechend Gas- und Staubwolken viel besser durchqueren als grünes oder blaues.

Deshalb können wir mit Infrarot-Teleskopen also durch solche Wolken hindurch schauen. Das ist auch der Grund, warum Nebel-Scheinwerfer an Autos eher langwelligeres gelbes oder rötliches Licht haben, und nicht etwa blaues Licht, um eben den Nebel etwas besser zu durchdringen.

Milchstraßen-Zentrum

Ein besonders interessantes Ziel für die Infrarot-Astronomen ist das Zentrum unserer Milchstraße (siehe Abbildung S. 24/25). Mit normalen Teleskopen im sichtbaren Licht erkennt man viele dunkle Gebiete, Gas- und Staubwolken, die das Licht dahinter stehender Sterne blockieren. Mit Infrarot-Teleskopen können wir durch diese absorbierenden Wolken hindurchschauen. Man kann dann sogar noch genauer unterscheiden, im „nahen Infrarot" sieht man kühle alte Sterne, im „fernen Infrarot" sieht man die Staubhüllen von gerade neu entstehenden sehr jungen Sternen.

Die Erdatmosphäre selbst lässt aber leider nur wenig Infrarotstrahlung durch; es sind vor allem die Wassermoleküle in der Luft, die diese Strahlung absorbieren. Deshalb gehen die Astronomen mit ihren Infrarot-Teleskopen auf sehr hohe Berge, wie etwa auf den Vulkan-Gipfel Mauna Kea auf Hawaii. Oder sie bauen Teleskope in ein Flugzeug ein, wie das SOFIA-Teleskop. Am weitesten nach oben kommen sie, wenn sie Satelliten-Teleskope nutzen, wie das Herschel-Observatorium, an dem wir Heidelberger Astronomen auch selbst mitarbeiten.

5 Die turbulente Geburt der Sterne

Ralf Klessen

Ohne das Licht der Sterne wäre die Erde ein recht trostloser Ort, denn die Sonne – unser nächst gelegener Stern – macht Leben in der uns bekannten Form überhaupt erst möglich. Die Sonne treibt mit einer Leistung von 1,37 Kilowatt pro Quadratmeter das Pflanzenwachstum und das Wetter auf der Erde an.

Die Bedeutung von weiter entfernten Sternen für die Menschheit ist jedem klar, der sich ein wenig mit antiker Mythologie auskennt. Dabei wird die Entstehung der Sterne aber nur am Rande erwähnt, meist als ein rascher Schöpfungsakt, der in sehr kurzer Zeit von jetzt auf gleich abgeschlossen ist.

Tatsächlich dauert die Sternentstehung aber viel länger. Es sind etwa 500 000 Jahre nötig, bis sich eine Wasserstoffwolke – die Brutstätte für Sterne – soweit verdichtet und gleichzeitig abkühlt, dass der Fusionsprozess im Zentrum der Gaskugel beginnen kann. Wenn erstmals Wasserstoff in Helium umgewandelt wird, ist der Proto-Stern geboren.

Gegenwärtig stellen wir uns die Sternentstehung als einen turbulenten Prozess vor, der in einer großen, stark strukturierten Wolke aus interstellarem Gas vor sich geht. Aber wie genau läuft das ab? Dazu wollen wir Sternentstehungsgebiete in unserer Milchstraße betrachten.

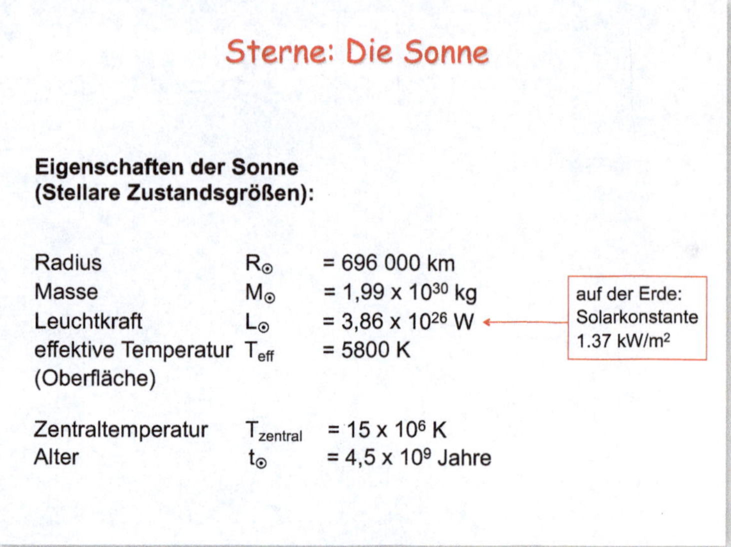

Heute entstehen im Schnitt zehn neue Sterne pro Jahr in unserer Galaxie. Der 1 350 Lichtjahre entfernte Orionnebel ist beispielsweise ein sehr aktives Sternentstehungsgebiet (siehe Abbildung rechte Seite). Man kann ihn als typische Kinderstube der Sterne betrachten.

Turbulenzen in den Gaswolken

Diese Gebiete entstehen, wenn große kalte Gaswolken, sogenannte Molekülwolken, aufgrund ihrer eigenen Schwerkraft in sich zusammenfallen und kollabieren. Die zeitliche Entwicklung solcher Sternentstehungswolken haben wir mit Hilfe von Computern simuliert. Dabei entdeckten wir Erstaunliches. Wenn sich Molekülwolken, wie

Rechte Seite: Zentralbereich der Sternentstehungsregion im Orionnebel, aufgenommen mit dem Very Large Telescope (VLT) in Chile im infraroten Wellenlängenbereich.

Abbildung vorhergehende Seite: NASA, ESA, und das Hubble Heritage Team (STScI/AURA), ESA/Hubble Collaboration; Sternentstehungsregion NGC 602
Abbildung rechte Seite: ESO/M. McCaughrean et al. (AIP)

Sternentstehungsregion NGC 2024 (Detail)

im Fall des Orion-Sternhaufens, verdichten, entstehen Turbulenzen im Gas. Das bedeutet, das sich die Richtung und die Geschwindigkeit des Gases in der Wolke von Ort zu Ort stark unterscheidet. Die Geschwindigkeiten der Turbulenzen sind dabei höher als die Schallgeschwindigkeit in der Gaswolke. Das hat zur Folge, dass unterschiedliche Bereiche innerhalb der Wolke zu unterschiedlichen Zeiten die für die Sternbildung notwendige Dichte erreichen. Wenn das geschieht, wird ein Teil der Wolke instabil und beginnt unter seiner eigenen Schwerkraft zusammenzustürzen. In der Wolke bilden sich Klumpen. Während sich diese Klumpen vom Rest der Wolke abspalten, spüren sie untereinander immer noch ihre wechselseitige Anziehungskraft.

Verschmelzende Klumpen

Dadurch, dass sich Teile der Wolke – je nach ihrer Größe und ihrem turbulenten Geschwindigkeitsfeld – unterschiedlich schnell zusammenziehen, entsteht eine Hierarchie von Klumpen. Während sich in den dichtesten Klumpen schon die ersten Sterne bilden, sind andere noch auf dem Wege dorthin. In ganz dichten Wolken können solche Klumpen sogar miteinander verschmelzen während sie kollabieren. Dadurch entstehen in ihnen gleich mehrere Proto-Sterne, die noch weiteres Material aus der Umgebung anziehen.

Stern-Kinderstuben

Die Bezeichnung eines solchen Sternentstehungsgebiets als „Kinderstube“ ist deshalb so zutreffend, weil es auch dort manchmal recht turbulent zugeht. Die jungen Sterne streiten nämlich regelrecht um das in ihrer Umgebung befindliche Material und bewegen sich, angezogen von der gegenseitigen Schwerkraft, auf-

Abbildung oben: ESO/J. Emerson/VISTA/Cambridge Astronomical Survey Unit
Abbildung rechte Seite: Autor (Originalabbildung von Rho Ophiuchi aus Motte et al., Astron. Astroph. 336, 150 (1998))

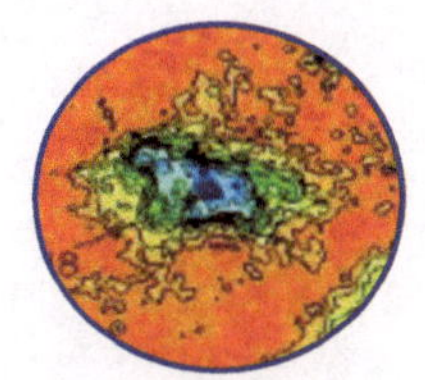

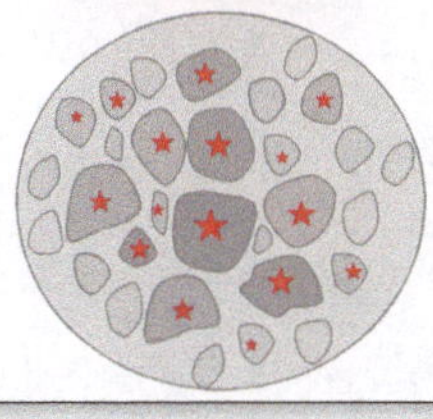

einander zu. In einem chaotischen Kampf um Masse fliegen die Proto-Sterne auf ungeordneten Bahnen umeinander. Je mehr Proto-Sterne entstehen, um so unübersichtlicher wird das Schauspiel.

Schwächere, also masseärmere Sterne können bei der Rangelei sogar aus dem Kerngebiet des Sternhaufens hinaus geschleudert werden. Wir Astronomen sprechen in diesem Zusammenhang von einem kompetitiven Wachstum. Das bedeutet, dass der Wettbewerb um den Rohstoff „Masse" die Dynamik der Sterne in dem wachsenden Sternhaufen dominieren kann. All das hat zur Folge, dass die Bahnen der jungen Sterne hochgradig komplex sind. Aber der Kampf um die Materie endet früher als gedacht.

Regelbetrieb: Kernfusion

Sobald die Proto-Sterne genügend Masse angehäuft und dadurch eine gewisse zentrale Dichte erreicht haben, beginnen sie mit dem „stellaren Regelbetrieb". Sie erzeugen dabei aus vier Wasserstoff-Atomkernen einen Helium-Atomkern und setzen dadurch Energie frei. Damit sind sie im stabilen Zustand der Kernfusion, in dem sich auch unsere Sonne befindet. Sie strahlen dann in die umliegenden Wolkenreste hinein und bewirken, dass das ehemals kühle Gas stark erhitzt wird. Die Wasserstoffwolke verdampft dann regelrecht und wird einfach aus dem Sternentstehungsgebiet weggeblasen.

Dieser Mechanismus, der das Ende der Sternbildung markiert, wird auch als „Feedback" bezeichnet. Er lässt sich etwa in unserer Nachbargalaxie, der kleinen Magellanschen Wolke, im Sternenhaufen NGC 602 beobachten (siehe Doppelseite 30/31). Die Sequenz von Ereignissen, die wir nun kennengelernt haben, ist also alles andere als bloße Theorie.

Feedback in NGC 602

Die meisten Stationen der Sternentstehung lassen sich heute durch hochauflösende Observatorien, wie dem Hubble Space Teleskope oder dem Very Large Telescope (VLT) der ESO in Chile, gut untersuchen. Sie geben uns Einblicke in die ziemlich komplizierte Kinderstube der Sterne, die im Grunde gar nicht so anders ist als bei uns Menschen.

6 Wie scharf können Teleskope sehen?

Andreas Quirrenbach

Das Teleskop ist seit mehr als 400 Jahren das Haupt-Arbeitsgerät der Astronomen. Die wichtigste Frage ist dabei seit Galileis Zeiten unverändert: Wie scharf kann man eigentlich mit einem Teleskop sehen?

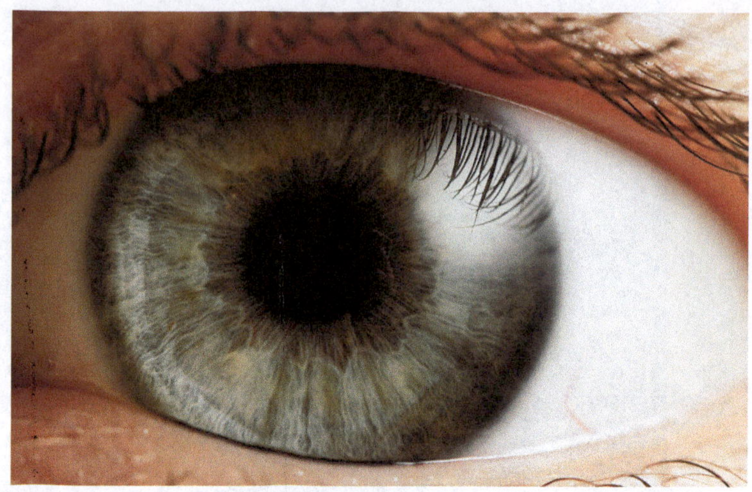

Das menschliche Auge kann einen Winkel von etwa einer Bogenminute auflösen

Beginnen wir mit dem menschlichen Auge, das ein biologisch-technisches Wunderwerk ist. Vergleichen wir etwa die Zahl der „Auflösungselemente" des Auges mit dem Auflösungsvermögen moderner Digitalkameras, so zeigt sich, dass die Leistung des menschlichen Auges etwa 100 Millionen „Pixeln" entspricht. Mit „100 Megapixeln" ist unser Auge somit den meisten Kameras noch immer deutlich überlegen.

Wie scharf können wir eigentlich mit unserem bloßen Auge sehen? Physikalisch gesprochen kann der Mensch einen Winkel von einer Bogenminute „auflösen". Das heißt, wenn zwei Punkte ein Sechzigstel eines Winkelgrades auseinander stehen, können wir sie gerade noch als zwei Punkte erkennen.

Wenn Sie beispielsweise auf dem Heidelberger Königstuhl stehen und in Richtung des 25 km entfernten Mannheimer Hauptbahnhofs schauen, dann können Sie gerade noch einen Intercity-Wagen erkennen. Wenn also ein IC im Hauptbahnhof Mannheim steht, und jemand hätte einen der Wagen rot angestrichen, dann könnten Sie beim Blick vom Königstuhl nach Mannheim diesen Wagen mit bloßem Auge als einen winzigen roten Punkt erkennen.

Galileis Teleskop: Dreimal schärfer!

Mit der Erfindung des Teleskops nahm die Geschichte der Astronomie eine substanzielle Wendung. Im Jahre 1609 richtete Galileo Galilei als erster Mensch ein Teleskop gen Himmel. Mit seinem einfachen Fernrohr konnte er etwa dreimal schärfer sehen als mit bloßem Auge.

Seine Zeichnungen der Mondoberfläche zeigen deutlich mehr Details, als wir bei einem Blick zum Mond ohne optische Hilfsmittel sehen können. Blicken wir mit Galileis Teleskop vom Königstuhl in Richtung Mannheim, dann können wir vermutlich noch einen Zeitschriften-Kiosk erkennen, aber keinerlei Details.

Abbildung vorhergehende Seite: ESO; "Very Large Telescope" (VLT) der ESO auf dem Cerro Paranal in der Atacama Wüste in Chile. Auf 2 600 m Höhe bietet dieser Standort optimale Beobachtungsbedingungen für die vier Teleskope mit je 8,20 m Spiegeldurchmesser.
Abbildung oben: Pedr Novak, Wikipedia (unter cc 2.5 Lizenz)
Abbildung rechte Seite: Autor

Heutzutage können wir mit einem einfachen Feldstecher bereits mehr sehen als Galilei mit seinem Teleskop. Probieren Sie es selbst mal aus: Wenn Sie im Urlaub an einen Ort fahren, an dem es nachts richtig dunkel ist, sehen Sie mit einem guten Fernglas zehnmal schärfer als mit dem Auge.

Sie können dann in einem Sternhaufen wie den Plejaden, dem Siebengestirn (im Sternbild Stier), viele Dutzend Sterne erkennen. Vom Königstuhl aus könnten Sie mit einem modernen Fernglas im Mannheimer Bahnhof gerade so den Schaffner als winziges Pünktchen herumlaufen sehen.

Im Laufe der Jahrhunderte haben Astronomen freilich immer größere Teleskope gebaut. Ende des 19. Jahrhunderts wurden die für damalige Verhältnisse großen Teleskope auf dem Heidelberger Königstuhl gebaut (siehe Abbildung). Inzwischen suchen die Astronomen Standorte aus, die sich durch geringe Luft- und Lichtverschmutzung und viele klare, wolkenlosen Nächte auszeichnen. Das sind meist Wüsten oder hohe Berge. Mit einem solchen modernen Teleskop könnte man vom Königstuhl aus die Kelle des Schaffners auf dem Mannheimer Bahnhof sehen!

Teleskope auf der Landessternwarte Königstuhl, die dem Zentrum für Astronomie der Universität Heidelberg angehört

Aber nur „im Prinzip", denn es gibt ein Problem dabei. Die Erdatmosphäre, die uns die Luft zum Atmen bietet und uns gegen gefährliche Strahlung aus dem Weltall schützt, hat leider auch eine Eigenschaft, die uns Astronomen das Leben schwer macht: Sie lässt die Sterne flimmern (dazu mehr in Kapitel 46).

Das mag im normalen Leben bei einem nächtlichen Spaziergang sehr romantisch sein. Für uns Astronomen bedeutet dies aber, dass wir keine scharfen Bilder machen können. Sie kennen diesen Effekt vom Lagerfeuer oder Grillen im Sommer: Wenn Sie eine Person jenseits des Feuers anschauen, dann verschwimmen die Konturen ein bisschen durch die aus dem Feuer aufsteigenden warmen Luftelemente.

Luftunruhe verschmiert

Für die Astronomie bedeutet das, dass man zwei nahe beieinander stehende Sterne nicht einfach als zwei schöne Punkte fotografieren kann, sondern eine „ausgeschmierte" Region sieht. Diese

Wirkung der Luftunruhe der irdischen Atmosphäre führt dazu, dass wir die scharfe Abbildungskraft großer Teleskope auf der Erde gar nicht richtig ausnutzen können: Die Sehschärfe großer Teleskope ist durch die Erdatmosphäre also etwas eingeschränkt.

Eine Möglichkeit, dies zu umgehen, ist, Teleskope außerhalb der Erdatmosphäre zu positionieren. Aus diesem Grunde wurde das Hubble-Weltraumteleskop gebaut und in eine Erdumlaufbahn gebracht. Obwohl es mit 2,4 m Spiegeldurchmesser deutlich kleiner ist als viele Teleskope auf der Erde, kann es sehr scharfe Bilder machen, weil es eben nicht durch die Erdatmosphäre beeinträchtigt ist. (Ein zweiter großer Vorteil für Weltraumteleskope ist, dass sie auch Strahlung aufnehmen können, die von der Erdatmosphäre gar nicht durchgelassen würde, etwa im UV-Bereich). Mit der Sehschärfe des Hubble-Teleskops könnte man vom Königstuhl noch den Zangenabdruck des Schaffners auf Ihrer Fahrkarte am Mannheimer Bahnhof sehen!

Ein aktuelles Beispiel für ein Großteleskop am Boden ist das „Large Binocular Telescope" (LBT) in Arizona, das wie ein Feldstecher zwei „Augen" hat (mehr dazu

Die vier Teleskope der ESO auf dem Paranal in Chile, mit den drei Standorten der Hilfsteleskope und den Verbindungstunneln zur Nutzung im Interferometrie-Modus VLTI.

Abbildung oben: ESO

> **Mannheim Hbf, vom Königstuhl gesehen**
>
> - Mit bloßem Auge: Intercity-Wagen
> - Mit Galileis Teleskop: Kiosk
> - Mit Feldstecher: Schaffner
> - Mit modernem Teleskop: Kelle des Schaffners
> - Mit Hubble-Teleskop: Zangenabdruck
> - Mit Interferometer: Floh-Ei

in Kapitel 55). Diese Spiegel-Augen haben einen Durchmesser von jeweils 8,4 m! Damit wird selbst das Hubble-Teleskop noch übertroffen. Die Universität Heidelberg und das Max-Planck-Institut für Astronomie sind Mitbesitzer dieses technischen Meisterwerks.

Vier Teleskope gemeinsam: VLTI

Aber auch das ist uns Astronomen noch nicht genug. Am liebsten möchten wir auch bei ganz weit entfernten Galaxien noch winzige Details wie etwa einzelne Sterngruppen sehen. Dies gelingt, wenn man mehrere Teleskope zusammenschaltet. Zu diesem Zweck hat die europäische Südsternwarte ESO auf dem Cerro Paranal in Chile vier Teleskope mit jeweils 8,2 m Spiegeldurchmesser gebaut.

Diese können so zusammengeschaltet werden, dass sie wie ein Teleskop funktionieren, das so groß ist wie ihr größter Abstand, nämlich fast 200 m. Die zugrundeliegende Technik wird Interferometrie genannt. Wenn Sie mit der Auflösungskraft dieses VLTI (Very Large Telescope Interferometer) vom Königstuhl zum Mannheimer Hauptbahnhof schauten und auf der Fahrkarte des Passagiers säße ein Floh, und dieser Floh legte ein Ei, dann könnten Sie dieses Floh-Ei sehen!

Eine solche Sehschärfe ist notwendig, wenn man Details auf der Oberfläche von anderen Sternen sehen will. Bilder des Sterns Epsilon Aurigae – eines relativ nahen Sterns in unserer Milchstraße – sind die schärfsten, je von der Erde aus gemachten Aufnahmen im sichtbaren Licht. Sie zeigen den Stern zu drei verschiedenen Zeitpunkten. Bei der zweiten und dritten Aufnahme schiebt sich ein Begleitstern, der von einer Staubscheibe umgeben ist, vor den eigentlichen Stern und verdunkelt ihn teilweise. Daraus kann man sehr viel mehr lernen, als wenn man nur ein schwächer werdendes „Lichtpünktchen" sehen würde.

Astronomen nutzen große Teleskope aber nicht nur, um scharf zu sehen, sondern auch, weil sie als riesige Lichtsammler auch schwache Sterne oder Galaxien noch abbilden können: Durch die große Spiegelfläche fangen sie einfach sehr viel Licht auf. Aus eben diesem Grund werden Feldstecher manchmal auch als „Nachtglas" bezeichnet, weil dadurch etwa von einem eigentlich nur ganz schwach sichtbaren Reh am Waldrand viel mehr Licht in unser Auge kommt.

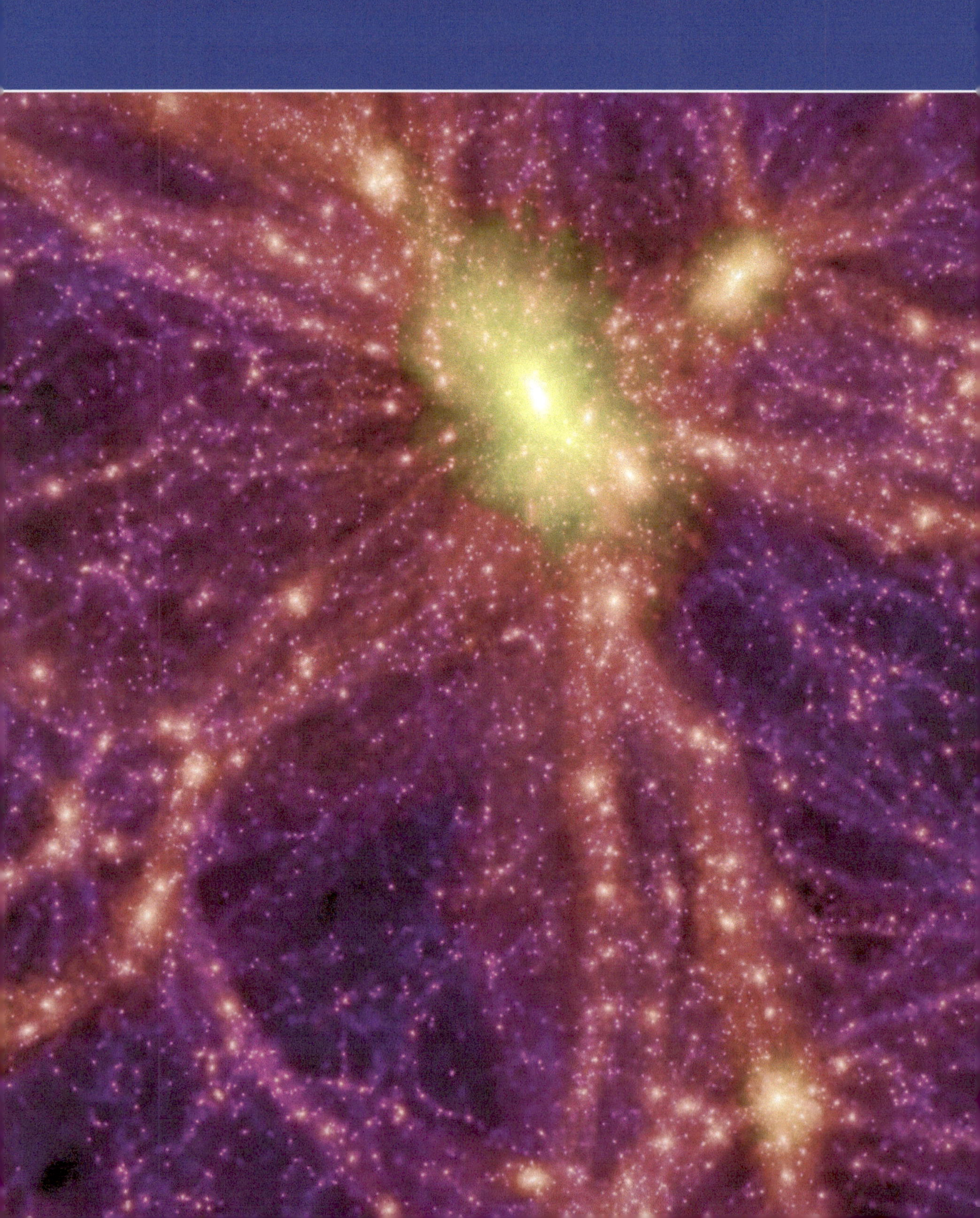

7 Welches sind die größten Objekte im Universum?

Volker Springel

Die menschliche Erfahrungswelt ist relativ begrenzt. Wir werden uns erst allmählich bewusst, dass unsere Erde im kosmischen Maßstab nur ein kleiner, unscheinbarer Planet ist.

Unsere Sonne ist ein ganz gewöhnlicher Stern unter 100 Milliarden Sternen in der Milchstraße. Der Durchmesser unserer Galaxis beträgt ungefähr 100 000 Lichtjahre. Das Licht benötigt also schon alleine 100 000 Jahre, um unsere Milchstraße zu durchqueren. Dies ist eine für menschliche Maßstäbe riesige Distanz, die uns aber im Vergleich zu allem Folgenden verschwindend klein vorkommen wird.

Spiralgalaxie NGC 300

Unzählige Galaxien

Die Milchstraße ist eine von ein paar Dutzend Galaxien in der sogenannten Lokalen Gruppe, unserer kosmischen Nachbarschaft. Es gibt viele solche Galaxiengruppen und noch weitaus größere Ansammlungen, sogenannte Galaxienhaufen. Galaxienhaufen ordnen sich wiederum in noch größeren Strukturen an, den Super-Galaxienhaufen. (In Kapitel 19 werden die Größenverhältnisse im Universum näher beleuchtet.)

Sie liegen wie lose Ketten im Universum und erreichen gewaltige Ausdehnungen. In dem für uns sichtbaren Teil des Weltalls existieren etwa 10 Millionen dieser Super-Galaxienhaufen, 25 Milliarden Galaxiengruppen, 350 Milliarden große Galaxien, 7 Billionen Zwerggalaxien und insgesamt etwa 30 Trilliarden Sterne. Ausgeschrieben ist das eine 3 mit 22 Nullen:

30 000 000 000 000 000 000 000 Sterne.

Zahlen dieser Größenordnung liegen ebenfalls weit außerhalb unserer Erfahrungswelt.

Die angesprochenen Ketten von Galaxienhaufen oder Super-Galaxienhaufen sind die größten Gebilde, die wir als eigenständige Strukturen im Universum wahrnehmen können. Auf noch größeren Längens-

Abbildung vorhergehende Seite: Autor
Abbildung oben: NASA/STScI

kalen sieht das Universum zunehmend gleichförmig aus; fast so, wie die immer gleiche Struktur einer Raufasertapete. Man spricht dabei von der Homogenität und der Isotropie des Universums und meint damit, dass sich weder bestimmte Orte noch bestimmte Richtungen innerhalb des Weltalls besonders voneinander unterscheiden.

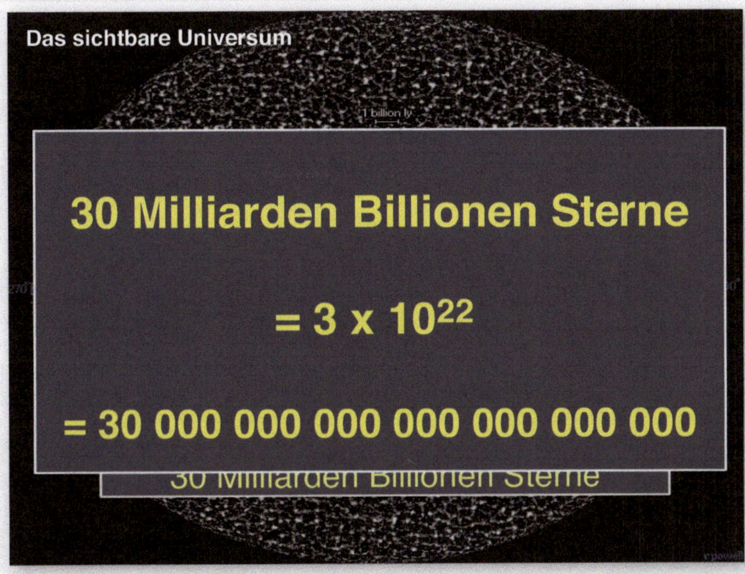

Großer Attraktor

Aber wie kommen wir überhaupt zu der Erkenntnis, dass sich Galaxien auf solch großen Entfernungsskalen in dieser Weise verhalten? Erst vor 25 Jahren wurde, in einer der ersten großen Himmelsdurchmusterungen, eine riesige Ansammlung von Galaxien entdeckt, die sich durch längliche Verkettungen von Galaxiengruppen auszeichnet.

Diese enorme Massenansammlung, die auch als „großer Attraktor" oder als „große Mauer" bezeichnet wird, übt mit ihren mehreren tausend Galaxien eine mächtige Anziehungskraft auf die Milchstraße und alle Galaxien in unserer Umgebung aus.

So bewegen wir uns mit einer Geschwindigkeit von etwa 600 Kilometern pro Sekunde in die Richtung dieses großen Attraktors, der sich in einer Entfernung von 200 Millionen Lichtjahren befindet.

Mit neueren Teleskopen, wie dem Sloan Digital Sky Survey Teleskop am Apache Point in New Mexiko, sind noch genauere Himmelsdurchmusterungen in einem größeren Bereich des Himmels möglich.

Dadurch können noch präzisere Karten der Großraumstrukturen in unserem Universum erstellt und vermessen werden. Dabei wurden weitere „große Mauern" entdeckt, deren mächtigste sich über unglaubliche 1,2 Milliarden Lichtjahre erstreckt und mehr als 10 000 Galaxien enthält.

Universum im Computer

Von besonderem Interesse ist auch die Frage, ob wir durch theoretische Überlegungen und mithilfe von Computer-Berechnungen in der

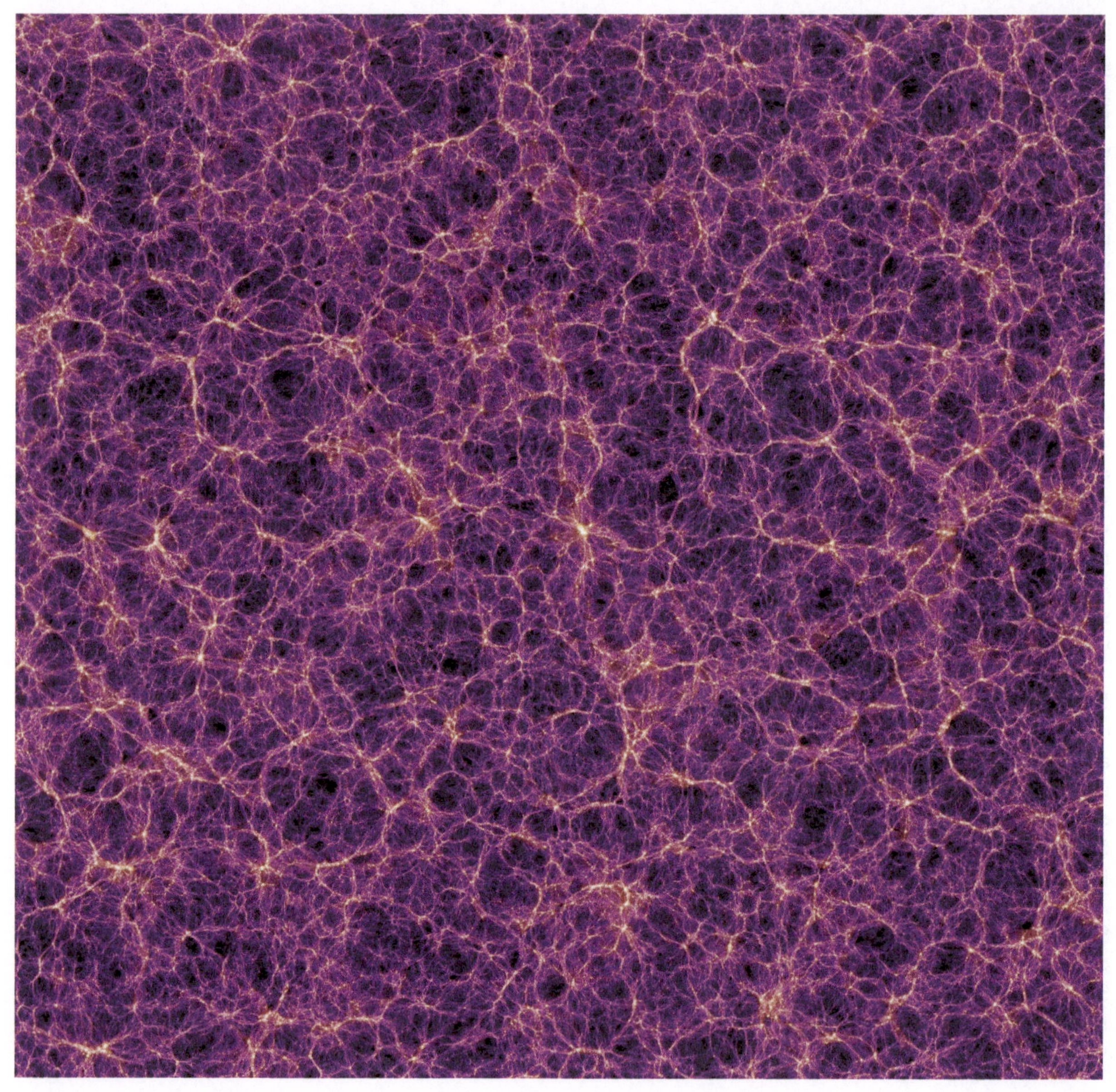

Abbildung oben: Autor; Millennium-Simulation: Darstellung der großräumigen Struktur des Universums aus Galaxien und Galaxienhaufen, die sich in netzartigen Strukturen anordnen.

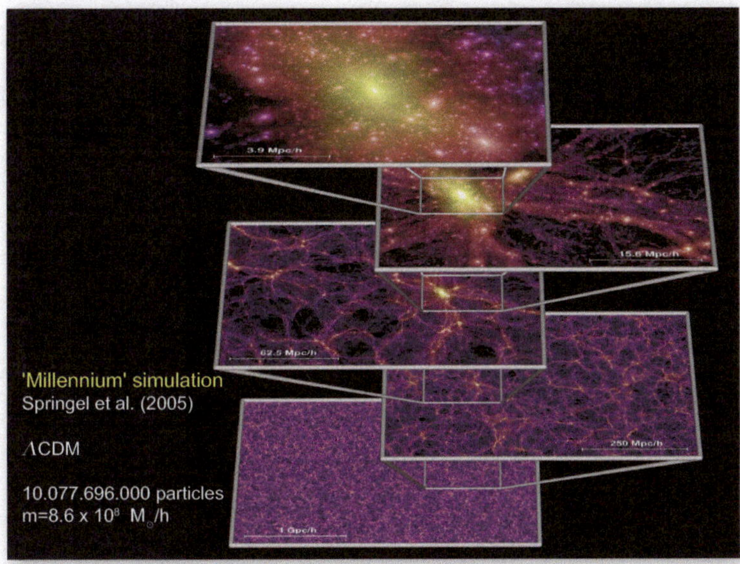

Lage sind, ein Universum zu simulieren, das ebenfalls solche Strukturen hervorbringt. Große kosmologische Berechnungen, wie die Millennium Simulation (Abbildung linke Seite), machen es möglich, die Bewegungen einer enorm großen Anzahl massereicher Galaxien im gegenseitigen Gravitationsfeld zu untersuchen.

Die auf diese Weise erzeugten künstlichen Universen zeigen große Ähnlichkeit zu unserem beobachtbaren Weltall. Auf ganz großen Längenskalen entsteht eine gleichförmige Struktur, die als kosmisches Netz bezeichnet wird.

Theorie und Beobachtung

Betrachten wir aber immer kleiner werdende Ausschnitte, so offenbaren sich fadenartige Gebilde, die in großen Materieansammlungen zusammenlaufen. Diese Knotenpunkte entsprechen den Galaxienhaufen im realen Universum. Solche simulierten Galaxienhaufen haben Durchmesser von bis zu 10 Millionen Lichtjahren. Sie bestehen aus bis zu 1 000 Galaxien, die sich mit relativ hohen Geschwindigkeiten von mehreren tausend Kilometern pro Sekunde bewegen.

Zusammenschlüsse und Verkettungen von Galaxien und Galaxienhaufen, wie in der uns bekannten „großen Mauer", finden sich ebenfalls in den Simulationsrechnungen. Die Tatsache, dass die Tendenz der Galaxien, in Gruppen und Haufen zu verklumpen, in unserem künstlichen Computer-Universum reproduziert werden kann, stellt damit einen großen Erfolg der Theorie der Standardkosmologie dar.

Interessanterweise sagen die Theorien eine maximale Größe von etwa einer Billiarde Sonnenmassen für Galaxienhaufen voraus, die in unseren Simulationen nicht überschritten werden kann. Größere Objekte gibt es laut Theorie nicht. Würde die Natur uns eines Tages einen größeren Galaxienhaufen zeigen, dann wäre damit auch die Theorie der Standardkosmologie widerlegt.

8 Wie ist der Mond entstanden?

Cornelis Dullemond

Es gibt ein sehr berühmtes Bild, das der amerikanische Astronaut Neil Armstrong von seinem Kollegen Edwin Aldrin bei der ersten Mondlandung der Menschheit aufgenommen hat (siehe rechts). Die Intention dieser berühmten Reise war zwar zunächst politisch-technisch motiviert – die Amerikaner wollten das „Rennen zum Mond" gewinnen. Es gab aber natürlich auch viele wissenschaftlichen Ziele. So wollte man Mondmaterial sammeln und untersuchen, um damit herauszufinden, wie der Mond (und damit auch die Erde!) entstanden ist.

Der Mond zeigt uns – von der Erde aus betrachtet – interessante Strukturen. Man sieht hellere Gebiete und dunklere. Eine dunkle Region wird „Mare" genannt, das bedeutet „Meer". Der Grund dafür ist, dass man früher annahm, dort gäbe es tatsächlich Wasser. Heute wissen wir aber, dass sich dort kein Meer befindet, sondern nur eine andere Art Gestein, das ursprünglich einmal Magma gewesen ist.

Mondlandung von Apollo 11 im Juli 1969: Neil Armstrong, der erste Mensch auf dem Mond, fotografiert seinen Astronauten-Kollegen Edwin Aldrin.

Von Kratern übersät

Wenn nicht gerade Vollmond ist, kann man gut die Trennlinie zwischen dem von der Sonne beleuchteten und dem im Schatten liegenden Teil der Mondes sehen. Schon mit dem Fernglas erkennt man, dass diese Linie nicht ganz scharf ist. Dies zeigt uns, dass der Mond ein Relief hat, eine Oberflächenstruktur, und nicht perfekt glatt und rund ist. Insbesondere kann man sehr viele Krater ganz verschiedener Größe auf der Mondoberfläche erkennen.

Was wissen wir sonst noch über den Mond? Er ist ein Trabant der Erde und er dreht sich um die Erde, während sie ihre Bahn um die Sonne zieht. Betrachten wir den Abstand des Mondes zur Erde von

Abbildung vorhergehende Seite: ESO; Mondoberfläche, von Kratern übersät
Abbildung oben: NASA

etwa 384 400 km, so ist der Mond ziemlich weit entfernt verglichen mit seinem Durchmesser von knapp 3 500 km.

Die Raumsonde Deep Impact hat einmal ein tolles Foto geschossen. Als die Sonde auf ihrer Reise zu einem Kometen schon sehr weit von der Erde entfernt war, nämlich 50 Millionen Kilometer, hat sie ihre Kamera auf die Erde gerichtet und diese einige Stunden lang fotografiert. Auf dem Bild sieht man, dass der Mond viel kleiner ist als die Erde. Und dass die Erde ganz hell, fast weiß erscheint, mit etwas blau darin. Blau, weil es dort Wasser gibt, und weiß durch die Wolken und die Atmosphäre. Der Mond hingegen hat keine Atmosphäre. Er hat ganz viele Krater, die von den vielen Kometen und Asteroiden stammen, die zumeist vor vielen Milliarden Jahren eingeschlagen sind.

Nur wenige Krater auf der Erde

Auf der Erde sieht man solche Einschläge kaum, weil die Erosion und das Wasser längst alle Krater weggespült haben und nur wenige Vertiefungen übrig geblieben sind. Doch auch wenn der Mond deutlich kleiner ist als die Erde – für einen Mond ist er relativ groß! Wenn man nämlich die Monde des Jupiters betrachtet, dann sind diese relativ zu Jupiter viel kleiner als der Mond im Vergleich zur Erde.

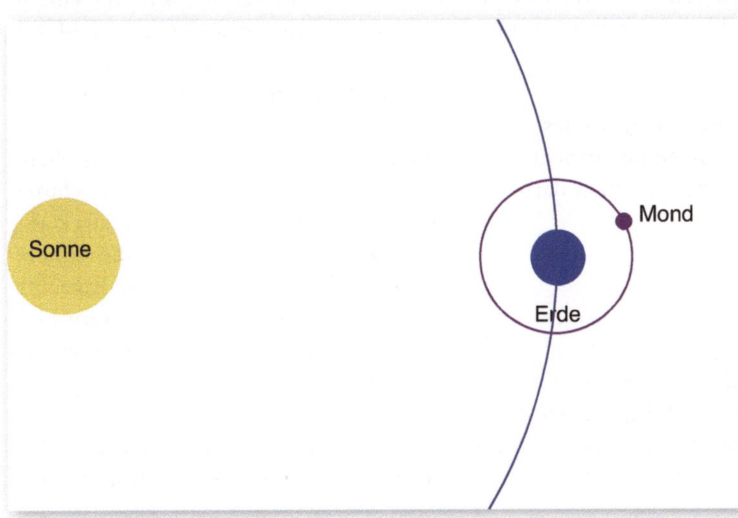

Eigentlich wollen wir ja aber hier verstehen, wie der Mond entstanden ist. Dazu gibt es drei große Theorien. Die erste besagt, dass Mond und Erde gemeinsam entstanden sind. Demnach gab es eine Menge Urmaterial, das einst zusammen klumpte und zwei Körper bildete: Erde und Mond.

Eine zweite Theorie besagt, dass der Mond unabhängig von der Erde entstanden ist, und die Erde ihn eingefangen hat. Diese Theorie macht andere Vorhersagen als die erste. Denn bei der ersten Theorie sind Mond und Erde aus demselben Material entstanden, während sie bei der zweiten Theorie aus ganz verschiedenen Materialien bestehen sollten. Dann gibt es noch eine dritte Theorie: Danach haben sich Erde und Mond nach dem Zusammenstoß zweier früherer Planeten aus dem Kollisionsmaterial gebildet.

Um herauszufinden, welche dieser drei Theorien stimmt, können wir auf die Apollo-Missionen zurückgreifen. Die Mannschaft von Apollo 11 hat viel Mondgestein mitgebracht – und dieses

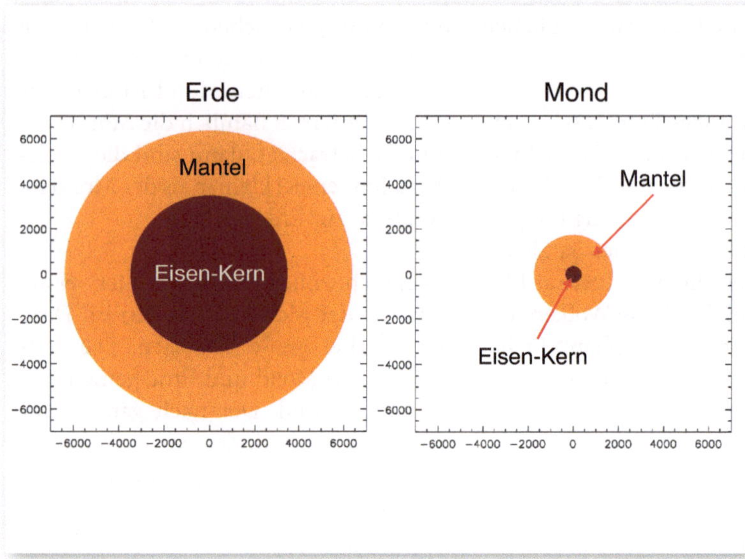

Material können wir untersuchen und analysieren. Ein Ergebnis ist, dass die Steine vom Mond eine große Ähnlichkeit zu irdischem Material haben.

Betrachten wir etwa das Element Sauerstoff, so stellen wir fest, dass Sauerstoffatome in Mondgestein und in irdischen Steinen in sehr ähnlichem Isotopenverhältnis vorkommen. Was genau hat man darunter zu verstehen?

Sauerstoff-Isotope im gleichen Verhältnis

Wir alle kennen Sauerstoff, wir atmen ihn täglich ein. Es gibt aber verschiedene Arten von Sauerstoff, etwa Sauerstoff-16, Sauerstoff-17 oder Sauerstoff-18 – man nennt dies verschiedene Isotope des gleichen Elements. Wir Menschen würden den Unterschied zwischen diesen Isotopen nicht bemerken. Aber Sauerstoff-18 ist ein bisschen schwerer als Sauerstoff-16, denn sein Atomkern hat zwei Neutronen mehr.

Man weiß, dass verschiedene Himmelskörper in unserem Sonnensystem normalerweise unterschiedliche Sauerstoff-Isotopenverhältnisse haben. Die Isotopenverhältnisse von Mond und Erde sind indessen gleich. Das heißt also: Mond und Erde sind einander sehr ähnlich – vom Material her. Also können wir Theorie 2 ausschließen: Der Mond ist kein Fremdkörper!

Noch etwas anderes können wir über den Mond erfahren. Die Apollo-Missionen haben nämlich auch Geräte auf dem Mond hinterlassen, wie zum Beispiel Reflektoren. So können wir mit einem Laserstrahl den Abstand zwischen Mond und Erde messen, und zwar mit einer Genauigkeit von einem Zentimeter.

Ebenso können wir dadurch feststellen, wie sich der Mond bei seiner Drehung um die Erde genau bewegt. Daraus kann man gewisse Schlüsse auf die innere Struktur des Mondes ziehen. Ergebnis ist, dass der Mond wenig schwere Elemente enthält und nur einen kleinen Eisenkern hat.

Wir können auch die innere Struktur der Erde bestimmen – und zwar mit Hil-

Entstehung des Mondes:
Drei verschiedene Theorien

1. ~~Erde und Mond zusammen entstanden?~~
2. ~~Mond ist "eingefangen" von der Erde?~~
3. Riesen-Zusammenstoß zweier Planeten?

fe von Erdbeben. Bei diesen Messungen haben wir herausgefunden, dass die Erde im Gegensatz zum Mond einen großen Eisenkern hat, er erstreckt sich bis zum halben Erdradius. Das Verhältnis zwischen schweren Metallen, wie Eisen, zu leichteren Elementen, wie Silizium, ist deswegen bei der Erde viel größer als beim Mond. Das heißt, dass Erde und Mond nicht exakt aus dem gleichen Material bestehen – sonst müssten die Verhältnisse von Eisen zu Silizium bei beiden gleich sein (was die erste Theorie vorhersagt).

Überbleibsel eines Zusammenstoßes

Die dritte Theorie geht ja davon aus, dass es einen riesigen Zusammenprall zwischen zwei großen Körpern gegeben hat. Im frühen Sonnensystem, so die Theorie, existierten sehr viele (Proto-)Planeten. Und die Proto-Erde ist, laut dieser Theorie, zusammengestoßen mit einem kleineren Planeten, der etwa zehnmal soviel Masse hatte wie der heutige Mond, also vergleichbar dem Mars. Stimmt diese Theorie mit den Beobachtungen überein?

Bei einer Computer-Simulation eines solchen Zusammenpralls können wir tatsächlich sehen, dass die ursprüngliche Erde verformt wird und Gestein aus der Erde herausgeschleudert wird. Rechnen wir noch genauer, so sehen wir, wie dieses Gestein auf eine Umlaufbahn um die Erde gebracht wird, wie es sich zusammen klumpt, wie dadurch ein immer größerer Körper entsteht – und wie am Schluss der Mond daraus wird.

Bei dem Aufprall wird allerdings nur Gestein aus der äußeren Erdhülle herausgeschleudert, also vor allem leichtes Material – der Eisenkern blieb intakt. Dies erklärt also auch, warum der Mond so wenig Eisen hat: Weil die schweren Elemente in der heutigen Erde geblieben sind, und nur leichtere Elemente aus der äußeren Hülle durch den Einschlag aus der Erde entnommen wurden. Daraus ist der Mond entstanden.

Nach dem heutigen Stand der Forschung ist der Mond also nach der dritten Theorie, einem Zusammenprall zweier Planeten, entstanden.

9 Wann hört die Sonne auf zu scheinen?

Stefan Jordan

Hat sich nicht jeder von uns, vielleicht an einem strahlenden Sommertag, mal die Frage gestellt: Wann hört eigentlich die Sonne auf zu scheinen? Damit ist nicht die Zeit gemeint bis zum nächsten Regen, und auch nicht die verbleibenden Stunden bis zum abendlichen Sonnenuntergang. Es geht hier um die Frage: Wann hört die Sonne auf zu existieren?

Schon seit vielen Jahrhunderten beschäftigt dieses Rätsel die Menschen. Wie können wir physikalisch an diese Frage herangehen? Zunächst müssen wir uns klarmachen, was der Treibstoff der Sonne ist und wie in ihr die Energie erzeugt wird.

Wenn dies klar ist, können wir ausrechnen, wie viel Energie die Sonne in jeder Sekunde abstrahlt. Und wenn wir das wissen und eine Schätzung ihres jetzigen Alters haben, können wir berechnen, wie lange die Sonne noch scheinen wird.

Solche Berechnungen wurden bereits in der ersten Hälfte des 19. Jahrhunderts angestellt. John James Waterston, ein Physiker aus Schottland, ist dabei sehr schnell zu dem Schluss gekommen, dass die Verbrennung von Kohle nicht ausreichen würde, um die Sonne anzutreiben.

Die Leuchtkraft der Sonne beträgt nämlich 4×10^{26} Joule pro Sekunde (das ist eine 4 mit 26 Nullen!). Nehmen wir an, die Sonne bestünde vollständig aus Kohle. Dann müsste sie pro Sekunde etwa 14 000 000 000 000 000 Tonnen Kohle verbrennen, wobei wir den Sauerstoff hier vernachlässigen, den wir ebenfalls noch bräuchten.

Kann die Sonne aus Kohle bestehen?

Wenn man darüber hinaus berücksichtigt, dass die Sonne eine Masse von 2×10^{27} Tonnen hat, dann würde das bedeuten, dass die Sonne nur 4 000 Jahre lang leuchten kann. Eine ähnliche Dauer erhält man auch, wenn man andere chemische Elemente, die brennen könnten, zugrunde legt.

Im Gegensatz dazu war den Biologen bereits im 19. Jahrhundert klar, dass die Evolution auf der Erde erheblich länger gebraucht hatte als ein paar Tausend Jahre. Und auch die Geologen fanden heraus, dass die Erde, die ja mutmaßlich zusammen mit der Sonne entstanden ist, wesentlich älter sein musste als 4 000 Jahre. Heute errechnen wir, dass

Abbildung vorhergehende Seite: SOHO (ESA & NASA), Sonnen-Aufnahme im ultravioletten Licht
Abbildung oben: Autor

Wie lange reicht der Treibstoff?

- Energieabgabe der Sonne pro Sekunde: 400000000000000000000000000 Watt
- Wasserstoffgehalt der Sonne (74% der Masse)
- 0.8% der Masse in Energie
- Nur die inneren 10% fusionieren
- Also: 10-11 Milliarden Jahre
- Bisher: 4,5 Milliarden
- Noch ca. 6.5 Milliarden Jahre
- Und dann…

die Sonne und die Erde etwa 4,6 Milliarden Jahre alt sind. Mit herkömmlicher chemischer Energie ist also die Sonnenstrahlung nicht zu erklären.

Aber es gab weitere Theorien. Der Physiker und Arzt Robert Mayer aus Heilbronn hatte um 1848 die Idee, dass die Sonne ständig von Meteoriten getroffen würde und die Meteoriten beim Aufprall auf die Sonne Energie freisetzen würden.

Energie durch Meteoriten?

Allerdings müsste dadurch, dass ständig solche Meteoriten auf die Sonne fallen, die Masse der Sonne ständig zunehmen, und somit auch ihre Anziehungskraft größer werden. Dies wiederum würde die Erdbahn deutlich beeinflussen. Eine solche Änderung der Erdbahn konnte durch Messungen ausgeschlossen werden. Also war auch diese Theorie hinfällig.

Aber die Erklärung der Sonnenenergie durch Gravitationsenergie blieb weiterhin beliebt. Hermann von Helmholtz (der später Professor in Heidelberg wurde) etwa schlug 1854 vor, dass die Sonne aus kleinen Gesteinsbrocken entstanden sein könnte und dass die gravitative Energie, die bei einem solchen Entstehungsprozess frei wird, ausreiche für 20 Millionen Jahre Brennzeit.

Auch Lord Kelvin in Großbritannien favorisierte um 1887 eine Theorie, wonach die Sonne durch die Kontraktion von Teilchen und Freisetzen von Gravitationsenergie aufgeheizt würde. Er hatte ausgerechnet, wie heiß die Sonne im Zentrum sein musste und kam dabei auf einen Wert von einigen Millionen Grad Celsius.

Schrumpfende Sonne?

Wenn die Sonne nun kontinuierlich um 40 Meter pro Jahr schrumpfte, würde diese Energie nach seinen Berechnungen viele Millionen Jahre lang ausreichen. Eine solch winzige Schrumpfung wäre für uns kaum messbar. Von daher ist es nicht so einfach, nachzuweisen, dass diese Theorie falsch ist.

Bald wurde jedoch klar, dass auch 10 oder 20 Millionen Jahre im Vergleich mit dem Alter unserer Erde von einigen Mil-

Sonne im sichtbaren Licht mit ausgeprägten Sonnenflecken

liarden Jahren ein viel zu kurzer Zeitraum sind. Also konnte auch diese Erklärung mit Gravitationsenergie nicht die richtige Ursache sein.

Erst Arthur Eddington schlug Anfang des 20. Jahrhunderts vor, dass die Sonne aus Wasserstoff bestehe und dass dort Wasserstoff zu Helium umgewandelt werde. Diese Theorie konnte die lange Brenndauer der Sonne erklären und kommt dem heutigen Verständnis sehr nahe. Betrachten wir dazu einmal vier Protonen – ein Proton ist der Atomkern eines Wasserstoffatoms – die miteinander zu einem Helium-Atomkern verschmelzen. Ein Helium-Atom ist ungefähr viermal so schwer ist wie ein Wasserstoff-Atom und besteht aus zwei Protonen und zwei Neutronen.

Bei der Umwandlung zweier Protonen zu zwei Neutronen kommen zusätzlich noch zwei Positronen heraus (die sind ähnlich wie Elektronen, haben aber eine positive Ladung). Auf der linken Seite der Waagschale haben wir also vier Protonen, und auf der rechten Seite ein Helium-Atomkern (zwei Protonen plus zwei Neutronen) und zwei Positronen. Die Masse der rechten Seite (Helium) ist jedoch um 0,8 % geringer sind als die der linken Seite mit den vier Protonen!

Energie aus Fusion

Da nach Einsteins berühmter Formel $E = m c^2$ Masse in (sehr viel) Energie umgewandelt werden kann, muss offensichtlich bei diesem Prozess der Kernfusion eine große Menge Energie frei werden. Der Anteil von 0,8 % der Protonenmasse verschwindet also nicht einfach – sondern er wird in Energie umgewandelt. Wie viel Energie kann durch einen solchen Prozess erzeugt werden?

Nun, die Sonne wandelt in jeder Sekunde 564 Millionen Tonnen Wasserstoff in 560 Millionen Tonnen Helium um, somit werden in jeder Sekunde 4 Millio-

Abbildung oben: Soho (NASA/ESO)
Abbildung rechte Seite: ESO/S. Guisard (www.eso.org/~sguisard)

nen Tonnen Wasserstoff in Energie umgewandelt. Wie lange reicht nun dieser Treibstoff?

Fassen wir zusammen: Die Sonne gibt pro Sekunde 4×10^{26} Watt an Energie ab, sie besteht zu 74 % aus Wasserstoff, 0,8 % der Masse wird in Energie umgesetzt. Nur die inneren 10 % der Sonnenmasse können fusionieren, weil nur dort Druck und Temperatur ausreichen für die Kernfusion. Die äußeren Schichten der Sonne sind zu kühl.

Mehr als 10 Mrd. Jahre!

Dies alles führt zu dem Ergebnis, dass die Sonne insgesamt mehr als 10 Milliarden Jahre lang scheinen kann. Seit der Entstehung von Sonne und Erde sind etwa 4,6 Milliarden Jahre vergangen. Deswegen liegen also noch gut 6 Milliarden Jahre Sonnenschein vor uns.

Was aber dann passiert, können Sie in Kapitel 50 nachlesen, das sich mit dem Lebensweg der Sterne beschäftigt; und auch in Kapitel 62, in dem es um das todsichere Ende unserer Erde geht, wird die zukünftige Entwicklung der Sonne erläutert.

Hier seien nur einige Kleinigkeiten erwähnt: In einer Milliarde Jahren wird die Sonne bereits 10 % heller sein wird als heute – weswegen es auf der Erde etwa 30 Grad heißer sein wird. Die Sonne wird danach immer größer werden, eine Phase, die nochmal eine Milliarde Jahre andauern wird. Etwas Zeit aber bleibt uns noch bis dahin und so sollten wir jeden Sonnentag umso bewusster genießen!

Sonnenuntergang hinter den VLT-Teleskopen auf dem Cerro Paranal in Chile, fotografiert vom Cerro Amazones

10 Die häufigsten Missverständnisse über Schwarze Löcher

Markus Pössel

Ein Ball, den wir loslassen, fällt zur Erde. Mehr gehört nicht dazu, um sich die Schwerkraft vor Augen zu führen, eine der fundamentalen Kräfte unserer Welt. Da es in diesem Kapitel um Extremsituationen der Schwerkraft gehen soll, ist unsere erste Frage: Unter welchen Umständen wird Schwerkraft denn überhaupt extrem stark?

Dafür können wir uns an einer Formel orientieren, die Isaac Newton bereits vor 325 Jahren veröffentlicht hat. Die Beschleunigung, die ein Ball aufgrund der Schwerkraft erfährt, ist demnach zum einen proportional zur Masse, die den Ball anzieht.

Mehr Masse, mehr Beschleunigung

Um für mehr Beschleunigung zu sorgen, könnten wir demnach die Masse erhöhen. Zweitens hängt die Stärke der Anziehungskraft vom Ort ab; betrachte ich meinen Ball und die Erde als Kugeln, dann nimmt die Gravitationsbeschleunigung umgekehrt proportional zum Quadrat des Abstands der Kugelmittelpunkte ab. Das bedeutet beispielsweise, dass ein Ball auf dem Boden einer Kirche eine stärkere Erdanziehungskraft spürt als auf der Kirchturmspitze.

Solange wir uns noch außerhalb unseres Heimatplaneten befinden, können wir demnach immer näher an die Erde herangehen, um immer stärkere Anziehungskraft zu erfahren. Doch sobald wir an der Erdoberfläche angelangt sind, ändert sich die Lage.

Ein Loch in die Erde zu bohren, um mit dem Ball noch weiter nach innen zu kommen, führt zu keiner größeren Schwerebeschleunigung – wenn der Ball tief im Loch ist, befindet sich schließlich ein Teil der anziehenden Masse oberhalb und zieht in die Gegenrichtung. Je näher wir also an die Masse herankommen, ohne hineintunneln zu müssen, umso stärker die Anziehungskraft, die wir erreichen können. Wenn wir ein möglichst starkes Schwerkraftfeld erzeugen wollen, dann sollten wir also nach einer großen Menge Materie suchen, die möglichst kompakt zusammengepackt ist.

Einen Eindruck von dem, was dann passieren kann, gibt uns bereits die Newtonsche Gravitation. Dort gibt es die sogenannte Fluchtgeschwindigkeit. Vereinfachen wir die Situation, in dem wir uns die Erde als homogene Massenkugel ohne Atmosphäre vorstellen. Dann ist die Fluchtgeschwindigkeit die Geschwindigkeit, die ein Objekt mindestens benötigt, um trotz Gravitationsfeld immer weiter von der Erde wegzufliegen ohne zurückzufallen.

Warum das überhaupt geht? Weil die Anziehungskraft mit zunehmender Entfernung schließlich immer geringer wird – je weiter das Objekt es bereits geschafft hat, umso einfacher wird es für das Objekt, weiterzufliegen. Für unsere Erde liegt die Fluchtgeschwindigkeit bei rund elf Kilometern pro Sekunde. Nehmen wir die Fluchtgeschwindigkeit einmal als Maß für die Stärke der Schwerkraft eines Körper.

Kein Entkommen

Wenn wir jetzt als Gedankenexperiment die Masse einer Massenkugel sehr groß und ihren Radius sehr klein werden lassen, dann wird die Schwerebeschleunigung an ihrer Oberfläche, und gleichzeitig auch die Fluchtgeschwindigkeit, immer größer. Irgendwann wird die

Abbildung vorhergehende Seite: ESO/L. Calçada/M.Kornmesser; Künstlerische Darstellung eines Schwarzen Loches in einem Doppelsternsystem
Abbildung rechte Seite: Autor/Max-Planck-Gesellschaft

Fluchtgeschwindigkeit größer als die Lichtgeschwindigkeit sein, und dann haben wir ein Problem.

Wir haben zwar bislang nur mit Newtonscher Physik gerechnet, aber wissen andererseits aus Einsteins Spezieller Relativitätstheorie, dass die Lichtgeschwindigkeit die absolute Geschwindigkeitsobergrenze ist: Kein Objekt kann schneller werden als das Licht. Wenn wir beides zusammennehmen, Fluchtgeschwindigkeit und absolute Obergrenze, dann deutet sich die Möglichkeit einer Massenkugel an, der gar nichts mehr entkommen kann – noch nicht einmal Licht, das sich ja immerhin mit der maximal möglichen Geschwindigkeit bewegt.

Newton und Einstein

Nun kann bei Newton auch ein Objekt mit etwas weniger als Fluchtgeschwindigkeit noch recht weit von der Massenkugel wegfliegen, bis es zurückfallen muss. In Einsteins Allgemeiner Relativitätstheorie sind die Verhältnisse strenger. Dort ist Gravitation eine Folge der Krümmung von Raum und Zeit – die Bühne, auf der sich alles abspielt, ist verformt.

Dort, wo bei Newton die Fluchtgeschwindigkeit so groß wird wie die Lichtgeschwindigkeit, trennt sich bei Einstein eine Raumregion gänzlich vom restlichen Raum ab. Was immer in diese Region hineinfliegt, kann nie wieder hinauskommen – selbst Licht nicht. Solch eine Region ist ein Schwarzes Loch.

Es gibt zwei weit verbreitete Missverständnisse über Schwarze Löcher. Das erste lautet, Schwarze Löcher hätten zwangsläufig eine sehr hohe Dichte. Das könnte man in der Tat vermuten, hatten wir doch unsere Massenkugel gerade in Gedanken immer weiter zusammengepresst. In einem für Astronomen interessanten Fall stimmt das auch: Wenn einem massereichen Stern am Ende seines Lebens der Kernbrennstoff ausgeht, er als Supernova explodiert und seine Kerngebiete in sich zusammenfallen, dann entsteht ein extrem dichter Sternrest.

Haben Schwarze Löcher hohe Dichte?

Ein Teelöffel voll Materie eines solchen sogenannten Neutronensterns hätte eine so große Masse wie ein ganzer Berg auf der Erde (mehr dazu in Kapitel 44). Das ist bereits eine enorme Dichte. Wenn der zusammengestürzte Stern noch mehr Masse auf noch kleinerem Raum vereinigt, landen wir bei dem zuvor beschriebenen Fall, in dem eine Raumregion sich abkapselt: einem Schwarzen Loch.

Nun könnte man meinen, dass immer solch hohe Dichten notwendig sind, um ein Schwarzes Loch zu erzeugen. Dem ist nicht so. Ob ein Körper zum Schwarzen Loch wird, ergibt sich aus dem Verhältnis seiner Masse zu seiner linearen Ausdehnung (z.B. zu seinem Durchmesser), nicht aus dem Verhältnisse der Masse zu seinem Volumen (das wäre seine Dichte).

Kritischer Durchmesser proportional zur Masse

Für typische Sternmassen ist der „kritische Durchmesser", unterhalb dessen eine Massenkugel zum Schwarzen Loch wird, tatsächlich so klein, dass sich extrem hohe Materiedichten ergeben. Eine Massenkugel mit Dutzenden Millionen Sonnenmassen oder noch mehr dagegen muss man auf nicht viel mehr als auf die Dichte von Wasser komprimieren, bis der „kritische Durchmesser" erreicht ist und ein Schwarzes Loch entsteht.

Sogenannte supermassereiche Schwarze Löcher mit Massen dieser Größenordnung gibt es in unserem Universum tatsächlich, und zwar im Zentrum so ziemlich jeder Galaxie. Das nächstgelegene befindet sich im Zentrum unserer Milchstraße und hat eine Masse von etwas mehr als vier Millionen Sonnenmassen.

Sind Schwarze Löcher kosmische Staubsauger?

Das zweite große Missverständnis ist, dass Schwarze Löcher wie kosmische Staubsauger alles verschlucken, was auch nur in ihre Nähe kommt. Tatsächlich gilt: Solange man sich nicht extrem nahe an ein Schwarzes Loch heran begibt, ist seine Schwereanziehung nicht größer als die eines normalen Objekts der gleichen Masse.

Würde die Sonne aus unerfindlichen Gründen zu einem Schwarzen Loch kollabieren, würden die Planeten auf ihren gewohnten Bahnen weiterziehen – es ist nicht so, als würden sie plötzlich in das Schwarze Loch hineingesaugt! Wer Materie in ein Schwarzes Loch hineinwerfen will, muss daher recht genau zielen – nur ein wenig vorbei gezielt, und die Materie fliegt, ähnlich einem Kometen, eine scharfe Kurve um das Schwarze Loch herum und entkommt in die Tiefen des Alls.

Weit wahrscheinlicher, als dass ein Stern direkt in das Schwarze Loch hineinfällt, ist, dass er sich auf eine Umlaufbahn um das Loch begibt. Tatsächlich ist es in bestimmten astrophysikalischen Szenarien durchaus ein Problem, hinreichend viel Materie in ein Schwarzes Loch hineinzubekommen.

Helle Schwarze Löcher: Aktive Galaxienkerne

Zahlreiche unter den zentralen Schwarzen Löcher von Galaxien machen sich als sogenannte Aktive Galaxienkerne bemerkbar (mehr dazu in Kapitel 53): Die Materie, die dort hineinfällt, sammelt sich in einer Scheibe um das Schwarze Loch; sie hat beim Fallen auf das Schwarze Loch zu beträchtlich an Energie gewonnen, die Scheibe heizt sich entsprechend auf extrem hohe Temperaturen (Hunderttausende Grad Celsius) auf und leuchtet daher äußerst hell.

Dieses Leuchten ist noch über größte Distanzen im Kosmos nachweisbar. Wie die dafür nötige Materie in so großer Menge so nahe an das Schwarze Loch herankommt, ist Gegenstand aktueller Forschung. Gerade weil Schwarze Löcher keine Staubsauger sind.

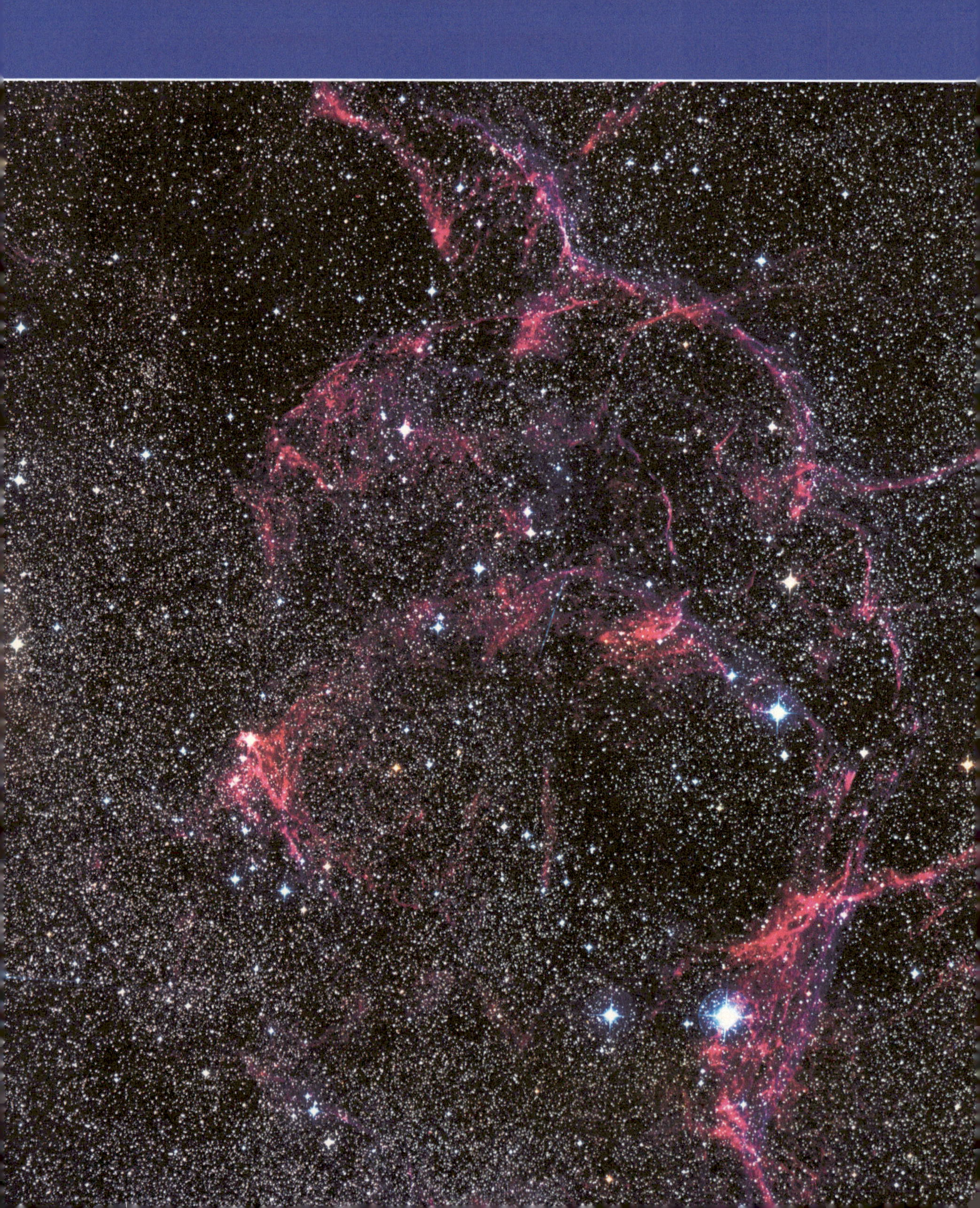

11 Wusstten Sie, dass die meisten Atome in Ihrem Körper fast 14 Milliarden Jahre alt sind?

Tom Abel

Wussten Sie, dass die meisten Atome in Ihrem Körper fast 14 Milliarden Jahre alt sind? Dies ist eine ziemlich persönliche Frage. Schließlich geht es hier um Ihren Körper.

Der menschliche Körper besteht aus einer Vielzahl verschiedener Atome. Unter Ihnen ist Wasserstoff der häufigste und damit der wichtigste Baustein im menschlichen Körper. Aber woher kommen eigentlich diese und andere Atome in unserem Körper?

Gehen wir dafür auf eine virtuelle Reise durchs Universum. In unserer Nähe entdecken wir Sterne in den unterschiedlichsten Phasen ihres Lebens. Sie bestehen aus Atomen, die schon lange vor der Zündung ihres Kernfusionsprozesses durch den Raum flogen. Das Licht, das uns heute erreicht, ist schon ziemlich lange unterwegs. Es benötigt 25 000 Jahre, um uns von Sternen im Zentrum unserer Milchstraße zu erreichen.

Älteste Galaxien: 13,2 Milliarden Jahre

Das Licht der Andromedagalaxie benötigt demgegenüber schon mehr als 2 Millionen Jahre, um zu uns zu gelangen. Die ältesten Galaxien, die wir heute sehen können, sind so weit entfernt, dass ihr Licht sogar 13,2 Milliarden Jahre unterwegs war, bis es die Teleskope auf unserer Erde erreichte. Licht dringt aber auch noch von weiter entfernten Quellen zu uns.

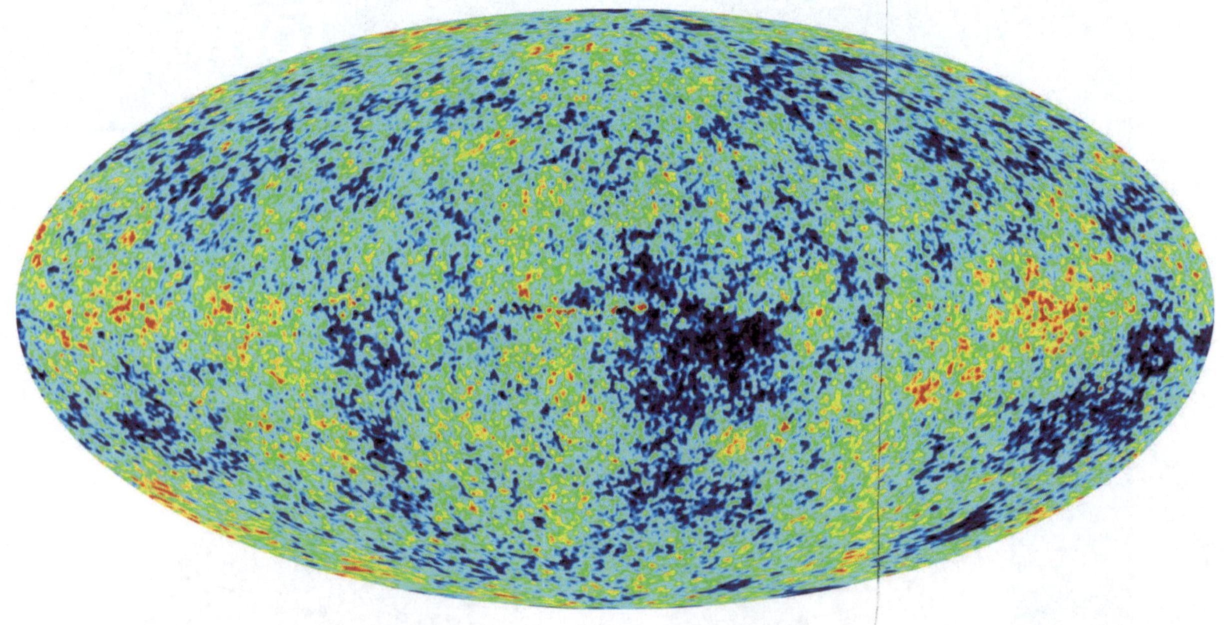

Himmelskarte im Mikrowellenbereich, aufgenommen von dem Satelliten WMAP

Abbildung vorhergehende Seite: ESO, Überrest einer vor etwa 11 000 Jahren explodierten Supernova in der Constellation Vela
Abbildung oben: NASA/WMAP Science Team
Abbildung rechte Seite: Visualisierung: Ralf Kaehler & Tom Abel; Simulation: Tom Abel, Greg Bryan & Mike Norman

Zu ganz frühen Zeiten bestand das Universum aus einem sehr heißen, gas-ähnlichen Material. Dieses Materie hatte sich nach 380 000 Jahren so weit abgekühlt, dass sich Licht weitestgehend frei bewegen konnte. Wir können das Licht, das etwa 13,7 Milliarden Jahren bis zur Erde unterwegs war, heute als kosmische Mikrowellenstrahlung sehen.

Die Abbildung auf der linken Seite zeigt eine Karte unseres Himmels, wie er außerhalb der Milchstraße im Mikrowellenbereich des elektromagnetischen Spektrums aussieht. Die Strukturen, die wir in dieser Karte sehen, stellen kleinste Temperatur- und Dichteunterschiede im frühen Universum dar, sie wurden mit dem WMAP-Satelliten aufgenommen (Wilkinson Microwave Anisotropy Satellite).

Minimale Unterschiede werden zu Galaxien

Die Unterschiede zwischen den verschiedenen Richtungen betragen nur maximal ein Hunderttausendstel zwischen dem höchsten und dem niedrigsten Wert. Das heißt, die Werte auf der Karte sind *sehr* konstant. (Verglichen mit einer Höhenkarte der Erde hieße dies, dass der höchste Berg gerade einmal 6 cm hoch sein dürfte!) Astronomen sehen in diesen winzigen Dichte- und Temperatur-Unterschieden sozusagen die Saat, aus der sich nach und nach die Strukturen im Universum, wie etwa Galaxien und Galaxienhaufen entwickelten. Aber wie genau läuft diese Entwicklung ab?

Simulationsrechnung der ersten Sterne

Durch die winzigen Dichteunterschiede im frühen Universum verändern sich die Anziehungskräfte. Größere Ansammlungen von Materie üben eine größere Anziehung auf Teilchen in der Umgebung aus als kleinere. Alle Regionen, in denen nun die Materie etwas dichter ist als im Durchschnitt, fallen in sich zusammen und bilden letztendlich kompakte Objekte, also Sterne und Galaxien.

Zudem verhält es sich mit den Dichteunterschieden so, dass diese auf kleinen Längenskalen immer höher sind als auf großen. Man nennt das hierarchisches Wachstum. Das hat zur Folge, dass zunächst kleine Galaxien entstehen. Erst später bilden sich größere Objekte wie Galaxienhaufen, in denen sich viele Galaxien auf Bahnen um ein gemeinsames Zentrum bewegen. Zunächst müssen allerdings die ersten Sterne im Universum entstehen. Denn Galaxien bestehen aus Sternen. Schauen wir uns deshalb den Sternentstehungsprozess genauer an.

Sternentstehungsregion N11 in unserer Nachbargalaxie, der Großen Magellanschen Wolke

Abbildung oben: NASA, ESA and Jesús Maíz Apellániz (Instituto de Astrofísica de Andalucía, Spain)

Wir haben mithilfe von Supercomputern Simulationsrechnungen durchgeführt, um genau diesen Prozess der Sternentstehung im frühen Universum besser zu verstehen. In diesen Simulationen gehen wir von einer anfänglichen Wasserstoffwolke aus, die allmählich unter ihrer eigenen Schwerkraft kollabiert.

Die Wasserstoffatome bilden dabei nach und nach Moleküle. Durch Abstrahlung verlieren diese einen Teil ihrer Energie. Dadurch wird das Gas kühler, es kann sich noch weiter verdichten. Schließlich schafft es die Schwerkraft, das Gas so dicht werden zu lassen, dass ein Stern entsteht: Dann ist im Zentrum die Temperatur so hoch, dass Wasserstoff-Atomkerne in Helium umgewandelt werden.

Erste Sterne waren sehr massereich

Die ersten Sterne im Universum waren ziemlich massereich. Sie hatten 100-mal mehr Treibstoff als unsere Sonne, den sie aber in umso kürzerer Zeit verbrauchten. Man könnte sagen, die ersten Sterne lebten wie manche Rockstars: exzessiv und sehr verschwenderisch, aber kurz. Nur wenige Millionen Jahre nach ihrer Entstehung explodierten diese Sterne als Supernovae.

Für uns war der frühe Tod dieser ersten Sterne von Vorteil, denn im frühen Universum waren noch nicht alle Elemente vorhanden, die für die Entstehung von Leben wichtig sind. Beim Urknall waren nämlich fast ausschließlich Wasserstoff und Helium entstanden.

In Folge der ersten Sternexplosionen wurde das Universum allmählich mit mehr Elementen angereichert. Erst durch Sterne im allgemeinen und durch die ersten Sterne im Besonderen konnte auf diese Weise beispielsweise Kohlenstoff erzeugt werden. Sterne entstanden, explodierten und verteilten ihr Material im Universum.

Aus diesen angereicherten Gaswolken konnten sich dann neue Sterne der zweiten Generation bilden, wie unsere Sonne. Und weil es jetzt auch schwerere Elemente gab, konnten auch Planeten entstehen. Dieser Kreislauf wird in Kapitel 24 näher erklärt.

Kommen wir also zurück zu unserem Körper. Wie wir gesehen haben, sind die Sterne verantwortlich für alle höheren Elemente in unserem Körper, wie etwa Sauerstoff, Stickstoff oder das „Lebenselement" Kohlenstoff. Erstaunlicherweise haben insgesamt 100 Millionen Sterne, die über mehrere Millionen Lichtjahre verteilt waren, dazu beigetragen, unsere Atome zu erzeugen.

Seit der Entstehung unseres Sonnensystems hat sich daran natürlich nicht viel verändert und so ist nur ein sehr geringer Anteil der Atome unseres Körpers jünger als 4,6 Milliarden Jahre. Das bedeutet auch, dass mit sehr hoher Wahrscheinlichkeit Atome unseres Körpers einst Teil eines Dinosauriers waren.

Unter den Atomen, die in Sternen entstanden, sind auch noch einige – ungefähr soviel wie im kleinen Finger – die von den allerersten Sternen stammen. Die Wasserstoff-Atome in unserem Körper hingegen sind unverändert seit der Zeit ihrer Entstehung – etwa 3 Minuten nach dem Urknall. Deshalb sind die meisten Atome in unserem Körper fast 14 Milliarden Jahre alt!

www.universum-fuer-alle.de/sternstunde/11

12 Weißt Du, wieviel Sternlein stehen?

Siegfried Röser

Sie kennen bestimmt das Kinderlied „Weißt Du, wiiiiie-viiiiel Sternlein stehe-en, an dem blau-auen Himmelszelt?“. In einem weiteren Vers steht „Gott, der Herr, hat sie gezählet, dass ihm auch nicht eines fehlet, an der ganzen großen Zahl“. Der Text dieses Liedes stammt von Wilhelm Hey aus dem Jahre 1837 und kann in der Tat als Handlungsanweisung für Astronomen gelten:

1) Wenn wir wissen wollen, wie viel Sterne es gibt, müssen wir sie zählen;

2) Wir müssen aufpassen, dass wir keinen Stern übersehen, und ebenso dass wir keinen doppelt zählen; und

3) Die Zahl der Sterne ist sehr groß, wir können sie nicht einfach mal so für uns alleine zählen.

Wie zählen wir denn eigentlich im „normalen Leben“? Nun, die Schüler auf einem Klassenfoto kann man ziemlich leicht zählen. Beim Foto der Tribüne eines ausverkauften Fussballstadions würde es uns schon etwas schwerer fallen, verschiedene „Zähler“ kämen vermutlich auf leicht unterschiedliche Ergebnisse. Besonders schwierig ist es, wenn man beim Zählen unterbrochen wird, denn wo und wie macht man dann weiter?

Eine gute Strategie wäre es etwa, wenn wir nicht nur zählen: „Eins, zwei, drei, vier, ...“, sondern die Personen (oder Objekte), die bereits gezählt sind, auch markieren. Und am besten zählt man auch in geordneter Weise und systematisch, etwa in Zeilen und Spalten. So beschreibt man dann einzelne Personen als „die vierte von rechts in der zweiten Reihe“.

Astronomische Mittagspause in der Peterskirche

Universität Heidelberg
Zukunft. Seit 1386.

Uni(versum) für alle!
»Halbe Heidelberger Sternstunden«

Das Ende des Zählens
(Abschätzungen, Hochrechnen)

- In der Milchstrasse werden Sterne nicht nur gezählt, ihre Position wird auch genau vermessen
- Die Sterne sind nicht fix, sie bewegen sich
- Die Sonne bewegt sich um das Zentrum der Milchstrasse (mit ca. 240 km/s)
- Um die Sonne auf der Bahn zu halten, braucht die Milchstrasse ca. 100 Mrd. Sonnenmassen

Unsere Milchstrasse enthält ca. 200 Mrd. Sterne (mindestens !)

Koordinaten und Helligkeiten

Auf Sterne übertragen heißt das, dass wir beim Zählen auch ihre Positionen, also ihre Koordinaten notieren müssen. Und damit sind wir schon dabei, einen „Sternkatalog“ zu erstellen, ganz ähnlich dem Personenregister beim Einwohnermeldeamt. Es lohnt sich dann, auch die Helligkeit und die Farbe des Sterns mit aufzunehmen.

Schon vor mehr als 2000 Jahren haben Astronomen damit begonnen, solche Sternkataloge zu erstellen. Die älteste überlieferte Sternzusammenstellung stammt von dem griechischen Gelehrten Claudius Pto-

Abbildung vorhergehende Seite: ESO, Kugelsternhaufen Omega Centauri
Abbildung rechte Seite: ESO/S. Brunier

lemäus, der etwa im Jahre 150 n. Chr. im „Almagest" einen Sternkatalog veröffentlicht hat, der 1028 Sterne umfasst. Also grob zusammengefasst kann man sagen: In der Antike hat man tausend Sterne gezählt. Damals gab es natürlich noch keine Fernrohre und Teleskope, alle diese Sternzählungen im Altertum wurden mit dem bloßen Auge durchgeführt.

6000 Sterne sichtbar

Da stellt sich die Frage: Wie viele Sterne können wir denn überhaupt mit bloßem Auge sehen? An jedem Ort der Erde kann man bei völliger Dunkelheit und ohne störendes Licht etwa 2500 Sterne sehen (allerdings nicht von unseren gut beleuchteten Wohngebieten, da sieht man deutlich weniger). Insgesamt sind über die gesamte Himmelssphäre 6000 Sterne hell genug, dass wir sie mit bloßem Auge sehen können.

Bis zum Jahre 1600 ist es bei diesem Stand geblieben. Erst mit der Erfindung des Teleskops gelang Galileo Galilei eine großartige neue Entdeckung: Es gibt sehr viel mehr Sterne, als wir mit bloßem Auge sehen können! Bis heute gilt die Regel: Je größer der Durchmesser des Teleskops, desto schwächere Sterne können wir sehen.

Mitte des 19. Jahrhunderts hatte sich in Bonn der Astronom Friedrich Argelander die Aufgabe gestellt, mit den damals besten Teleskopen die Sterne systematisch zu zählen. Nach mehr als zehn Jahren mühsamer Arbeit am Fernrohr stellte er die „Bonner Durchmusterung" vor, einen Sternkatalog, der über 300 000 von Bonn mit dem Teleskop aus sichtbare Sterne umfasste! Ähnliche Messungen wurden auch von der Südhalbkugel gemacht, so dass man um das Jahr 1900 etwa eine Million Sterne „kannte", also katalogisiert hatte. Dies blieb bis etwa 1950 der aktuelle Stand.

In der Zwischenzeit hatte man bessere Teleskope gebaut, und die Fotografie war erfunden worden. Mit langen Belichtungszeiten konnte man nun auch viel schwächere Sterne nachweisen. Mit einem Teles-

Zwei offene Sternhaufen (Doppelhaufen) im Sternbild Perseus

kop auf dem Mount Palomar in Kalifornien wurde bis 1958 eine fotografische Kartierung des Himmels durchgeführt, der „Palomar Sky Survey".

Man konnte dadurch sozusagen in die Karten der Bonner Durchmusterung „hineinzoomen". Wenn die Bonner Himmelskarte in einem kleinen Quadrat vielleicht zehn Sterne umfasste, dann sah man auf den Palomar-Karten auf dieser Fläche 10 000 Sterne! Insgesamt enthält der Palomar Sky Survey etwa eine Milliarde Sterne. Und alle diese Sterne gehören zu unserer Milchstraße!

Seit den 1980er Jahren gibt es zwei weitere technologische Neuentwicklungen in der Astronomie. Einerseits hat man eine ganze Reihe von Teleskopen mit Spiegeldurchmessern von acht Metern gebaut. Andererseits nutzt man inzwischen CCD-Kameras, die noch viel lichtempfindlicher sind als Negativfilme.

Die Kombination beider Verfahren führt dazu, dass wir noch viel schwächere Sterne messen und zählen können. Das wird allerdings nicht mehr „individuell" gemacht, wie beim Klassenfoto, sondern eher über Abschätzungen und Hochrechnungen aus repräsentativen Stichproben, wie wir es von Wahlen kennen oder bei der Bestimmung der Weltbevölkerung. Gegenwärtig schätzt man, dass unsere Milchstraße hundert bis zweihundert Milliarden Sterne umfasst (in Ziffern: 200 000 000 000).

Sehr viele Milchstraßen

Wir wissen aber auch seit langem, dass die Milchstraße nur eine von vielen Galaxien ist, dass es noch viele weitere solche „Welteninseln" gibt. Aufgrund neuer Messungen, etwa mit dem Hubble-Weltraumteleskop, haben wir inzwischen herausgefunden, dass es im Universum 100 bis 200 Milliarden solche Galaxien gibt, alle mehr oder weniger ähnlich unserer Milchstraße.

Wenn wir nun annehmen, dass diese anderen Welteninseln auch etwa so viele Sterne enthalten wie die Milchstraße, dann kann man die Gesamtzahl der Sterne im Weltall abschätzen oder „hochrechnen": 100 Milliarden Galaxien mit jeweils 200 Milliarden Sternen ergibt dann 20 000 000 000 000 000 000 000

Sterne im Universum (in Worten: 20 Trilliarden Sterne).

Um Ihnen zu veranschaulichen, wie gigantisch groß diese Zahl ist, ein Beispiel: Ein schneller Computer braucht heutzutage drei Sekunden, um eine Million Sterne aus dem Palomar Sky Survey von der Festplatte zu lesen.

Für den kompletten Survey benötigt der Rechner eine Stunde. Um alle Sterne der Milchstraße zu lesen, wären 200 Stunden notwendig. Um mit dieser Geschwindigkeit alle Sterne im Universum einlesen zu können, hätte der Computer vor 2,3 Milliarden Jahren beginnen müssen und wäre jetzt gerade fertig.

Gibt es also Sterne „wie Sand am Meer"? Bereits in der Bibel steht (Jer. 33, 22) „Wie die Sterne des Himmels nicht gezählt, und der Sand des Meeres nicht gemessen werden können". Heutzutage können wir aber zumindest abschätzen, ob es mehr Sandkörner an den Stränden der Erde oder mehr Sterne im Weltall gibt.

Sterne wie Sand am Meer?

Wenn wir annehmen, ein Sandkorn (Feinsand) hat einen Durchmesser von etwa 0,2 mm, dann nimmt es ein Volumen von etwa (0,2 mm * 0,2 mm * 0,2 mm) = 0,008 mm³ ein. Alle Sterne unserer Milchstraße zusammen entsprechen dann einem Sandhaufen von 1,6 Kubikmeter.

Würde man nun für jeden Stern im Universum ein solches Sandkorn nehmen, also auch für alle Sterne in allen anderen Galaxien, dann könnte man für die gesamte Küstenlinie der Erde, also auf einer Länge von 356 000 km, einen 100 m breiten und 5 m tiefen Sandstrand bilden. Noch anders veranschaulicht: Wenn jeder Stern im Universum einem solchen Sandkörnchen entspräche, dann könnte man die gesamte Fläche Deutschlands einen halben Meter hoch mit Sand bedecken.

Zusammengefasst lässt sich sagen: Wir können die Sterne im Universum nicht wirklich zählen, wir können ihre Gesamtzahl aber abschätzen. Es gibt mindestens 10 Milliarden Billionen, in Ziffern ausgedrückt sind das mindestens

10 000 000 000 000 000 000 000 Sterne!

13 Auf der Suche nach den kleinsten Galaxien

Eva Grebel

Astronomen denken heute, dass sich Strukturen im Universum nach einem immer gleichen Prinzip bilden: Große Objekte entstehen primär durch das Verschmelzen von und mit kleineren Objekten. Nach unserem gegenwärtigen Weltbild sollten diese kleinen Galaxien in überwältigender Zahl im frühen Universum entstanden sein und auch heute noch als Zwerggalaxien den Weltraum bevölkern.

Die Suche nach ihnen, den kleinsten Galaxien im Universum, gestaltet sich aber alles andere als einfach und wirft so manche Frage auf. Um diese besser zu verstehen, wollen wir uns aber zunächst einen Überblick über die Artenvielfalt im Galaxien-Zoo verschaffen. Galaxien sind durch die Schwerkraft gebundene Ansammlungen von Materie, die in vielen verschiedenen Größen und Formen vorkommen. Galaxien bestehen aus Sternen, Gas, Staub und Dunkler Materie. Sie werden nach ihrer Erscheinungsform oder Morphologie klassifiziert.

Formen von Galaxien

Die wohl bekannteste Klasse von Galaxien sind die Spiralgalaxien. Auch unsere Heimatgalaxie, die Milchstraße, gehört zu diesem Typ, der sich vor allem durch seine ausgeprägten Spiralarme auszeichnet. Unser Sonnensystem befindet sich in einem solchen Spiralarm.

Die massereichsten Galaxien gehören hingegen zur Gruppe der Elliptischen Galaxien, wie in der Abbildung unten zu sehen. Diese weisen stets ein helles Zentrum

Elliptische Galaxie M87

Abbildung vorhergehende Seite: ESO/Digitized Sky Survey 2; Sphäroidale Zwerggalaxie Fornax (Fornax dSph) im Sternbild Fornax
Abbildung oben: NASA/Robert Gendler
Abbildung rechte Seite: Dominik Leier, nach einem Originalplakat für IAU Symposium 241 von Jose Luis Cervantes Rodriguez, das auf einer NASA Aufnahme basierte

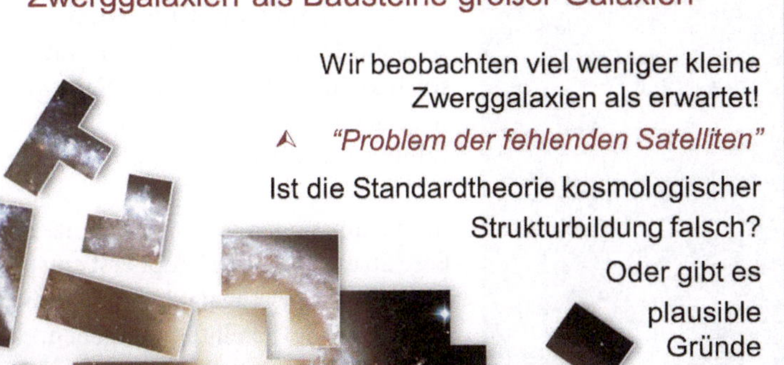

auf, sowie einen ausgedehnten lichtschwachen Bereich – das sogenannte Halo. Die größten Galaxien sind im Inneren großer Galaxienansammlungen zu finden, die Galaxienhaufen genannt werden. Neben den gerade beschriebenen Hauptgruppen finden wir aber auch ungewöhnliche Galaxien-Formen, wie etwa Ringgalaxien, die ihre markante Form durch ihre Wechselwirkung mit einer Nachbargalaxie erhalten hat.

Kleine Galaxien sind die häufigsten

Die kleinsten Galaxien haben häufig die äußere Form einer elliptischen Galaxie, sind aber weitaus lichtschwächer als ihre großen Verwandten. Diese Zwerggalaxien stellen die zahlenmäßig größte Gruppe von Galaxien im Universum dar und befinden sich meist in der Nähe massereicher Galaxien, in losen Gruppierungen und netzartigen Strukturen, sogenannten Filamenten.

Aufgrund ihrer geringen Leuchtkraft sind diese Zwerggalaxien nur sehr schwer zu finden. Selbst die Zwerggalaxien in der näheren Umgebung unserer Milchstraße, in der sogenannten Lokalen Gruppe, konnten bisher nur mit gewaltigem Aufwand aufgespürt werden. Mit jeder neuen Generation von noch lichtempfindlicheren Teleskopen werden aber mehr Zwerggalaxien in unserer Nähe entdeckt.

So ist es durch tiefe Himmelsdurchmusterungen wie etwa den Sloan Digital Sky Survey (SDSS) gelungen, dreimal so viele leuchtschwache Galaxien zu entdecken, wie bisher bekannt waren. In den letzten Jahren wurden zwölf Zwerggalaxien entdeckt, die wegen ihrer niedrigen Sternzahl und Sterndichte vom Hintergrund kaum zu unterscheiden sind. Wie können wir uns aber angesichts dessen überhaupt sicher sein, dass es sich um eigenständige Galaxien handelt?

Wir sind in der Lage, chemische Zusammensetzung, Alter, Verteilung und Entstehungsgeschichte ihrer Sterne relativ genau zu bestimmen. Darüber hinaus studieren wir ihren strukturellen Aufbau sowie ihre Bewegungsmuster. Alle Ergebnisse zeigen typische Galaxieneigenschaften und belegen damit, dass es sich hierbei um die masseärmsten und lichtschwächsten Galaxien handelt, die je entdeckt wurden.

Sagittarius-Zwerggalaxie

Ein weiteres interessantes Detail dieser Untersuchungen ist, dass viele Zwerggalaxien zu den ältesten Objekten im Universum zählen und damit – wie Fossilien – Zeugnis über die Frühzeit des Universums liefern. In Kapitel 69 wird mehr darüber berichtet.

Wie dem auch sei, trotz der großen Zahl an Neuentdeckungen zeichnet sich bereits jetzt ab, dass die Gesamtzahl von Zwerggalaxien nicht ausreicht, um unser bisheriges Bild der Strukturbildung im Universum zu bestätigen. Demzufolge müssten Tausende solch kleiner Objekte in der Nähe größerer Galaxien und damit auch in der Umgebung der Milchstraße zu finden sein.

Immerhin tragen sie dazu bei, dass größere Strukturen überhaupt erst entstehen können. Da Zwerggalaxien ihre größeren Begleiter wie Satelliten umgeben, wird diese Diskrepanz zwischen Theorie und Beobachtung auch als „Problem der fehlenden Satelliten" bezeichnet.

Dunkle Materie in Zwergen

Ein möglicher Lösungsansatz besteht in der Annahme, dass die von der Theorie vorhergesagte hohe Anzahl kleiner Galaxien existiert, aber einfach keine oder zumindest nicht ausreichend viele Sterne ausbilden konnte. Solche Objekte, die weitestgehend aus Dunkler Materie bestehen, sind natürlich mit fotografischen Techniken kaum aufzuspüren. Eine Möglichkeit bestünde dann in der Nutzung anderer Methoden, wie etwa des Gravitationslinseneffekts, um solche kleinen Materieansammlungen sichtbar zu machen. Wir könnten somit herausfinden, ob es eine Massen-Untergrenze für die Galaxienentstehung gibt, ob also so etwas wie eine „kleinste Galaxie" wirklich existiert.

Abbildung oben: NASA, ESA, und das Hubble Heritage Team (STScI/AURA); Acknowledgment: Y. Momany (University of Padua)
Abbildung rechte Seite: ESO/G. Bono & CTIO

Carina-Zwerggalaxie

Die zukünftige Erforschung der Zwerggalaxien wird zeigen, welche Rolle sie im Wachstumsprozess größerer Galaxien, wie der Milchstraße, spielen und uns darüber hinaus wertvolle Informationen über die Frühzeit der Galaxienentstehung geben. Sie sind somit ein wichtiger Baustein unserer Theorien über die Strukturentstehung im Universum.

www.universum-fuer-alle.de/sternstunde/13

14 Ist das Universum unendlich?

Hans-Walter Rix

Die Frage nach der Endlichkeit des Universums ist eng verbunden mit seiner Krümmung. Die Krümmung unseres Universums ist einfacher zu verstehen mit einem kleinen Ausflug in die Geometrie des Alltags.

Bewegen wir uns auf der Oberfläche einer Kugel, so erreichen wir – sofern wir unsere Anfangsrichtung lange genug beibehalten – irgendwann wieder den Ausgangspunkt. Weltreisende haben eine solche Erfahrung vielleicht schon einmal gemacht. Unsere Erde ist somit ein endlicher Ort. Die Oberfläche einer Kugel ist immer endlich, während eine ebene Fläche im Prinzip unendlich groß sein kann. Astronomen beschreiben die Eigenschaften des Raums mit Begriffen, die der Geometrie des Alltags entliehen sind. Dabei lassen sich „flach“ und „gekrümmt“ im streng mathematischen Sinn recht einfach durch das Verhalten der Innenwinkel eines Dreiecks beschreiben.

Zeichnen wir ein Dreieck auf eine flache Oberfläche, etwa auf ein auf dem Tisch liegendes Blatt Papier, so ergeben die Winkel, die zwischen den Seiten des Dreiecks eingeschlossen sind, in Summe immer 180°, solange die Seiten bloß die kürzesten Verbindungen zwischen jeweils zwei Eckpunkten des Dreiecks sind (siehe Abbildung rechte Seite). Auf einer Kugeloberfläche gilt das nicht.

Ist das Universum unendlich?

- Das von uns (prinzipiell) beobachtbare Universum ist sicher endlich!
  - mit Radius 13 Mrd. Lichtjahren um uns
- Dies 'beobachtbare' Universum muss Teil eines groesseren Raums sein
  - Wegen des kosmologischen / kopernikanischen Prinzips
- Ob dieser Raum unendlich ist, haengt von seiner 'Kruemmung' ab
  - 'flacher' Raum ist unendlich
- Beste Raumkruemmungsmessung: flach (+- ein paar Prozent)
  → **unendlicher Raum ist die wahrscheinlichste Situation**

Wählen wir drei Eckpunkte eines Dreiecks auf einer Kugeloberfläche und verbinden sie durch die jeweils kürzesten Linien, so stellen wir fest, dass die eingeschlossenen Winkel in Summe größer sind als 180°. Wenn wir die Krümmung einer Blumenvase betrachten, dann gibt es auf deren Oberfläche sowohl Bereiche positiver wie auch negativer Krümmung, bei denen die Winkelsummer kleiner als 180° ist.

Winkelsumme im Universum

Diese Erkenntnis lässt sich auf den dreidimensionalen Raum verallgemeinern: Immer wenn die Summe der Innenwinkel eines Dreiecks 180° beträgt, sprechen wir von einem flachen Raum. Abweichungen davon bedeuten, dass der Raum gekrümmt ist. Der Raum kann positiv gekrümmt sein, analog zu einer Kugel, dann ist die Innenwinkelsumme größer als 180°; wenn die Winkelsumme kleiner ist als 180° spricht man von einer negativen Krümmung.

Abbildung vorhergehende Seite: NASA, ESA, und S. Beckwith (STScI) und das HUDF Team; Hubble Ultra Deep Field (Ausschnitt)
Abbildung rechte Seite: NASA/WMAP Science Team

Bisher beschäftigten wir uns mit zweidimensionalen Gebilden, ebenen oder gekrümmten Flächen, wie wir sie aus dem Alltag kennen. Wie aber wird nun ein Raum gekrümmt, der Höhe, Breite und Tiefe hat, also drei Dimensionen? Laut Einsteins Allgemeiner Relativitätstheorie vermag es Masse, den Raum positiv zu krümmen. In unserem zweidimensionalen Beispiel entspräche das einer Kugeloberfläche.

Der Wirkung von Masse steht in der Kosmologie die fortschreitende Ausdehnung des Raums gegenüber. Sie bewirkt, dass der Raum negativ gekrümmt wird. Dies lässt sich mit der Krümmung eines Sattels veranschaulichen. Beide Phänomene, Masse und Raumausdehnung, können aber auch gerade so zusammen wirken, dass der Raum effektiv „flach" ist.

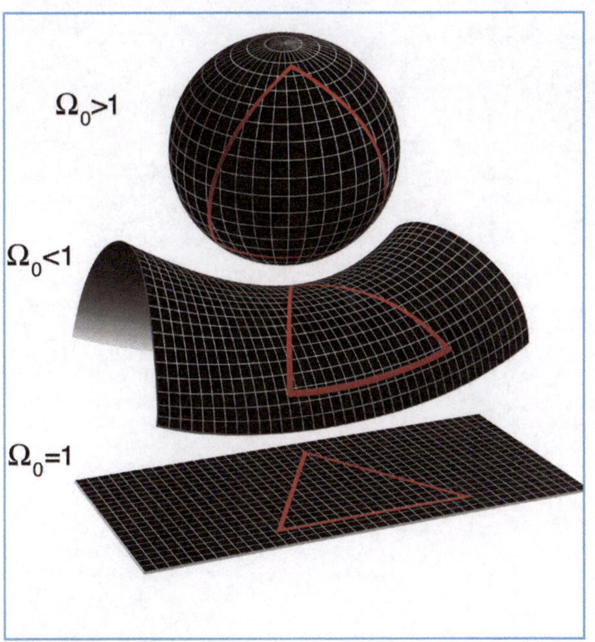

Zweidimensionale Analogie für ein Universum mit flacher Geometrie (unten), negativer (Mitte) und positiver Krümmung (oben).

Parallelen, die sich kreuzen

Wie können wir nun die Krümmung des (Welt-)Raumes vermessen? Dazu müssen wir uns klar machen, auf welchen Bahnen sich Licht in einem gekrümmten und in einem flachen Raum bewegt. Betrachten wir zwei parallele Lichtstrahlen in einem positiv gekrümmten Raum, so stellen wir fest, dass sich diese irgendwann überkreuzen. Dies mag auf den ersten Blick paradox klingen. Allerdings entspricht dies genau dem Fall, den wir von den kürzesten Verbindungslinien auf einer Kugeloberfläche schon kennen.

Verfolgen wir zwei Reisende, die sich vom Erdäquator aus mit einem bestimmtem Abstand zueinander „parallel" auf den für sie jeweils kürzesten Weg zum Nordpol machen. Der anfänglich große Abstand wird nach und nach kleiner, bis sich ihre Wege am Nordpol kreuzen.

In analoger Weise führt eine negative Krümmung des Raumes dazu, dass sich der Abstand paralleler Strahlen vergrößert. Nur in einem flachen Universum bleibt der Abstand paralleler Lichtstrahlen immer konstant.

Wir können die Krümmung des Raumes feststellen, wenn wir einen Messstab nutzen, dessen Länge uns genau bekannt ist. Er muss sich in einer sehr großen, aber uns bekannten Entfernung befinden. Wenn nun die Winkelgröße des Messstabs bestimmt wird, dann können wir aus Winkel und Abstand (auf der Grundlage der euklidischen Geometrie) die scheinbare Größe be-

Sehr weit entfernte Galaxien im Chandra Deep Field South

Abbildung oben: ESO/Mario Nonino, Piero Rosati und das ESO GOODS Team
Abbildung rechte Seite: NASA/WMAP Team

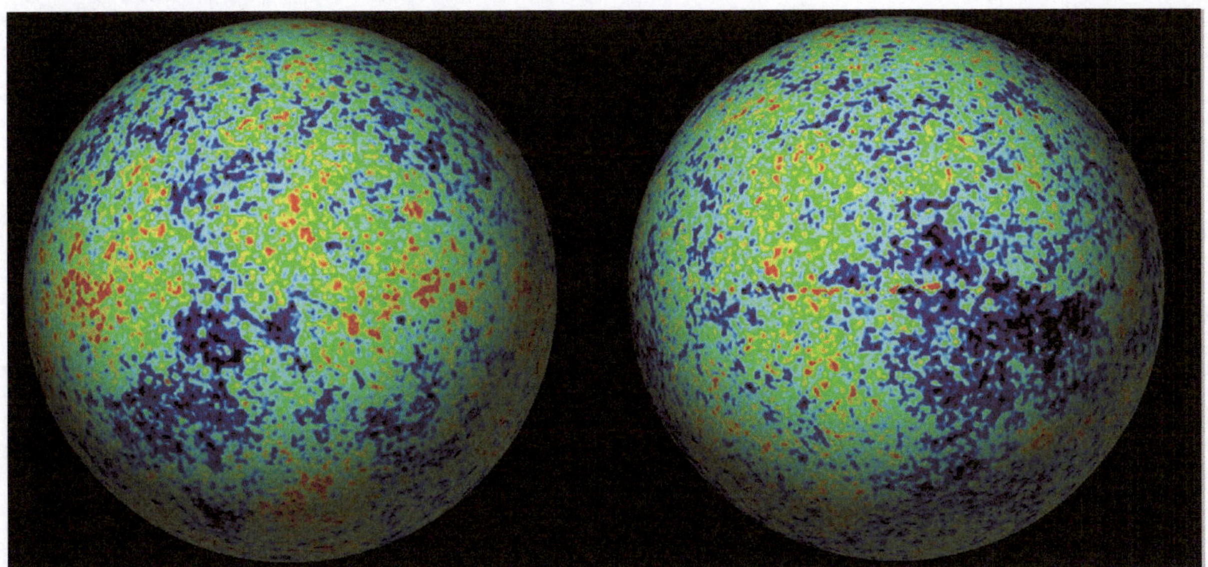

Karte der kosmischen Hintergrundstrahlung des Universums in Form zweier Globus-Seiten, gemessen mit dem WMAP-Satelliten

stimmen und diese mit der (uns bekannten) wirklichen Größe vergleichen und somit auf die Krümmung des Raumes schließen.

Die kosmische Hintergrundstrahlung, deren Ursprünge in Kapitel 3 näher beschrieben werden, bietet uns genau diese Möglichkeit. Durch die Messung der charakteristischen Größen heißerer und kälterer Gebiete in einer sehr frühen Phase unseres Universums (Abbildung oben), kann die Geometrie des Raumes bestimmt werden.

Unsere kosmologischen Simulationen sagen für ein „flaches" Universum voraus, dass die Hintergrundstrahlung von kalten und heißen Gebieten mit einer typischen Größe von einem Winkelgrad durchzogen ist.

Wenn hingegen die Geometrie des Raums gekrümmt ist, werden die Lichtbahnen und somit die Strukturen in der Hintergrundstrahlung verzerrt. Für den Fall positiver Krümmung bedeutet das, dass die Strukturen scheinbar vergrößert werden, dass wir also einen größeren Winkel als ein Grad messen sollten, da parallele Lichtwege in einem solchen Universum zusammenlaufen. Für den Fall negativer Krümmung sollten wir kleinere Winkel als ein Grad finden.

Alle Experimente, die die kosmische Hintergrundstrahlung in dieser Weise untersuchen, weisen auf ein Universum hin, das nahezu flach und somit unendlich ist.

15 Welche Farbe haben die Sterne?

Hans-Günter Ludwig

Sind die Sterne am Nachthimmel eigentlich farbig? Oder einfach nur hell? Vielleicht weiß? Oder gelb wie die Sonne? Nun, bei einem schnellen Blick nach oben in einer klaren Winternacht erscheinen uns die Sterne vor allem als hell leuchtende Punkte.

Wenn sich die Augen allerdings ein bisschen an die Dunkelheit gewöhnt haben, dann meint man bei einigen besonders hellen Sterne tatsächlich eine Tendenz eher zum rötlichen oder eher zum bläulichen zu erkennen.

Am besten ist das vielleicht am Sternbild Orion zu sehen, der linke obere Schulterstern – er heißt Beteigeuze – erscheint tatsächlich etwas rötlich, während der rechte untere Fußstern – sein Name ist Rigel – einen Hauch von blau zeigt (siehe Abbildung rechte Seite). Entsprechen diese Sinneseindrücke den realen Farben der Sterne?

Wir können der Sache etwas näher kommen, wenn wir mit der Kamera eine Aufnahme des Himmels machen. Normale Fotografien am Tage dauern nur Bruchteile von Sekunden, die Belichtungszeit einer modernen Kamera bei Tageslicht beträgt vielleicht 1/250 Sekunde (dazu kann man auch sagen: 4 Millisekunden).

In der Nacht ist es aber bekanntlich dunkel, es ist viel weniger Licht vorhanden.

Haben Sterne eine Farbe???

Ja, zumindest wenn man genauer hinschaut!

Um trotzdem eine Aufnahme machen zu können, muss man längere Belichtungszeiten wählen. Da kommen oft viele Minuten zusammen, oder sogar Stunden.

Langzeitbelichtung: Farbige Sternspuren

Wenn man die Kamera für eine Langzeitbelichtung von einigen Stunden auf einem Stativ stehen lässt, dann sieht man hinterher auf dem Bild nicht einfach nur Lichtpunkte, sondern Kurven, kurze oder längere Kreisbögen (siehe vorhergehende Doppelseite): Das sind die Spuren der Sterne, die ja genau wie die Sonne scheinbar über den Himmel ziehen.

Die Sterne scheinen sich alle um den Polarstern zu drehen (deshalb heißt er so, er bildet quasi den „Pol", die Drehachse). Und auf solchen Aufnahmen kann man nun sehr genau sehen, dass die Sternspuren

Abbildung vorhergehende Seite: ESO, Langzeitbelichtung der scheinbaren Sternbewegungen am VLT (Very Large Telescope) auf dem Cerro Paranal
Abbildung rechte Seite: NASA/Matthew Spinelli

tatsächlich farbig sind: man erkennt ganz klar orange-farbige und gelbe Spuren, auch bläuliche und gar leicht violette.

Sterne haben also tatsächlich Farben! Woran liegt das, was bedeutet es, und warum sind diese Farben für uns gar nicht so leicht zu erkennen? Um dies zu verstehen, hilft uns die Physik, die Biologie, und die menschliche Physiologie. Fangen wir mit der letzten Frage an: Wieso fällt es uns Menschen viel leichter, die rote Farbe der Tomate zu erkennen, als die rote Farbe des Sterns Beteigeuze?

Zäpfchen und Stäbchen

Das hat damit zu tun, wie das menschliche Auge funktioniert. Im Auge gibt es zwei Arten von Sensoren, die „Zapfen" und die „Stäbchen". Biologen und Mediziner haben herausgefunden, dass es drei Arten von Zapfen gibt, die jeweils die Farben blau, grün und rot wahrnehmen können. Und aus den jeweiligen Intensitäten dieser drei Farbkanäle ergibt sich dann für uns die Gesamtfarbe, wie etwa das Rot der Tomate.

Das Sternbild Orion mit Beteigeuze (oben links) und Rigel (unten rechts)

Von den Stäbchen dagegen gibt es nur eine Sorte, die können eigentlich nur „hell" und „dunkel" messen. Ihr Vorteil ist aber, dass sie sehr viel empfindlicher reagieren als die Zapfen. Die Stäbchen können auch schon sehr schwache Helligkeit wahrnehmen, während die Zapfen viel mehr Licht brauchen.

Deshalb nehmen wir Menschen bei Tageslicht die Welt vor allem mit den Zapfen wahr: Die Welt bei Tage ist bunt! Bei Dunkelheit dagegen sehen wir mit den Stäbchen und können Farben kaum noch unterscheiden, sondern nur noch Grautöne: Die (eigentlich) rote Tomate am Strauch sieht bei Dunkelheit sehr ähnlich aus wie der (eigentlich) grüne Apfel am Baum. Daher kommt auch das Sprichwort: In der Nacht sind alle Katzen grau.

Bei anderen Lebewesen ist das übrigens anders: Vögel haben vier Farbrezeptoren und können daher Farben besser unterscheiden als der Mensch. Andere Tierarten haben sogar noch mehr Rezeptoren, so kommt der Fangschreckenkrebs gar auf zwölf Farbrezeptoren!

Was bedeutet „Farbe" nun eigentlich physikalisch? Schon vor mehr als 100 Jahren haben die Physiker festgestellt,

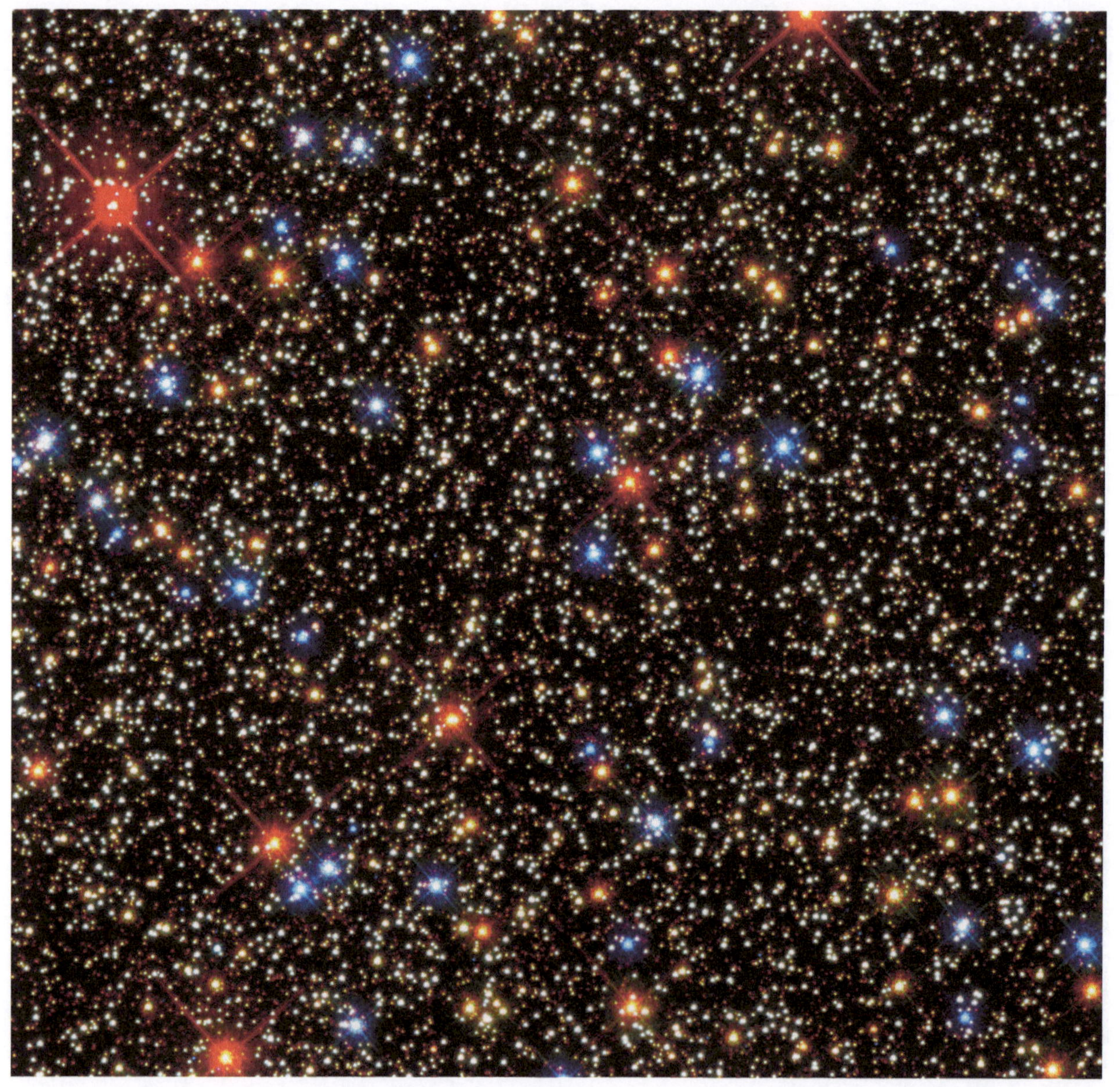

Abbildung oben: NASA/HST; Kugelsternhaufen Omega Centauri

dass Licht eine elektromagnetische Welle ist. Jede Welle hat eine „Wellenlänge", das ist der Abstand von einem Wellenberg zum nächsten, und eine Frequenz, die gibt an, wie häufig sich Wellenberg und Wellental pro Sekunde ändern.

Die Wellenlänge von Licht ist sehr klein, sie liegt zwischen 400 und 800 Nanometern, abgekürzt als „nm". Das „n" steht für „ein Milliardstel", so wie das „c" in der Abkürzung für Zentimeter (cm) für ein Hundertstel, das erste „m" in Millimeter (mm) für ein Tausendstel, und das „μ" in Mikrometer (μm) für ein Millionstel steht. Das heißt mit anderen Worten: Die Wellenlänge des Lichts ist winzig klein.

Der Unterschied zwischen Licht verschiedener Wellenlänge ist einzig und allein die Farbe: Blaues Licht hat die kürzeste Wellenlänge, nämlich etwa 400 nm, grünes Licht hat mittlere Wellenlängen, etwa 600 nm, und rotes Licht hat die längsten Wellenlängen, nämlich bis zu 800 nm.

Und dann gibt es auch noch Infrarot-Licht, das ist Wärmestrahlung, die können wir gar nicht mehr mit den Augen sehen, sondern nur noch mit der Haut spüren: Die Wellenlängen der Infrarotstrahlung sind noch länger als die von rotem Licht.

Farbe bedeutet Temperatur

Warum haben aber nun Sterne unterschiedliche Farben? Das liegt an ihrer Temperatur! Wenn wir uns auf der Erde mit sehr hohen Temperaturen beschäftigen, dann hat das meist mit Feuer zu tun. Wir backen unseren Kuchen im Backofen bei vielleicht 200 °C.

Noch heißer wird es, wenn man zu einem Schmied geht (von denen es heute nicht mehr so viele gibt), oder an einen Hochofen, in dem aus Eisen und ein paar weiteren Zutaten Stahl erzeugt wird.

Dort kann man folgendes beobachten: Wenn Eisen heiß wird (mehr als 1000 °C), dann fängt es an rot zu glühen, erst ganz schwach dunkelrot. Wenn die Temperatur noch weiter erhöht wird, wird die Farbe heller rot, dann gelblich, weißlich und schließlich bläulich. Das heißt: Die Farbe von erhitztem Eisen zeigt seine Temperatur an: Rot-glühend heißt relativ geringe Temperatur, blau-glühend bedeutet sehr hohe Temperatur.

Rote, gelbe, blaue Sterne

Und so ähnlich ist es auch mit den Sternen. Rötliche Sterne sind relativ kühl, für irdische Verhältnisse aber bereits extrem heiß: Ihre Temperatur beträgt etwa 3000 °C an der Oberfläche. Unsere Sonne hat eine Temperatur von etwa 5 800 °C und leuchtet entsprechend etwas gelblich. Daneben gibt es aber auch noch sehr viel heißere Sterne, wie etwa den Rigel im Orion, mit Temperaturen von 15 000 °C oder noch höher. Diese Sterne strahlen dann bläulich-weiß.

Die Farbe der Sterne ist also auf ihre Temperatur zurückzuführen. Genau genommen hängt es auch noch ein bisschen von ihrer chemischen Zusammensetzung ab, dies kann man präziser untersuchen, wenn man das Licht eines Sterns in seine Wellenlängen auffächert, wenn man also ein Spektrum aufnimmt.

16 Was sind Sternschnuppen?

Cornelis Dullemond

Die meisten Menschen freuen sich, wenn sie am Nachthimmel eine Sternschnuppe sehen, eine helle Leuchtspur, die meist nur für den Bruchteil einer Sekunde zu sehen ist. An manchen Tagen des Jahres kommt das häufiger vor als an anderen, wie etwa bei den „Perseiden", die immer in den Nächten um den 12. August auftreten. Woran liegt das, und was sind eigentlich „Sternschnuppen"?

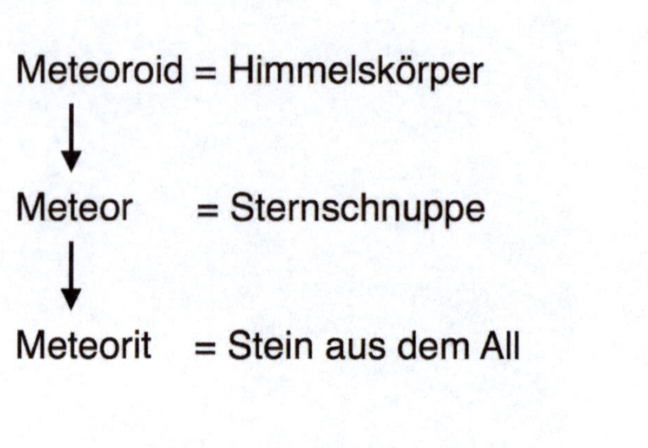

Dazu müssen wir zunächst mal den Aufbau unseres Sonnensystems verstehen. Dominiert wird es natürlich von der hell leuchtenden Sonne im Zentrum. Außen herum ziehen die Planeten ihre Kreise, beginnend mit dem Merkur und der Venus, die Erde ist der dritte Planet, nach außen geht es weiter mit dem Mars, dem Jupiter, dem Saturn, dem Uranus und dem Neptun. Der Pluto gehört ja nicht mehr zu unserer Planetenfamilie (die Gründe dafür kann man in Kapitel 22 nachlesen).

Die Planeten sind aber nicht die einzigen Bewohner des Sonnensystems. Zwischen der Marsbahn und der Jupiterbahn gibt es eine große Zahl von kleinen Körpern, die ebenfalls um die Sonne kreisen. Die werden Asteroiden genannt, oder auch Kleinplaneten. Genau genommen sind die Bahnen der Planeten und Kleinplaneten keine Kreise, sondern Ellipsen. Das hat Johannes Kepler bereits vor 400 Jahren herausgefunden. Aber die Abweichungen von einem Kreis sind sehr gering.

Leuchtender Staub aus Kometen

Es gibt eine weitere Sorte Mitbewohner des Sonnensystems, die Kometen, die allerdings auf sehr starken Ellipsenbahnen unterwegs sind. Dadurch kommen sie manchmal der Sonne sehr nahe – nur dann können wir sie sehen – aber die meiste Zeit sind sie sehr weit weg von der Sonne. Und diese Kometen helfen uns, die Sternschnuppen zu verstehen. Kometen werden manchmal auch als „schmutzige Schneebälle" bezeichnet, weil sie nämlich aus einer Mischung aus Gestein und Eis bestehen.

Der eigentliche „Kern" eines Kometen ist meist nur einige Kilometer groß. Wenn nun aber dieser vereiste Gesteinsbrocken auf seiner stark elliptischen Bahn in die Nähe der Sonne kommt, dann heizt die ihn auf. Dadurch wird das gefrorene Material an der Oberfläche aufge-

Abbildung vorhergehende Seite: Bildrechte: Fred Bruenjes; Perseidenschauer vom 11. August 2004, Kombination von 59 einzelnen Aufnahmen
Abbildung rechte Seite: Wikipedia, unter cc-Lizenz 3.0, C m handler

taut und „abgedampft“. Gasmoleküle und winzig kleine Gesteinsteilchen lösen sich von der Kometenoberfläche und werden dann von den Sonnenstrahlen sogar noch etwas „weggedrückt“ (mehr dazu in Kapitel 34).

Diese winzigen Teilchen werden natürlich von der Sonne auch angestrahlt und reflektieren dann das Sonnenlicht. Wir können dies als schönen Kometenschweif sehen, manchmal sogar mit dem bloßen Auge. Alle paar Jahre taucht ein solcher Komet auf und ist dann für einige Wochen am Nachthimmel zu sehen. Manche Kometen kehren regelmäßig wieder, wie der Halleysche Komet, der etwa alle 76 Jahre in Sonnen- und Erdnähe kommt.

Das „abgedampfte“ Material ist zwar nicht mehr fest mit dem Kometen verbunden, fliegt aber trotzdem weiter auf dieser Bahn, manchmal ein bisschen hinterher, manchmal ein bisschen voraus. Im Laufe der Zeit, nach vielen Sonnenvorbeiflügen, füllen diese winzig kleinen losgelösten Staubkörner die Kometenbahn langsam auf. Und wenn nun eine solche Kometenbahn zufällig nahe an der Bahn der Erde um die Sonne vorbeiläuft, dann fliegt die Erde einmal im Jahr quasi durch diese Staubpartikel hindurch, die ursprünglich von dem Kometen stammen.

Wenn sich dann ab und zu die Erdbahn und die Bahn eines solchen winzigen Staubteilchen gerade kreuzen,

Sehr helle Sternschnuppe ("Bolide"), aufgenommen am 24. April 2011 über Südaustralien

dann dringt dieses Staubteilchen in die Erdatmosphäre ein, spürt die Luft, wird dadurch schnell erhitzt, weil es sich mit sehr großer Geschwindigkeit bewegt, und verglüht schließlich in einem kleinen Blitz. Und diese Leuchterscheinung nehmen wir Menschen als „Sternschnuppe" wahr.

Es ist etwa so, wie wenn wir mit unserem Auto bei einer Geschwindigkeit von 100 km/h in einen Fliegenschwarm hineinfahren, der gerade die Autobahn in einer Höhe von 1,20 m überfliegt. Wenn dieser Fliegenschwarm exakt in dem Augenblick über der rechten Fahrspur ist, wenn unser Auto dort fährt, dann sehen wir das später an der Windschutzscheibe.

Die losgelösten kleinen „Kometenstückchen" verteilen sich im Laufe der Zeit auf der ganzen Kometenbahn. Wenn also die Bahn eines periodisch wiederkehrenden Kometen in der Nähe der Erdbahn vorbeizog, dann entspricht das bei der Bewegung der Erde um die Sonne

Sternschnuppe (in der Mitte des Bildes) aufgenommen „von oben" aus der International Space Station ISS am 13. August 2011

Abbildung oben: NASA

Starke Meteor-Ströme

Perseiden	17 Jul – 24 Aug
Geminiden	7 Dez – 17 Dez
Quadrantiden	28 Dez – 12 Jan

Meteor-Schwärme

So gibt es etwa die Perseiden (nach dem Sternbild Perseus), die um den 12. August in großer Zahl zu sehen sind. Oder die Leoniden (nach dem Sternbild Löwe), mit einem Aktivitätsmaximum um den 17. November. Zwei weitere starke Sternschnuppen-Ströme sind die Geminiden (nach dem Sternbild Zwillinge) um den 13. Dezember, und die Quadrantiden um den 4. Januar (benannt nach einem nicht mehr gebräuchlichen Sternbild, dem „Mauerquadranten").

jeweils einem bestimmten Datum. Und immer an diesem Tag im Jahr fliegt die Erde eben wieder durch diese staub-gefüllte Kometenbahn.

„Staubige" Bahnen

Und so, wie ein Fahrradfahrer, der auf dem Weg zur Arbeit jeden Tag einen Feldweg überquert, sich jeweils etwas staubig macht, so macht sich die Erdatmosphäre jedes Jahr an bestimmten Tagen etwas „staubig", wenn sie durch diese Kometen-Überreste fliegt. Und wir Menschen können uns zu diesen Zeiten dann eben an besonders vielen Sternschnuppen erfreuen.

In einer Nacht mit besonders vielen Sternschnuppen kann man sehen, dass die zwar alle in verschiedene Richtungen fliegen, aber es sieht so aus, als ob sie alle vom gleichen Punkt kommen. Und nach diesem Punkt, genauer gesagt nach dem Sternbild, in dem dieser Punkt liegt, werden die periodischen Sternschnuppen-Schwärme benannt.

17 Von 3 cm zu 40 m Durchmesser: Teleskope von Galilei bis 2020

Tom Herbst

Auf die Frage, warum Astronomen Teleskope bauen, erhalte ich meist dieselbe Antwort: Um ferne Objekte vergrößert sehen zu können. Das ist zwar einerseits richtig, wir müssen ferne Objekte „heranholen" und vergrößern. Aber beim jetzigen Stand der Forschung geht es tatsächlich gar nicht mehr so sehr um die Vergrößerung.

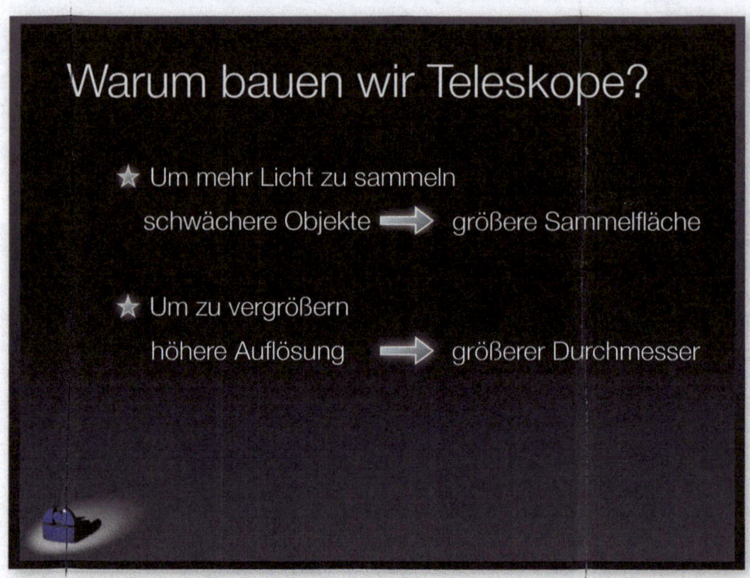

Hauptsächlich geht es um Empfindlichkeit! Wir brauchen eine große Sammelfläche, um mehr Licht von den ganz schwach sichtbaren Objekten aufsammeln zu können. Das ist der Hauptgrund, warum wir Teleskope mit immer größeren Durchmessern und damit größeren Sammelflächen bauen.

Sammelfläche vergrößern

Gehen wir ein bisschen zurück in die Vergangenheit. Als der Homo Heidelbergensis vor 600 000 Jahren in den Himmel schaute, konnte er nur sein Auge nutzen. Die Pupille des menschlichen Auges hat einen Durchmesser von etwa 6 mm und eine winzige Fläche. Ausgestattet mit diesem Apparat beobachtete der Mensch mehrere 100 000 Jahre lang den Himmel.

Vor 400 Jahren hat Galileo Galilei dann erstmals mit einem Teleskop in den Himmel geschaut und die Monde des Jupiter gesehen oder die Krater auf dem Mond. Sein Fernrohr war ein Linsenteleskop mit einem Durchmesser von 30 mm, es war also 5-mal größer als das Auge und hatte entsprechend eine 25-mal größere Oberfläche. Aber es war immer noch ziemlich klein.

Damit begannen aber viele Entwicklungen im Bereich der Teleskope. In dem Diagramm auf der rechten Seite sieht man auf der horizontalen Achse die Jahre von 1600 bis heute, und auf der senkrechten den Teleskop-Durchmesser in Metern, von ein bis fünf Meter. An der rechten Achse sieht man zudem die Teleskop-Oberfläche in Quadratmetern.

Für das Jahr 1609 also finden wir hier Galilei mit seinem Fernrohr, auf dieser Skala nahe bei Null in Durchmesser und Oberfläche. Ungefähr 100 Jahre später erfand Isaac Newton das Spiegelteleskop, das

Abbildung vorhergehende Seite: ESO; Teleskope auf dem La Silla in Chile

maximal 80 cm Durchmesser besaß. Ein weiteres Jahrhundert später schließlich entwickelte William Herschel ein 1,2 m Teleskop. Lord Rosse baute im Jahre 1850 ein 1,8 m Teleskop, das dann 60 Jahre lang weltweit das größte Teleskop war.

Ein Teleskop, das vor 30 Jahren gebaut wurde und heute noch verwendet wird, steht auf dem Calar Alto in Südspanien und hat 3,5 m Durchmesser. Und das ist auch das Ende dieser historischen Darstellung. Denn nun will ich Ihnen zeigen, dass wir inzwischen in einem goldenen Zeitalter der Astronomie leben.

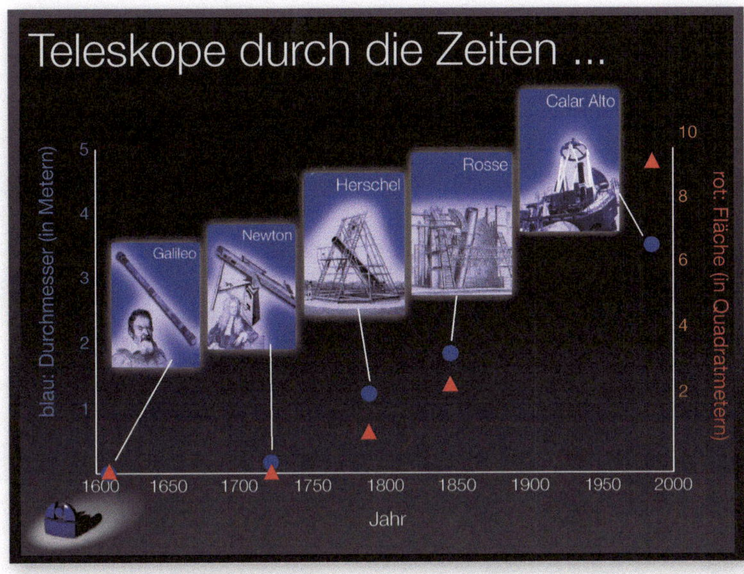

Im Jahre 1985 gab es weltweit nur vier Teleskope, die einen Durchmesser von mehr als vier Metern hatten. Zehn Jahre später, Mitte der 90er Jahre, waren ein paar Acht-Meter-Teleskope dazugekommen, und es gab bereits ein Zehn-Meter-Teleskop auf Hawaii. Inzwischen gibt es eine ganz Reihe Teleskope dieser Größe. In den letzten 20 Jahren haben Astronomen gelernt, wie man große Teleskope baut. Heute gibt es sogar Teleskope mit einem Durchmesser von fast zwölf Metern!

In Zukunft: 40 m-Teleskop

Jetzt wollen wir etwas in die Zukunft schauen. Denn zur Zeit planen wir das E-ELT: Das European Extremely Large Telescope. Es soll 2020 fertiggestellt werden und wird viel größer sein als die anderen zusammen. Das E-ELT ist segmentiert, aus hexagonalen Spiegelflächen zusammengesetzt, von denen ich gleich noch erzähle.

Lassen Sie uns dazu nun die Lichtsammelfläche eines Menschenauges vergleichen mit der dieses zukünftigen Super-Teleskops E-ELT mit etwa 40 Metern Spiegeldurchmesser. Die lichtdurchlässige Oberfläche von zwei Menschen-Augen beträgt zusammen etwa 7 Quadratmillimeter, also 0,000 007 m^2. Dagegen hat das E-ELT eine Sammelfläche von etwa 1200 m^2. Das ist unglaublich viel größer!

Wie kann man ein solches Teleskop überhaupt bauen? Der große Spiegel besteht nicht aus einem einzelnen Stück, er wird aus vielen Teilstücken zusammengesetzt. Die vielen Segmente des Teleskop-Spiegels

Modell des 40-Meter-Teleskops E-ELT, das ab dem Jahre 2022 in Chile für die Astronomen nutzbar sein soll.

haben die Form eines gleichseitigen Sechsecks, eines Hexagons. Jedes einzelne davon ist in etwa so groß wie ein Mensch. Diese Segmente werden aus Glas gebaut und ungefähr 50 mm dick sein.

Die Fläche eines einzigen Hexagons ist so groß wie 50 000 Augen des Homo Heidelbergensis. Und im Teleskop gibt es fast 1000 solcher Hexagons! Die Teleskop-Oberfläche ist also 50 Millionen Mal so groß wie das menschliche Auge. Das bedeutet: Wenn ein Mensch 150 000 Jahre lang jede Nacht die ganze Zeit in den Himmel schaut, sammelt er genau soviel Licht wie das E-ELT in einer einzigen Nacht. Das E-ELT ist also wahrlich gigantisch groß – aber auch sehr komplex und sehr teuer.

Wie wird es aussehen und wie ist das E-ELT aufgebaut? Das Licht kommt vom Himmel, wird vom Hauptspiegel zum Sekundärspiegel geworfen, der immerhin auch noch einen Durchmesser von sechs Metern hat. Der Lichtweg geht dann weiter zu einem dritten, vierten und sogar zu einem fünften Spiegel und dann zum

Abbildung oben: ESO

Brennpunkt des Teleskops. Es hat viele Vorteile, wenn man mit mehr Spiegeln arbeitet – man kann die Qualität des Bildes dann stark verbessern (eben deshalb hat eine normale Spiegelreflexkamera viele Linsen).

Omnibus auf dem Mond?

Eine Aufnahme des Riesenteleskops wird einen Bereich am Himmel ablichten der etwa einem Drittel des Monddurchmessers entspricht. Die Winkelauflösung liegt dabei bei 10 Millibogensekunden. Das ist ein winzig kleiner Abstand: Auf den Mond übertragen heißt das, das E-ELT könnte dort einen Bus stehen sehen (nicht, dass wir vermuten, es gäbe viele Busse auf dem Mond ...).

Teleskop groß wie ein Fussballstadion

Da das Teleskop und die Kameras sehr teuer sind, müssen sie unter einer Kuppel stehen, damit sie gegen Wind und Wetter geschützt sind. Diese Teleskop-Kuppel wird sehr klassisch aussehen, mit einer Höhe von etwa 100 Metern wird sie etwa so groß sein wie ein Fussballstadion. Und in der Tat werden wir wahrscheinlich eine Firma für den Bau von Fussballstadien mit der Konstruktion des Teleskops beauftragen.

Die Kuppel wird viele Fenster und Öffnungen haben, durch die der Wind hindurchblasen kann. Dadurch werden die Turbulenzen verringert, die das Bild immer etwas unscharf machen. Lassen Sie mich die Größe dieses Teleskops mit einem lokalen Beispiel veranschaulichen: Das E-ELT wird so groß werden wie das Heidelberger Schloss!

Dieses 40 m-Teleskop wird auf einem hohen Berg stehen, weil es dort sehr trocken ist und es keine Wolken gibt. Nach Turbulenzmessungen an verschiedenen Orten, einer Analyse der Erreichbarkeit des Standortes und der Anzahl der Wolkentage entschieden sich die Astronomen für den Cerro Amazones als Standort für das E-ELT, einen Berg im Norden Chiles. Derzeit sieht man dort noch nicht sehr viel vom E-ELT. Momentan wird die Bergspitze abgetragen und geglättet und oben werden Messungen durchgeführt, es gibt einen Turbulenzmonitor und es werden Temperatur- und Windgeschwindigkeitsmessungen durchgeführt.

MICADO und METIS

Für das E-ELT werden eine ganze Reihe von Kameras und Spektrografen gebaut. Zwei davon werden hier in Heidelberg entwickelt, das erste heißt MICADO und ist eine Infrarotkamera. Mit dieser werden wir das Zentrum der Milchstraße untersuchen und Sterne in anderen Galaxien, sowie Schwarze Löcher und die Entwicklung von Galaxien. Das andere Instrument heißt METIS und misst im infraroten Wellenlängen-Bereich, (mehr dazu in Kapitel 4). Mit dieser Kamera werden Astronomen Sterne in der Galaxie beobachten und die Entwicklung Schwarzer Löcher mit sehr großen Massen untersuchen.

Das Interessanteste ist vielleicht noch der Zeitplan: Im Jahre 2012 wird damit begonnen, den Berg in Chile abzuflachen, und ab 2022 könnte die Wissenschaft beginnen. Es liegt also eine spannende Zeit vor uns!

www.universum-fuer-alle.de/sternstunde/17

18 Gibt es Schwarze Löcher wirklich?

Max Camenzind

Schwarze Löcher sind die einfachsten Objekte des Universums – zu ihrer Konstruktion benötigen wir keine Materie, sondern nur Gravitation. Nach Einstein ist Gravitation Geometrie, Schwarze Löcher sind damit reine Geometrie. Schwarze Löcher sind absolut stabil, sie können nicht zerstört werden.

Nach der Allgemeinen Relativitätstheorie können nicht beliebig massereiche Neutronensterne existieren. Eine realistische Obergrenze dürfte bei zwei Sonnenmassen liegen. Wird auf einen Neutronenstern immer mehr Materie abgelagert, so muss er kollabieren. Es bildet sich ein Schwarzes Loch in Form eines Horizontes, hinter dem jede Form von Materie verschwindet. Die Gravitation ist in diesem Bereich so stark, dass selbst Photonen nicht entweichen können.

Horizont des Wissens

Sterne mit über 25 Sonnenmassen entwickeln sich nach einigen Millionen Jahren zur Supernova, ihr Zentralbereich stürzt daraufhin unaufhaltsam in sich zusammen. Der zentrale Proto-Neutronenstern hat zu viel Masse und kollabiert innerhalb weniger Millisekunden zum Schwarzen Loch, da seine Masse über der maximal möglichen Masse eines Neutronensterns liegt. Sobald der Radius des Neutronensterns kleiner wird als der Schwarzschild-Radius, bildet sich ein „Horizont“ aus.

Alle Lichtkegel sind innerhalb des Horizontes nach innen gerichtet, nichts kann mehr entweichen. Nach nur einigen Millisekunden ist der Kollaps beendet und die Singularität ausgebildet.

Schematische Darstellung der Energieproduktion von Schwarzen Löchern: Einfallende Materie dreht sich in einer Akkretionsscheibe um das Schwarze Loch im Zentrum, wird dabei immer heißer und gibt Strahlung ab.

Abbildung vorhergehende Seite: ESO/M. Kornmesser; Künstlerische Darstellung des Zentralbereichs des Quasars ULAS J1120+0641 mit einem Schwarzen Loch von 2 Milliarden Sonnenmassen im Zentrum
Abbildung oben: NASA/CXC/SAO

Antworten auf Fragen ...

- **Was ist ein Schwarzes Loch überhaupt?**
- **Wer hat sie erfunden?**
- **Was ist ein Schwarzes Loch nicht?**
- **Wie entstehen Schwarze Löcher?**
- **Können Schwarze Löcher rotieren?**
- **Wo finden wir sie im Universum?**
- **Kann der Large-Hadron-Collider (LHC) am CERN Schwarze Löcher erzeugen?**

Zurück bleibt ein Objekt, das nur Masse und Drehimpuls aufweist. Alle anderen Eigenschaften der Materie, wie etwa die Baryonenzahl, sind nicht mehr sichtbar. Denn es gibt ja keine Baryonen mehr im Schwarzen Loch, auch keine Quarks und keine Photonen. Die Bildung eines Schwarzen Lochs bedeutet daher einen riesigen Informationsverlust.

Die Schwarzschild-Lösung

Kurz nachdem Albert Einstein seine Allgemeine Relativitätstheorie veröffentlicht hatte, fand Karl Schwarzschild eine spezielle Lösung dieser Gleichungen, die später nach ihm Schwarzschild-Lösung genannt wurde. Diese Lösung beschreibt zunächst das Gravitationsfeld außerhalb einer statischen und sphärisch-symmetrischen Massenverteilung. Sie beschreibt zum Beispiel das Gravitationsfeld der Sonne.

Man kann diese Lösung jedoch auch als globale Vakuum-Lösung der Einstein-Gleichungen interpretieren, dann markiert der sogenannte Schwarzschild-Radius die Position des Ereignishorizontes. Der Schwarzschild-Radius bestimmt sich aus den Naturkonstanten Lichtgeschwindigkeit und Gravitationskonstante und ist proportional zur Masse des Objektes.

Für die Sonne lässt sich ebenfalls ein solcher Schwarzschild-Radius berechnen. Er beträgt drei Kilometer. Würde die Gesamtmasse der Sonne auf ein Kugelvolumen mit einem kleineren Radius als 3 km komprimiert, entstünde also ein Schwarzes Loch. Für ein typisches stellares Schwarzes Loch von zehn Sonnenmassen beträgt der Schwarzschild-Radius etwa 30 km.

Es dauerte fast 50 Jahre, bis der Neuseeländer Roy Kerr 1963 die Verallgemeinerung der Schwarzschild-Lösung für rotierende Objekte gefunden hat. Der Begriff „Schwarzes Loch“ für diese Objekte stammt übrigens von John Archibald Wheeler aus dem Jahre 1967. Er prägte auch den Begriff des „No-Hair Theorems“ (zu Deutsch „Glatzensatz"), nach dem Schwarze Löcher allein durch ihre Masse und ihren Drehimpuls bestimmt sind und keine weiteren Eigenschaften - also „keine Haare“ - besitzen.

Diese Kerr-Lösung beschreibt damit in der Tat das allgemeinste, das prototypische Schwarze Loch, da alle Objekte des Universums Drehimpuls aufweisen. Schwarze Löcher verzerren die Raumzeit kräftig, so dass Lichtstrahlen heftig abgelenkt werden. Betrachtete man etwa die Erde „durch ein Schwarzes Loch“, so würde das Bild völlig verzerrt.

Kombinierte optische und Röntgenaufnahme des Röntgen-Doppelsterns X-7 in der Galaxie M33 (kleines Bild unten links) und künstlerische Darstellung des Doppelsternsystems aus einem blauen Riesenstern und einem Schwarzen Loch, das von einer hier rot dargestellten Akkretionsscheibe umkreist wird (großes Bild).

Abbildung oben: Illustration: NASA/CXC/M.Weiss; Röntgenaufnahme: NASA/CXC/CfA/P.Plucinsky et al.; Optische Aufnahme: NASA/STScI/SDSU/J.Orosz et al.

Schwarze Löcher existieren !

- Schwarze Löcher sind **„alternativlos"** in Astrophysik.
- Schwarze Löcher sind **nicht-singulär**!
- Schwarze Löcher haben **2 Parameter**: Masse & Spin.
- Schwarze-Loch-**Masse** kann kinematisch bestimmt werden.
- Fast alle Schwarzen Löcher **rotieren** (Spin).
- **Spin ist messbar für ~ 10 stellare Schwarze Löcher**, jedoch nur für wenige supermassereiche Schwarze Löcher
- **Spin** spielt eine Rolle bei aktiven Schwarzen Löchern ➔**Jets**
- **Stellare Schwarze Löcher** entstehen bei Supernova-Explosionen massereicher Sterne.
- **LHC erzeugt keine mikro-Schwarzen Löcher !**

Stellare/Galaktische Schwarze Löcher

Die meisten Physiker hielten diese Konstrukte noch in den 70er Jahren für rein mathematische Gebilde. Im Jahr 1971 folgte mit der Entdeckung von Cygnus X–1 der erste Kandidat für ein Schwarzes Loch im Bereich der Astronomie. Cygnus X–1 ist ein Röntgendoppelstern im Sternbild Schwan.

Im Röntgenbereich bewegt sich die Energieabstrahlung von Cygnus X–1 in einer Größenordnung von rund zehntausend Sonnenleuchtkräften. Eines der beiden Objekte ist nach heutigen Erkenntnissen ein Schwarzes Loch von 10 Sonnenmassen und etwa 50 Kilometern Durchmesser, das andere ein normaler, wenn auch mit rund 40 Sonnenmassen sehr massereicher blau leuchtender Stern (HD 226868).

Die beiden Doppelsternkomponenten von Cygnus X–1 umkreisen einander in nur 5,6 Tagen. Die Röntgenstrahlung entsteht dadurch, dass Masse des Begleiters zu dem Schwarzen Loch gezogen wird, wo sie eine Akkretionsscheibe bildet, die sich aufgrund der Reibung auf einige Millionen Grad Celsius erhitzt und dadurch Röntgenstrahlung abgibt.

Cygnus X–1 und M33 X–7

Im Oktober 2007 entdeckten Forscher mit Hilfe des Chandra-Röntgenteleskops in der Galaxie Messier 33 (der sogenannten Dreiecksgalaxie) das zu dieser Zeit massereichste bekannte stellare Schwarze Loch. Das Objekt, das als Röntgenquelle den Namen M33 X-7 erhielt, wird zu 15,7 Sonnenmassen bestimmt. Es befindet sich im Orbit um einen großen blauen Riesenstern mit etwa 70-facher Sonnenmasse (siehe Abbildung linke Seite). M33 X-7 ist das beste Beispiel für die Existenz eines stellaren Schwarzen Lochs.

Zentrum von M87

Schwarze Löcher mit Millionen bis zu 10 Milliarden Sonnenmassen sitzen im Zentrum praktisch jeder Galaxie. Unsere Milchstraße ist keine Ausnahme. Die Sterne im Galaktischen Zentrum laufen wie von unsichtbarer Hand geleitet auf elliptischen Bahnen um ein unsichtbares Zentrum der Gravitation. Dies kann nur ein Schwarzes Loch mit einer Masse von 4,4 Millionen Sonnenmassen sein. Das Zentrum der elliptischen Galaxie M87 im Virgohaufen hütet ein Schwarzes Loch mit gar sechs Milliarden Sonnenmassen. Sein Horizont ist so groß wie die Pluto-Bahn!

19 Wie groß ist das Universum?

Martin Kürster

Wie groß ist das Universum? Dies ist eine wirklich „All"-umfassende Frage. Die meisten Astronomen sind der Ansicht, dass das Universum unendlich groß ist. Aber wer kann sich schon etwas unter Unendlichkeiten vorstellen und was meinen wir überhaupt, wenn wir vom Universum sprechen?

Einer Ameise, die sich auf der Oberfläche eines Luftballons bewegt, mag dieser sehr groß vorkommen. Selbst nach vielen Umrundungen des gleichen Objekt kann sie immer noch weiter „geradeaus" laufen, ohne auf ein Ende zu stoßen.

Was aber wäre, wenn der Luftballon weiter aufgeblasen würde und zwar mit einer Geschwindigkeit, die weitaus größer ist, als die der Ameise? Ihr Universum erschiene ihr sicherlich unendlich groß.

Schauen wir die Bedeutung des Begriffs Universum nach, so stoßen wir auf Definitionen, die die Gesamtheit des Kosmos betreffen. Damit ist also alles gemeint, was wir mit unseren Sinnen wahrnehmen können, aber auch alles, was sich bisher noch oder auch fortwährend unserem direkten Blick entzieht.

Wir versuchen also mit anderen Worten nicht weniger und nicht mehr, als eine Aussage über das Größte zu machen, was Menschen sich vorstellen können.

Wichtige Maßeinheit: **Das Lichtjahr**

Diejenige **Strecke**, die das Licht in einem Jahr zurücklegt.
→ fast 10 Billionen km (9 460 528 436 000 km)

Nach Albert Einsteins spezieller Relativitätstheorie kann sich nichts im Universum schneller als das Licht bewegen

Einen Himmelskörper in einem Lichtjahr Entfernung sehen wir heute so, wie er vor einem Jahr aussah, denn das Licht war so lange von dort zu uns unterwegs

Richten wir unseren Blick aber zunächst auf den überschaubaren Teil des Universums.

Maßeinheit: Lichtjahr

Wie bestimmt man eigentlich Abstände auf so großen Längenskalen? Astronomen haben über die Jahrhunderte ausgereifte Methoden entwickelt, um den Abstand zwischen zwei Punkten im Raum zu bestimmen, wie etwa die Parallaxenmethode oder die Helligkeitsverläufe bestimmter veränderlicher Sterne, wie in Kapitel 32 näher erläutert wird.

Als Maßeinheit für Entfernungen in der Astronomie nutzt man das Lichtjahr, das für den irdischen Gebrauch ziemlich ungeeignet wäre. Ein Lichtjahr gibt die Entfernung an, die das Licht in einem Jahr zurücklegt, es entspricht knapp 10 Billionen Kilometern. Das Licht eig-

Abbildung vorhergehende Seite: ESO/Mario Nonino, Piero Rosati und das ESO GOODS Team; Chandra Deep Field South

net sich besonders gut zur Entfernungsbestimmung, da seine Ausbreitungsgeschwindigkeit von 300 000 Kilometern pro Sekunde eine Naturkonstante ist und laut Einsteins Theorie nicht überschritten werden kann. In ähnlicher Weise kann man auch Lichtsekunde, -minute, -stunde und -tag als Entfernungsmaß festlegen.

Der Mond: 1,3 Lichtsekunden

In diesen Einheiten stellen sich kosmische Distanzen wie folgt dar: Der Abstand zwischen Erde und Mond beträgt 384 000 km, also ungefähr 1,3 Lichtsekunden. Die Sonne ist von uns 8,3 Lichtminuten entfernt. Die Distanz zwischen Sonne und Saturn, dem sechsten Planeten unseres Sonnensystems, beträgt schon 1,3 Lichtstunden.

In großen Sprüngen geht es weiter. Verlassen wir das Sonnensystem und betrachten die Strecke, die das Licht von unserem Nachbarstern Alpha-Centauri zurücklegt, so messen wir schon etwa 4,3 Lichtjahre. Die Andromeda-Galaxie ist von der Milchstraße nahezu 2,2 Millionen Lichtjahre entfernt.

Besonders die letzten beiden großen Schritte, die aus unserem Sonnensystem hinaus führen, zwingen uns zur Annahme, dass die uns bekannten Messverfahren auch bei den größten möglichen Entfernungen und zu allen Zeiten gültig sind. Diese Universalität der Naturgesetze bleibt auch bei allen folgenden Betrachtungen die Grundvoraussetzung.

Das bedeutet: Wir haben Theorien, mit denen wir auf der Basis vieler Beobachtungen Aussagen über die Größe des Universums machen können, die jedoch kein absolutes Wissen darstellen. Schließlich können wir, ähnlich der Ameise auf dem Luftballon, das Universum nicht einfach verlassen und „von außen" betrachten. Wir wissen nicht einmal, ob es ein „Außen" gibt. Alle Messverfahren werden innerhalb dieses Universums durchgeführt. Aber was kann man von Innen eigentlich sehen?

Wir verlassen nun den Bereich der abstrakten Theorie und gehen über zu dem, was wir wirklich wissen. Die Erde mit ihren 0,043 Lichtsekunden Durchmesser (12 742 km) befindet sich im Sonnensystem, das eine Größe von einem Lichttag hat, was etwa 150-mal der Entfernung Erde – Sonne entspricht. Verkleinern wir den Maßstab um das 60 000-Fache, dann sehen wir die interstellare Nachbarschaft in einem Umkreis von etwa 150 Lichtjahren.

Lokale Gruppe: Millionen Lichtjahre

Reduzieren wir diesen Ausschnitt nochmals um das 1000-Fache, so sehen wir die Milchstraße mit einem Durchmesser von 100 000 Lichtjahren. Diese bildet mit ein paar Dutzend Nachbargalaxien die Lokale Gruppe, deren räumliche Ausdehnung 10 Millionen Lichtjahre beträgt. Damit ist sie insgesamt etwa 100-mal so groß wie die Milchstraße.

Die Lokale Gruppe ist wiederum Teil des Virgo Superhaufens, so benannt, weil sein Zentrum von uns aus gesehen im Sternbild Virgo – der Jungfrau – liegt. Dieser Superhaufen hat eine Ausdehnung von ungefähr 110 Millionen Lichtjahren. Nochmals 10-mal so groß sehen wir mehrere Galaxienhaufen, wie den sogenannten Virgo-Haufen, die sich zu dem lokalen Superhaufen ver-

Hubble Extreme Deep Field (XDF): „Tiefste" Himmelsaufnahme, die jemals gemacht wurde: Mit mehr als 500 Stunden Belichtungszeit hat das Hubble Teleskop hier die weitest entfernten Galaxien fotografiert, einige davon sind 13,2 Milliarden Jahre alt.

binden. Sein Durchmesser liegt bei etwa 1,5 Milliarden Lichtjahren.

Milliarden Lichtjahre

Das für uns beobachtbare Universum ist noch 20-mal größer. Wir überblicken im sichtbaren/infraroten Licht und im Radiowellenlängenbereich somit das Weltall auf beinahe 13,7 Milliarden Lichtjahren. Wir sagen hier ganz bewusst nur „beinahe", denn in den ersten 380 000 Jahren nach dem Urknall war das Universum noch mit einem undurchsichtigen Plasma angefüllt.

Dieses heiße Gemisch aus Atomkernen, Elektronen und Photonen verwehrt uns den direkten Blick auf die Anfangsphase des Universums. Außerdem entstanden die ersten Sterne erst 400 Millionen Jahre nach dem Urknall. In der Zeit vorher war das Universum ein recht dunkler Ort.

Wie dem auch sei, die unvorstellbare Weite von 13,7 Milliarden Lichtjahren ist immer noch nicht die eigentliche Größe des Universums. Wir müssen uns vor Augen führen, dass das Bild einer entfernten Galaxie, wenn ihr Licht uns erreicht, schon veraltet ist.

Während das Licht einer entfernten Galaxie seinen Weg zur Erde zurücklegt, dehnt sich das Universum weiterhin aus, so dass wir vermuten können, dass die heutige Ausdehnung des Universums mehr als 45 Milliarden Lichtjahre beträgt. Und die Expansion geht weiter.

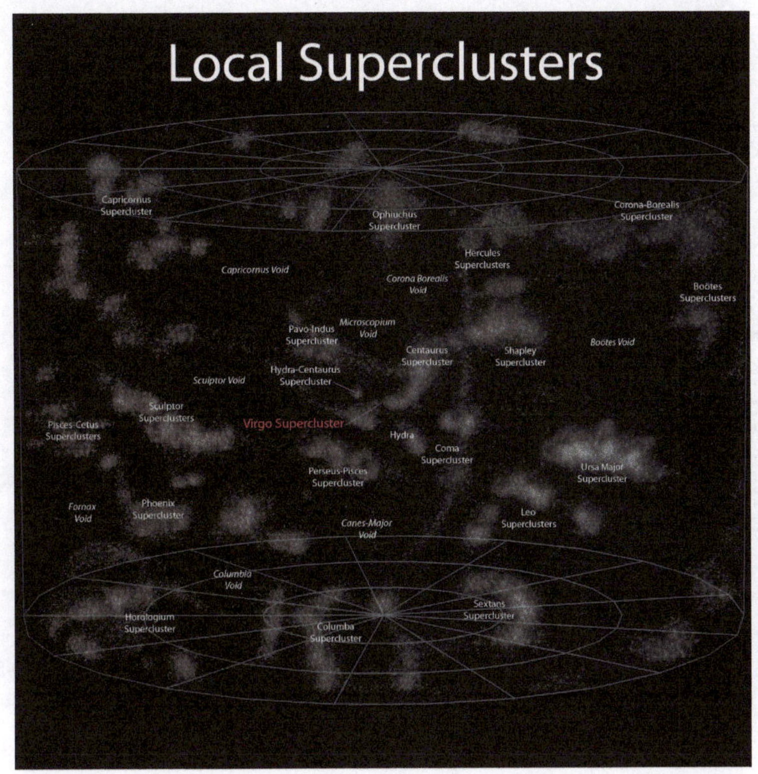

Schematische Darstellung des lokalen Superhaufens, der mehrere Galaxienhaufen in unserer kosmischen Nachbarschaft umfasst.

www.universum-fuer-alle.de/sternstunde/19

20 Warum ist es nachts dunkel?

Thorsten Lisker

Warum ist es nachts dunkel? Dies klingt zunächst nach einer einfachen Frage und man möchte antworten: Weil die Sonne untergegangen ist. Das ist natürlich soweit auch richtig. Aber es gibt noch ein paar weitere Aspekte dazu, die man sich einmal genauer ansehen kann.

Wir wollen also anders fragen: Was ist für uns überhaupt ein dunkler Himmel? Und gäbe es etwas, das den Nachthimmel hell machen könnte?

Wenn wir von der Erde aus den Taghimmel betrachten, dann ist dieser blau – wenn nicht gerade Wolken ihn verdecken. Die blaue Farbe kommt daher, dass die Erde von einer Atmosphäre umgeben ist. Die Luft enthält Gas- und Staubteilchen, und diese streuen das Sonnenlicht, und zwar blaues Licht am stärksten.

Zwei Aspekte:

Was ist eigentlich ein "dunkler Himmel"?

**Wäre denn etwas da,
was den Nachthimmel hell machen könnte?**

Mond-Himmel ist schwarz

Das, was für uns alltäglich ist, ist auf anderen Planeten – oder auch auf dem Mond – sehr verschieden. Während eines Mondtages sieht der Himmel ganz anders aus als bei uns: Der Himmel neben der hell leuchtenden Sonne wäre rabenschwarz!

Und wenn die Sonne unter dem Horizont verschwände, wäre es schlagartig dunkel. Es gäbe nicht wie bei uns auf der Erde eine Dämmerung, einen kontinuierlichen Übergang zwischen hell und dunkel. Der Grund dafür ist, dass der Mond keine Atmosphäre besitzt. Es kann also auch nicht passieren, dass nach Sonnenuntergang noch etwas Licht zu unserem Platz auf der Mondoberfläche gestreut wird.

Auf der Erde ist der Himmel über großen Städten nachts nie so richtig dunkel. Die Wolken streuen und reflektieren Licht, das von den menschlichen Gebäuden oder technischen Anlagen kommt. Und auch ohne Wolken sehen wir nur selten einen wirklich schwarzen Himmel, weil auch die Atmosphäre einen Teil des Lichts der Städte zurückwirft.

Wenn wir einmal im Gebirge oder in sehr dünn besiedelten Gebieten sind, dann erkennen wir, wie viele Sterne eigentlich am Himmel zu sehen sind, wenn dieser nicht lichtverschmutzt ist. Aber gäbe es denn – abgesehen von der Lichtverschmutzung – einen anderen Effekt, der den Himmel nachts hell machen könnte?

Suchen wir uns ein kleines Stück Himmel aus. Wenn wir mit Feldstecher oder Teleskop schauen, sehen wir eine schier unfassbare Zahl von Sternen. Wie hoch ist denn die Anzahl der Sterne? (Dazu mehr in Kapitel 12!) Und warum ist der Himmel nicht überall hell, warum sind nicht überall Sterne, sondern dazwischen auch dunkle Bereiche?

Abbildung vorhergehende Seite: ESO; Blick vom Berg Paranal in Chile (auf dem die VLT-Teleskope stehen) nach Osten, kurz vor Sonnenaufgang
Abbildung rechte Seite: Wikipedia, Creative Commons Attribution 2.0 Generic, Tom Harpel

Wie weit kann man in einen Wald sehen?

Zur Verdeutlichung dieser Frage betrachten wir einen Wald. Die vorderen Bäume kann man schön einzeln und getrennt voneinander sehen. Ab einer gewissen Tiefe aber sieht man nichts anderes mehr als eine Wand aus Bäumen (siehe Abbildung unten). In jede Richtung trifft man irgendwann auf den Stamm eines Baumes.

Es gibt also eine Sichtbarkeitsgrenze, und diese liegt bei einem Wald, in dem die Bäume etwa 5 m voneinander entfernt stehen und deren Baumstämme einen Durchmesser von 25 cm haben, bei einer Entfernung von etwa 100 Metern. Tiefer kann man nicht in einen solchen Wald hineinschauen. Jede Blickrichtung trifft auf einen Baumstamm.

Kann man das auf die Sterne übertragen? Auch Sterne haben einen bestimmten Durchmesser, bei der Sonne beträgt er 1,4 Millionen Kilometer. Analog zu den Bäumen kann man auch bei den Sternen den durchschnittlichen Abstand bestimmen. Wenn man ihn über das gesamte bekannte Universum mittelt, dann liegt er bei etwa 100 Lichtjahren. Innerhalb unserer Milchstraße liegen die Sterne durchaus näher beieinander, aber wenn man die weiten Räume zwischen den Galaxien berücksichtigt kommt man zu diesem Wert.

In einem dichten Wald trifft unser Blick in jeder Richtung auf einen Baumstamm.

Olberssches Paradoxon

Damit können wir nun wieder wie bei den Bäumen eine Sichtbarkeitsgrenze ausrechnen. Nur mit dem Unterschied, dass ein Baumstamm relativ dunkel ist, während Sterne hell leuchten und Licht erzeugen. Wenn nun aber mein Auge in jede Richtung des Nachthimmels auf einen Stern blicken würde, dann würde ich doch erwarten, dass der gesamte Nachthimmel hell ist, eine Wand aus Licht?!? Dieses Szenario wurde erstmals im Jahre 1826 von dem Bremer Arzt und Astronomen Heinrich Olbers vorgestellt und heißt deshalb auch Olberssches Paradoxon: Müsste nicht der ganze Nachthimmel so hell sein wie die Sonne? Warum ist der Himmel nachts dunkel?

Wenn wir ähnlich wie bei den Bäumen unsere Sichtbarkeitsgrenze für den Fall der Sterne ausrechnen, finden wir eine unglaublich große Entfernung, nämlich

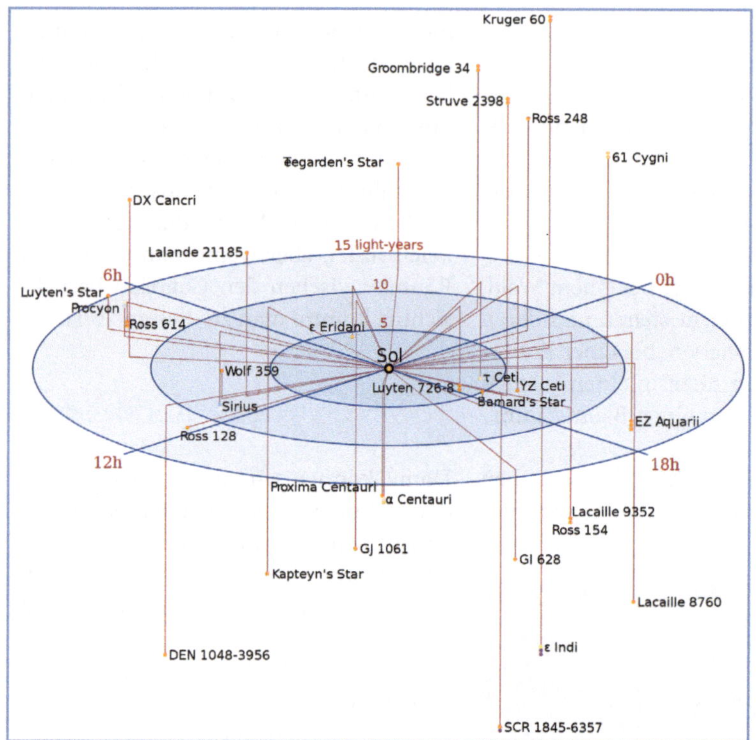

Die Abstände der Sterne zueinander sind im Vergleich zu ihren Durchmessern sehr viel größer als die der Bäume im Wald. In diesem Diagramm sind die Sterne in der Nachbarschaft der Sonne dargestellt.

100 Milliarden Billionen Lichtjahre, eine Zahl mit 23 Nullen. Wenn das Universum also mindestens so groß wäre, und überall und immer Sterne so verteilt wären wie in unserer Nähe, dann wäre der Nachthimmel gleißend hell. Aus der Tatsache, dass der Nachthimmel dunkel ist, kann man also schließen, dass dies nicht der Fall sein kann.

Es gibt also gute Gründe, warum unser Nachthimmel dunkel ist. Der erste lautet: Sterne leben nicht unendlich lange. Sterne haben eine gewissen Lebenserwartung, sie liegt zwischen 1 Million und 100 Milliarden Jahren. Unsere Sonne beispielsweise lebt insgesamt etwa 10 Milliarden Jahre lang (mehr dazu in Kapitel 9).

Endliches Sternalter

Ist der Himmel also deshalb dunkel, weil die Lebensdauer der Sterne begrenzt ist? So einfach ist es nicht, denn man könnte ja einwenden, dass in jedem Augenblick, in dem an einem Ort ein Stern stirbt, woanders ein neuer gebildet wird und immer jeweils ein neu entstehender Stern einen sterbenden Stern ersetzt.

Aber dieses Argument funktioniert nicht. Denn Sterne erzeugen ihre Energie, indem sie durch Kernfusion von „leichten“ Elementen wie Wasserstoff schwerere Elemente wie Helium oder Kohlenstoff erzeugen. Deshalb werden in ganz weiter Zukunft nicht mehr so viele neue Sterne entstehen können: Der Brennstoff geht aus! Die endliche Lebensdauer der Sterne ist also doch einer der Gründe für den dunklen Himmel.

Es gibt einen noch wichtigeren Grund, warum der Nachthimmel dunkel ist: Das Universum besteht noch nicht ewig, es hat ein Alter von etwa 13,7 Milliarden Jahren. Unser Universum ist also nicht unendlich alt, und es ist folglich in unserem Universum gar nicht möglich, dass vor 10^{23} Jahren ein Lichtstrahl ausgesen-

Abbildung oben: Wikipedia, allgemeinfrei
Abbildung rechte Seite: ESO/Y. Beletsky

Nachthimmel hinter den ESO-Teleskopen auf dem La Silla in Chile: Das Band der Milchstraße ist deutlich zu erkennen, sowie oben (Mitte und rechts) die Große und die Kleine Magellansche Wolke

det wurde, der uns heute erreichen könnte (also aus 10^{23} Lichtjahren Entfernung).

Keine „Lichtwand"

Anders als im Wald mit den Bäumen gibt es für uns am Himmel bei den Sternen also keine Sichtbarkeitsgrenze, keine „Lichtwand". Der Himmel ist nachts deshalb dunkel, weil das Universum erst 13,7 Milliarden Jahre alt ist und auch Sterne nicht ewig leben. Deshalb können wir uns weiterhin darüber freuen, dass wir – außerhalb der Städte – nachts den dunklen Himmel mit den unzähligen kleinen Sternenpunkten genießen können.

www.universum-fuer-alle.de/sternstunde/20

21 Wie alt ist die Welt?

Matthias Bartelmann

Woher wissen wir als einzelne Menschen, wie alt wir sind? Sicher nicht aus eigener Erfahrung. Wir brauchen glaubwürdige Dokumente aus der Vergangenheit, um unser eigenes Alter zu belegen. Welche Dokumente haben wir für das Alter unserer Erde?

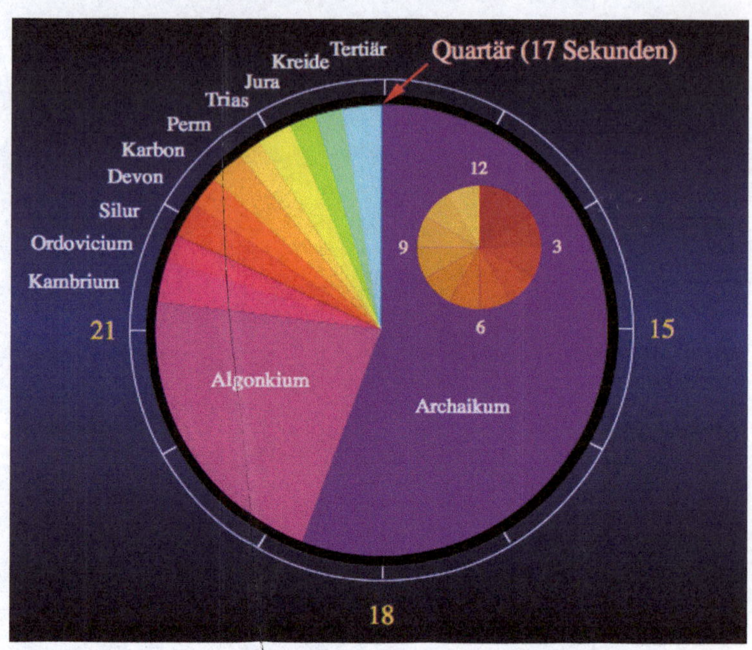

Erdzeituhr: Die Erde besteht seit etwa 4,6 Milliarden Jahren. Wenn man diese Zeitspanne in Form von 24 Stunden darstellt, dann entspricht das Quartär, das Zeitalter, in dem sich die Menschen entwickelten, den letzten 17 Sekunden.

Kulturelle Dokumente der Menschheitsgeschichte reichen in Form von Bauwerken etwa 5 000 Jahre zurück, in Form von Höhlenmalereien vielleicht 30 000 Jahre. Fossile Funde weisen Vorläufer des Menschen einige Millionen Jahre vor unserer Zeit nach.

Säugetiere tauchten am Ende der Kreidezeit vor knapp 70 Millionen Jahren auf. Mehrzellige Lebewesen sind seit der „Kambrischen Explosion" vor ungefähr 500 Millionen Jahren nachweisbar. Wie lange gab es die Erde zu dieser Zeit schon? Anhand welcher Uhren könnten wir das überhaupt feststellen?

Uran und Blei

Allein langlebige radioaktive Elemente erlauben es uns, Zeiten zu messen, die so weit in die Vergangenheit reichen. Isotope schwerer Elemente wie Uran-235 und Uran-238 zerfallen so, dass nach ungefähr einer Milliarde Jahre nur noch die Hälfte ihrer Atome vorhanden sind.

Wenn wir wüssten, in welcher Menge Uran ursprünglich auf der Erde vorhanden war, könnten wir das Alter der Erde bestimmen, indem wir messen, wie viel von diesen beiden Uran-Isotopen heute noch vorhanden ist. Zum Glück für die Altersbestimmung stellt sich heraus, dass wir auf eine indirekte Weise feststellen können, wie viel Uran seit der Entstehung der Erde zerfallen ist.

Die beiden Uran-Isotope zerfallen in zwei stabile Blei-Isotope und reichern diese an, während ein drittes Blei-Isotop weder erzeugt wird noch zerfällt, sondern einen stabilen Eich-Maßstab für die Bleihäufigkeit darstellt. Eine geschickte Kombination dieser Vorgänge erlaubt es, aus den heutigen Häufigkeitsverhältnissen der Blei- und Uran-Isotope

Abbildung vorhergehende Seite: ESO/UKIDSS/SDSS; Sehr weit entfernter Quasar ULAS J1120+0641 (roter Fleck nahe dem Zentrum), wie wir ihn 770 Millionen Jahre nach dem Urknall sehen
Abbildung oben: Creative Commons-Lizenz 2.5 (US-amerikanisch), Hannes Grobe
Abbildung rechte Seite: ESO

zu rekonstruieren, wie lange Uran schon auf der Erde zerfallen muss.

So kann das Alter der Erde auf etwas über vier Milliarden Jahre festgelegt werden. Wenn man solche Messungen an Meteoriten wiederholt, zeigt sich, dass diese ebenfalls knapp über vier Milliarden Jahre alt sind. Wir nehmen deswegen an, dass das Sonnensystem selbst vor ungefähr dieser Zeit entstanden sein muss.

Das Alter unserer näheren kosmischen Heimat, der Milchstraße, lässt sich zunächst auf eine ganz ähnliche Weise bestimmen. Auch in der Milchstraße gibt es schwere Elemente, die durch die Kernverschmelzung in Sternexplosionen erzeugt wurden und anschließend wieder mehr oder weniger langsam zerfallen.

Kugelsternhaufen NGC 6397

Die Erde: Über 4 Milliarden Jahre alt

Um nun aus den Häufigkeiten solcher schwerer Elemente in der Milchstraße ihr Alter zu bestimmen, muss man annehmen, in welchem zeitlichen Verlauf die schweren Elemente durch die Sternexplosionen erzeugt wurden. Solche Altersbestimmungen der Milchstraße aufgrund radioaktiver Elemente sind deswegen nicht sehr genau, aber sie zeigen, dass die Milchstraße zwischen sieben und 13 Milliarden Jahre alt sein sollte.

Aber es gibt noch zwei weitere Möglichkeiten, auf das Alter der Milchstraße zu schließen, die auf bestimmten Arten von Objekten beruhen. Die einen sind die Kugelsternhaufen, in denen typischerweise etwa 100 000 Sterne versammelt sind, die annähernd zur selben Zeit entstanden sind. Nun kann man sich eine physikalische Eigenart der Sterne zu Nutze machen.

Trägt man die Helligkeit vieler Sterne gegen ihre Farbe oder ihre Temperatur auf, entsteht das Hertzsprung-Russell-Diagramm. Es zeigt, dass Sterne sich nur in ganz bestimmten, recht scharf begrenzten Bereichen dieses Diagramms aufhalten.

Den weitaus größten Teil ihres Daseins verbringen sie in einem Streifen, der sich von der blauen, hellen Ecke des Diagramms (links oben) annähernd diagonal in die rote, dunkle Ecke (rechts unten) erstreckt. Dieser Streifen wird Hauptreihe genannt. Am Ende dieser längsten Phase ihrer Existenz wandern die Sterne von der Hauptreihe in Richtung der hellen Seite davon, also nach rechts oben. Je blauer Sterne sind, umso kürzere Zeit verbringen sie auf der Hauptreihe.

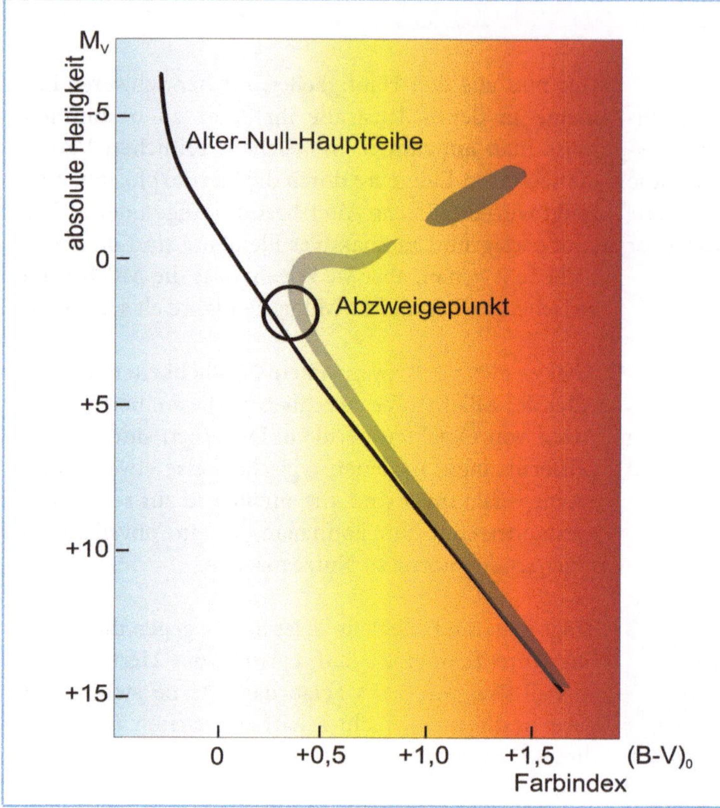

Hertzsprung-Russel-Diagramm: Einteilung der Sterne nach Farbe und Helligkeit. Gleichaltrige Sterne verschiedener Masse eines Sternhaufens ordnen sich zunächst entlang der diagonalen Linie an, massereiche leuchtkräftige Sterne oben links, massearme unten rechts. Nach einer gewissen Zeit wandern die hellsten Sterne nach rechts oben. Die Position des Abzweigepunkts bestimmt das Alter des Sternhaufens.

Wenn eine gleichaltrige Population von Sternen verschiedener Masse altert, wie wir das beispielsweise in Kugelsternhaufen beobachten können, löst sich die Hauptreihe daher von ihrem blauen Ende her auf. Daraus, wie weit sie noch ins Blaue hinein ragt, lässt sich also bestimmen, wie lange diese Sterngruppe schon existiert.

Je älter die Kugelsternhaufen sind, umso kürzer ist der verbliebene, rote Rest der Hauptreihe. Mithilfe dieser Methode erweisen sich die Kugelsternhaufen als sehr alte Objekte: Sie sind größtenteils über zehn, manche von ihnen bis etwa zwölf Milliarden Jahre alt.

Alte Weiße Zwerge

Die andere Möglichkeit, das Alter eines Sternsystems zu bestimmen, beruht auf Weißen Zwergen. Das sind Überreste massearmer Sterne, die keine Energie mehr erzeugen können und nur noch leuchten, indem sie die Rest- und die Kristallisationswärme abgeben, die noch in ihnen gespeichert ist.

Weiße Zwerge kühlen auf charakteristische Weise ab: zunächst schnell bis hinunter zu einer bestimmten Temperatur, indem vor allem Neutrinos ihre Wärmeenergie davon tragen, dann langsam weiter durch elektromagnetische Strahlung. Durch diese Verlangsamung der Kühlung sammeln sie sich bei derjenigen Temperatur an, bei der die Strahlungskühlung übernimmt, und entwickeln sich dann langsam weiter. Misst man die Temperaturverteilung Weißer Zwerge, kann man also darauf schließen, wie lange sie schon kühlen. So lässt sich das Alter der ältesten Weißen Zwerge auf etwa zehn Milliarden Jahren festlegen.

Rechts oben ist der im linken Bild markierte Ausschnitt aus einem Kugelsternhaufen vergrößert dargestellt. Die Weißen Zwerge sind farbig markiert und in den zwölf kleinen Quadraten unten rechts einzeln gezeigt.

Weltalter: 13,7 Milliarden Jahre

Die ältesten Objekte, die wir im Universum beobachten können, sind demnach etwa zehn, vielleicht zwölf Milliarden Jahre alt. Wie alt ist das Universum selbst? Für diesen Beitrag würde es zu weit führen, zu beschreiben und zu begründen, wie wir auf das Alter des Universums schließen können, aber es stellt sich heraus, dass es mit hoher Genauigkeit 13,7 Milliarden Jahre alt sein muss.

Mit dem Alter seiner ältesten Objekte ist dies gerade so verträglich: Schon kurz nach der Entstehung des Universums müssen diese Kugelsternhaufen und diejenigen Sterne entstanden sein, deren kühle Überreste wir heute als Weiße Zwerge sehen.

www.universum-fuer-alle.de/sternstunde/21

Mercury
Venus
Earth
Mars
Jupiter
Saturn
Uranus
Neptune
Ceres
Pluto
2003 UB

22 Wieso ist Pluto kein Planet mehr?

Cornelis Dullemond

anets"

varf
nets"

Am 24. August 2006 entschied die Generalversammlung der Internationalen Astronomischen Union, dass dem als neunter Planet des Sonnensystems bekannten „Pluto" der Planetenstatus aberkannt wird. Dieser Beschluss erregte weltweit so manches Gemüt, aber besonders in den USA wurde er mit Bestürzung aufgenommen.

Schülerin war Namens-Patin

Ein möglicher Grund hierfür mag sein, dass Pluto der einzige „Planet" war, den ein Amerikaner entdeckt hatte. Im Alter von nur 23 Jahren wurde der US-Amerikaner Clyde Tombaugh mit der Suche nach dem neunten Planeten betraut. Nach monatelanger mühsamer Arbeit stieß er schließlich im Februar 1930 beim Vergleich von zwei im Abstand von einer Woche aufgenommenen Fotografien der gleichen Himmelsregion auf einen kleinen Punkt, der seine Position leicht verändert hatte.

Der neu entdeckte Himmelskörper erhielt kurze Zeit später seinen Namen, nach einem Vorschlag von Venetia Burney. Offenbar interessierte sich die elfjährige Schülerin aus England schon recht früh für klassische Mythologie. Der Name des Gottes der Unterwelt passte sehr gut zu dem schwer zu entdeckenden Planeten, da auch dieser die Fähigkeit besaß sich einfach unsichtbar zu machen (mehr zur Namensgebung in der Astronomie in Kapitel 26).

Was ist nun ein Planet?

Definition der "International Astronomical Union" (2006):

1. Kreist um die Sonne
2. Ist rund (durch eigene Schwerkraft)
3. Dominiert seine Umlaufbahn

Der „neu(nt)e Planet" war schließlich in aller Munde. Wer kennt nicht die Eselsbrücke, um sich die Reihenfolge der Planeten im Sonnensystem zu merken? „Mein Vater Erklärt Mir Jeden Sonntag Unsere Neun Planeten". Doch dieser Merksatz hat nun seine Bedeutung verloren.

Was hat Pluto falsch gemacht?

Warum ist Pluto heute kein Planet mehr? Warum wurde Pluto aus dem illustren Kreis der Planeten ausgestoßen? Pluto ist im Vergleich zu den (anderen) acht Planeten unseres Sonnensystems sehr klein (siehe Abbildung übernächste Seite). Er ist sogar noch um ein Drittel kleiner als unser Mond. Pluto wird von vier Monden umkreist. Der größte

Abbildung vorhergehende Seite: NASA/JPL/IAU

unter Ihnen, Charon, ist relativ groß, er hat ein Achtel der Masse von Pluto (zum Vergleich: Unser Mond hat nur 1/81 der Erdmasse). Plutos Umlaufbahn ist ebenfalls recht ungewöhnlich für die Klasse von Planeten. Sie ist nämlich sehr elliptisch, so dass seine Entfernung zur Sonne stark variiert. Sein minimaler Abstand beträgt 4,4 Milliarden Kilometer, sein maximaler Abstand jedoch 7,3 Milliarden Kilometer. Das hat zur Folge, dass er zeitweise näher an der Sonne ist als sein planetarer Nachbar Neptun. Dies war zum Beispiel zwischen 1979 und 1999 der Fall.

Immer mehr pluto-ähnliche Objekte

In den letzten Jahren wurde eine Vielzahl weiterer Objekte mit ähnlicher Masse wie Pluto entdeckt, die sich am Rande unseres Planetensystems um die Sonne drehen. Oft bewegen sie sich aber auf stark elliptischen Umlaufbahnen, die manchmal nicht stabil sind. So existieren mehrere hundert, sogenannte „trans-neptunische“ Objekte. Neben Pluto sind die größten darunter Eris, Makemake, Haumea, Sedna, Orcus, 2007 OR10, Quaoar und Orcus (Abbildung nächste Seite). Planeten-ähnliche Objekte mit relativ kleinen Massen finden sich aber auch zwischen der Mars-Bahn und der Jupiter-Bahn. So ist Ceres beispielsweise ein solches planetenartiges Objekt in diesem Asteroiden-Gürtel zwischen Mars und Jupiter. Damit lag es nahe, die Frage zu stellen, ob die neu entdeckten trans-neptunischen Objekte auch Planetenstatus erhalten sollten, und wo genau die „Trennlinie“ zwischen Planeten und kleineren Körpern liegen sollte.

Was ist genau ein Zwergplanet?

Definition der "International Astronomical Union" (2006):

1. Kreist um die Sonne
2. Ist in hydrostatischem Gleichgewicht (durch eigene Schwerkraft)
3. Dominiert *nicht* seine Umlaufbahn (ist oft Teil einer Familie von ähnlichen Objekten in der gleichen Umlaufbahn)

Änderung im Jahre 2006

Die Internationale Astronomische Union war auf jener Tagung im Jahre 2006 lediglich bemüht, eine einheitliche Definition für den Begriff „Planet“ zu finden. Um nicht länger willkürlich eines der trans-neptunischen Objekte als Planet zu bezeichnen und alle anderen Angehörigen derselben Klasse auszuschließen, gab es vor allem zwei logische Alternativen: Die eine Variante war, den Planetenbegriff auszudehnen. Dann würde Pluto Planet bleiben, aber das Sonnensystem enthielte fortan Dutzende, vielleicht bald Hunderte von Planeten.

Pluto im Größenvergleich mit der Erde, dem Mond, sowie den Kleinplaneten Sedna und Quaoar

Die Alternative dazu war, eine neue Klasse von Himmelskörpern einzuführen, sogenannte „Zwergplaneten". Zu letzteren würde dann allerdings auch Pluto selbst und ihm ähnliche Objekte zählen. Man entschied sich nach langer und sehr emotionaler Diskussion mehrheitlich für diese zweite Lösung. Damit war Pluto seinen Planetenstatus los.

Die einheitliche Definition der Internationalen Astronomischen Union lautet deshalb seit 2006: Ein Pla-

Abbildung oben: NASA/JPL-Caltech/R. Hurt (SSC-Caltech)
Abbildung rechte Seite: NASA, ESA, H. Weaver (JHU/APL), A. Stern (SwRI), und das HST Pluto Companion Search Team

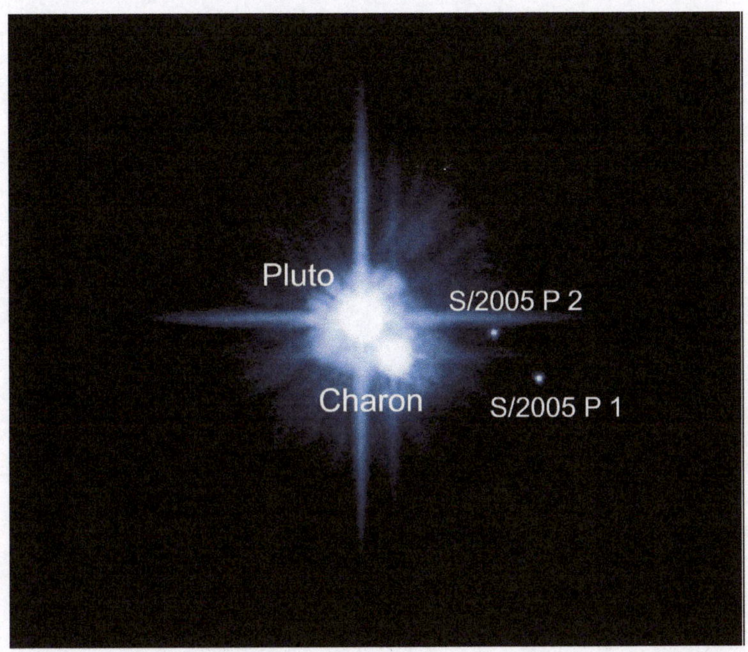

Pluto mit seinen Monden Charon, S/2005 P2 und S/2005 P1 (Aufnahme mit dem Hubble Teleskop)

net ist ein Objekt, das 1. um die Sonne kreist, 2. durch seine eigene Schwerkraft eine runde Form besitzt, und 3. seine Umlaufbahn dominiert. Besonders der letzte Punkt bedarf einer Erläuterung. Er bedeutet nämlich, dass wir es mit einem Objekt zu tun haben, das auf seiner Umlaufbahn nicht von anderen Massen beeinflusst wird. Die Umlaufbahn ist also frei von Hindernissen.

Pluto ist jetzt Zwergplanet

Pluto ist demzufolge also kein Planet, sondern er gehört zu einer neu definierten Klasse von Objekten, die nicht ihre Umlaufbahn dominieren. Das heißt, er ist Teil einer Familie von Objekten, die sich allesamt auf ähnlichen Umlaufbahnen bewegen.

Am 19. Januar 2006 war die NASA Raumsonde „New Horizons" Richtung Pluto gestartet, also sieben Monate bevor er seinen Planetenstatus verlieren sollte. Obwohl sich während der neunjährigen Reise der Raumsonde seine Klassifikation geändert hat, wird Pluto auch als Zwergplanet ein dankbares Studienobjekt darstellen, dem die Menschheit nie zuvor so nahe gekommen ist. Vielleicht ist das ein kleiner Trost für all die, die Pluto im Kreis der Planeten vermissen.

www.universum-fuer-alle.de/sternstunde/22

Opportunity
"Cape Verde"
"Duck Bay"
"Cabo Frio"

23 Gibt es Leben auf dem Mars?

Cecilia Scorza

„Die Erde ist bis jetzt die einzige uns bekannte Welt, die Leben beherbergt". So schrieb der amerikanische Astronom und Schriftsteller Carl Sagan (1934–1996) in seinem Buch „Pale Blue Dot" im Jahre 1994 über unseren Planeten. Die Raumsonde Voyager hatte kurz zuvor diesen kleinen „hellblauen Punkt" – unsere Erde – aus 6 Milliarden Kilometern Entfernung fotografiert.

Die Unscheinbarkeit unseres blauen Planeten veranlasst uns zu fragen, warum es nur auf ihm Leben geben sollte. Bereits seit den 1990er Jahren wissen wir, dass es auch Planeten in anderen Sonnensystemen gibt.

Leben nur auf der Erde?

In den letzten Jahren wurden sogar erdähnliche Planeten um andere Sterne gefunden, die gute Bedingungen für die Entstehung von Leben bieten könnten (mehr dazu in Kapiteln 1 und 63). Hier wollen wir uns aber auf unser eigenes Sonnensystem beschränken und unseren Nachbarplaneten Mars näher erkunden.

Der Mars (siehe Abbildung rechts oben) – manchmal auch der „rote Planet" genannt – konnte schon im Jahre 1877 von dem italienischen Astronomen Giovanni Schiaparelli (1835–1910) mithilfe damaliger Teleskope untersucht werden. Schiaparelli entdeckte zu seinem Erstaunen geradlinige, mehrere tausend Kilometer lange Oberflächenstrukturen auf dem Mars.

Der „rote Planet" Mars; deutlich zu sehen ist die Eiskappe am Südpol

Kanäle auf dem Mars?

Diese bezeichnete er als „Canali", was mit „Gräben" zu übersetzen ist, und spekulierte über einen Ursprung oder Zusammenhang mit größeren Wasservorkommen. Viel später sollte sich erst herausstellen, dass die vermeintlichen Marskanäle in manchen Fällen realen Canyons entsprachen, aber sehr häufig einfach optische Täuschungen waren.

Abbildung vorhergehende Seite: NASA/JPL/UA; Mars-Krater Victoria (Durchmesser 800 m) mit Marsrover Opportunity
Abbildung oben: NASA
Abbildung rechte Seite: NASA, JPL, Mars Pathfinder Mission

Im Jahre 1896 gründete der amerikanische Astronom Percival Lowell das gleichnamige Observatorium in Flagstaff (Arizona), das er der Erforschung von Planeten widmete. Inspiriert durch Schiaparellis Entdeckungen untersuchte Lowell 15 Jahre lang den Mars und vermutete sogar eine intelligente außerirdische Zivilisation als Ursache der Kanäle. Angeheizt durch die Medien verbreiteten sich in dieser Zeit Geschichten über mögliche Marsmenschen, die sich noch bis weit ins 20. Jahrhundert hinein großer Beliebtheit erfreuten.

Mariner und Viking

Die Raumsonde Mariner 4 besuchte unseren Nachbarplaneten im Jahre 1965 und konnte ihn erstmalig aus nächster Nähe untersuchen. Die damaligen technischen Möglichkeiten erlaubten allerdings nur 22 Aufnahmen der Marsoberfläche mit relativ geringer Qualität. Die Viking-Sonde und der dazugehörende Lander konnten elf Jahre später die Marsoberfläche bereits sehr erfolgreich erkunden. Besonders ein Bild erregte damals Aufmerksamkeit.

Es zeigte eine Struktur, die entfernt an ein menschliches Gesicht erinnerte. Selbst als dies erklärt wurde als Felsformation mit Schatten unter schrägem Lichteinfall hielten sich die Anhänger des Marsmenschen-Mythos daran fest. Der Viking-Lander fand allerdings keinerlei organische Substanzen auf dem Marsboden. Wenn es Leben auf dem Mars gibt oder gab, dann sind dessen Spuren jedenfalls nicht leicht zu finden.

Auf der Erde wurde im Jahre 1984 in der Antarktis ein Meteorit gefunden, der mit hoher Wahrscheinlichkeit marsianischen Ursprungs ist (siehe Abbildung nächste Seite). Er wurde vor 16 Millionen Jahren durch einen Meteoriteneinschlag aus der Marsoberfläche herausgeschleudert und stürzte vor ca. 13 000 Jahren auf die Erde. Mehrere Tests ergaben, dass der Meteorit Aminosäuren sowie sogenannte Polyzyklische Aromatische Kohlenwasserstoffe enthält. Dabei handelt es sich um Moleküle, denen eine Rolle in der Entstehung von Leben nachgesagt wird. Umstritten bleibt, ob sich diese Stoffe vor oder nach dem Verlassen des Mars auf dem Meteoriten einlagerten.

Mars-Felsen Yogi, von der Mars Pathfinder Mission fotografiert

Eng verbunden mit der Möglichkeit von Leben auf dem Mars ist die Frage nach dem Ursprung des Lebens überhaupt. Die Gesetze der Physik und Chemie sind überall im Universum dieselben. Trotz der gigantischen Vielfalt

Der Meteorit ALH8400 wurde im Jahre 1984 in der Antarktis gefunden. Vermutlich schlug er vor etwa 13 000 Jahren auf der Erde ein, nachdem er vor etwa 16 Millionen Jahren bei einem gewaltigen Zusammenstoß eines kosmischen Objektes mit dem Mars aus dem Mars herausgeschleudert wurde.

des irdischen Lebens findet man in allen Lebensformen die gleichen Grundbausteine, nämlich Zellen, die aus Nukleinsäuren und Proteinen bestehen.

Extreme Lebensformen

Es liegt also nahe, dass Leben auch anderswo im Universum entstehen kann. Dafür bedarf es nach unserer Kenntnis vor allem einer lebenswichtigen Substanz: Wasser. Über die Spuren von Wasser auf dem Mars wird in Kapitel 37 berichtet.

Auf der Erde hatten Organismen etwa 3,5 Milliarden Jahre Zeit, sich selbst an extremste äußere Bedingungen anzupassen. Für uns Menschen sind Temperaturen zwischen 10 °C und 20 °C ganz angenehm. Es gibt aber auch Cyanobakterien, die sich bei erstaunlichen 130 °C vermehren. Einige Vielzeller, wie das einen halben Millimeter große Bärtierchen, können sogar längere Aufenthalte im Weltall – also im luftleeren Raum, bei niedrigsten Temperaturen und unter gefährlicher UV Strahlung – überstehen.

In Anbetracht der erstaunlichen Anpassungsfähigkeit des Lebens und der zahlreichen Hinweise auf Wasservorkommen gilt die Existenz von Leben auf dem Mars mindestens als möglich, wenn nicht sogar als wahrscheinlich. Mehr dazu werden wir durch die ExoMars-Mission der ESA erfahren.

Der ExoMars-Orbiter soll die Atmosphäre des Planeten nach Spuren von Methan durchsuchen. Dieses Gas könnte aus früheren biologischen Umwandlungsprozessen hervorgegangen sein. Die Landeeinheit der ExoMars-Mission wird in der Lage sein, Löcher in den Mars-Boden zu graben und Gesteinsschichten in einer Tiefe von bis zu zwei Metern zu untersuchen. Sofern sich der für 2016 geplante Start nicht verzögert, dürfen wir für 2018 auf erste neue Erkenntnisse hoffen.

Die Abbildung auf der rechten Seite zeigt eine Felsformation auf dem Mars, aufgenommen von der Mars-Sonde Opportunity.

Abbildung oben: NASA
Abbildung rechte Seite: NASA

www.universum-fuer-alle.de/sternstunde/23

24 Die ersten Sterne im Universum

Ralf Klessen

In den ersten paar Minuten nach dem Urknall wurde bereits der gesamte Brennstoff erzeugt, der für viele Milliarden Jahre in Sternen das Universum erleuchten sollte. Diese Phase, in der die ersten Elemente entstanden, wird auch als kosmische Nukleosynthese bezeichnet. Wir kennen die Bedingungen im Universum zu dieser sehr frühen Zeit dank der Vermessung der kosmischen Mikrowellenhintergrundstrahlung recht genau.

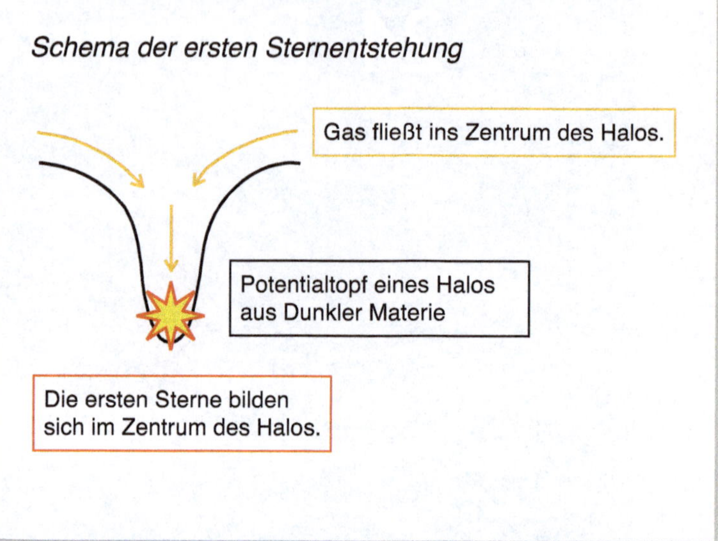

Hintergrund-Strahlung

Der Mikrowellenhintergrund ist der Wärmestrahlungsüberrest des frühen Universums, der mit fortschreitender Ausdehnung des Weltalls immer kühler wurde. Heute liegt seine Temperatur gerade einmal 2,725 Grad über dem absoluten Nullpunkt von −273,15 °C. Bei genauerer Betrachtung sieht man, dass die Temperatur des Mikrowellenhintergrunds in verschiedenen Richtungen nicht exakt konstant ist, es sind Temperaturunterschiede von einem Hunderttausendstel Grad zu erkennen.

Diese winzigen Schwankungen geben uns Aufschluss über das Zusammenspiel von Licht, Atomen, Dunkler Materie und Dunkler Energie im jungen Universum. Das Licht, das wir mit dem Mikrowellenhintergrund messen, wurde losgeschickt, als das Universum etwa 300 000 Jahre alt war. Die Temperaturunterschiede entsprechen dabei Dichteunterschieden gleicher Größe.

Die relative Häufigkeit der im frühen Universum entstandenen Atomkerne hängt stark von der Materiedichte ab. Da wir diese gut bestimmen können, ist uns die Häufigkeit der Elemente bekannt.

Fast nur Wasserstoff und Helium

Demzufolge besteht das frühe Universum zu beinahe 75 % aus Wasserstoffatomen, Helium macht knapp 25 % aus, den Rest (weniger als 1 % aller Atome) bilden Deuterium (eine schwere Variante des Wasserstoffs), Lithium und Beryllium. Schwerere Atome wurden im jungen Universum nicht erzeugt. Wenn wir nun diese frühe chemische

Abbildung vorhergehende Seite: ESO; Lagunen-Nebel, in dem heute Sterne entstehen
Abbildung rechte Seite: ESO/J. Emerson/VISTA. Acknowledgment: Cambridge Astronomical Survey Unit

Flammennebel (oder NGC 2024) und Umgebung, eine eindrucksvolle Sternentstehungsregion im Sternbild Orion, aufgenommen im Infrarotbereich mit dem VISTA-Teleskop der ESO.

Zusammensetzung mit heutigen Beobachtungen aus der Umgebung der Sonne vergleichen, stellen wir fest, dass es inzwischen viele Elemente gibt, die damals noch nicht existierten. Diese Elemente mit größeren Massenzahlen wurden alle in den Sternen erzeugt, die dank ihrer Schwerkraft unter großem Druck und hoher Temperatur über lange Zeit ideale Voraussetzungen für die Verschmelzung von Atomkernen zu komplexeren Elementen schaffen (mehr dazu in Kapitel 40).

Das Dunkle Zeitalter

Die Zeit ab etwa 300 000 Jahren nach dem Urknall, in der es noch keine Sterne gab, nennen wir das „Dunkle Zeitalter". Es dauerte ein paar 100 Millionen Jahre an. In dieser Zeit wuchsen die anfänglichen winzigen Dichteunterschiede durch die Schwerkraft weiter an.

Dunkle Materie, die den Großteil der Masse im Universum ausmacht, beschleunigte diesen Vorgang. Sie verdichtete sich zu immer größeren kugelförmigen Gebilden, sogenannten Halos, in die dann die „normale" Materie, also Wasserstoff und Helium, hineinströmte. Wasserstoff und Helium kühlten dann ab, verdichteten sich weiter, und bildeten schließlich Sterne (siehe Abbildungs-Sequenz auf den nächsten beiden Seiten).

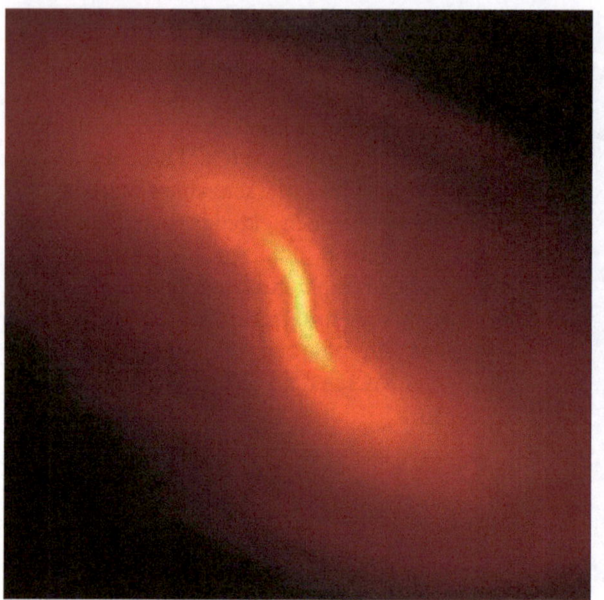

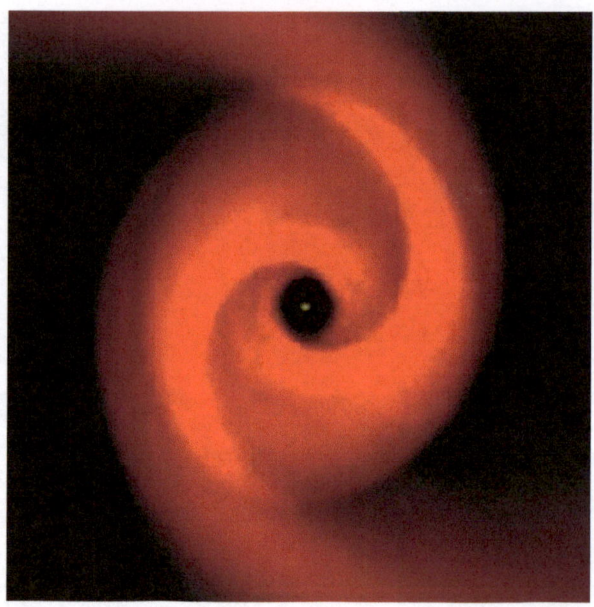

Wie dies im einzelnen vor sich ging, ist noch immer nicht genau verstanden. Bis vor ein paar Jahren nahm man an, dass der Sternbildungsprozess sehr ineffizient sei, dass man sehr viel Materie bräuchte, um wenige Sterne mit großen Massen zu erzeugen. Diese ersten Sterne könnten mit mehr als 100-facher Masse der Sonne wahrlich Giganten gewesen sein.

Große Masse – kurzes Leben

Sterne mit großer Masse verbrauchen ihren Wasserstoffvorrat allerdings extrem schnell, sie leuchten sehr hell, aber nach wenigen Millionen Jahren ist der Brennstoff dann auch schon verbraucht. Somit wäre die Suche nach den ersten Sternen heute, mehr als 10 Milliarden Jahre nach ihrer Entstehung, vergebens.

Neuere Computer-Simulationen (siehe Abbildungssequenz oben) deuten allerdings auf ein etwas anderes Szenario hin. Darin stellt sich die Entstehung von Sternen als ein sehr turbulenter Prozess dar. Das einströmende Gas setzt sich als Scheibe im Zentrum des Halos aus Dunkler Materie ab, wobei sie in Rotation versetzt wird und dadurch ihre Form halten kann.

Je mehr Material sich in der Scheibe anreichert, um so instabiler wird diese. Schließlich fallen in einem Prozess, der Fragmentation genannt wird, einzelne Regionen der Scheibe unter ihrer eigenen Anziehungskraft

Abbildung oben und rechts: Autor und Paul Clark

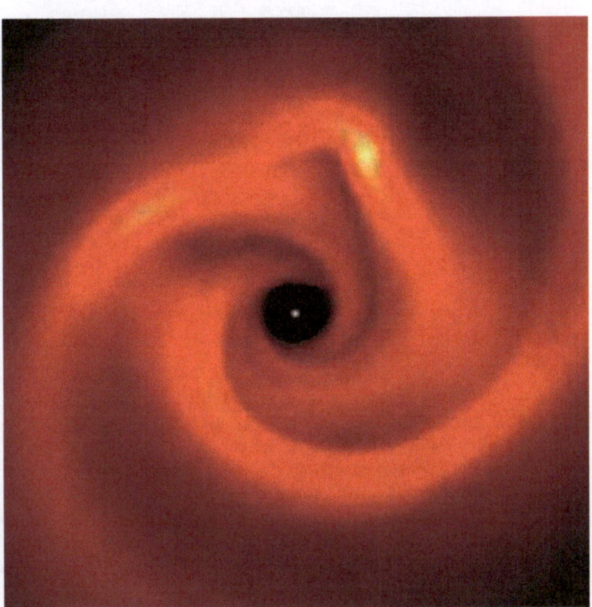

in sich zusammen und bilden kleinere Sterne. Deshalb nehmen wir heute an, dass sich die ersten Sterne immer in Mehrfachsystemen bildeten.

Sterne mit niedriger Masse leben sehr viel länger als ihre massereichen Geschwister, sie haben deutlich mehr Zeit, um ihren Brennstoffvorrat aufzubrauchen. Sterne mit Massen ähnlich der Sonne können mehr als 10 Milliarden Jahren alt werden (siehe auch Kapitel 50).

Erste Sterngeneration?

Wenn die Sterne der ersten Generation nur geringe Massen hatten, ähnlich der Masse der Sonne, dann könnte ihr Licht noch heute den Weltraum erhellen und wir können sie möglicherweise entdecken und an ihrer chemischen Zusammensetzung erkennen. Über die gegenwärtig ältesten bekannten Sterne wird in Kapitel 2 berichtet.

www.universum-fuer-alle.de/sternstunde/24

25 Warum brauchen die Astronomen ein 40 m-Teleskop?

Roland Gredel

Citius, altius, fortius, so heißt das Motto der modernen Olympischen Spiele. Frei übersetzt ins Deutsche bedeutet das: Schneller, höher, weiter! So könnte auch das Motto von uns Astronomen lauten: Wir brauchen *schnellere* Teleskope mit kürzeren Belichtungszeiten, sie müssen auf *höheren* Berge stehen, um die störenden Einflüsse der Erdatmosphäre zu reduzieren, und selbstverständlich wollen wir immer noch *weiter* schauen als bisher möglich. (Und auch die wörtliche Übersetzung des „fortius“ würde passen: Unsere Kameras müssen immer noch (licht-)*stärker* werden.)

Seit Galilei vor 400 Jahren sein 3 cm-Teleskop gen Himmel gerichtet hat, versuchen Astronomen und Ingenieure, die Linsen und Spiegeldurchmesser immer weiter zu vergrößern, um mit mehr Licht noch schärfere Aufnahmen machen zu können (siehe auch Kapitel 17). Im Jahre 1947 wurde in Kalifornien auf dem Mount Palomar ein Teleskop mit 5 m-Spiegeldurchmesser in Betrieb genommen, fast 30 Jahre lang war es das größte der Welt. Durch neue technologische Entwicklungen gelang es dann in den 1990er Jahren, eine Reihe von Observatorien zu bauen, mit 8 bis 10 Meter Spiegeldurchmesser. Dazu gehören die VLT-Teleskope der ESO sowie das LBT in Arizona (dazu mehr in den Kapiteln 54 und 55).

Inzwischen greifen die Astronomen im übertragenen Sinne tatsächlich „nach den Sternen“: Die europäischen Astronomen, die sich vor 50 Jahren in der ESO, der europäischen Südsternwarte, zusammenfanden, um gemeinsam bessere und größere Observatorien bauen zu können, wollen jetzt ein gigantisches Teleskop mit fast 40 Metern Spiegeldurchmesser errichten, das „European Extremely Large Telescope“, oder kurz E-ELT.

Was drängt die Wissenschaftler dazu, ein solch riesiges Himmelsauge zu bauen? Ein großer Spiegel hilft aus zwei Gründen: Je größer der Durchmesser eines Fernrohrs, desto schärfere Bilder kann es machen (mehr dazu in Kapitel 6). Und je größer die Lichtsammelfläche, desto schwächere Objekte können wir sehen und fotografieren; gewissermaßen heißt das auch, desto weiter können wir schauen.

Fünfmal so scharf wie bisher!

Mit einem Durchmesser von fast 40 Metern wird das E-ELT fünfmal so scharf sehen können wie die heutigen Spitzenteleskope mit etwa 8 Meter Spiegeldurchmesser. Seine 25mal so große Sammelfläche wird es dem E-ELT ermöglichen, bei gleicher Belichtungszeit 25mal so schwache Sterne oder Galaxien untersuchen zu können. Das sind großartige Perspektiven für uns Astronomen.

Die wissenschaftlichen Ziele, die großen Herausforderungen, die es rechtfertigen, ein solches Riesenprojekt anzugehen, wurden in einer Handvoll hauptsächlicher Zielsetzungen zusammengestellt.

Seit etwa 15 Jahren wissen wir, dass es Planeten um andere Sterne gibt (dazu mehr in Kapiteln 1, 63, 65 und 67). Eine der großen astronomischen Fragen lautet dabei: Gibt es Leben auf anderen Planeten? Mit dem E-ELT hoffen wir, direkte Aufnahmen von Planeten um andere Sterne machen zu können, und gegebenenfalls in deren Atmosphären Spuren von Bio-Markern zu entdecken, die Leben anderswo nachweisen würden.

Abbildung rechte Seite: Modell des E-ELT ohne Gebäude und Kuppel. Die segmentierte Spiegelfläche ist gut zu erkennen. Zum Größenvergleich sind im Vordergrund zwei Personen dargestellt.

Abbildung vorhergehende Seite: ESO/L. Calçada; Künstlerische Darstellung des E-ELT
Abbildung rechte Seite: ESO

Exoplaneten, Schwarze Löcher und Dunkle Materie

Auch Fragen der fundamentalen Physik hoffen wir, mithilfe des E-ELT beantworten zu können. Einige der noch unverstandenen Bereiche sind die Zeit kurz nach dem Urknall, die sogenannte „Inflation", oder die Natur der Dunklen Materie, die den größten Teil der Materiedichte im Universum ausmacht, von der wir aber noch sehr wenig wissen. Auch die Entwicklung der massereichen Schwarzen Löcher in den Zentren von Galaxien ist noch wenig verstanden, wie auch deren Zusammenhang mit der Entwicklung der Galaxien als Ganzes. Das E-ELT wird auch grundlegende Beiträge zu unserem Verständnis der ersten Sterne und Galaxien liefern.

Darüber hinaus sind sich alle Beteiligten einig: Jedesmal, wenn die Teleskop-Technologie einen großen Schritt nach vorne machte, gab es auch eine ganze Reihe von überraschenden neuen Entdeckungen und Erkenntnissen, die nicht geplant waren und auch gar nicht geplant werden konnten. Das begann bereits mit Galilei selbst, für den der Blick auf Berge und Krater auf dem Mond ebenso überraschend kam, wie die Entdeckung der Monde um den Planeten Jupiter. So sind wir sicher, dass das E-ELT viele gänzlich unerwartete Entdeckungen machen wird, die zu neuen Erkenntnissen über die Entwicklung des Universums und seiner Bewohner führen werden.

Ein Spiegel von 40 Metern Durchmesser kann nicht mehr aus einem Stück gebaut werden. Die Ingenieure entwickelten ein Konzept, das einen Mosaik-Spiegel vorsieht aus lauter sechseckigen Teilen mit etwa 1,40 m Durchmesser. Insgesamt benötigt man dazu fast 800 solcher Einzelspiegel. Die Abbildung auf der vorhergehenden Seite lässt gut diese Waben-Struktur erkennen. Insgesamt umfasst die Optik des E-ELT fünf Spiegel, um optimale Abbildungseigenschaften zu erzielen.

Die E-ELT-Spiegel werden sehr dünn sein, damit sie mit der Methode der adaptiven Optik schnell verformt werden können, um die Luftunruhe der Erdatmosphäre auszugleichen und tatsächlich super-scharfe Aufnahmen machen zu können (mehr dazu in Kapitel 46).

Die Planung und Konstruktion des E-ELT ist eine technische, aber auch eine politische und finanzielle Herausforderung: Die 15 ESO-Länder (seit kurzem ist Brasilien als erstes nicht-europäisches Land Mitglied der ESO) müssen die gewaltigen finanziellen Anstrengungen gemeinsam tragen, um in einem Zeitraum von etwa zehn Jahren das E-ELT zu bauen. Die Baukosten sind auf über eine Milliarde Euro angesetzt.

Zehn Jahre und eine Milliarde Euro

Das E-ELT wird sicherstellen, dass Europa in der astronomischen Spitzenforschung auch weiterhin an vorderster Front aktiv sein kann. Bestimmt liegt ein schwieriger Weg vor uns, bis dann vielleicht im Jahre 2022 das erste Licht einer fernen Galaxie im E-ELT gemessen werden wird. Aber der Weg zu den Sternen war ja immer schon rau: Per aspera ad astra!

Abbildung rechte Seite: Beim Tag der offenen Tür der ESO im Sommer 2011 stellten die Besucher und Gäste neben dem ESO Hauptgebäude in Garching ein 1:1-Modell des E-ELT Spiegels zusammen. Mit 798 Hexagons aus Karton, jedes hatte einen Durchmesser von 1,4 m, wurde die Spiegelfläche des E-ELT mit einem Durchmesser von 39,3 m und einer Fläche von fast 1000 Quadratmetern auf dem Rasen nachgestellt.

Abbildung rechte Seite: ESO

www.universum-fuer-alle.de/sternstunde/25

26 Wie erhalten Sterne und Planeten ihre Namen?

Siegfried Röser

Sterne tragen ganz verschiedenartige Namen. Sie alle kennen sicherlich den „Sirius“ oder die „Wega“. Andere Sterne heißen etwa „Gliese 581“ oder „HD 258 205“. Der erste sonnenähnliche Stern, um den ein extrasolarer Planet entdeckt wurde, heißt „51 Pegasi“. Es gibt also eine große Vielfalt an Bezeichnungen. Woher kommen diese Namen? Wie werden Sterne oder Planeten benannt und von wem?

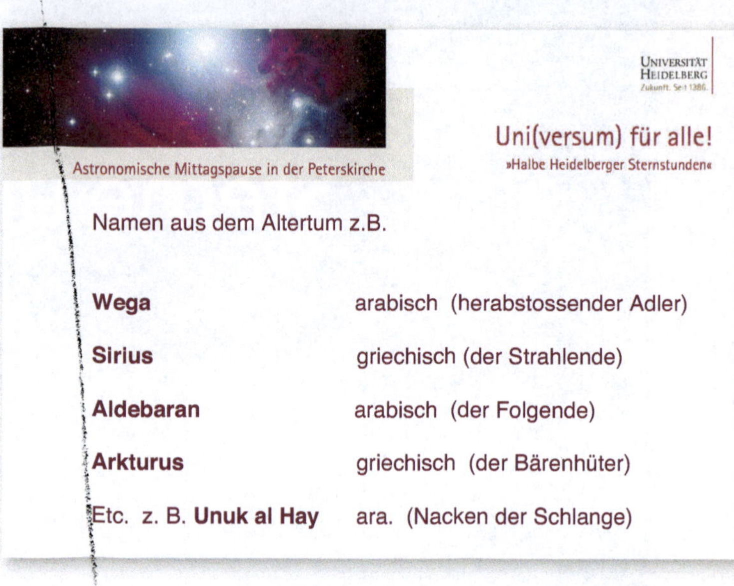

Was ist ein Stern?

Beginnen wir mit der Beschreibung: Was ist eigentlich ein Stern? Ein Stern ist ein Himmelskörper, der von selbst leuchtet und dabei seine Energie über Kernfusion erzeugt. Die Sonne ist also ein Stern. Ein Planet hingegen ist ein Himmelskörper, der um einen Stern kreist, nicht von selbst leuchtet und seine Energie von diesem Stern bezieht. Ein Planetensystem schließlich besteht aus einem Zentralstern und mindestens einem Planeten.

Wenn sich Wissenschaftler nun unterhalten wollen über bestimmte Objekte im Universum, müssen sie diese identifizeren können, deshalb geben sie ihnen unterschiedliche Namen. So wie das auch Botaniker oder Ornithologen tun. Die Astronomen müssen Sterne, Planeten, Kleinplaneten und Kometen benennen. Schließlich kann ein Kollege erst wissen, wovon man spricht, wenn man den Himmelskörper durch einen Namen klar identifiziert hat.

Im Altertum war dies noch relativ einfach. Die Beobachter hatten keine optischen Hilfsmittel, um den Himmel zu betrachten, die ganze Arbeit wurde mit bloßem Auge gemacht. Wollte man einen Stern bezeichnen (meistens waren das die hellsten Sterne), gab man ihm einen bildhaften Namen, der oft mit der Konstellation zu tun hatte, dem Sternbild, in dem dieser Stern stand.

„Nacken der Schlange“

In diesen Zeiten erhielten die Sterne sehr beeindruckende Namen. Wega beispielsweise ist arabisch für „herabstoßender Adler“; Sirius ist griechisch für „der Strahlende“; Aldebaran heißt auf Arabisch „der Folgende“ – und tatsächlich ‚folgt‘ er den Plejaden am Himmel; Ark-

Abbildung vorhergehende Seite: ESO, Claus Madsen; Alpha Centauri ist der helle gelbliche Stern links von der Mitte.

turus schließlich ist griechisch für „der Bärenhüter“ und Unuk al Hay heißt auf arabisch „Nacken der Schlange“.

Im Mittelalter hat man den Himmel dann etwas systematischer untersucht und durchmustert. Es gab viele schwächere Sterne, die man auch irgendwie benennen wollte. Johann Bayer schlug 1603 vor, diese Sterne nach dem Sternbild zu benennen, in dem sie auftreten, und ihnen einen griechischen Buchstaben voranzustellen.

Alpha bis Omega

Dabei wurde dem hellsten Stern in einem Sternbild der erste Buchstabe des griechischen Alphabets zugeordnet, das Alpha, gefolgt vom Genitiv des lateinischen Sternbild-Namens, also etwa Alpha Centauri. Der zweithellste Stern erhielt das Beta, wie etwa Beta Pictoris, und so weiter. Das Sternbild wurde mit einem lateinischen Namen angegeben, wie etwa Canis major, der große Hund. So ist Alpha Canis Majoris der hellste Stern im Sternbild des großen Hundes – dies ist übrigens der systematische Name des Sirius, des hellsten Sternes am Nachthimmel.

Aber das griechische Alphabet hat natürlich keine Tausend Buchstaben. Wenn in einem Sternbild mehr Sterne zu klassifizieren sind, als es griechische Buchstaben gibt, dann müssen wir neue Lösungen finden. Der britische Astronom John Flamsteed hat vorgeschlagen, die weiteren Sterne in einem Sternbild dann einfach durchzunummerieren. So ist etwa 51 Pegasi ganz banal der 51.-hellste Stern im Sternbild Pegasus.

Bevor wir weitergehen, sollten wir uns nun fragen, woher man denn eigentlich weiß, welcher Stern zu welchem Sternbild gehört. Wenn wir als Kinder zum Himmel aufschauten und unsere Eltern uns die Sternbilder erklärten, zeigten sie etwa auf den „Großen Wagen“. Diese Einteilung des Himmels in Sternbilder geht zurück auf die Hochkulturen im Altertum. Die Gelehrten fassten Sterne, die nahe beieinander stehen, zu bestimmten mythischen Figuren zusammen. Später hat man diese Sternbilder dann als fest begrenzte Regionen an der Himmelssphäre festgelegt mit geraden Grenzlinien – wie Grundstücke auf dem Lageplan eines Ortes.

Die Internationale Astronomische Union (IAU), die weltweite Vereinigung der professionellen Astronomen, hat dann im das Jahr 1930 den Himmel in 88 offizielle Sternbilder eingeteilt. Für Orion, den Sie im Winterhalbjahr sehr gut sehen können, werden wie für alle anderen Konstellationen die Grenzen angegeben in Koordinaten an der Himmelssphäre. Somit können wir genau das Feld am Himmel festlegen, das dieses Sternbild einnimmt. Und auch andersherum können wir für jeden Punkt am Himmel sagen, zu welchem Sternbild er gehört.

Die Bonner Durchmusterung

Mit besseren Teleskopen konnte man immer schwächere Sterne entdecken. So versuchte man die Sterne noch etwas systematischer zu katalogisieren. In Bonn hat F. W. A. Argelander ab 1852 eine Durchmusterung des Himmels vorgenommen. Dabei wurden etwa eine Million Sterne erfasst. Diese bekamen Namen nach ihrer Position. Je nachdem bei welcher Deklination (das entspricht der geographischen Breite) sie standen. Und alle Sterne innerhalb eines solchen Bandes am Himmel hat man dann wieder nach ihrer Helligkeit eingeordnet.

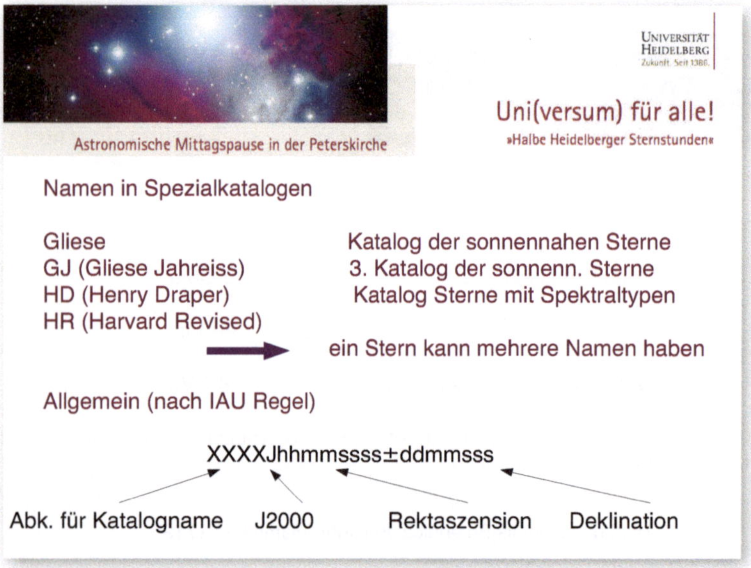

Alle diese Sterne erhielten die Kennzeichnung „BD“ als ersten Teil ihres Namens, das steht für „Bonner Durchmusterung“. Wenn ein Stern dann etwa zwischen 15 Grad und 16 Grad nördlicher Deklination stand, erhielt er immer im zweiten Teil seines Namens ein „+15“. Der dritte Teil des Namens war dann eine Nummer, etwa 344 (wenn es der 344.-hellste Stern in dieser Folge war). Unter diesen Namen sind die Sterne teilweise noch heute bekannt, wie etwa BD +15 346.

Im 20. Jahrhundert schließlich, als man mit sogenannten „Sky Surveys“ – wie Durchmusterungen heutzutage genannt werden – etwa eine Milliarde Sterne messen konnte, war auch diese Namensgebung zu umständlich. So wurde beschlossen, dass man den Sternen einfach den Katalognamen voranstellen würde, also beispielsweise „2 Micron All Sky Survey“, abgekürzt: „2MASS“, und dahinter die genauen Koordinaten des Sternes am Himmel.

Ein tyischer Name für einen solchen Stern ist 2MASSJ01395799+0242596. Dabei wurde hinter dem Katalognamen

Universität Heidelberg
Zukunft. Seit 1386.

Uni(versum) für alle!
»Halbe Heidelberger Sternstunden«

Fazit:
Die Namen neu gemessener Sterne vergibt der Autor nach dem Schema:

XXXXJhhmmssss±ddmmsss

Die Namen neu bestätigter Asteroiden vergibt eine Kommission der IAU auf Vorschlag der Entdecker

zunächst noch der Buchstabe „J" eingefügt, der sich auf die Position im Jahre 2000 bezieht. Die weiteren Zahlen stellen die Himmelskoordinaten dar, und zwar in der Form von hh mm ssss für die Rektazension (den astronomischen „Längengrad") in Stunden, Minuten und Sekunden, sowie dd mm sss für die Deklination (den astronomischen „Breitengrad") in Winkelgrad, Bogenminute und Bogensekunde. Dabei wird diesem zweiten Namensteil aus der Deklination noch jeweils ein „+" oder ein „−" vorangestellt, je nachdem ob sich der Stern nördlich oder südlich des Himmelsäquators befindet.

Gliese-Sterne: Nachbarn der Sonne

Wenn wir heute noch von „Sternbildern" sprechen, dann eigentlich nur noch aus alter Tradition. Denn in Wirklichkeit haben die meisten Sterne eines Sternbildes nicht viel miteinander zu tun. Was sie vereint ist allein, dass sie von uns aus gesehen in ähnlicher Richtung stehen. Der hellste Stern im Orion beispielsweise, Beteigeuze, ist 450 Lichtjahre von uns entfernt. Der Stern Rigel dagegen ist 800 Lichtjahre weit weg. Wenn wir an den Gürtel des Orion denken, dann sehen wir dort drei Sterne, die alle in unterschiedlicher Entfernung von der Erde stehen.

Die Namen von Kleinplaneten werden übrigens ein wenig anders vergeben als die der Sterne. Bei diesen Objekten hat der Entdecker ein Vorschlagsrecht, dann entscheidet eine Kommission der IAU, ob dieser Name angenommen wird. (Kleinplaneten oder Asteroiden sind damit die einzigen Objekte am Himmel, denen ein Mensch einen Namen nach seiner Wahl geben kann, zumindest innerhalb gewisser Grenzen.)

Woher stammt nun noch der eingangs genannte Name „Gliese 581"? Wilhelm Gliese war ein Heidelberger Astronom, der einen Katalog erstellte mit allen Sternen in der Nähe der Sonne. Und wenn Sie heute über Entdeckungen von Planeten um andere Sterne hören, werden Sie oft dem Namen Gliese begegnen, weil man natürlich erstmal bei den Nachbarsternen sucht. Extrasolare Planeten erhalten den Namen des Sterns plus ein kleines „b" (oder „c", „d", „e", ..., wenn es mehr als einen Planeten gibt).

Sterne haben inzwischen also offiziell lange und abstrakte Namen. Aber viele von ihnen, und auch manche Planeten um sie herum, haben parallel dazu ihre alten Namen behalten, so dass heute Tradition und Moderne weiterhin Hand in Hand gehen können.

27 Kosmische Illusionen: Von Doppel-Quasaren und Einstein-Ringen

Joachim Wambsganß

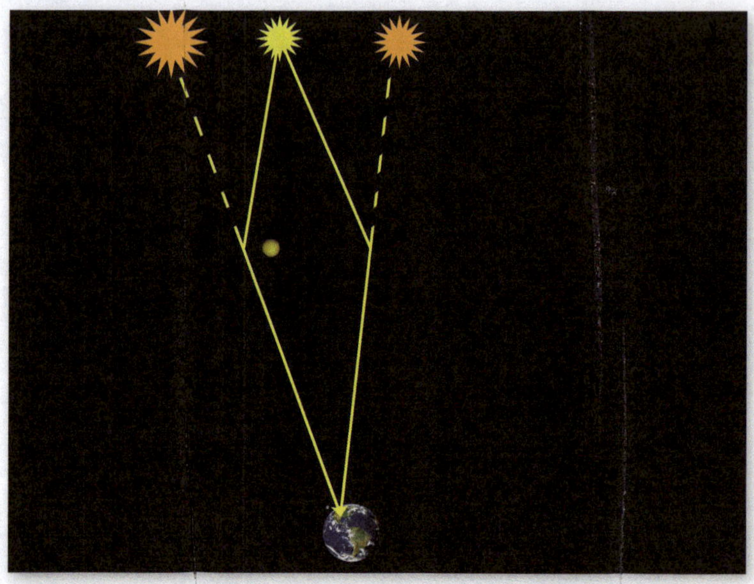

Lichtstrahlen bewegen sich immer kerzengerade. Das lernt man so in der Schule, und das weiß man aus dem täglichen Leben. Albert Einstein postulierte in der Relativitätstheorie allerdings, dass Masse und Energie eigentlich das gleiche sind – genau das ist der Inhalt seiner berühmten Formel

$$E = m c^2$$

Das bedeutet allerdings, dass Lichtstrahlen auch krumme Wege gehen können: Einstein sagte voraus, dass Licht genauso wie Materie von der Schwerkraft anderer Körper angezogen wird. Das stieß zunächst auf große Skepsis.

Einstein machte aber eine Vorhersage, wie man diese Lichtablenkung durch Materie messen könne: Die Sonne sollte die Lichtstrahlen von Sternen, die von uns aus gesehen hinter ihr stehen, anziehen und dadurch ablenken. Das würde dazu führen, dass die Sterne, wenn sie knapp neben der Sonne stehen, eine andere Position haben, als wenn sich die Sonne woanders am Himmel befindet.

Dieser Effekt ist ziemlich klein, aber meßbar. Das Problem ist nur: Wenn die Sonne am Himmel steht, sehen wir natürlich keine Sterne neben ihr! Mit einer Ausnahme: Während einer totalen Sonnenfinsternis, wenn also der Mond direkt vor der Sonne steht, kann man Sterne auch am Taghimmel sehen. Genau das machte sich eine britische Expedition im Jahre 1919 zu nutze. Und sie konnte genau die vorhergesagte Wirkung messen: Die Sternpositionen scheinen während der Finsternis alle von der Sonne weg nach außen verschoben zu ein.

Schwerkraft lenkt Licht ab!

Diese Bestätigung der Allgemeinen Relativitätstheorie machte sofort weltweit Schlagzeilen bis in die Tageszeitungen und wurde die Grundlage für Einsteins große Berühmtheit.

Was hat dieser Gravitationslinseneffekt nun mit „kosmischen Illusionen" zu tun? Ganz schön viel! Wenn man ihn nämlich genauer untersucht (und das hat Einstein selbst in den 1930er Jahren getan) findet man, dass er außer der „Positionsverschiebung" noch drei weitere Wirkungen hat: Durch den Gravitationslinseneffekt können weit ent-

Abbildung vorhergehende Seite: NASA; ESA; L. Bradley (Johns Hopkins University); R. Bouwens (University of California, Santa Cruz); H. Ford (Johns Hopkins University); und G. Illingworth (University of California, Santa Cruz): Galaxienhaufen Abell 1689, der als Gravitationslinse wirkt und weit dahinter liegende Galaxien zu bogenartigen Bilder verzerrt.

fernte Sterne oder Galaxien größer und damit heller erscheinen, er wirkt also wie eine „kosmische Lupe". Außerdem beeinflusst er die Form von Galaxien: Er kann sie verzerren, so dass kreisrunde Galaxien zu Ellipsen werden oder gar bananenähnliche Formen erhalten. Und die dramatischste Wirkung des Gravitationslinseneffektes: Er kann sogar Mehrfachbilder erzeugen, Doppelbilder, drei, vier, ja fünf Bilder von EINEM kosmischen Objekt! Das klingt komisch, oder?

Was bewirken Gravitationslinsen?

Gravitationslinsen haben vier Effekte, sie ...

1) ... verändern die Positionen ...

2) ... verstärken die Helligkeit ...

3) ... verzerren die Form ...

4) ... erhöhen die Anzahl ...

von Hintergrund-Sternen !

Kosmische Doppelbilder?

Aber auch dies wurde durch astronomische Messungen bestätigt. Einstein selbst hat das allerdings nicht mehr erlebt. Seit den 1960er Jahren kennen die Astronomen „Quasare", das sind sehr weit entfernte Objekte, die extrem hell strahlen (mehr dazu in Kapitel 53). Sie sehen punktförmig aus, „quasi-stellar", daher stammt auch ihr Name. Es handelt sich dabei um sehr aktive Zentralregionen bestimmter Galaxien.

Im Jahre 1979 nun wurde der erste „Doppelquasar" entdeckt: Wir sehen das gleiche Objekt zweimal, ganz dicht nebeneinander. Woher wissen wir, dass es nicht zwei verschiedene Körper sind? Nun, da gibt es eine Reihe von Kriterien, die alle erfüllt sein müssen. Zunächst müssen die beiden Bilder sehr nahe beieinander am Himmel stehen. Sie müssen zudem die gleiche Entfernung von uns haben, und ihre Farben und Spektren müssen gleich sein. Und schließlich – Quasare sind nämlich variable Objekte – müssen Helligkeitsänderungen in allen Quasarbildern parallel nachgewiesen werden. Allerdings nicht exakt zur gleichen Zeit: Der Lichtweg für die Quasarbilder ist verschieden lang, deshalb kommen die Signale aus den verschiedenen Bildern mit einer gewissen Verzögerung bei uns an. Diese kann von einigen Stunden bis zu einigen Jahren reichen.

Inzwischen kennen wir bereits über 100 Mehrfachquasare, und bei etwa 30 von ihnen ist sogar diese Zeitverzögerung – „Time-Delay" genannt – schon gemessen worden. Bei dem gegenwärtigen Rekordhalter mit 729 Tagen Signal-Verschiebung zwischen den zwei Bildern war meine Arbeitsgruppe führend an der Messung beteiligt.

Und dieser Time-Delay gestattet uns sogar, die Größe des Universums zu bestimmen. Dies wurde in den 1960er Jahren von dem jungen norwegischen Studenten Sjur Refsdal herausgefunden. Aber erst in den

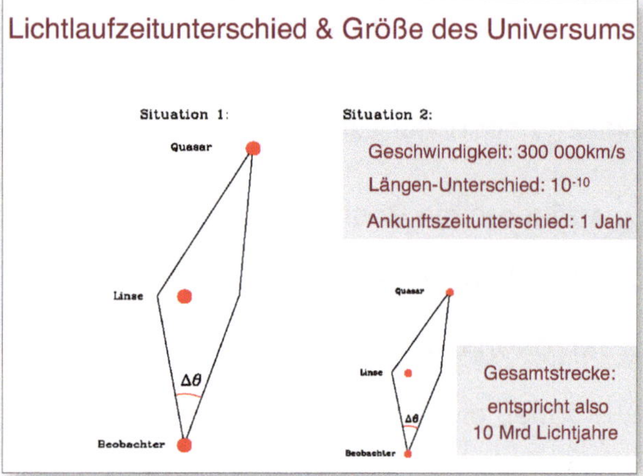

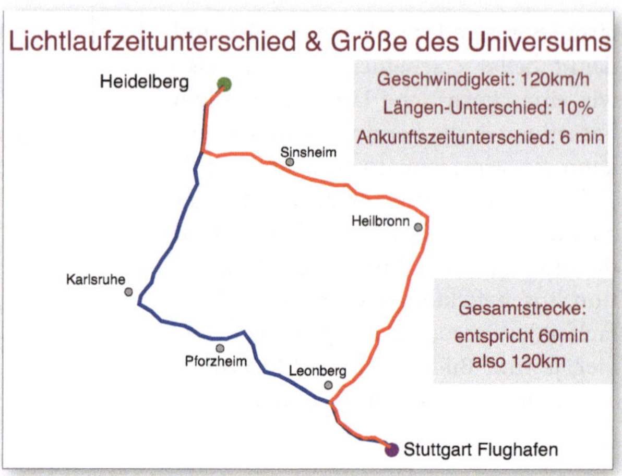

1990er Jahren haben wir es geschafft, dies wirklich zu messen. Die Idee ist ganz einfach: Wenn wir zwei Bilder eines weit entfernten Quasars sehen und eine als Linse wirkende Galaxie dazwischen liegt, dann können wir nur die relativen Positionen und das Helligkeitsverhältnis der Quasarbilder messen.

Hilfreicher Laufzeit-Unterschied

Wenn Quasar und Galaxie doppelt so weit von uns entfernt wären (also das Universum doppelt so groß) und die Masse der Galaxie entsprechend größer wäre, dann würden wir exakt die gleiche Konfiguration am Himmel sehen (siehe Grafik oben links). Allerdings können wir präzise berechnen, um welchen Bruchteil der eine Weg länger ist als der andere: Dieser Anteil ist in beiden Szenarien gleich.

Wenn wir dann genau diesen Lichtlaufzeit-Unterschied messen, dann können wir die gesamte Strecke berechnen und kennen damit die Entfernung zum Quasar. Zusammen mit der leicht meßbaren Fluchtgeschwindigkeit des Quasars, der Rotverschiebung, ergibt sich dann die Hubble-Konstante, die Größe und Alter des Universums beschreibt.

Diese Messung der Hubble-Konstanten lässt sich leicht veranschaulichen: Wenn Sie mit dem Auto von Heidelberg zum Stuttgarter Flughafen möchten, können Sie entweder über Karlsruhe oder über Heilbronn fahren (siehe Abbildung oben rechts). Angenommen, jemand sagt Ihnen, die eine Strecke sei 10 % kürzer als die andere, Sie wissen aber nicht, wie lange die gesamte Strecke ist. Nun fahren zwei Autos ohne Kilometerzähler, jedoch mit funktionierenden Tachometern (also Geschwindigkeitsmessern), diese beiden Strecken.

Wenn die beiden Autos mit konstant 120 km/h gleichzeitig aus Heidelberg losfahren (diesmal ist gerade kein Stau bei Sinsheim ...), dann kommt der Pkw über Karlsruhe 6 Minuten früher an als der Wagen über Heil-

Abbildung rechte Seite: NASA, ESA und das SLACS Survey Team: A. Bolton (Harvard/ Smithsonian), S. Burles (MIT), L. Koopmans (Kapteyn), T. Treu (UCSB) und L. Moustakas (JPL/Caltech)

Acht Einstein-Ringe: Sie entstehen dadurch, dass eine weit entfernte Galaxie (blau) perfekt hinter einer näheren Galaxie (gelblich) steht

bronn. In dieser Zeit legt dieses zweite Fahrzeug genau 12 km zurück. Nun wissen Sie, dass diese 12 km einem Anteil von 10 % der Gesamtstrecke entsprechen. Also ist der gesamte Weg 120 km lang.

Auf die gleiche Weise bestimmten wir Astronomen die Entfernung zum Doppelquasar Q0957+561, mit dem kleinen Unterschied, dass die Wegdifferenz ein Zehnmilliardstel ist, und die gemessene Laufzeit-Differenz etwa ein Jahr. Also ist der Quasar 10 Milliarden Lichtjahre von uns entfernt!

Wenn ein Quasar sogar perfekt hinter einer runden Vordergrund-Galaxie steht, dann ergeben sich nicht zwei Bilder, sondern ein perfektes Ringbild (siehe Abbildung oben)! Und aus dem Radius eines solchen „Einstein-Rings" können wir ganz leicht die Masse der Linsen-Galaxie bestimmen, was in der Astronomie ansonsten ganz schön schwer ist.

Vielseitige Gravitationslinsen

Damit ermöglichen uns diese „kosmischen Illusionen" eine ganze Reihe toller Anwendungen in der Astronomie: Wir können die Größe des Weltalls bestimmen, weit entfernte schwache Objekte viel besser untersuchen, die Masse von Galaxien und Galaxienhaufen gut messen, und wir finden darüber hinaus sogar Planeten um andere Sterne mit dem Gravitationslinseneffekt!

www.universum-fuer-alle.de/sternstunde/27

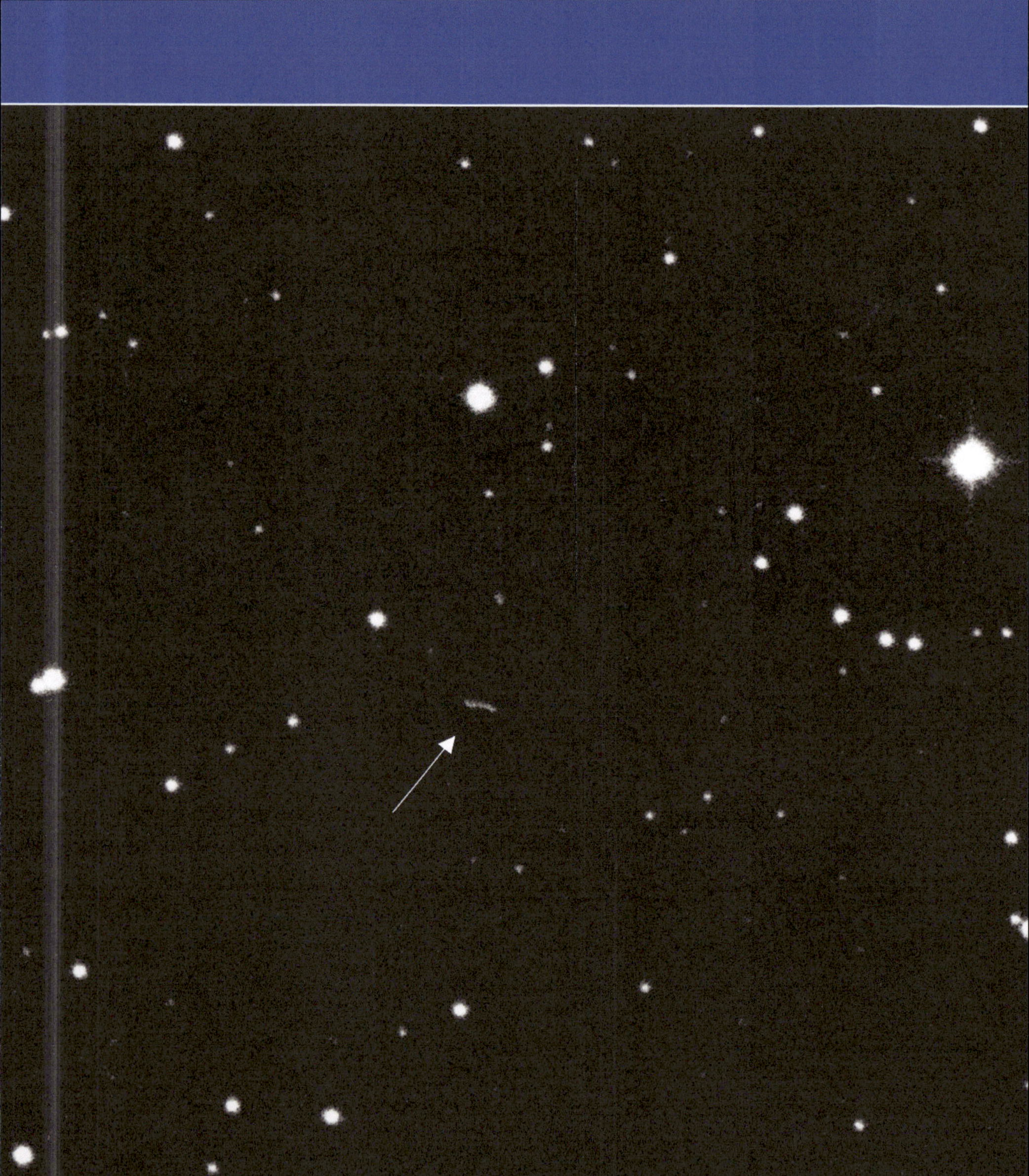

28 Wie Heidelberga an den Himmel kam

Holger Mandel

„Heidelberga" hat sicherlich irgendetwas mit der Stadt Heidelberg zu tun, das geht ja bereits aus dem Namen hervor. Aber wer oder was ist Heildeberga? Und wo ist Heidelberga zu finden? Das möchte ich Ihnen heute erzählen.

Wenn Sie sich in der Heidelberger Altstadt oder am Neckarufer auf die Suche begeben, werden Sie vergeblich stöbern, denn Heidelberga ist kein irdisches Objekt. Heidelberga befindet sich am Himmel! Heidelberga ist ein Kleinplanet, manchmal auch Asteroid genannt.

Es gibt ja im Universum nicht nur Sonne, Mond und Sterne, sondern auch große Planeten, wie Erde, Jupiter oder Saturn. Und darüber hinaus gibt es noch eine ganze Menge Kleinplaneten mit Durchmessern von nur 100 Kilometern oder sogar noch kleiner.

Was sind Kleinplaneten?

Schauen wir uns einen solchen Kleinplaneten doch einmal etwas genauer an. Das ist heute möglich, denn unsere Teleskope sind inzwischen gut genug dafür geworden, und manche von diesen kleinen Planeten sind so-

Kleinplanet "325 Heidelberga"

Entdecker: Max Wolf am 4. März 1892

Sonnenentfernung: 3.2 AE
Umlaufszeit: 5 Jahre 273 Tage
Mittlere Orbitalgeschwindigkeit: 16.5 km/sec

Durchmesser: 76 km
Oberfläche: 18.000 km² = 165 x HD Stadtgebiet
Rotationsgeschwindigkeit: 6,7 Stunden
Oberflächentemperatur: -200 Grad C

Max Wolfs Privatsternwarte in der Heidelberger Märzgasse

Abbildung vorhergehende Seite: ESO; Ein Kleinplanet zeigt sich auf einer langbelichteten Himmelsaufnahme als kurze ausgeschmierte Spur, auf diesem Foto ist Kleinplanet Tunis zu sehen.
Abbildung oben: Autor
Abbildung rechte Seite: Autor

gar schon von Raumsonden besucht und fotografiert worden.

Der Kleinplanet Ida beispielsweise – er trägt die Kleinplaneten-Nummer (243) – hat eine Längsausdehnung von 38 Kilometern. Ida sieht aus wie eine durchs Weltall fliegende gigantische Kartoffel. Das Besondere bei Ida ist, dass er (oder sie?) von einem kleinen Mond namens Dactyl umkreist wird, der nur etwa 1,5 Kilometern misst. Idas Oberfläche ist von vielen Kratern durchzogen, Zeugen von Einschlägen in der Frühzeit des Sonnensystems, ähnlich wie auf unserem Mond.

Der allererste Kleinplanet – (1) Ceres – wurde in der Neujahrsnacht 1801 auf der Sternwarte in Palermo von Giuseppe Piazzi (1746–1826) entdeckt, einem Priester, Mathematiker und Astronomen. Er beobachtete die Sterne Nacht für Nacht mit seinem Teleskop und vermaß ihre Positionen. Er hoffte, einen „Wandelstern" zu entdecken, einen Planeten, dessen Position sich von Nacht zu Nacht änderte. Aus einer solchen Bewegung konnte er dann eine Bahnberechnung anstellen.

Und auf diese Weise hat Piazzi schließlich Ceres entdeckt, die sich zwischen Mars- und Jupiterbahn um die Sonne dreht. Ceres wurde zunächst als achter Planet im Sonnensystem gefeiert. Erst nachdem eine große Anzahl Objekte mit ähnlichen Bahnen entdeckt worden waren, wurde Ceres Mitte des 19. Jahrhunderts zu einem „Kleinplaneten" degradiert. (Ein ähnliches Schicksal traf vor kurzem Pluto, wie man in Kapitel 22 nachlesen kann.) Piazzis Technik war sehr aufwändig, mit seiner Beobachtungsmethode konnte man nur wenige Kleinplaneten entdecken.

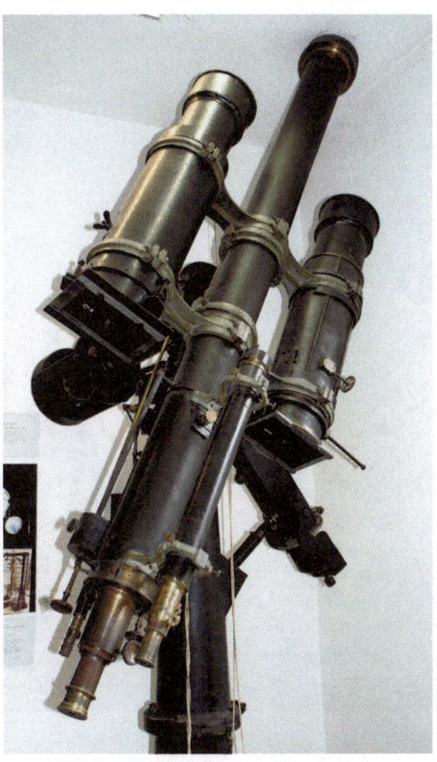

Max Wolfs 6-zölliger Doppel-Astrograph

Max Wolf, Kleinplaneten-Pionier

Im Laufe der folgenden Jahrzehnte fand man mehr als 300 solche Asteroiden. Dieses Forschungsgebiet erhielt erst um 1885 neuen Schwung durch den Heidelberger Astronomen Max Wolf (1863–1932), einem Pionier der Astrofotografie. Wolf experimentierte bereits als Schüler mit kurzbrennweitigen Portraitobjektiven, die er auf eine gemeinsame Montierung an sein Teleskop setzte und fotografierte mit diesen bestimmte Himmelsregionen immer wieder.

So fand er einige Kleinplaneten und entdeckte auch einige Kometen. Später ließ er sich einen sechszölligen Doppelastrographen bauen. Dieses Teleskop (siehe oben) bestand aus zwei Fernrohren mit 15 cm Öffnung und einer Brennweite

Max Wolf war ein herausragender Astronom, Gründer der Sternwarte auf dem Königstuhl, Professor an der Universität Heidelberg, Entdecker Heidelbergas und Ehrenbürger Heidelbergs.

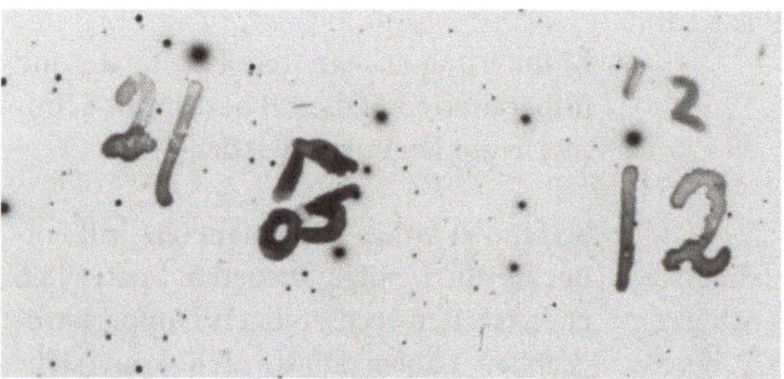

Entdeckungs-Fotografie: Kleinplanet (325) Heidelberga zeigt sich auf diesem Negativ als kurzer Strich unter den punktförmigen Sternen, handschriftlich mit Pfeil und Ziffern „05" markiert.

von 90 cm. Am hinteren Ende konnte man Photoplatten einfügen. In der Mitte befand sich das Leitrohr und hinten ein Fadenkreuzokular, eine Art Zielfernrohr.

Zu Beginn der Belichtung, die viele Stunden dauern konnte, richtete der Astronom das Fadenkreuz des Teleskops auf einen hellen Stern. Damit das Bild nicht verwackelte und der Stern punktförmig blieb, muss das Fernrohr während der Aufnahme der Bewegung der Sterne folgen. Der Astronom achtete also während der gesamten Belichtungszeit darauf, dass der Stern immer im Zentrum des Fadenkreuzes blieb.

Mit dem Nachfolgegerät, einem Teleskop mit 40 cm Öffnung und 2 m Brennweite, entstanden viele Himmelsaufnahmen, auf denen Max Wolf eine ganze Reihe von Asteroiden entdeckte. Sie verraten sich auf solchen Aufnahmen als kleiner Strich, während die Sterne alle nur als Punkte abgebildet sind (siehe Abbildung auf Seite 168/169).

Einen der ersten Kleinplaneten, die Max Wolf entdeckte, nannte er nach seiner Heimatstadt Heidelberg, vollständiger Name ist „(325) Heidelberga". Die offizielle Widmung für Heidelberga lautet: *„Discovered 1892 Mar. 4 by M. F. Wolf at Heidelberg. Named for the famous German city on the Neckar river. This planet was discovered at Wolf's private observatory in the Märzgasse in the old part of the city of Heidelberg."*

Auf der Abbildung links ist ein winziger Strich zu sehen, markiert mit einem Pfeil nach oben und den Ziffern „05" – dies ist die Spur des Kleinplaneten. Die Signatur eines Kleinplaneten ist deshalb ein Strich, weil sich ein solcher Asteroid während der Belichtung gegenüber den Sternen bewegt. Mit diesem Teleskop wurden ins-

Abbildung oben: Autor (beide)
Abbildung rechte Seite: Autor

gesamt etwa 700 Kleinplaneten entdeckt, Heidelberg war viele Jahrzehnte lang führend in der Kleinplanetenforschung.

Damals wurden die Kleinplaneten übrigens durch Anfügen des Buchstabens „a" latinisiert: Heidelberg-a. Wenn man sich die Namen anderer Kleinplaneten ansieht, so hat man zunächst häufig Götternamen verwendet, griechische, römische, ägyptische. Aber bei immer mehr neuentdeckten Kleinplaneten gingen irgendwann die Götter aus – und so kamen viele weibliche und männliche Vornamen und auch mancher Städtename an den Himmel.

Eingangstor zur Sternwarte auf dem Heidelberger Königstuhl, die Ende des 19. Jahrhunderts von Max Wolf gegründet wurde und heute zum Zentrum für Astronomie der Universität Heidelberg gehört.

Ziemlich kalt auf Heidelberga

Lassen Sie uns also zusammenfassen: Entdeckungsdatum von Heidelberga ist der 4. März 1892, gefunden wurde er mit Max Wolfs privatem Teleskop in der Märzgasse. Heidelbergas Abstand zur Sonne beträgt 3,2 astronomische Einheiten, der Kleinplanet ist also 3,2-mal so weit weg von der Sonne wie die Erde. Seine Umlaufszeit beträgt fast 6 Jahre und seine Geschwindigkeit um die Sonne etwa 16,5 Kilometer pro Sekunde.

Aus Sternbedeckungen konnte man ableiten, dass Heidelbergas Durchmesser bei 76 Kilometern liegt, dies entspricht einer Kleinplaneten-Oberfläche von etwa 18 000 Quadratkilometern. Damit ist die Fläche Heidelbergas etwa 165-mal so groß wie das Heidelberger Stadtgebiet. Die Oberflächentemperatur Heidelbergas liegt bei −200 °C im Schatten, und bei −14 °C in der Sonne. Von daher bietet die Stadt Heidelberg deutlich angenehmere Lebensbedingungen.

Wenn Sie mehr über Kleinplaneten und ihre Erforschung erfahren möchten, kann ich Ihnen eine Führung auf der Landessternwarte auf dem Heidelberger Königstuhl empfehlen. Dieses Observatorium wurde auf Max Wolfs Initiative hin Ende des 19. Jahrhunderts gegründet und ist heute Teil des Zentrums für Astronomie der Universität Heidelberg.

www.universum-fuer-alle.de/sternstunde/28

29 Wo kommt die Teilchenstrahlung aus dem Weltall her?

Werner Hofmann

Die elektromagnetische Strahlung, die aus dem Weltraum zu uns gelangt, umfasst sehr viel mehr als nur das sichtbare Licht.

Entspräche das sichtbare Licht einer ganzen Oktave auf dem Klavier, dann könnte man etwa dem c' das rote Ende des Spektrums zuordnen, und zwölf Halbtöne höher das c" dem blauen Ende (der Ton liegt eine Oktave höher und hat die doppelte Frequenz). Um das gesamte Spektrum der elektromagnetischen Strahlung aus dem Kosmos auf diese Weise darzustellen bräuchte man ein 15 Meter langes Klavier, das 70 Oktaven umfasst!

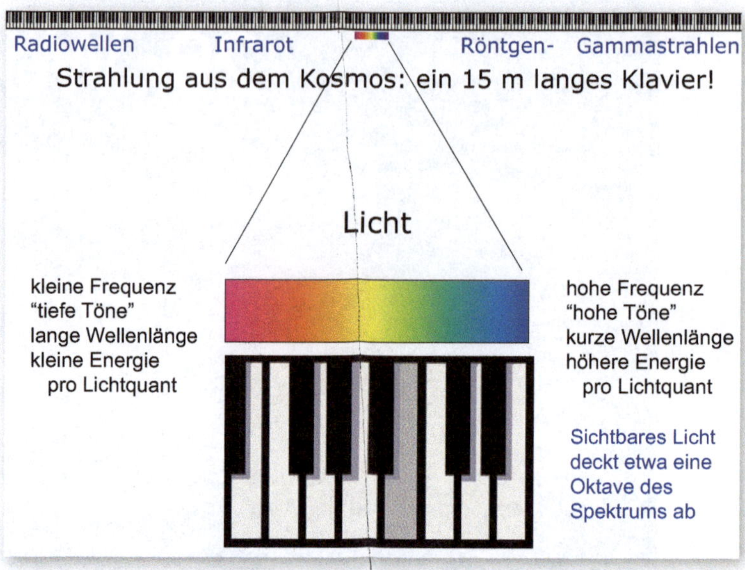

Andere Boten aus dem Weltall besitzen eine ganz ähnliche „Tonleiter". Darunter fällt auch die kosmische Teilchenstrahlung. Der Physiker Victor Hess (1883–1964) konnte vor etwa 100 Jahren in einem abenteuerlichen Experiment die kosmische Teilchenstrahlung nachweisen. Die These, die es zu belegen galt, lautete: Die Lufthülle der Erde – unsere Atmosphäre – schützt uns vor dieser Teilchenstrahlung aus dem Weltall.

Vor 100 Jahren entdeckt

Folglich müsste diese Strahlung in Höhenlagen, also dort wo unsere Atmosphäre dünner ist und weniger stark abschirmt, viel stärker sein. Da ionisierende Strahlung Ladungen beeinflusst, begab sich Hess während mehrerer Ballonflüge auf eine Höhe von 5000 m und untersuchte das Entladeverhalten eines sogenannten Elektrometers, eines Ladungsmessgeräts. Für die Entdeckung der mit dieser Methode nachgewiesenen kosmischen Strahlung erhielt Victor Hess 1936 den Nobelpreis für Physik.

Aber wie sieht diese Form der Strahlung konkret aus? Die kosmische Teilchenstrahlung besteht zu einem Großteil aus Atomkernen mit extrem hohen Geschwindigkeiten und damit auch sehr hohen Energien. Beim Zusammenstoß mit Molekülen in der äußeren Erdatmosphäre erzeugt diese kosmische Teilchenstrahlung Sekundärteilchen als Bruchstücke, die in regelrechten Lawinen, sogenannten Teilchenkaskaden, kilometerweit durch die Atmosphäre fliegen und teilweise den Erdboden erreichen.

Die Energie kosmischer Strahlung versetzt uns besonders im Vergleich mit den von Menschen gebauten Teilchenbeschleunigern ins Staunen.

Abbildung vorhergehende Seite: H.E.S.S. Collaboration, Stefan Schwarzburg; H.E.S.S. II-Teleskop in Namibia
Abbildung rechte Seite: NASA, ESA, das Hubble Heritage Team (STScI/AURA) und NASA/CXC/SAO/J. Hughes

Der größte irdische Teilchenbeschleuniger ist mit einem Umfang von fast 27 km der Large Hadron Collider (LHC) am CERN in Genf. Er vermag Teilchen auf eine Energie von mehreren Billionen (eine 1 mit 12 Nullen) Elektronenvolt zu beschleunigen, das entspricht 99,99999 % der Lichtgeschwindigkeit.

Die höchsten Energien der kosmischen Strahlung sind aber 100 Millionen Mal größer! Damit ein Beschleuniger wie der LHC imstande wäre, solch hohe Energien zu erzeugen, müsste er einen Umfang von 5 Milliarden km haben, das entspricht der Umlaufbahn des Planeten Jupiter!

Woher kommt diese kosmische Strahlung, und wie erhalten die Teilchen ihre gigantischen Energien? Einen Hinweis auf den Ursprung der kosmischen Strahlung liefert unsere Sonne. Sie ist in der Lage, in Ausbrüchen an ihrer Oberfläche – sogenannten Protuberanzen – geladene Teilchen in Richtung Erde zu schicken.

Der Teilchenbeschuss kann von uns Menschen in höheren Breitengraden als Polarlicht beobachtet werden. Sonnen-Protuberanzen reichen aber nicht aus, um die extrem hohen Energien der kosmischen Teilchenstrahlung zu erklären.

Sternexplosionen dagegen sind durchaus dazu in der Lage. Während einer Supernova-Explosion am Ende eines Sternenlebens wird ein großer Anteil der Sternmasse in den umliegenden Weltraum abgesprengt. Aufnahmen von Überresten solcher Sternexplosionen zeigen kugelförmige Wellenfronten, die die geladenen Teilchen vor sich hertreiben, ungefähr so wie Meereswellen Surfer vorantreiben.

Beschleunigt durch Supernova-Explosionen

Wenn wir nun aber schauen, aus welchen Quellen am Himmel die kosmische Teilchenstrahlung stammt, werden wir enttäuscht. Könnten wir die Teilchenstrahlung mit unseren Augen sehen, wir würden feststellen, dass sie aus allen Richtungen mit fast gleicher Intensität zu uns gelangt.

Supernova-Überrest SN 1006: In solchen Explosionen wird die kosmische Teilchenstrahlung beschleunigt (kombinierte Aufnahme aus Daten im sichtbaren Licht sowie im Röntgen- und Radiowellenlängenbereich).

Wir können keine einzelnen Sterne oder Galaxien als Ursprungsort identifizieren. Der Grund dafür liegt darin, dass kosmische Teilchen nicht auf direktem Weg zu uns gelangen wie das Licht. Kosmische Teilchen sind nämlich elektrisch geladen und werden deshalb von Magnetfeldern abgelenkt.

Der Weltraum zwischen den Sternen ist voll von turbulenten Magnetfeldern, die diese Teilchenstrahlen in alle Richtungen ablenken. So ist es auch auf der Erde: Polarlicht können wir deshalb nur in den Regionen nahe der Pole sehen, weil das irdische Magnetfeld in ganz ähnlicher Weise die geladenen Teilchenströme aus der Sonne über die Magnetpole zur Erde leitet. Wenn die kosmische Strahlung auf die Erde trifft, dann hat die Ankunftsrichtung also nichts mehr mit dem Ursprungsort am Himmel zu tun.

Wie können wir nun sicher sein, dass es solche kosmischen Teilchenbeschleuniger überhaupt gibt? Man macht sich dabei einen Trick zu Nutze. Wenn die Explosionsfront einer Supernova Atomkerne wie eben einen „Surfer" vor sich hertreibt, dann entstehen dabei sehr energiereiche Teilchen und auch Gammastrahlung. Durch den Nachweis dieser Gammastrahlung, die sich als elektromagnetische Strahlung auf geradem Weg ausbreitet, können die Quellen kosmischer Teilchenstrahlung dann doch am Himmel identifiziert werden.

Das H.E.S.S. Teleskop

Spezielle Teleskope, wie das H.E.S.S. (High Energy Stereoscopic System) Experiment in Namibia (siehe Abbildung auf Seite 174/175), machen diese kosmischen Beschleuniger am Himmel für uns sichtbar. Schauen wir uns den Nachthimmel mit diesen Teleskopen an, so finden wir zu unserer Überraschung viele kosmische Teilchenbeschleuniger in Form von Supernova-Überresten mit ihren typischen Wellenfronten entlang des Milchstraßen-Bandes (siehe Abbildung rechte Seite). Diese hell leuchtenden Gebiete erstrecken sich über mehrere Lichtjahre.

Aber selbst die Supernova-Sternexplosionen reichen nicht aus, um die kosmische Teilchenstrahlung mit den allerhöchsten Energien zu erklären. Für sie sind Aktive Galaxienkerne verant-

Abbildungen oben und rechte Seite: Autor

Der Himmel für "Gamma-Strahlungs-Augen"

wortlich, die wir ebenfalls im Gammalicht beobachten können. In den Zentralbereichen dieser weit entfernten Galaxien befinden sich sehr massereiche Schwarze Löcher (mehr dazu in Kapitel 18), die geladene Teilchen in riesigen Gasfontänen, sogenannten „Jets", über Millionen Lichtjahre aus den Zentren der Galaxien herauskatapultieren.

Die große Energiemenge, die durch kosmische Beschleuniger in den umliegenden Weltraum gepumpt wird, wirft noch viele Fragen auf. So versuchen wir herauszufinden, ob es neben den Überresten von Sternexplosionen und den Aktiven Galaxienkernen noch weitere Quellen von Gammastrahlung gibt und welchen Einfluss die kosmische Strahlung auf die Entwicklung von Galaxien hat.

www.universum-fuer-alle.de/sternstunde/29

ORTVS
AVRORA

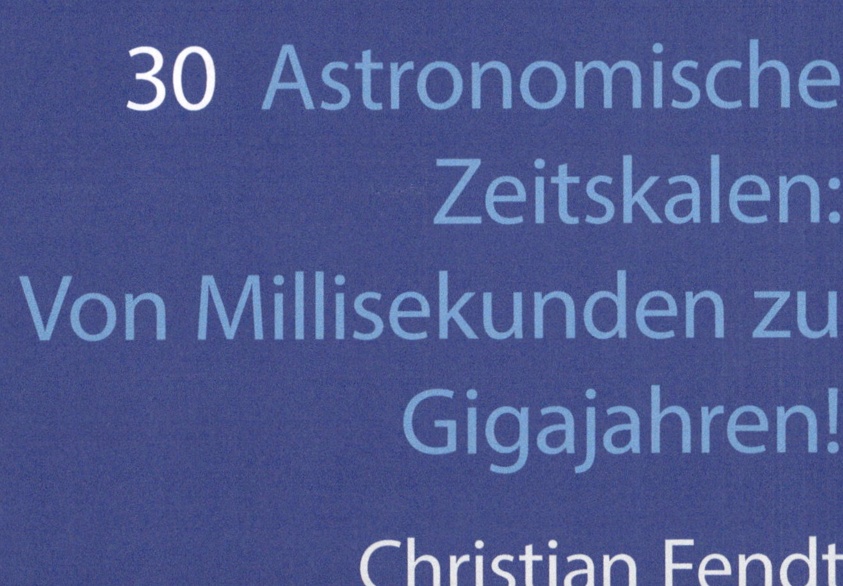

30 Astronomische Zeitskalen: Von Millisekunden zu Gigajahren!

Christian Fendt

Astronomische Zeitskalen sind sprichwörtlich. Meist sind damit die unvorstellbar langen Zeiträume gemeint, innerhalb derer astronomische Objekte ihren Zustand oder ihren Ort verändern. Da geht es leicht um Millionen oder Milliarden Jahre.

Nicht ganz so bekannt ist das andere Extrem: Es gibt sehr kompakte Sterne, die ihre Strahlung innerhalb von Millisekunden ändern – die Pulsare: Sie drehen sich pro Sekunde bis zu 1000-mal!

Astronomische Zeitskalen: Von Millisekunden zu Gigajahren!

2. "Stellare" Zeitskalen:

"Lebenszeit" der Sterne: Energiekrise beendet Sternen-Dasein
Wie funktioniert ein Stern?
Gleichgewicht zwischen Strahlungsenergie (Druck nach außen) und Gravitation (Druck nach innen)
Strahlungsenergie-Erzeugung durch **Kernfusion**
-> Aufbrauch des Vorrats an Kernbrennstoff (Wasserstoff, Helium)
-> Aufblähen, Kollaps, Explosion (Supernova)

Spektraltyp	Masse (Sonne = 1)	Leuchtkraft (Sonne = 1)	"Lebens"zeit (im GG-Zustand)
O5	40	400000	1 Mio Jahre
B0	15	13000	11 Mio Jahre
A0	3.5	80	440 Mio Jahre
F0	1.7	6.4	3 Mrd Jahre
G0	1.1	1.4	8 Mrd Jahre
K0	0.8	0.46	17 Mrd Jahre
M0	0.5	0.08	56 Mrd Jahre

Alltägliche Zeitskalen

Im Alltag haben wir es hauptsächlich mit Zeiträumen zu tun, die durch die Bewegung der Erde bestimmt sind – dies sind im Grunde also ebenfalls astronomische Zeitskalen: Die Länge des Tages ist durch die Erdrotation auf 24 Stunden festgelegt. Ein Jahr ist bestimmt durch die Bahn der Erde um die Sonne und dauert etwa 365 Tage (mehr dazu in Kapitel 56).

Im Vergleich dazu erscheinen die Sternbilder des Nachthimmels für das menschliche Auge zeitlich unveränderlich. Nur die Planeten, die „Wandelsterne", ändern ihre Position am Himmel und bewegen sich scheinbar zwischen den Fixsternen.

Wenn man die Sternpositionen am Himmel sehr genau vermisst, dann sieht man, dass auch die „Fix"-Sterne nicht wirklich „fixiert" sind. Unser Blick auf den Himmel ist durch die Stellung der Erde relativ zu den sie umgebenden (aber weit entfernten) Sternen bestimmt. Da die Erdachse aber durch Gezeitenkräfte der Sonne ganz langsam ihre Orientierung ändert – sie „taumelt" wie ein Kreisel und vollendet in 25 800 Jahren eine Drehung – verändert sich mit der Zeit unsere Blickrichtung auf den Himmel etwas und damit auch die Anordnung der Sternbilder über die Jahreszeiten.

Neben diesen scheinbaren Positionsänderungen der Sterne, die durch die Veränderung der Erdachse zustande kommen, gibt es aber tatsächlich auch eine echte Bewegung der Sterne, die Eigenbewegung genannt wird (mehr dazu in Kapitel 57). Sie kommt durch die gegenseitige Anziehung zwischen den Sternen zu Stande.

Im Vergleich zu den eben diskutierten „menschlichen" Zeitskalen ist unsere Sonne sehr alt. Sie ist vor ungefähr 5 Milliarden Jahren entstan-

Abbildung vorhergehende Seite: Wikipedia, Creative Commons-Lizenz, Jay8085; Astronomische Uhr am Prager Rathaus

den – die Astronomen sagen „vor 5 Gigajahren“ – und wird noch mindestens 5 Milliarden weitere Jahre „leben“, also als strahlender Stern existieren (mehr dazu in Kapitel 9). Ein solcher Zeitrahmen ist für uns Menschen unvorstellbar groß – zum Glück, denn dadurch müssen wir uns keine Sorgen um die Zukunft der Sonne machen.

Lebensalter von Sonne und Sternen

Von den vielen Milliarden Sternen in der Milchstraße haben die meisten eine kleinere Masse als die Sonne. Paradoxerweise leben sie aber länger, weil sie ihren Brennstoff viel langsamer verbrauchen. Sterne mit viel größerer Masse dagegen verbrennen den Wasserstoff viel schneller als die Sonne und haben dafür viel kürzere Lebenserwartungen (mehr dazu in Kapitel 50).

So wie die Erde auf ihrer Bahn die Sonne in einem Jahr umkreist, so umkreist auch die Sonne mit dem Planetensystem das Zentrum der Milchstraße. Allerdings braucht sie dafür ungefähr 220 Millionen Jahre. Einen solchen Umlauf könnte man „galaktisches Jahr“ nennen. Die Sonne hat seit ihrer Entstehung bisher also nur etwa 23 Umläufe in der Milchstraße geschafft.

Die Astronomen können auch das Alter des gesamten Universums abschätzen: Ungefähr 13,7 Milliarden Jahre sind seit dem Urknall vergangen (mehr dazu in Kapitel 21). Wichtige physikalische und chemische Eigenschaften wurden allerdings schon innerhalb der ersten Minuten (!) nach dem Urknall festgelegt. Mit diesen frühen Kenngrößen war die chemische Entwicklung des Universums für die bisherigen 13,7 Milliarden Jahre entscheidend festgelegt (und bleibt es auch weiterhin).

Astronomische Zeitskalen: Von Millisekunden zu Gigajahren!

3. “Pulsar Timing”:
Zeitmessung an Pulsar-Sternen:

Pulsare:
Überbleibsel der Sterne am Ende des Sternenlebens
-> keine Strahlungsenegie mehr zur Verfügung
-> neuer GG-Zustand, wenn Atome zu
Atomkernen zerquetscht wurden
-> kleine Sterne: Durchmesser 12km,
Masse ~ Sonnenmasse !!
Aber: Erhaltung der Rotationsenergie (Kreisel)
-> **schnellste Rotation:**
1000 Umdrehungen pro Sekunde !!!
-> starkes Magnetfeld strahlt Radiopulse
von den Polkappen:
1 Signal pro Millisekunde

Kurze Signale

Neben diesen sehr langen Zeitskalen gibt es in der Astronomie aber auch Bereiche mit sehr kurzzeitigen Ereignissen, sozusagen der andere Extremfall: Sterne, die sich scheinbar im Sekunden- und sogar Millisekundenbereich verändern. Solche Sterne wurden erstmals Ende der 60er Jahre als kurze Lichtblitze beobachtet. Allerdings nicht im „sichtbaren Licht“, sondern im Radiowellenbereich.

Diese Radio-Blitze erreichen die Erde mit äußerster Regelmäßigkeit. Sie wer-

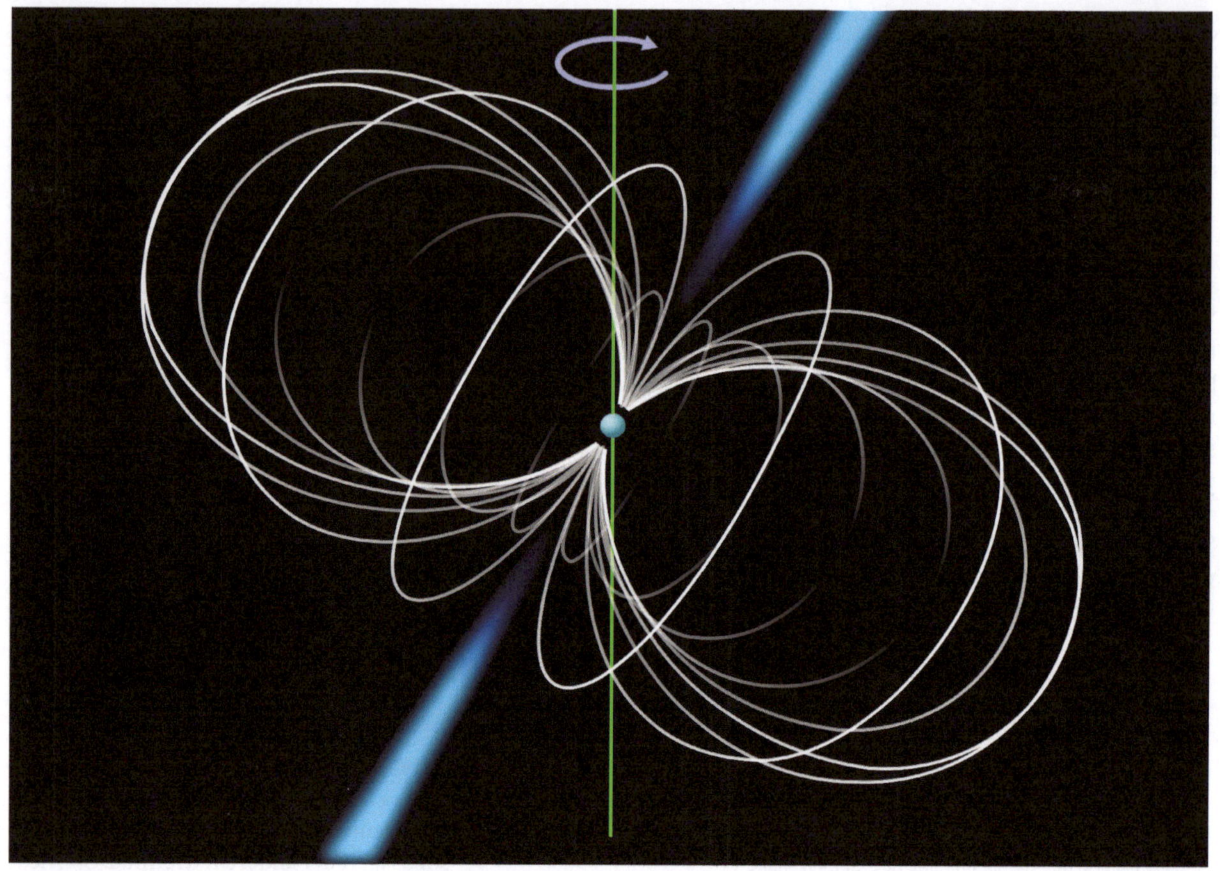

Schematische Darstellung eines Pulsars: Die kleine blaue Kugel im Zentrum ist der Neutronenstern, die weißen Linien zeigen das Magnetfeld, die beiden blauen Strahlen entsprechen dem Radiosignal, und die grüne senkrechte Linie ist die Achse, um die sich der Pulsar dreht.

den ausgesandt von sogenannten Pulsaren. So erreicht uns vom schnellsten derzeit bekannten Pulsar (mit dem Namen „PSR J1748-2446ad“) alle 0,001 395 954 82 Sekunden ein Signal (also etwa 716-mal in jeder Sekunde). Diese Signale sind so regelmäßig, dass sie den genauesten Uhren auf der Erde Konkurrenz machen.

Wegen ihrer Präzision und sicher auch wegen der Eigenschaft als Radiowelle wurden diese Signale zunächst – aber wohl nicht ganz ernsthaft – einer extraterrestrischen Intelligenz zugeschrieben, das Objekt wurde LGM genannt, das steht für „little green man“. Relativ bald wurde jedoch klar, dass die Blitze von extrem

Astronomische Zeitskalen: Von Millisekunden zu Gigajahren!

Astronomie überdeckt riesige Zeitskalen und weiteste Entfernungen

"Lichtgeschwindigkeit ist konstant"

-> Maßeinheit für Entfernungen = Strecke, die das Licht zurücklegt:
1 Lichtjahr [Lj] = Strecke die Licht in einem Jahr zurücklegt
= 9.5Billionen km = 9.5 x 10^{12}km ~ 10 000 Giga km

-> Typische Entfernungen:
Nächster Stern: 4.2 Lj
Milchstraße (Durchmesser): 100 000 Lj
Andromeda-Galaxie: 2 400 000 Lj, Quasare < 13 Mrd Lj

-> **Blick in die Vergangenheit:**

Wegen endlicher Lichtlaufzeit $\Delta t = D/c$ über die Stecke D sieht man die Objekte so, wie sie vor dieser Zeit aussahen !!!

Beispiele: Kosmische Hintergrundstrahlung: Urknall;
Quasare, ..., Sterne, Sonne

schnell rotierenden Sternen kommen. Dies sind Neutronensterne, die als Stern-„Leichen" am Endes des Sternenlebens sehr massereicher Sterne übrig bleiben und bei denen fast die gesamte Sternmasse auf eine Kugel mit nur 10 km Durchmesser zusammengequetscht wurde.

Kosmische Leuchttürme

Dabei blieb aber die Rotationsenergie erhalten, so dass das schrumpfende Sterngebilde immer schneller rotierte. Das Radiolicht wird in einem gebündelten Strahl gesendet, der im Zeittakt der Rotationsperiode immer wieder über die Erde streicht (siehe Abbildung linke Seite), etwa so wie der Lichtstrahl eines Leuchtturms an der Nordsee. Da die Pulsare im Radiolicht strahlen, könnten wir sie im Prinzip mit einem Haushaltsradio hören – allerdings bräuchten wir eine sehr empfindliche Antenne.

Die Radioantennen der Astronomen haben bis zu 300 Meter Durchmesser. Im Internet kann man sich Audiodateien verschiedener Pulsare anhören, etwa unter www.jb.man.ac.uk/pulsar/Education/Sounds/sounds.html.

Schließlich möchte ich noch auf den Zusammenhang zwischen Zeit und Entfernung hinweisen: Wegen der konstanten Geschwindigkeit des Lichts (nämlich 300 000 km/s) werden in der Astronomie große Entfernungen in Lichtjahren angegeben – entsprechend der Zeit, die das Licht braucht, um diese Strecke zurückzulegen.

Manche astronomischen Objekte, wie beispielsweise Quasare, werden in riesigen Entfernungen beobachtet (mehr dazu in Kapitel 53). Das Licht eines solchen Quasars in einer Entfernung von 10 Milliarden Lichtjahren, das uns heute erreicht, wurde also vor 10 Milliarden Jahren ausgesandt. Wir sehen den Quasar damit so, wie er vor 10 Milliarden Jahren aussah. Eine solch riesige Entfernung entspricht also immer auch einem unvorstellbar weiten Blick zurück in die Vergangenheit des Universums, der eine wahrhaft gigantische Zeitskala überbrückt.

31 Was ist eine Sonnenfinsternis – und wann ist die nächste zu sehen?

Joachim Krautter

Während einer totalen Sonnenfinsternis wird der Tag zur Nacht: Die Sonne wird nach und nach verdeckt, eine scheinbar schwarze Scheibe schiebt sich vor die Sonne, es wird richtig dunkel. Die Finsternis dauert allerdings nur wenige Minuten, dann zieht die schwarze Scheibe wieder von der Sonne weg. Wie kommt eine solche totale Sonnenfinsternis nun eigentlich zustande?

Entstehung einer Sonnenfinsternis

- Mond schiebt sich zwischen Sonne und Erde

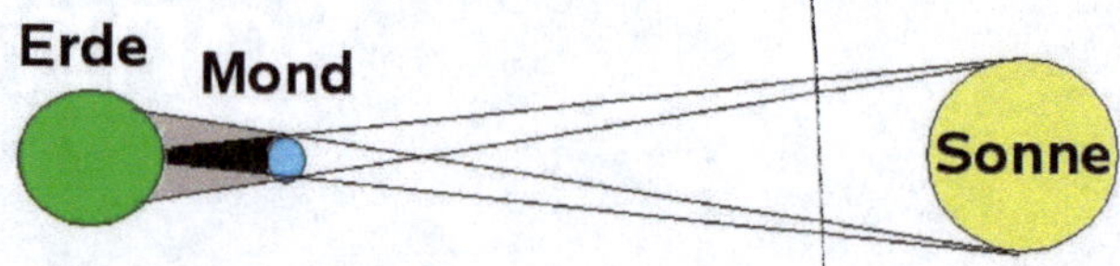

- Kann nur bei Neumond erfolgen
- Vollständige Bedeckung der Sonnen- durch die Mondscheibe ⇒ **Totale Sonnenfinsternis**

Die Erklärung ist ganz einfach: Der Mond schiebt sich zwischen Erde und Sonne und „verdunkelt" dadurch diese Lichtquelle, ganz ähnlich, als wenn man einen Pappkarton vor eine Glühbirne hält. Wann tritt eine Sonnenfinsternis auf?

Bekanntermaßen bewegt sich die Erde in einem Jahr einmal um die Sonne, und der Mond bewegt sich in etwa einem Monat einmal um die Erde. Wenn der Mond von der Erde aus gesehen auf der entgegengesetzten Seite der Sonne steht, dann sehen wir ihn voll angeleuchtet von der Sonne, das nennen wir Vollmond. Die genaue Umlaufszeit von einem Vollmond zum nächsten beträgt 29,5 Tage.

Im Anschluss an den Vollmond nimmt er wieder ab, wird bei Neumond völlig unsichtbar, und nimmt schließlich wieder zu. Wenn der Mond genau in Richtung der Sonne steht, dann sprechen wir von Neumond. Und nur bei Neumond kann sich der Mond vor die Sonne schieben: Sonnenfinsternisse können nur bei Neumond auftreten.

Der Mond zwischen Sonne und Erde

Neumond gibt es ja nun aber jeden Monat einmal, gelegentlich sogar zweimal (und in manchem Februar gar nicht). Sonnenfinsternisse sind dagegen recht seltene Ereignisse. Warum gibt es nicht bei jedem Neumond eine Sonnenfinsternis?

Grund dafür ist, dass der Neumond von der Erde aus gesehen meist etwas „oberhalb" oder etwas „unterhalb" der Sonne steht. Das liegt daran, dass die Bahnebene der Erde um die Sonne und die Bahnebene des Mondes um die Erde nicht exakt gleich sind. Diese beiden Ebenen sind um etwa 5 Grad gegeneinander geneigt. Nur zweimal im Jahr befindet sich der Neumond im Schnittpunkt von Mond- und Erdbahnebene, deshalb gibt es meist zweimal im Jahr eine Sonnenfinsternis.

Abbildung vorhergehende Seite: ESO; Totale Sonnenfinsternis, der Mond steht vor der Sonnenscheibe, nur die Sonnen-Korona ist sichtbar.

Zweimal im Jahr klingt ja nun wieder häufig, das ist ja doppelt so oft wie Geburtstag feiern. Warum haben dann die meisten von uns trotzdem noch nie eine totale Sonnenfinsternis erlebt? Der Grund dafür ist, dass die Sonne weit weg und sehr groß ist, während der Mond ziemlich nahe und vergleichsweise klein ist.

Die Sonne: 400-mal so groß wie der Mond und 400-mal so weit weg

Genauer gesagt: Die Sonne ist etwa 400-mal so weit weg wie der Mond, und ihr Durchmesser ist auch etwa 400-mal so groß wie der des Mondes, deshalb erscheinen für uns die Sonne und der Mond gleich groß. Physikalisch gesprochen heißt das: Von der Erdoberfläche aus gesehen nehmen die Sonne und der Mond den gleichen Winkel ein. Genau deshalb kann sich der Mond von uns aus gesehen exakt vor die Sonne schieben und sie für maximal ein paar Minuten vollständig abdecken.

Größenverhältnisse Sonne - Mond

- **Wahrer Durchmesser**
  - Sonne: 1 392 520 km
  - Mond: 3 476 km
- **Scheinbarer Durchmesser**
  - Mond und Sonne etwa gleich groß (~ 0.5 ≡ 30')
  - Erdbahn, Mondbahn Ellipsen ⇒ wechselseitige Abstände variieren ⇒ scheinbare Durchmesser variieren

	Erdnähe	Erdferne
Mond:	33' 32"	29' 14"
Sonne:	32' 32"	31"28"

  - Wenn Mondscheibe kleiner als Sonnenscheibe

    ⇒ **ringförmige Finsternis**

Der volle Schatten, d.h. der Bereich, in dem der Mond die Sonne komplett bedeckt, ist nur ein kleiner Kreis auf der Erdoberfläche, er wird Kernschatten genannt. Die Gebiete mit Halbschatten – was einer partiellen Sonnenfinsternis entspricht – umfassen viel größere Regionen (siehe Grafik links).

Halten Sie mal eine Stecknadel mit buntem Kopf an der Spitze fest, so dass der Stecknadelkopf von einer Lampe bestrahlt wird und einen Schatten auf ein Blatt Papier wirft. Wenn der Stecknadelkopf ganz nah über dem Papier steht, gibt es einen kleinen Bereich des Schattens, der vollständig dunkel ist. Dies ist der Kernschatten des Stecknadelkopfes. Außen herum gibt es eine Region, die nur teilweise verdunkelt ist, weil ein Teil der Lichtquelle sie erreicht: der Halbschatten. Wenn der Stecknadelkopf zu weit vom Papier entfernt ist, gibt es sogar überhaupt keinen Kernschatten mehr.

Die Tatsache, dass die Durchmesser der Sonne und des Mondes von der Erde aus gesehen gleich groß erscheinen, ist reiner Zufall. Und das ändert sich auch: Der Mond entfernt sich mit der Zeit immer weiter von der Erde, um einige Zentimeter pro Jahr. Das wird dazu führen, dass unsere Nachkommen in 700 Millionen Jahren keine totalen Sonnenfinsternisse mehr erleben werden. Dann wird immer der Rand der Sonne um den Mond her-

Ringförmige Sonnenfinsternis vom 8. April 2005

um noch zu sehen sein, es wird nur noch „ringförmige" Sonnenfinsternisse geben, so wie auf der Abbildung nächste Seite.

Auch heutzutage treten ringförmige Sonnenfinsternisse ab und zu auf. Das liegt daran, dass sich der Mond nicht auf einer Kreisbahn um die Erde bewegt, sondern auf einer Ellipsenbahn (wie auch die Erde um die Sonne). Deshalb schwankt die Entfernung Erde – Mond zwischen 365 000 km und 404 000 km. Wenn der Mond während einer Sonnenfinsternis gerade besonders weit entfernt ist von der Erde, dann gibt es auch heutzutage nur eine ringförmige Sonnenfinsternis zu sehen. (Das hängt auch noch ein bisschen vom exakten Sonnenabstand ab, der variiert nämlich ebenfalls, wenn auch weniger stark.)

Der kreisförmige Kernschatten, den der Mond bei einer totalen Sonnenfinsternis auf der Erde wirft, kann maximal 274 km groß sein. Das ist genau dann der Fall, wenn der Mond auf seiner Ellipsen-Umlaufbahn der Erde gerade besonders nahe steht und sich gleichzeitig Erde-plus-Mond auf ihrer Ellipsenbahn um die Sonne besonders weit weg von ihr befinden.

Da sich die Erde aber natürlich immer weiter um sich selbst dreht und auch der Mond weiter um die Erde wandert, bewegt sich dieser kreisförmige Schatten des Mondes ziemlich schnell über die Erdoberfläche, immer von Westen nach Osten. Das ergibt dann eine streifenförmige Region auf der Erdoberfläche, die nach und nach vom Mondschatten überstrichen wird: Die Erde dreht sich unter dem Kernschatten weg!

Zwei Finsternisse im Jahr

Insgesamt dauert es einige Stunden, bis der Mond von der Erde aus gesehen wieder vor der Sonnenscheibe vorbeigelaufen ist. Aber an jedem einzelnen Ort geht eine solche totale Sonnenfinsternis sehr schnell vorbei: Sie kann maximal 7 Minuten und 31 Sekunden andauern, meistens ist sie bereits nach deutlich kürzerer Zeit vorbei. Bei der letzten totalen Sonnenfinsternis in Deutschland am

Abbildung oben: NASA und Stefan Seip

Parameter der Totalität

- Maximaler Durchmesser des Kernschattenkegel auf der Erdoberfläche: **273 km**
- Maximale Dauer: **7 min 31 sek**

Warum gibt es nicht bei jedem Neumond eine Sonnenfinsternis?

- Mondbahn gegenüber der Erdbahn um ~ 5° geneigt
- Meistens wandert Mond nördlich („oberhalb") oder südlich („unterhalb") an der Sonne vorbei.
- Eine Sonnenfinsternis gibt es nur dann, wenn sich der Mond im Schnittpunkt der Mondbahn mit der Erdbahn befindet

11. August 1999 war die Bahn des Schattens nur 92 km breit, und die Dauer der Totalität betrug nur 2 Minuten und 23 Sekunden.

Obwohl es also im Schnitt zwei Sonnenfinsternisse pro Jahr auf der Erde gibt, ist die Region, in der die Totalität zu erleben ist, immer sehr klein. Das heißt damit auch, dass für einen bestimmten Ort auf der Erdoberfläche eine totale Sonnenfinsternis tatsächlich sehr selten auftritt: Im Schnitt geschieht das nur einmal alle 350 Jahre.

Reise zur totalen Sonnenfinsternis: Es lohnt sich!

Wenn man bei einer totalen Sonnenfinsternis ganz genau hinschaut, dann ist die Sonne nicht komplett abgedunkelt: Um die schwarze Scheibe sieht man einen hellen Rand (siehe Abbildung auf Seite 186/187). Das ist die heiße Atmosphäre der Sonne, die auch Korona genannt wird. Und diese Korona kann von der Erde aus tatsächlich nur während einer Sonnenfinsternis untersucht werden. Deshalb sind Sonnenfinsternisse auch von großer wissenschaftlicher Bedeutung.

Aber vor allen Dingen ist eine Sonnenfinsternis ein fantastisches Naturschauspiel. Es ist extrem beeindruckend, wenn Helligkeit und Temperatur sich in sehr kurzer Zeit stark ändern. Das „Dunkelwerden" vor dem Beginn einer Sonnenfinsternis hat einen völlig anderen Charakter als in der Abend- oder Morgendämmerung, es wird nicht „rötlich" dunkel, sondern „bläulich".

Unter den kommenden in Deutschland sichtbaren partiellen Sonnenfinsternissen sind die am 20. März 2015 (Bedeckungsgrad in Heidelberg: 78 %), und die am 12. August 2026 (90 % in Heidelberg) hervorzuheben. Die nächste in Deutschland sichtbare totale Sonnenfinsternis findet leider erst am 3. September 2081 statt.

Wenn Sie jemals die Möglichkeit haben, eine totale Sonnenfinsternis zu erleben, nehmen Sie sie wahr: Es ist eine vollständig andere Erfahrung als eine partielle Sonnenfinsternis, selbst wenn die Bedeckung der Sonne dabei 99 % beträgt.

Eine totale Sonnenfinsternis ist auf alle Fälle eine Reise wert: Beste Chancen bietet die totale Sonnenfinsternis am 21. August 2017, die einmal quer durch die USA zieht. Fahren Sie hin, gönnen Sie sich das astronomische Erlebnis Ihres Lebens!

www.universum-fuer-alle.de/sternstunde/31

32 Unfassbare Entfernungen: Wie wir das Weltall vermessen!

Joachim Wambsganß

Bekannterweise sind die Entfernungen im Weltall astronomisch groß: Bereits zum Mond sind es 384 000 km. Die Sonne ist 150 Millionen Kilometer entfernt, diese Distanz nennen wir die „Astronomische Einheit".

Die Entfernungen zu unseren Nachbarsternen liegen schon im Bereich von 100 Billionen Kilometern (in Ziffern: 100 000 000 000 000 km). Damit wir Astronomen nicht immer soviele Nullen „mitschleppen" müssen, definieren wir die Entfernung, die das Licht in einem Jahr zurücklegt, als unsere neue Längeneinheit: Ein Lichtjahr, das sind etwa 10 Billionen Kilometer.

Entfernungen im Sonnensystem

Maßstab 1 : 1 Billion, also 1 : 1 000 000 000 000

Abstand Sonne - Erde:	15 cm (Daumen - kleiner Finger)
Abstand Sonne - Neptun/Pluto	6 m (Leinwand - erste Reihe)
Abstand Sonne - nächster Stern:	40km (HD - Neustadt a.d.W.)
Größe der Milchstraße:	400 000 km (Erde - Mond)
Entfernung Andromeda-Galaxie:	30 Millionen km
Sichtbares Universum:	300 Milliarden km

Sterne: Lichtjahre entfernt

Die nächst gelegenen Nachbarsterne unserer Sonne sind also einige Lichtjahre entfernt. Die ganze Milchstraße indessen ist ungeheuer groß: Manche Sterne in unserer Galaxis sind über 10 000 Lichtjahre weit weg. Die Distanz zu unserer Nachbar-Milchstraße, der Andromeda-Galaxie, beträgt bereits 2 Millionen Lichtjahre. Und die am weitesten entfernten Galaxien sind 10 Milliarden Lichtjahre von uns weg, also 100 Trilliarden Kilometer!

Manchen Menschen bereiten solche großen Zahlen Kopfschmerzen. Und damit einher geht häufig die Frage: Woher wisst Ihr Astronomen das eigentlich? Wie messt Ihr eigentlich solche Entfernungen?!? Die Entfernungs-Messmethoden der Astronomen sind im Grunde gar nicht so verschieden von denen, die wir im täglichen Leben anwenden. Im Alltag machen wir das ganz intuitiv, oft ohne uns dessen bewusst zu sein.

Messmethoden ähnlich wie im Alltag

Ich werde hier fünf Methoden der Entfernungsbestimmung aus dem täglichen Leben veranschaulichen und Ihnen dann jeweils ein Beispiel dazu aus der Astronomie vorstellen. Es geht dabei um Laufzeitmessungen, um Winkelmessungen, um die Methoden der „Standard-Kerzen", der „Standard-Geschwindigkeit" und des „Standard-Maßstabs".

Als ich ein kleiner Junge war, schlug mir mein Vater während eines

Abbildung vorhergehende Seite: NASA; Von den Apollo 11 Astronauten auf dem Mond zurückgelassener Retro-Reflektor, der zur Laser-Messung des Abstands Erde – Mond genutzt wird

Gewitters vor, sobald es blitzt, die Sekunden zu zählen: einundzwanzig, zweiundzwanzig, dreiundzwanzig, ..., ..., sechsundzwanzig. Wenn der Donner nach der sechsten Sekunde zu hören ist, dann sei das Gewitter genau zwei Kilometer entfernt. Weil der Schall in der Sekunde 333 Meter zurücklegt, braucht er eben sechs Sekunden für zwei Kilometer. Das leuchtete mir schon als Kind gut ein. So habe ich die Methode der Laufzeitmessung gelernt, ohne deren physikalische Grundlage zu kennen. Die Sache hat mich aber so tief beeindruckt, dass ich noch heute bei jedem Gewitter-Blitz zu zählen beginne: 21, 22, 23 ... .

Astronomen nutzen diese Methode der Laufzeitmessung, um die Entfernungen im Sonnensystem zu bestimmen. Die Apollo-Astronauten haben bei ihren Besuchen auf dem Mond Retroreflektoren hinterlassen. Wenn man nun mit einem sehr kurzen Laser-Impuls auf den Mond zielt, dann wird er von diesen „Katzenaugen" reflektiert und kommt „postwendend" wieder zu uns zurück.

Da wir die Lichtgeschwindigkeit sehr genau kennen – sie beträgt 300 000 Kilometer pro Sekunde – können wir bei einer Lichtlaufzeit von 2,696 83 Sekunden direkt schließen, dass der Mond zur Mittagszeit des 26. Mai 2011 genau 384 999 km von der Erde entfernt war.

Wenn Sie mit ausgestrecktem Arm den Zeigefinger hochhalten und zunächst das linke, dann das rechte Auge schließen, haben Sie den Eindruck, als ob sich Ihr Finger vor dem Hintergrund bewegt. Physikalisch gesprochen messen Sie den Winkel, den Ihr Finger gegenüber Hintergrundobjekten einnimmt, von zwei verschiedenen Punkten mit 7,5 cm Abstand, nämlich Ihren beiden Augen. (Das gleiche können Sie auch mit der Sektflasche auf Ihrem Balkon-Tisch tun, siehe Abbildung unten.)

Linkes Auge, rechtes Auge: Parallaxe

Bei einem gleichschenkligen Dreieck mit einer Grundseite von 7,5 cm und gegenüberliegendem Winkel von 7 Grad kann man die Länge der beiden Schenkel leicht berechnen: 60 cm. (Ganz genau genommen wählt man die Hälfte des Augenabstandes und nutzt die Geometrie

des rechtwinkligen Dreiecks aus.) Wenn Sie gleichzeitig mit beiden Augen schauen, wissen Sie natürlich sofort, wie weit Ihr Finger weg ist: Wir nennen das drei-dimensionales Sehen. Ihr Gehirn wendet unbewusst die Dreiecksgeometrie an.

Astronomen machen das ähnlich: Im Sommer ist die Erde auf der einen Seite der Sonne, sechs Monate später, im Winter, auf der anderen. Die Basislänge beträgt also 300 Millionen Kilometer (zweimal die Entfernung Erde – Sonne). Das ist vier Billionen Mal so groß wie Ihr Augenabstand. Deshalb können wir mit dieser Methode auch leicht Entfernungen messen, die vier Billionen Mal größer sind. Diese Methode heißt Parallaxe, und wir können von der Erde aus damit die Entfernung von Sternen bis zu 100 Lichtjahren Abstand direkt bestimmen.

Im Herbst 2013 wird die europäische Raumfahrtorganisation ESA den Gaia-Satelliten starten, der dann auch winzig kleine Winkel sehr genau bestimmen kann: So wird Gaia die Entfernungen von einer Milliarde Sternen in der Milchstraße messen!

Standard-Kerzen

Stellen Sie sich vor, Sie sehen nachts auf einer geraden Straße von vorne ein schwaches Licht, das langsam heller wird. Sie vermuten, dass es sich um ein Auto mit Fernlicht handelt, das in großer Entfernung auf Sie zukommt. Sie interpretieren dies deshalb richtig, weil Sie wissen, wie hell moderne Auto-Scheinwerfer ungefähr sind. Das versuchen die Astronomen ebenfalls. Die Methode heißt „Standard-Kerze“: Wenn wir annehmen, alle Sterne seien gleich hell, dann können wir aus ihrer relativen Helligkeit ableiten, welche weiter weg sind und welche uns näher stehen.

Leider sind die Sterne nicht alle gleich hell. Sie können sogar sehr unterschiedlich stark leuchten. Aber manchmal können wir aufgrund anderer Messungen herausfinden, wie hell bestimmte Arten veränderlicher Sternen sind. So wenden wir dann die Methode der Standard-Kerzen an. Auf der Straße ist das ja ähnlich: Das schwache Licht könnte auch von einem relativ nahen Moped oder einem Oldtimer stammen. Erst wenn Sie dies unterscheiden können, erhalten Sie eine korrekte Entfernungsschätzung.

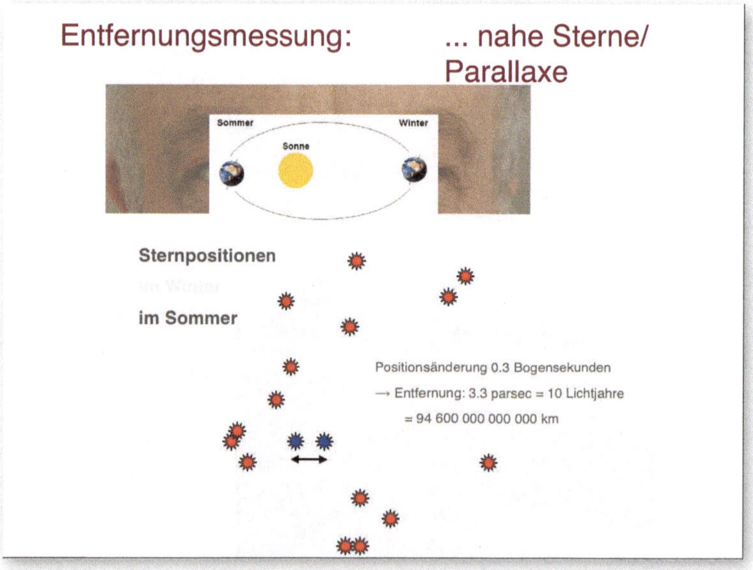

Standard-Geschwindigkeit

Auch die Methode der Standard-Geschwindigkeit kennen Sie: Wenn Sie mit konstanter Geschwindigkeit durch den Schwetzinger Schlosspark joggen, dann ist es von Ihnen aus gesehen so, als ob alle Objekte seitlich von Ihnen – Springbrunnen, Skulpturen, Bäume – mit konstanter Geschwindigkeit an Ihnen vorbeiziehen.

Sie selbst haben allerdings den Eindruck, dass manche Objekte schnell an Ihnen vorbeirauschen, andere viel langsamer. Und Sie schließen automatisch: Die Skulptur, die schnell wieder weg war, stand dem Laufweg ganz nah. Die Wassersäule des Springbrunnens dagegen war etwas länger in Ihrem peripheren Sichtfeld zu sehen, sie ist mittelweit weg. Die Bäume dagegen sind sehr lange sichtbar, also sind sie sehr weit entfernt. Und der Mond scheint seine Position beim Geradeaus-Joggen gar nicht zu verändern, er bleibt immer genau rechts von Ihnen: Er ist also extrem weit weg.

So ist es auch mit den Sternen: Sterne bewegen sich mit mehr oder weniger ähnlichen Geschwindigkeiten. Also können die Astronomen schlussfolgern, dass die Sterne, deren Positionen sich in wenigen Jahren relativ stark verändern, sehr nahe sein müssen.

~~Un~~fassbare Entfernungen:
Wie wir das Weltall vermessen

Wir Astronomen messen Entfernungen **so ähnlich** wie wir alle im täglichen Leben ... !

Entfernungsmessung ...

- ... zum Mond: Laufzeitmessung
- ... zu den Nachbarsternen: Parallaxe & Standardgeschwindigkeit
- ... zu weit entfernten Sternen: Standardkerze
- ... zu Nachbargalaxien: Standardmaßstab
- ... zu weit entfernten Galaxien: Expansion des Weltalls

Standard-Maßstab

Jeder Fussballtorwart kann aus der Winkel-Größe des Fussballs genau abschätzen, wie weit der Ball weg ist und wann er die Hände öffnen muss, um ihn zu fangen. Dies würde ihm sogar gelingen, wenn er nur ein Auge hätte und nicht drei-dimensional sehen könnte.

Wenn Galaxien wie Fussbälle wären und alle die gleiche Größe hätten, dann bräuchten wir nur ihre Winkel-Durchmesser zu messen und wüssten, wie weit sie entfernt sind. Das ist nicht wirklich so, es gilt nur ganz grob und in unserer Nähe. Aber es gibt ein paar Objekte in der Astronomie, sogenannte „kosmische Maser", für die wir diese Methode des „Standard-Maßstabs" tatsächlich genauso anwenden können wie der Fussballtorwart beim Fangen eines Eckballs. So viel zu den verschiedenen Methoden, das Weltall zu vermessen.

33 Die Geburt der Sonne

Henrik Beuther

Schon im 18. Jahrhundert haben sich große Denker die Frage gestellt, wie sich Sterne wohl bilden – und auch, wie unsere Sonne wohl einst entstanden ist. Richtige Fortschritte in der Erforschung der Sternentstehung gab es aber erst nach dem zweiten Weltkrieg durch die rasante Entwicklung der Teleskope und Beobachtungsmöglichkeiten.

Heute wissen wir, dass Sterne Gaskugeln sind, die durch ihre eigene Schwerkraft zusammengehalten werden. Sie erzeugen ihre Energie durch Kernfusion im Zentrum. Und sie sind stabil, jedenfalls die meisten Sterne. Die Gasmassen ziehen sich zwar gegenseitig an, der Stern fällt aber trotzdem nicht in sich selbst zusammen, weil es eine Gegenkraft gibt: Durch die Kernfusion und die Hitze in seinem Inneren bildet sich ein Druck, der sich der Schwerkraft entgegenstellt und den Stern somit stabilisiert: Ein Stern wie die Sonne ist im Gleichgewicht.

Sterne und Planeten

Die Erde hingegen ist kein Stern und strahlt nicht von selbst. Sie erhält den Großteil ihrer Energie von der Sonne. Dies ist ein großer Unterschied – und unter anderem deswegen wird die Erde auch als Planet bezeichnet. Sterne haben darüber hinaus auch viel größere Massen: Die Masse der Sonne ist ungefähr 300 000-mal so groß wie die unserer Erde.

Welche Zutaten sind also nötig, damit so ein riesiger leuchtender Gasball am Himmel entstehen kann? Wir brauchen zunächst hauptsächlich eines: Sehr große Gas- und Staubwolken, die mit der Zeit durch die Wirkung der Schwerkraft in sich zusammenfallen und nach dem Kollaps Sterne bilden.

Sind auch die Sterne in unserer Umgebung so entstanden? Wenn wir uns das Sternbild Orion einmal im infraroten Bereich anschauen (vgl. Abbildung Seite 27), dann sieht man auf dem Bild etwas ganz anderes als die gewohnte Konstellation im sichtbaren Licht.

Sie kennen das eigentlich aus der Energie-Diskussion: Wenn man mit einer Infrarot-Kamera eine Aufnahme Ihres Hauses macht, dann sieht das ganz anders aus als ein Foto mit einer normalen Kamera. Im Infraroten wird die Wärmestrahlung aufgenommen, man nennt das Thermographie. Auch im Sternbild des Orion wird bei Infrarot-Aufnahmen etwas Neues sichtbar, nämlich der warme Staub, der von der einstigen Sternentstehung übrig geblieben ist und jetzt entsprechend seiner Temperatur solche Wärmestrahlung abgibt.

Wie aber wird aus solchem Staub ein Stern? Zu Anfang gibt es nichts als riesige Wolken aus molekularem Gas. Diese erstrecken sich über viele Lichtjahre. Astronomen reden hier von „dichten“ Molekülwolken, weil diese Wolken 1000 Moleküle pro Kubikzentimeter enthalten. Auf die Erde bezogen würden wir dies aber immer noch ein „Höchstvakuum“ nennen, diese Gasdichte ist so gering, dass wir sie selbst in den besten irdischen Labors nicht herstellen könnten.

„Dichte" Molekülwolken

Solche großen Molekülwolken sind anfangs ziemlich stabil. Nun kann in der Nähe aber beispielsweise

Auf der rechten Seite sind vier Sternentstehungsregionen aus dem Orion-Nebel gezeigt; um den zentralen (Proto-)Stern sind Akkretionsscheiben zu sehen, aus denen sich später Planeten bilden.

Abbildung vorhergehende Seite: NASA; Sonne und Erde im Größenvergleich (Abstand ist nicht maßstabsgetreu)
Abbildung rechte Seite: NASA/ESA, J. Bally (University of Colorado, Boulder, CO), H. Throop (Southwest Research Institute, Boulder, CO), C.R. O'Dell (Vanderbilt University, Nashville, TN)

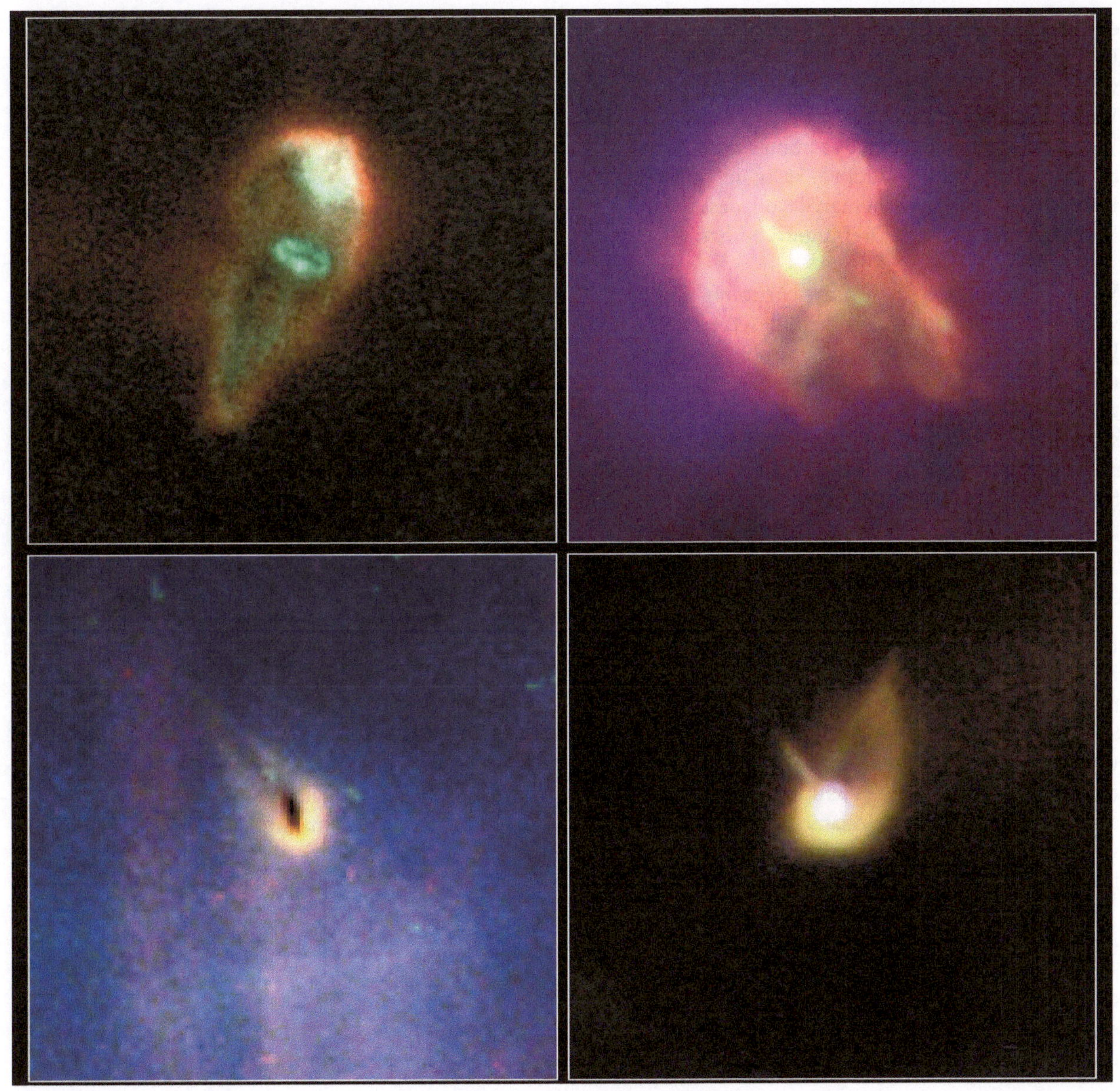

ein Stern als Supernova explodieren – dies gäbe eine Druckwelle, die die Wolke „anstößt" und in Bewegung versetzt. Aber auch auf andere Weise kann eine solche Wolke instabil werden. Stellen sie sich einen kleineren Wolkenbereich vor. Da gibt es immer auch kleine Turbulenzen, denn keine Staubwolke ist je vollständig in Ruhe. Physikalisch spricht man davon, dass jeder solche Bereich einen gewissen Drehimpuls besitzt.

Wenn eine solche Region nun schrumpft und kleiner wird, dann sagen uns die Naturgesetze, dass dieser Drehimpuls erhalten bleibt. Eine solche Wolke fällt also nicht in einen Punkt zusammen, sondern durch die Rotation flacht sich die Region zunächst ab und es bildet sich eine sogenannte Akkretionsscheibe – eine rotierende Scheibe, in deren Zentrum schließlich ein Proto-Stern entsteht.

Planeten aus einer Akkretionsscheibe

Eine solche flache Scheibe gab es auch in unserem Sonnensystem vor etwa 4,6 Milliarden Jahren. Noch heute sehen wir deren Überreste: In der ursprünglichen Scheibenebene sind inzwischen die Planeten verteilt. Dass sich die Planeten alle in der gleichen Ebene um die Sonne drehen, der sogenannten Ekliptik, liegt also an dem ursprünglichen Kollaps einer Staub- und Gaswolke und dem Entstehen einer Akkretionsscheibe aufgrund der Drehimpuls-Erhaltung.

Anfang der 80er Jahre entdeckte man dann einen zusätzlichen Effekt der Sternentstehung: Man fand heraus, dass beim Kollaps der Gaswolken auch Ausströmungen senkrecht zur Scheibenebene entstehen. Sie werden bipolare Jets genannt und bilden sich aufgrund von Magnetfeldern. Da sie sehr groß sein können sind sie oft auch noch aus großer Entfernung zu beobachten (siehe Abbildung rechte Seite).

Wie lange dauert es nun, bis auf diese Weise ein Stern entsteht? Vom anfänglichen Kollaps der Wolke bis zu der Phase, in der der Proto-Stern den Großteil seiner Masse erreicht hat, dauert es etwa eine halbe Million Jahre. Das ist für menschliche Maßstäbe eine lange Zeit. Aber für kosmische Zeiträume ist das ziemlich kurz im Vergleich zur Lebenserwartung eines solchen Sterns, die bei vielen Milliarden Jahren liegen kann.

In dieser Phase ist der Zentralbereich aber noch nicht heiß genug für die Kernfusion. Der Proto-Stern kontrahiert weiter, das Gas heizt sich auf, bis nach ein paar Millionen Jahren die „Zündtemperatur" (ungefähr 10 Millionen Grad) für die Kernfusion erreicht ist. Damit wird erstmals Wasserstoff in Helium umgewandelt und die dabei gewonnene Energie abgestrahlt. Der Stern ist geboren und beginnt nun richtig zu leuchten.

Betrachten wir die Entstehung noch einmal etwas detaillierter. Die ursprüngliche Gas- und Staubwolke hat eine Ausdehnung von etwa 10 Lichtjahren, also etwa 100 Billionen Kilometer. Zum Vergleich: Der Durchmesser der Sonne beträgt 1,4 Millionen Kilometer, und der Radius der Erdbahn umfasst 150 Millionen Kilometer. Die ursprüngliche Gaswolke ist also etwa eine Million Mal größer als der Abstand zwischen Erde und Sonne!

In solch großen Gaswolken entsteht aber nicht nur ein einzelner Stern, sondern es werden sehr viele gleichzeitig geboren. Wenn wir in eine kleinere Region, die etwa soviel Gas umfasst, wie die spätere Sonne hat, etwas

Abbildung rechte Seite: NASA/ESA und B. Reipurth (CASA, Univ. of Colorado)

Aus der am unteren Bildrand erkennbaren Akkretionsscheibe um einen jungen Stern strömt ein 12 Lichtjahre langer „Jet".

genauer hineinschauen, dann sind wir in einem Bereich mit Durchmesser von etwa 10 000-mal dem Abstand Erde – Sonne. Pluto befindet sich, zum Vergleich, bei etwa 40 solchen Erdbahnradien. Das Weltraumteleskop Hubble hat in den 90er Jahren übrigens erstmals tatsächlich solche Akkretionsscheiben fotografiert, die nur etwa 300 Erdbahnradien ausgedehnt sind (siehe Abbildung Seite 201)

Ein Teil des Gases, das sich im Laufe des Kollapses in der Akkretionsscheibe angesammelt hat, wird dann innerhalb der Scheibe nach innen zum Stern hin transportiert und fällt schließlich auf ihn. Dies geschieht aber nicht sofort. Denn ein heißer Stern im Zentrum strahlt so intensiv, dass er das Gas in der Nähe ionisiert. Das Gas in der direkten Umgebung des Sterns besteht also aus geladenen Teilchen, wir nennen das Plasma.

Magnetfeld lenkt Materiestrom

Darüber hinaus ist der Stern von einem Magnetfeld umgeben, wie die Erde auch. Und geladene Teilchen wiederum folgen in ihrer Bewegung den Magnetfeldlinien. Dementsprechend fällt das Gas also nicht direkt auf den Stern, sondern es koppelt an das Magnetfeld, und braucht einige Zeit, bis es die Sternoberfläche erreicht. Dabei heizt es sich weiter auf.

Wir können die Entstehung der Sonne also folgendermaßen zusammenfassen: Alles beginnt mit einer viele Lichtjahre großen Wolke aus Gas und Staub. Das Gas verdichtet sich auf einen winzigen Bruchteil seiner ursprünglichen Größe und wird dadurch extrem aufgeheizt, von −260 °C auf +10 Millionen °C! Bei diesem Kollaps bildet sich eine Scheibe und Jets – dünne Ausströmungen in zwei entgegengesetzte Richtungen – bis schließlich die Kernfusion zündet. Die Sonne ist geboren! Aus der Scheibe formen sich die Planeten. Auf diese Weise entstehen auch heute noch neue Sterne in der Milchstraße, und in den Scheiben um sie vermutlich auch neue Planeten.

34 Wieso haben Kometen einen Schweif?

Cornelis Dullemond

Kometen sind relativ große Körper in unserem Sonnensystem, die sich wie die Erde in einer Ellipsenbahn um die Sonne bewegen. Bei der Erde ist die Bahn aber fast kreisförmig, während sie bei Kometen sehr stark elliptisch ist. Dadurch kommen die Kometen der Sonne manchmal sehr nahe, aber meistens ziehen sie ihre Bahnen in sehr großer Entfernung von der Sonne.

Wir sehen Kometen manchmal mit dem bloßen Auge, wenn sie nahe an der Sonne vorbeifliegen. Das geschieht allerdings nicht so oft. Aber wenn ein Komet mal zu sehen ist, dann kann man ihn oft viele Tage oder sogar Wochen am Nachthimmel verfolgen. Er verändert seine Position relativ zu den Sternen von Nacht zu Nacht, und irgendwann verblasst er wieder und wird schließlich so schwach, dass wir ihn nicht mehr erkennen können.

Kometen darf man nicht verwechseln mit Sternschnuppen: Sternschnuppen sind winzig kleine Staubteilchen, die in der Erdatmosphäre verglühen und meist nur einen Sekundenbruchteil zu sehen sind (mehr dazu in Kapitel 16).

Hale-Bopp, Hyakutake und Halley

Das letzte Mal, dass in unseren Breiten ein Komet mit dem bloßen Auge gut gesehen werden konnte, war in den Jahren 1997 und 1998, als die Kometen Hale-Bopp und Hyakutake über den Himmel zogen. Der bekannteste Vertreter ist wohl der Halleysche Komet, der 1986 zu sehen war. Und vorher schon mal 1910, und auch 1834. Manche Kometen sind nämlich periodisch: Sie kehren nach einer gewissen Zeit wieder.

So kommt Komet Halley alle 76 Jahre der Sonne nahe und ist von der Erde aus immer wieder sichtbar. Deshalb kann man solche periodischen Kometen-Erscheinungen vorhersagen. Es werden aber immer wieder auch neue Kometen entdeckt, die entweder zum ersten Mal in Sonnennähe kommen oder eine so lange Perio-

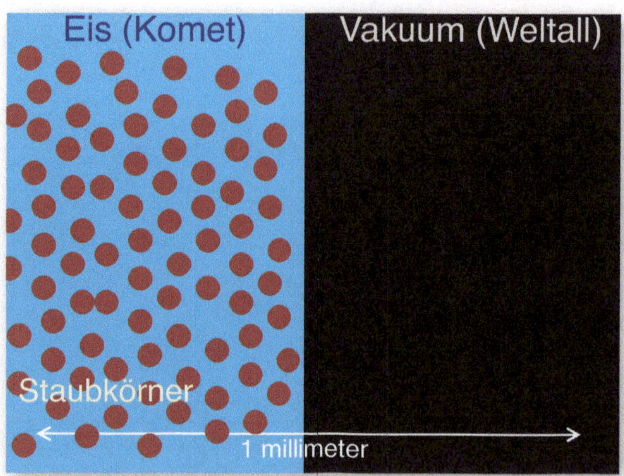

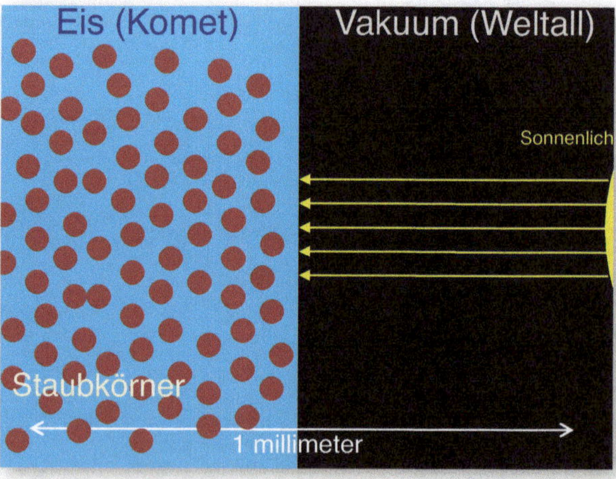

Abbildung vorhergehende Seite: ESO/E. Slawik; Comet Hale-Bopp
Abbildungen oben und rechte Seite: Autor

de haben, dass es keine menschlichen Aufzeichnungen einer früheren Erscheinung gibt.

Solche neu und erstmals aufgetauchten Kometen erhalten dann den Namen des Entdeckers, Manchmal werden Kometen auch gleichzeitig von zwei Menschen entdeckt. Wenn ein Kometenjäger (oder ein Kometenjäger-Paar) mehr als einmal erfolgreich ist, trägt der Kometenname noch eine Nummer, wie etwa „Shoemaker-Levy 9".

Kometen-Name nach Entdecker

Am auffälligsten an einem Kometen ist sicherlich sein langer Schweif. Wenn man mit einem Fernrohr genauer hinschaut, kann man auch ein sehr helles Zentrum erkennen, das Koma genannt wird. Ein Komet ist groß und klein zugleich: Der Kometenschweif kann mehrere Millionen Kilometer lang werden, das heißt das Mehrfache des Abstandes Erde – Mond! Der eigentliche Komet jedoch ist nur ein Brocken von etwa zehn Kilometer Durchmesser, der aus Gestein und Eis besteht und Kometenkern oder Nukleus genannt wird.

Wieso kann nun ein so kleiner Körper einen solch riesigen Schweif erzeugen, der seine eigene Größe um das Hunderttausendfache übersteigt? Diese Frage konnten die Astronomen beim letzten Besuch des Kometen Halley genauer untersuchen: Die Raumsonde Giotto flog ganz in die Nähe des Komentenkerns und hat sehr viele Fotos machen. Man hat gesehen, dass ganz viel Staub um diesen Kometenkern herumschwebt, der sich aus dem Eisklotz herausgelöst hatte.

Kometen stammen aus den äußeren Bereichen des Sonnensystems. Bei der Entstehung von Erde und Mond vor etwa 4,6 Milliarden Jahren sind auch viele kleine Brocken und Klötze aus Gestein und Eis entstanden. Davon gibt es noch immer sehr, sehr viele in den Randgebieten des Sonnensystems. Die meisten drehen sich in Kreisbahnen um die Sonne, von denen bekommen

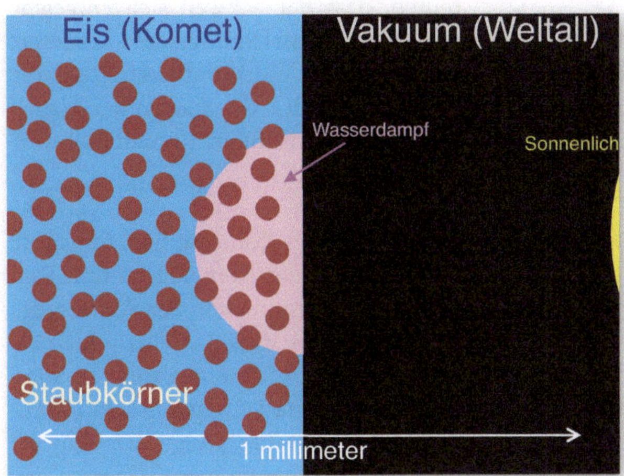

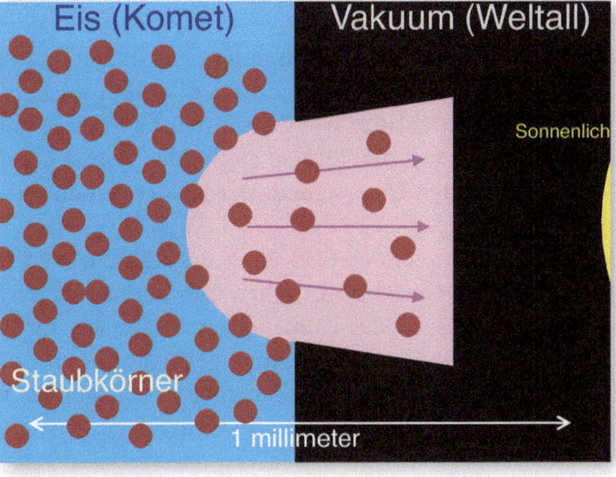

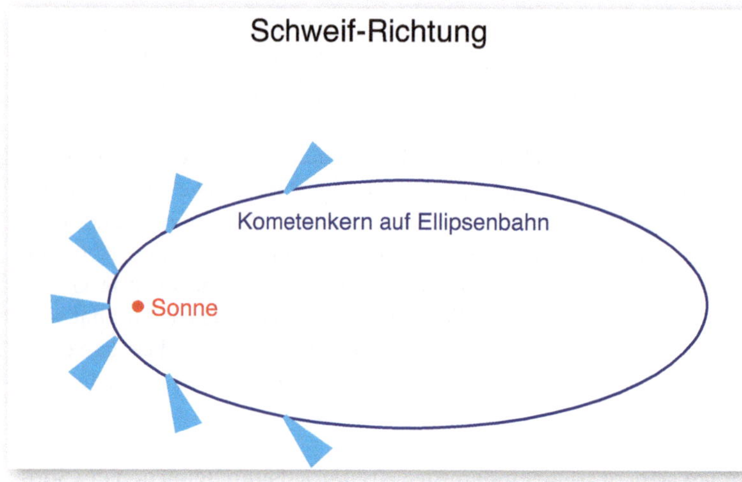

wir nie etwas mit. Einige aber wurden umgelenkt, etwa wenn sie nahe an einem Planeten vorbeikamen, und bewegen sich nun auf starken Ellipsenbahnen. Dadurch können sie der Sonne ab und zu sehr nahe kommen.

„Schmutzige Schneebälle"

Und was macht die Sonne mit einem Eisklotz oder -würfel: Sie heizt ihn auf und bringt ihn zum Schmelzen! Einem solchen Kometenkern geht es also sehr ähnlich wie dem Eiswürfel in ihrer Limonade, wenn sie im Sommer auf der Terasse ein kühles Getränk genießen wollen. Mit einem kleinen Unterschied: Der Komet verdampft!

Mit dem verdampfenden Eis werden auch die darin vorhandenen kleinen Staub- und Gesteinsbröckchen gelockert und schließlich losgelöst von der Oberfläche des Kometen (Abbildungen auf der vorherigen Doppelseite). Da dies sehr schnell geht, gibt es quasi Mini-Explosionen an der Oberfläche des Kometenkerns: Legen Sie mal einen Eiswürfel auf ihre heiße Herdplatte! Die Staub- und Wasserbestandteile werden dadurch vom Kometen losgelöst und dann quasi „weggeblasen".

Der Kometenkern hat keine glatte oder kugelförmige Oberfläche. Er ist ganz unregelmäßig geformt und sieht eher aus wie eine Kartoffel. Und die Struktur ist teilweise kompakt und teilweise porös. Deshalb geschieht dieses Loslösen der Staub-Bestandteile auch nicht gleichmäßig, sondern eher punktuell an verschiedenen Oberflächenregionen. Manchmal kommt es sogar dazu, dass sich richtig große Brocken ablösen, oder dass der Komet gar auseinanderbricht, wie bei Shoemaker-Levy 9, der im Jahre 1994 auf den Jupiter stürzte.

Das Auffälligste an einem Kometen ist der Schweif. Jetzt wissen wir, wie dieser Schweif entsteht. Aber in welche Richtung zeigt er? Man könnte intuitiv vermuten, dass der Schweif sich entgegen der Bewegungsrichtung des Kometen ausrichtet, wie die Kondensstreifen von Flugzeugen oder die fliegenden Haare einer Sprinterin. Beim Kometenschweif ist das aber anders!

Der Schweif des Kometen hat nichts mit der Flugbahn des Kometen zu tun. Der Schweif zeigt immer von der Sonne weg! Das liegt daran, dass die winzig kleinen Bestandteile des Schweifes von den Sonnenstrahlen quasi „weggedrückt" werden. Beim „Anflug" zeigt der Schweif

Abbildung rechte Seite: G. Hüdepohl/ESO

Komet McNaught über dem Paranal in Chile mit den VLT-Teleskopen

also tatsächlich nach hinten, beim „Wegflug" aber eher nach vorne! Wir kennen so etwas durchaus auch aus eigener Anschauung: Beim Einmarsch der Nationen zur Eröffnungsfeier der Olympischen Spiele kann die Fahne der Flaggenträgerin durchaus auch nach vorne wehen, wenn es entsprechend viel Rückenwind gibt!

Schweif: Immer von der Sonne weg

Wenn wir uns einen Kometen nun ganz genau anschauen, dann erkennen wir, dass er sogar ZWEI Schweife hat (siehe Abbildung Seite 204/205)! Aus der Oberfläche des Kometenkerns wird nämlich nicht nur Staub herausgelöst, sondern auch Gasteilchen, und zwar Wasser- und Kohlenmonoxidmoleküle. Diese Moleküle werden durch die intensive Sonnenstrahlung „ionisiert", damit sind sie nun elektrisch geladen.

Gasteilchen und Staubteilchen verhalten sich allerdings nicht exakt gleich: Gasmoleküle sind so winzig, dass der „Gas-Schweif" immer präzise von der Sonne weggerichtet ist, während der „Staub-Schweif" leicht gekrümmt sein kann. Man kann nicht vorhersagen, wann der nächste mit bloßem Auge sichtbare „Schweifstern" erscheinen wird. So bleibt uns nur, zu hoffen, dass bald mal wieder ein schöner heller Komet an unserem Nachthimmel auftaucht und unsere Herzen erfreut!

www.universum-fuer-alle.de/sternstunde/34

35 Überraschendes und Kurioses aus der Planetenwelt

Ulrich Bastian

Von unserem Sonnensystem gibt es viel Kurioses zu berichten – von den Planeten, von den Monden und auch von den Asteroiden und Kometen, die zwischen den großen Planeten umherfliegen.

Fangen wir mit den Planeten an. Acht große Planeten gibt es im Sonnensystem, die vier linken im Bild unten – Merkur, Venus, Erde und Mars – bestehen hauptsächlich aus Stein und Eisen und sind ein paar 1000 Kilometer im Durchmesser groß.

Die vier rechten – Jupiter, Saturn, Uranus und Neptun – die deutlich größer sind und Durchmesser von etwa 100 000 Kilometern haben, bestehen dagegen größtenteils aus Gas. Und wenn wir uns diese Riesen-Planeten einmal genauer ansehen, gibt es schon eine erste Überraschung: Den Saturnring!

Frei schwebend und extrem dünn

Stellen Sie sich das ungläubige Staunen von Christian Huygens im Jahre 1655 vor, der 45 Jahre nach der Erfindung des Teleskops als erster erkannte, was es mit der seltsamen Form des Saturns auf sich hat. Mit den damaligen noch recht primitiven Fernrohren sah Saturn manchmal rund aus, mal länglich und auch mal so, als habe er drei Buckel. Und plötzlich dämmerte es Huygens, was das Besondere an Saturn war. Einerseits wollte er sich nun die Entdecker-Ehre sichern, andererseits konnte er seinen Augen kaum trauen und wollte sich auch nicht blamieren. So veröffentlichte er schließlich seine Entdeckung in Form eines Anagramms:

AAAAAAA CCCCC D EEEEE G H IIIIIII LLLL MM NNNNNNNNN OOOO PP Q RR S TTTTT UUUUU.

Dies war die alphabetisch sortierte Reihenfolge der Buchstaben des Satzes:

Annulo cingitur, tenui plano, nusquam cohaerente, ad eclipticam inclinato.

Auf Deutsch: Er ist von einem Ring umgeben, welcher dünn und flach ist, nirgends mit ihm zusammenhängt und gegen die Ekliptik geneigt ist.

Abbildung vorhergehende Seite: NASA/ESA, J. Clarke (Boston Univ.) und G. Bacon (STScI); Saturn mit Ringsystem und Polarlicht
Abbildung oben: Lunar and Planetary Laboratory

Christiaan Hyugens, 1655

- AAAAAAA CCCCC D EEEEE G H IIIIII LLLL MM NNNNNNNNN OOOO PP Q RR S TTTTT UUUUU
- *Annulo cingitur, tenui plano, nusquam cohaerente, ad eclipticam inclinato*
- Er ist von einem Ring umgeben, welcher dünn und flach ist, nirgends mit ihm zusammenhängt und gegen die Ekliptik* geneigt ist

* (Ekliptik = Erdbahnebene)

Stellen Sie sich das vor. Man hat vor 400 Jahren nach und nach verstanden, was ein Planet ist – so etwas wie die Erde, Körper aus festem Gestein, sehr groß, tausende von Kilometern. Und dann tauchte plötzlich dieser riesige frei schwebende Ring auf, eigentlich unvorstellbar. Und auch heutzutage noch sehr faszinierend.

Wenn man heute mit einem modernen Amateur-Teleskop Saturn fotografiert, sieht man, dass es eigentlich mehrere Ringe sind. Man erkennt drei Ringe – den dünnen A-Ring, dann den B-Ring und schließlich den hellen C-Ring. Es wurde übrigens schon im 18. Jahrhundert vermutet, dass dieser Ring kein fester Körper sein konnte. Denn ein fester Körper würde von der Schwerkraft des Saturn auseinandergerissen werden.

Der Ring musste also aus vielen einzelnen Teilchen bestehen, die alle um den Saturn herumfliegen. Wenn man sich den Ring nun auf den Fotos der Raumsonde Cassini ansieht, die Saturn besucht hat (siehe vorhergehende Doppelseite), dann erkennt man: Es gibt viel mehr als drei Ringe! Die ganze Struktur ähnelt eher einer Schallplatte. Und wenn man die Dicke des Rings vermisst, stellt man fest, dass sie nur 10 Meter beträgt! Und das bei einer Ring-Breite von 300 000 Kilometern! Vergleicht man dieses Verhältnis mit einer Schallplatte, die 2 mm dick ist, so müsste diese beim gleichen Dicke-zu-Breite-Verhältnis einen Durchmesser von 60 Kilometern haben! Der Ring des Saturn ist also sehr, sehr groß – und gleichzeitig sehr, sehr dünn.

Von ganz nahe betrachtet würden wir eine Mischung aus Staubkörnern und Steinbrocken erkennen, deren Größe von Millimetern bis zu einigen Metern reicht. Entstanden ist der Saturnring wohl dadurch, dass ein großer Mond des Saturn zerstört wurde. Unzerstörte Monde kreisen auch heute noch um die meisten der großen Planeten. Allein um den Jupiter herum hat man inzwischen schon über 50 Monde entdeckt!

Überraschende Asteroiden-Formation

Außer den Planeten und ihren Monden fliegt im Sonnensystem noch eine ganze Menge Kleinkram herum: Zwergplaneten, Planetoiden, Asteroiden. Das sind drei verschiedene Namen für die gleichen Objekte, die meist im Bereich zwischen Jupiter und Mars um die Sonne sausen. Aber während die großen Planeten alle sehr kreisähnliche Bahnen beschreiben, durchlaufen einige der Kleinplaneten mit wenigen Kilometern Durchmesser sehr stark elliptische Bahnen.

Vor ein paar Jahren erlebte ich selbst eine Überraschung, als ich ein kommerzielles Planetariumsprogramm nutzte und mal aufgetragen ließ, wo sich an einem bestimmten Tag im Jahre 2011 alle Kleinplaneten des Sonnensystems befanden, deren Umlaufzeit gerade

Kleinplanet Ida mit Mond Dactyl

2/3 der Umlaufzeit von Jupiter beträgt, also 8 Jahre. Und dann traute ich meinen Augen nicht: Die Anordnung dieser Asteroiden war ein Dreieck! Ich dachte zuerst: Das Programm ist falsch! Aber dann verstand ich: Diese Kleinplaneten, die 2/3 der Umlaufsperiode des Jupiters haben, werden durch die Anziehungskraft des Jupiters so gelenkt, dass sie – obwohl jeder einzelne von ihnen auf einer Ellipsenbahn fliegt – zusammen ein Dreieck ergeben, also gemeinsam zu jedem Zeitpunkt wie ein Dreieck angeordnet sind.

So kurios, wie diese kleinen Planeten im Sonnensystem herumwandern, ist es nicht verwunderlich, dass es viele Zusammenstöße gibt. Die Mondkrater, die solche Einschläge widerspiegeln, kennen Sie alle. Solche Einschläge gibt es aber überall, auch auf der Erde. Vor 20 000 Jahren ist beispielsweise ein 100 m großer Eisenbrocken mit der Erde zusammengestoßen und hat einen eineinhalb Kilometer großen Krater in Arizona geschlagen (siehe Abbildung Seite 312/313). Und die Erde stößt in jeder Sekunde mit Hunderten und Aberhunderten weiterer ganz kleiner Staubteilchen zusammen – wir sehen einen solchen Zusammenstoß gelegentlich als Sternschnuppe (mehr dazu in Kapitel 16).

Normalerweise sind solche Einschlagskrater größerer Körper sehr grimmige Furchen. Aber es gibt eine Ausnahme, ein besonders freundlicher Krater auf dem Mars: Der sogenannte „Happy Face Crater“. Sie sehen ihn auf der Abbildung unten, aufgenommen von einer Raumsonde, die den Mars umkreiste.

Mit oder ohne Krater?

Es ist keine Überraschung, dass es auf der festen Oberfläche von Planeten oder Monden viele Krater gibt. Aber es ist eine Überraschung, dass es manchmal keine Krater gibt. Auf dem Mars gibt es beispielsweise große Kratergegenden, aber auch Gebiete ganz ohne Krater. Das sind meist vulkanische Gebiete, die vor weniger als 2 Milliarden Jahren völlig von Lava überflutet worden sind. Und dann gibt es einen weiteren Bereich des

„Happy Face“-Krater auf dem Mars

Abbildung oben: NASA/Jet Propulsion Lab
Abbildungen rechte Seite: NASA (beide)

Mars, der nicht verkratert ist. Dort gab es vor etwa 2 Milliarden Jahren einen Ozean! Inzwischen ist der allerdings verdunstet und ausgetrocknet (mehr zu Wasser auf dem Mars in Kapitel 37). Daraus kann man ableiten, dass die meisten Einschläge und Krater aus der Frühzeit des Sonnensystems stammen, das vor 4,6 Milliarden Jahren entstanden ist. Der kosmische Beschuss hatte bereits zur „Halbzeit" deutlich abgenommen.

Io, Telesto, Hyperion

Der Jupitermond Io hat eine Oberfläche, auf der geschmolzener Schwefel wabert. In rot und schwarz kann man verschiedene Formen von heißem Schwefel erkennen. Io ist der vulkanisch aktivste Körper im Sonnensystem. Die schwarzen Stellen sind die heißesten Regionen mit den permanent aktiven Vulkanen. Diese Vulkane sind heißer als alle Vulkane der Erde, obwohl die Oberflächentemperatur von Io nur −120 °C beträgt. Klar, dass bei so viel Lava keine Krater zu sehen sind!

Zwei weitere Körper zeigen sich ohne Krater – zwei Monde des Saturn, wie etwa Telesto im Bild unten. Die Erklärung ist hier einfach: Sie sind völlig zugestaubt, alle Krater sind mit Staub gefüllt und verdeckt. Diese Monde laufen nämlich durch die Außenbezirke des Saturnrings und werden dabei mit Staub berieselt. Eine extreme Form davon ist der Saturnmond Japitus. Der ist auf einer Seite rabenschwarz und auf der anderen Seite weiß. Dies liegt ebenfalls am Staub: Auf der Vorderseite des Mond lagert sich viel Staub ab (wie die Fliegen auf der Frontscheibe des Autos), auf der Rückseite nur wenig.

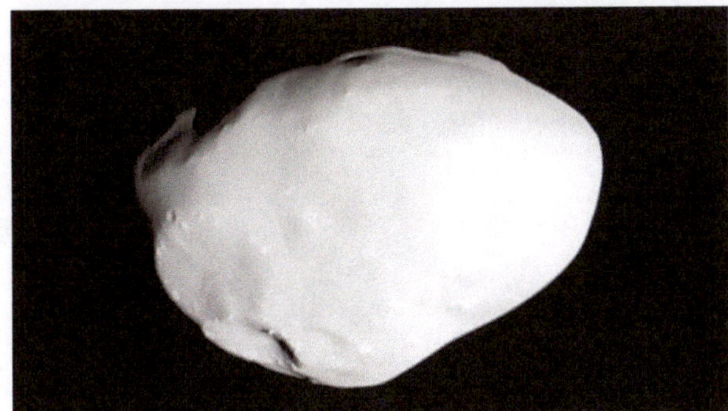

Saturnmond Telesto zeigt keine Krater: Zugestaubt!

Saturnmond Hyperion zeigt merkwürdige Krater: Unverstanden!

Ebenfalls im Saturnsystem finden wir den Mond Hyperion mit sehr seltsamen Kratern (siehe Bild oben). Dieser Saturnmond sieht aus wie ein Schwamm. Und bis heute versteht das kein Mensch. Damit beenden wir unsere Geschichte von einigen Kuriositäten unseres Sonnensystems, viele weitere interessante Geschichten finden Sie in den anderen Kapiteln dieses Buches.

36 Astronomie mit unsichtbarem Licht: Radio- und Röntgenteleskope

Stefan Wagner

Wenn Sie nachts zum Himmel schauen, dann sehen Sie viele Sterne, ein paar Planeten und meistens auch den Mond. Dies alles sind Forschungsobjekte der Astronomie. Und so, wie Sie mit Ihren Augen schauen, haben auch die Astronomen über viele Jahrtausende den Himmel beobachtet. Seit etwa 400 Jahren nutzen wir dazu auch Fernrohre und Teleskope. Alle diese Beobachtungen und Messungen geschehen – natürlich – im „sichtbaren Licht". Seit ein paar Jahrzehnten können wir Astronomen Sterne, Planeten und Galaxien aber auch im „unsichtbaren" Licht vermessen. Was ist damit gemeint?

Zunächst schauen wir uns ein „Experiment" der Natur an, das uns erlaubt, etwas über die Natur des Lichts zu verstehen, nämlich einen Regenbogen. Dabei wird das Sonnenlicht in die sprichwörtlichen Regenbogenfarben rot, orange, gelb, grün, blau und violett aufgespalten. Physiker sprechen von einer „Spektral-Zerlegung": Das weiße Licht der Sonne wird in seine verschiedenfarbigen Bestandteile aufgefächert.

Isaac Newton war im 17. Jahrhundert der erste, der herausgefunden hat, dass man das Licht der Sonne oder auch einer Kerze in diese Farben zerlegen kann, wenn

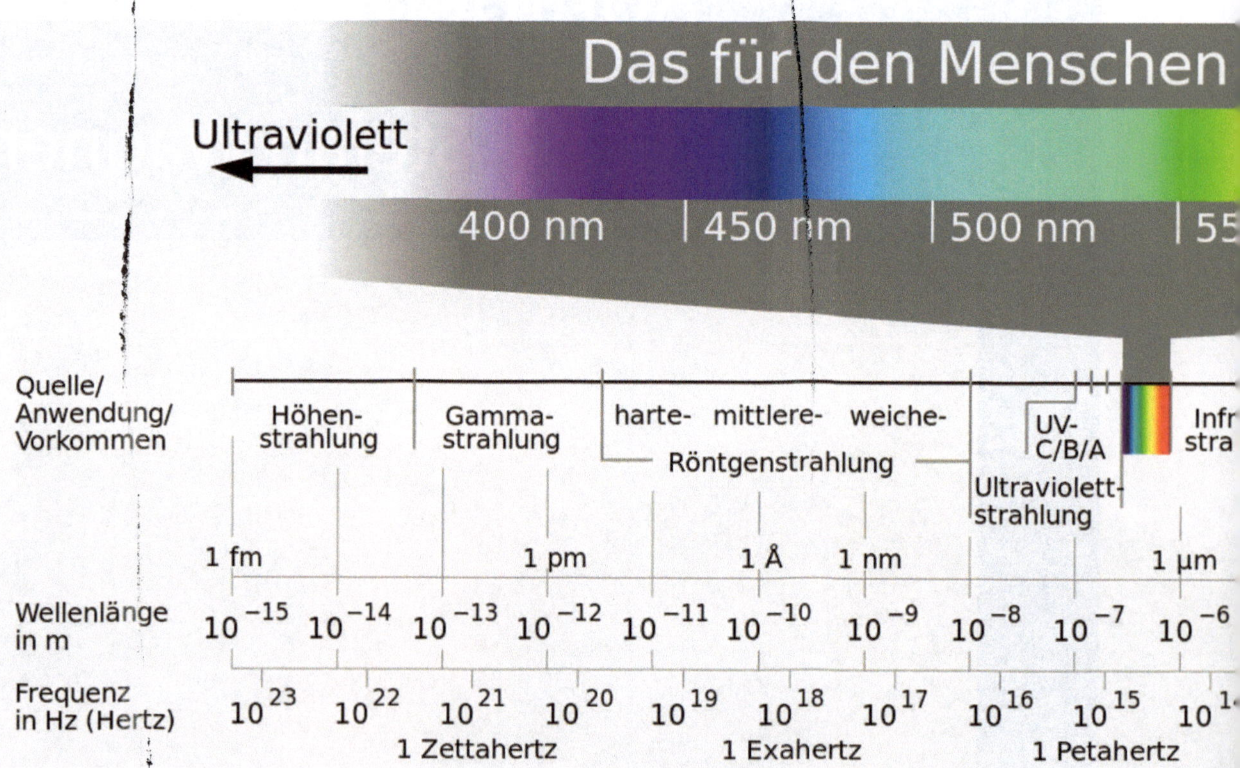

man es durch ein Glasprima fallen lässt. Eine solche Aufspaltung wird „Spektrum“ genannt.

Man hat dann überlegt, ob es wohl auch noch Strahlung außerhalb der sichtbaren Grenzen dieser Regenbogenfarben gibt. Im Jahre 1800 hat William Herschel bei einem seiner Experimente ein Thermometer auf die verschiedenen Farben gelegt und festgestellt, dass es einen starken Temperaturanstieg zeigte, wenn es unterhalb der roten Farbe lag. Daraus hat er richtigerweise geschlossen, dass es jenseits dieses roten Bereichs im Spektrum eine Art Wärmestrahlung geben müsse. Heute bezeichnen wir dies als Infrarot-Licht. Sie kennen das alle, möglicherweise durch die medizinische Wirkungen dieser Infrarot- oder Wärmestrahlung.

Ende des 19. Jahrhunderts ist es Heinrich Hertz in Karlsruhe gelungen, elektromagnetische Wellen zu erzeugen. Später nannte man sie Funkwellen oder Radiowellen. Im Jahre 1889 zeigte er in Heidelberg erstmals der Öffentlichkeit, dass sich diese Strahlung genauso verhält wie sichtbares Licht. Er hat daraus geschlossen, dass sichtbares Licht im Grunde ebenfalls elektromagnetische Strahlung ist.

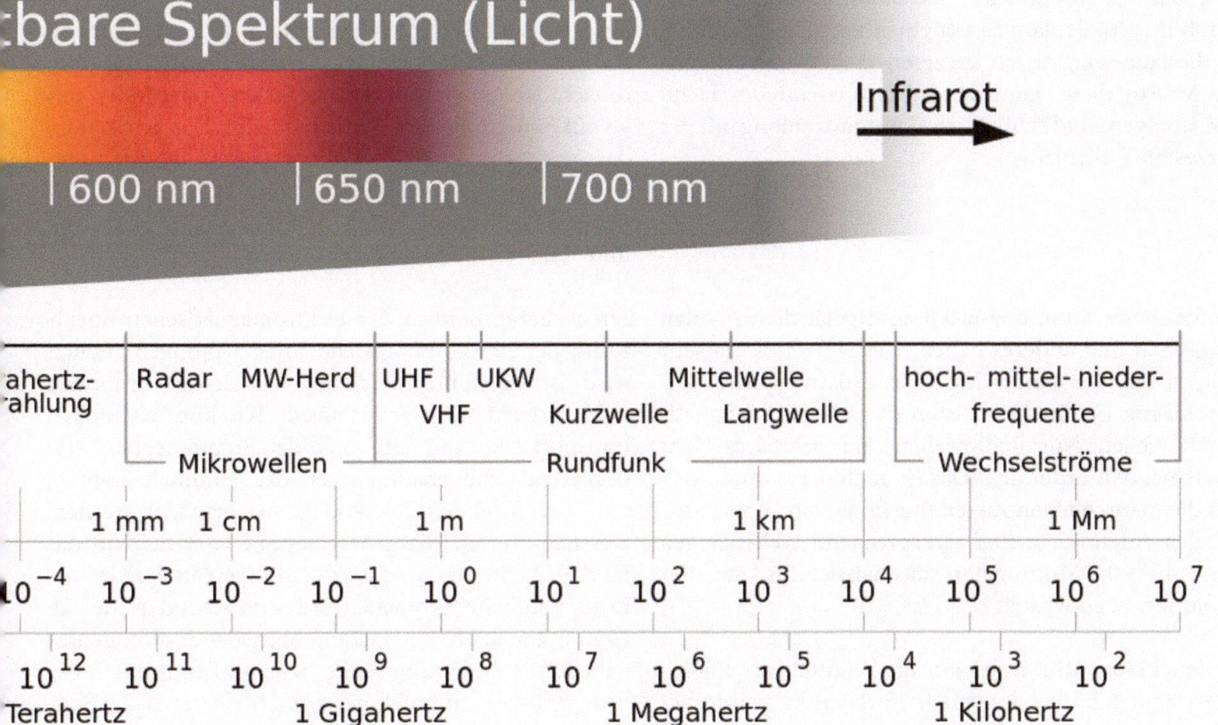

Kurz danach hat Wilhelm Conrad Röntgen in Würzburg ebenfalls eine neue Art von Strahlen entdeckt. Er erkannte sehr bald, dass auch dies elektromagnetische Wellen waren und bezeichnete sie als X-Strahlung. Wir nennen sie heute Röntgenstrahlen (in der englischsprachigen Welt werden sie weiterhin X-rays genannt) und nutzen sie intensiv im medizinischen Bereich sowie beispielsweise in der Materialforschung.

Man erkannte nun, dass alle diese Strahlungsformen (sowie noch einige weitere, wie Mikrowellen, ultraviolettes Licht oder Gammastrahlen) zu den elektromagnetischen Wellen gehören (siehe Abbildung auf der vorhergehenden Doppelseite). Sie unterscheiden sich nur durch ihre Wellenlängen voneinander: Radiostrahlung ist die langwelligste, zu kürzeren Wellenlängen folgen die Mikrowellen, dann das Infrarot, sichtbares Licht, UV, Röntgen- und schließlich Gammastrahlung mit der kürzesten Wellenlänge.

Von Radiowellen bis Gammastrahlen

Einige dieser Strahlungsarten sind gefährlich für den Menschen und anderes Leben. Deshalb ist es ein sehr glücklicher Umstand, dass die Erdatmosphäre undurchlässig ist für die meisten dieser elektromagnetischen Wellen. Nur Radiowellen und sichtbares Licht erreichen den Erdboden. Das ist auch der Grund, warum die menschlichen Augen nur in diesem „optischen" Bereich empfindlich sind (entsprechend Wellenlängen von 0,4 bis 0,8 Mikrometer), das hat sich im Laufe der Evolution so entwickelt.

In den 1930er Jahren begann die Blütezeit der Radioübertragungen. Der Ingenieur Karl Jansky wurde beauftragt, die Ursache für bestimmte Störgeräusche ausfindig zu machen. Er fand etwas sehr Erstaunliches: Die Störsignale waren nicht irdischen Ursprungs, sie kamen aus dem Weltraum! Das war die Geburtsstunde der Radioastronomie. In den Jahrzehnten danach baute man immer größere Radio-Antennen. Man richtete sie an den Himmel, um die Radiostrahlung der Sonne, der Sterne und ganzer Galaxien zu untersuchen.

Im Jahre 1972 wurde in Effelsberg in der Nähe von Bonn ein großes Radioteleskop mit 100 m Durchmesser gebaut (siehe Doppelseite 216/217). Es ist noch heute eines der besten freibeweglichen Radioteleskope der Welt und lohnt einen Besuch, wenn Sie mal in der Eifel unterwegs sind. Mit solchen Radioteleskopen können wir beispielsweise auch Galaxien untersuchen. Im „Radiolicht" sehen diese Milchstraßen aber ganz anders aus als auf Fotografien im sichtbaren Licht. Das liegt daran, dass wir im sichtbaren Licht vorwiegend die leuchtenden Sterne sehen, während wir mit den Radio-Antennen die elektromagnetische Strahlung von Gaswolken und Teilchen in Magnetfeldern empfangen.

Ein weiterer Bereich des elektromagnetischen Spektrums, der für astronomische Untersuchungen genutzt wird, ist die Röntgenstrahlung. Da sie den Erdboden nicht erreicht, müssen wir unsere Teleskope nach oben transportieren und außerhalb der Erdatmosphäre stationieren: Röntgenaufnahmen des Himmels können nur von Satelliten-Teleskopen aus gemacht werden. Der Beginn der Röntgenastronomie lässt sich auf das Jahr 1962 datieren, als das erste Röntgenteleskop in eine Erdumlaufbahn gebracht wurde. Insbesondere der ab 1990 unter deutscher Leitung betriebende Röntgensatellit ROSAT hat eine Reihe neuer Erkenntnisse über den „Röntgen-Himmel" gebracht. So hat etwa die Son-

Abbildung rechte Seite: NASA

ne eine sehr heiße Atmosphäre, die aus einem einige Millionen Grad Celsius heißen Gas besteht, das allein deshalb Röntgenstrahlen aussendet, weil es so heiß ist.

Der ROSAT-Satellit hat den ganzen Himmel im Röntgenlicht fotografiert. Und auch in diesem Wellenlängenbereich sieht das Universum völlig anders aus als im sichtbaren Licht. Wir sehen vor allem extrem heiße Objekte wie etwa die sogenannten Pulsare, sehr kompakte, sich schnell drehende Überreste von Sternen. Oder auch Materie, die durch ein Schwarzes Loch angezogen wird, sich immer schneller um das Zentrum dreht und kurz vor dem „Verschlucktwerden" noch Strahlung im Röntgenbereich aussendet.

Astronomie im sichtbaren Licht ist eine sehr alte Wissenschaft. Wir wissen inzwischen, dass der Kosmos voller Objekte ist, die auch in anderen Bereichen des elektromagnetischen Spektrums strahlen. Radio- und Röntgenastronomie sind zwei vergleichsweise junge Bereiche der Astrophysik mit denen wir „Unsichtbares sichtbar machen" und sehr viel Neues über die Natur, die Temperatur und den Bewegungszustand von Sternen, Gaswolken und Galaxien lernen können.

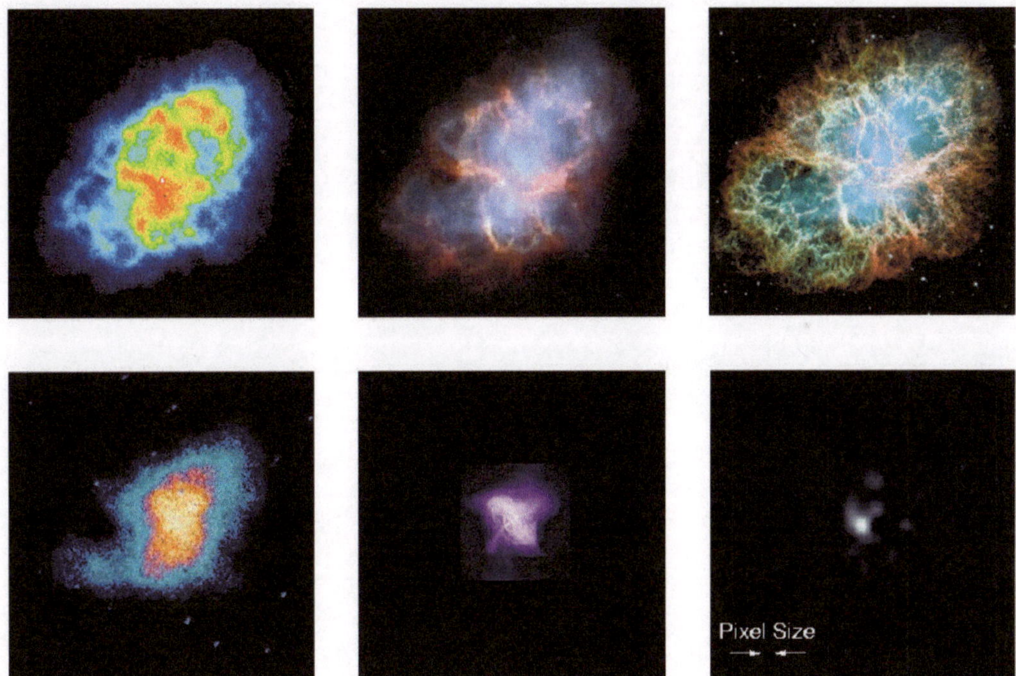

Aufnahmen des Krebs-Nebels in sechs verschiedenen Wellenlängenbereichen: Radio (oben links), Infrarot (oben Mitte), sichtbares Licht (oben rechts), ultraviolettes Licht (unten links), weiche Röntgenstrahlung (unten Mitte) und harte Röntgenstrahlung (unten rechts)

www.universum-fuer-alle.de/sternstunde/36

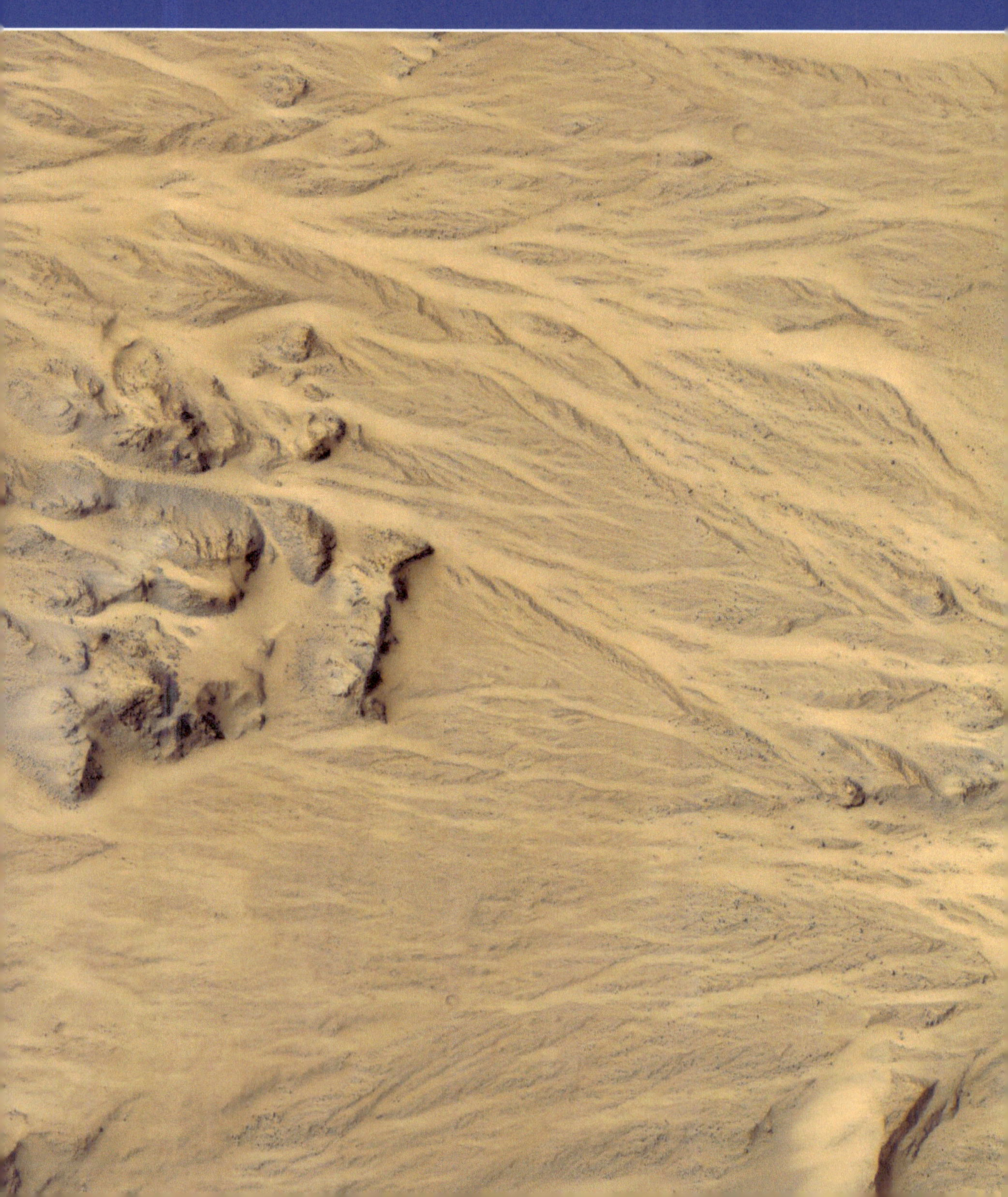

37 Floss einst Wasser auf dem Mars?

Eva Grebel

Der Mars, der „rote Planet“, fasziniert die Menschheit schon viele Jahrhunderte. Mit der Entwicklung immer besserer Teleskope und der Raumfahrt geriet der Mars mehr und mehr in den Brennpunkt unseres Interesses. Schließlich ist der Mars der Erde in vielerlei Hinsicht sehr ähnlich.

Der Mars ist der vierte Planet in unserem Sonnensystem und damit unser Nachbar. Seine rote Färbung stammt von dem hohen Anteil an „Rost“, also oxidiertem Eisen, im Marsboden. Er bewegt sich auf einer größeren Umlaufbahn und ist damit 1,5-mal so weit von der Sonne entfernt wie die Erde.

Mars: Eigenschaften

- **Vierter Planet von der Sonne aus gesehen.**
- **1.5x weiter von der Sonne entfernt als die Erde.**
- **Erdähnlicher Gesteinsplanet.**
- **1/2 Erddurchmesser, 1/10 Erdmasse, 37% Erdschwerkraft.**
- **Rotationsperiode: 24 Stunden 37 Min (Marstag)**
- **Umlaufsperiode: 687 Tage (Marsjahr) (1 Jahr, 321 Tage, 18 Std).**
- **Achsenneigung: 25.2° → Jahreszeiten**

Mars halb so groß wie Erde

Im direkten Vergleich fällt auf, dass er eine Ausdehnung von nur einem halben Erddurchmesser hat und nur ein Zehntel der Erdmasse besitzt (siehe Abbildung Seite 212). Folglich haben Gegenstände auf seiner Oberfläche nur 37 % ihres irdischen Gewichts. Dadurch ist seine Atmosphäre, die zu 95 % aus Kohlendioxid besteht, sehr dünn und der Luftdruck auf der Mars-Oberfläche weitaus geringer als auf der Erde.

Da seine Rotationsachse um 25,2° geneigt ist, gibt es auf dem Mars wie auf der Erde Jahreszeiten. Seine relativ sonnenferne Position bringt es mit sich, dass die durchschnittliche Tagestemperatur bei frostigen −60 °C liegt und an den Polen im Winter Rekordwerte von −130 °C möglich sind. Das ist so kalt, dass sogar das Kohlendioxid in der Atmosphäre zum Teil ausfriert. Nur zur Sommerzeit kann das Thermometer in seiner Äquatorregion auf +30 °C klettern. Der rote Planet ist ein Gesteinsplanet und damit der Erde recht ähnlich. So findet man Täler, Berge, Vulkane, Krater und zwei polare Eiskappen. Von Ozeanen gibt es allerdings keine Spur.

Wasser ist ein essentieller Baustein allen uns bekannten Lebens. Planeten, auf denen sich flüssiges Wasser befindet, werden als potentiell bewohnbar eingestuft. Aber ist flüssiges Wasser auf dem Mars zu erwarten? Die sehr niedrigen Temperaturen machen dies sicherlich sehr schwer. Geologische Untersuchungen der Marsoberfläche hingegen lassen vermuten, dass irgendwann in der Vergangenheit große Gebiete des Mars mit Wasser bedeckt waren. Bilder von Raumsonden, die den Mars aus der Nähe erkundeten, zeigen verzweigte Strukturen, die Geologen für ausgetrocknete Flusstäler halten. Das sagt uns, dass es einst fließendes Wasser auf dem Mars gegeben haben muss.

Abbildung vorhergehende Seite: NASA/JPL/Univ. of Arizona; Mojave-Krater auf dem Mars; die Strukturen stammen möglicherweise von fließendem Wasser
Abbildung rechte Seite: ESA/DLR/FU Berlin (G. Neukum)

Eisfläche im Inneren des Vastitas Borealis Kraters auf dem Mars, aufgenommen von der ESA Mission Mars Express

Doch wo ist das einstmals fließende Wasser geblieben? Die Sonde Mars-Express, die seit 2003 den Mars kartografiert, konnte an seinem Südpol zwei Kilometer dicke Schichten aus Eis nachweisen, die etwa 1,6 Millionen Kubikkilometer Wasser speichern. Dies allein würde ausreichen, um den Mars komplett mit einem elf Meter tiefen Ozean zu bedecken. Zudem gibt es auch Wasser in der Marsatmosphäre. Dieses Wasser kann sich als Frost auf der Marsoberfläche niederschlagen, wie Aufnahmen des Viking Landers aus dem Jahr 1979 belegen. Die Sonde Mars Express, die die Marsoberfläche im Jahr 2005 fotografierte, konnte gefrorene Wasser-Seen in einem Marskrater ausmachen (Abbildung oben). Sie entdeckte außerdem geologische Formationen, die auf

Täler in der Deuteronilus Mensae Region auf dem Mars, die darauf hindeuten, dass einstmals Flüsse und sogar Gletscher flossen.

einstige Gletscherzungen hinweisen und Anzeichen einer vergangenen Eiszeit sind (siehe Abbildung oben).

Wassereis auf dem Mars

Es gab verschiedene Landemissionen der NASA und der ESA auf dem Mars, die weitere Erkenntnisse brachten. Die Triebwerke des Phoenix Lander bliesen beim Landeanflug im Jahre 2008 den Bodenbelag fort. Darunter kam eine Schicht Wassereis zum Vorschein. Für ehemals fließendes Wasser auf dem Mars sprechen auch Aufnahmen der Elysium Planitia Region. Dabei handelt es sich um ein 800 km mal 900 km weites Gebiet, in dem sich große Packeisschollen unter einer roten Staubschicht verbergen. Die darin enthaltene Wassermenge entspricht damit ungefähr der der Nordsee.

Neben den geologischen Strukturen, die Wasseraktivitäten in der Vergangenheit des roten Planeten belegen, gibt es aber auch mineralogische Indizien für ehemals fließendes Wasser. So fand die Mars-Mission Opportunity Hämatit-Kugeln auf der Oberfläche. Dieses bläuliche Mineral, das in seiner äußeren Erscheinung Blaubeeren ähnelt, entsteht auf der Erde nur an Orten, an denen fließendes Wasser auf durchlässige Gesteinsschichten trifft. Es gibt aber noch weitere mineralogische Hinweise auf flüssiges Wasser. So wurden auch

Abbildung oben: ESA/DLR/FU Berlin (G. Neukum), Mars Express
Abbildung rechte Seite: ESA/ DLR/ FU Berlin (G. Neukum)

Gips- und Tonablagerungen sowie ausgetrocknete Salzseen entdeckt, die ohne flüssiges Wasser nicht entstanden wären.

Ehemals Mars-Ozeane?

All diese Indizien lassen Forscher vermuten, dass es früher einen Ozean auf dem Mars gab, der große Teile der nördlichen Hemisphäre bedeckte. Heute kann selbst bei Temperaturen über dem Gefrierpunkt kein flüssiges Wasser existieren, da der niedrige Luftdruck das Wasser sofort verdunsten ließe. Vor 3,5 Milliarden Jahren besaß der Mars jedoch möglicherweise eine dichtere Atmosphäre, die ein wärmeres Klima ermöglichte. Aber warum hat sich die Marsatmosphäre so verändert?

Manche Hypothesen geben Meteoriteneinschlägen die Schuld daran, die möglicherweise Teile der Atmosphäre und des Wassers einfach verdampfen ließen. Eine weitere mögliche Erklärung knüpft an die Tatsache an, dass der Mars kein Magnetfeld besitzt. Intensive Sonnenwinde konnten so möglicherweise den schutzlos ausgelieferten Planeten seiner Atmosphäre berauben.

Letztlich könnten auch langfristige Klimazyklen ausgelöst durch die instabile Rotationsachse des Mars eine Rolle gespielt haben. Alles deutet jedenfalls darauf hin, dass es in der Vergangenheit flüssiges Wasser auf unserem Nachbarplaneten gegeben hat. Eng damit verbunden ist die Frage, ob sich auf dem Mars auch Leben entwickelt haben könnte (mehr dazu in Kapitel 23). Wasser ist dafür jedenfalls eine entscheidende Voraussetzung. Und die war mit Sicherheit erfüllt.

Region Hephaestus Fossae auf dem Mars mit Spuren fließenden Wassers

www.universum-fuer-alle.de/sternstunde/37

38 Ist der Weltraum zwischen den Sternen leer?

Ralf Klessen

Auch wenn die Finsternis des Nachthimmels den Anschein von großer Leere erwecken mag, so ist der Raum zwischen den Sternen alles andere als leer. Untersucht man die Umgebung von Galaxien, so finden sich häufig Spuren von Materie, die das Licht dahinter liegender Sterne absorbiert.

Schauen wir uns beispielsweise die Andromeda-Galaxie an. Neben vielen Milliarden Lichtpunkten erkennen wir dort wolkenartige Strukturen aus Gas und Staub, die den Raum zwischen den Sternen ausfüllen. Aber woher stammen diese Wolken eigentlich, und woraus bestehen sie genau?

In den Anfängen unseres Universums vor 13,7 Milliarden Jahren, wenige Minuten nach dem Urknall, wurde Wasserstoff und Helium in großer Menge erzeugt. Schwerere Elemente entstanden nahezu ausschließlich später in Sternen. Die ersten dieser Sterne haben sich mehrere 100 Millionen Jahre nach dem Urknall gebildet (mehr dazu in Kapitel 24).

Wenden wir uns einmal unserem Zentralgestirn zu. Die Sonne ist eine Gaskugel mit ungefähr 1,4 Millionen Kilometer Durchmesser, sie ist etwa 4,6 Milliarden Jahre alt. Die Masse der Sonne ist 333 000-mal so groß wie die Erdmasse. Auf der Sonnenoberfläche geht es sehr turbulent zu.

Was ist zwischen den Sternen?

Der Raum zwischen den Sternen ist erfüllt von Gas und Staub.

Die Dichte beträgt im Mittel einige Teilchen pro Kubikzentimeter.

Aus der Interstellaren Materie werden neue Sterne geboren.

Massereiche Sterne tragen neues Material ein --> Recycling

In gewaltigen Ausbrüchen, den Protuberanzen, schleudert die Sonne heißes Plasma in den umliegenden Raum. Dieses ionisierte Gas besteht vor allem aus Wasserstoff- und Helium-Atomkernen sowie freien Elektronen. Dieser permanente Strom von Materie aus der Sonne, der sogenannte Sonnenwind, verteilt sich über das ganze Planetensystem und sogar darüber hinaus. Er sorgt also dafür, dass auch der interplanetare und auch der interstellare Raum mit immer neuem Material versorgt und gefüllt wird. Der Sonnenwind macht allerdings nur einen winzigen Bruchteil der interstellaren Materie aus.

Nicht nur Wasserstoff und Helium

Auch ein großer Anteil des ursprünglichen „Urknall-Gases" treibt noch in Form von Gaswolken durch die Galaxien und wird durch nahe Sterne ordentlich durchmischt. Wenn man solche Wolken genauer anschaut, fällt auf, dass sie nicht nur aus Wasserstoff- und Helium bestehen. Sie sind mit schwereren Elementen angereichert, zudem sind auch Staubpartikel darunter zu finden.

Abbildung vorhergehende Seite: ESO/S. Guisard; Rho Ophiuchi, Sternentstehungsregion
Abbildung rechte Seite: NASA, Holland Ford (JHU), das ACS Science Team und ESA

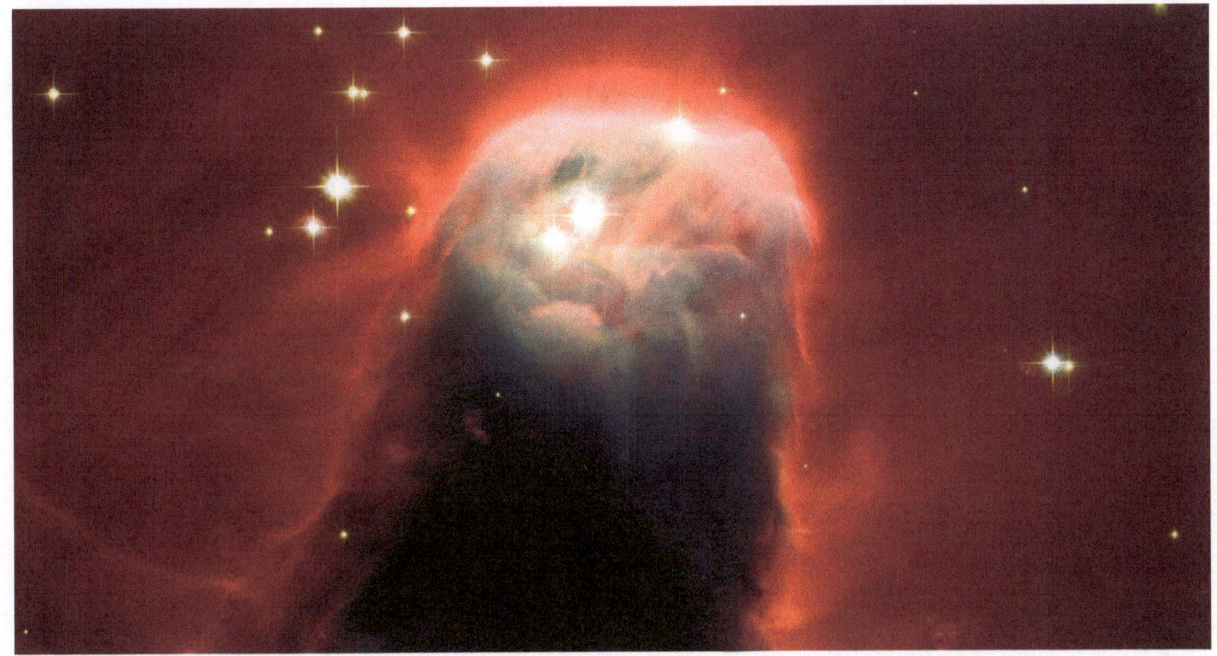

Konus-Nebel in NGC 2264: Pfeiler aus Gas, Staub und jungen Sternen

Aber woher stammt dieser Staub? Alle Elemente schwerer als Wasserstoff und Helium werden im Inneren von Sternen in Fusionsprozessen erzeugt. Dort würden sie auch für immer bleiben, wenn nicht einige Sterne am Ende ihres Lebens explodierten oder Teile ihrer äußeren Hülle in den Raum abstießen. Dies ist auch das Schicksal unserer Sonne. Wir dürfen aber beruhigt sein. Für die Sonne liegt das Ende noch in weiter Ferne. Ihr Brennstoff wird voraussichtlich für weitere fünf Milliarden Jahre ausreichen (siehe dazu auch Kapitel 9).

Die Entstehung eines Sterns dauert etwa eine Million Jahre. Dabei kollabieren Gaswolken, wie sie im interstellaren Raum auch in unserer Galaxie zuhauf anzutreffen sind. Am Lebensende eines Sterns wird dann ein Teil der Materie wieder in den Raum abgegeben. Dieses Gas ist aber anders zusammengesetzt als ursprünglich: Es enthält nun auch die im Stern erzeugten Fusionsprodukte. Die interstellaren Gas- und Staubwolken sind also eine Art Recycling-Anlage für Sternsysteme.

Die Teilchen der interstellare Materie bestehen in der Milchstraße zu etwa 90 % aus Wasserstoff, zu 10 % aus Helium (das sollte nicht mit den Massenanteilen verwechselt werden, die etwa 75 % und 23 % betragen) und zu einem geringen Anteil aus Staub. Dieser geringe An-

Interstellare Materie: ISM

Häufigkeit bezogen auf 1.000.000 Wasserstoff-Atome

Element		Ordnungszahl	kosmische Häufigkeit
Wasserstoff	H	1	1.000.000
Deuterium	$_1H^2$	1	16
Helium	He	2	68.000
Kohlenstoff	C	6	420
Stickstoff	N	7	90
Sauerstoff	O	8	700
Neon	Ne	10	100
Natrium	Na	11	2
Magnesium	Mg	12	40
Aluminium	Al	13	3
Silicium	Si	14	38
Schwefel	S	16	20
Calcium	Ca	20	2
Eisen	Fe	26	34
Nickel	Ni	28	2

Wasserstoff ist das häufigste Element (mehr als 90% aller Atome).

Im Vergleich zur kosmischen Häufigkeit sind manche Elemente im ISM seltener, d.h. abgereichert.

Ein Teil ihrer Atome befinden sich nicht mehr in der Gasphase, sondern in Staubteilchen.

teil ist aber enorm wichtig, um Sterne möglichst schnell entstehen zu lassen. Um das zu verstehen, müssen wir ein wenig mehr über den Zustand der interstellaren Wolken erfahren. Temperatur und Dichte der interstellaren Materie variieren nämlich sehr stark von Ort zu Ort. In der Nähe eines massereichen Sterns kann das Gas mehrere 10 000 °C heiß sein. Die darin enthaltenen Atomkerne sind durch die hohen Temperaturen von ihren Elektronen getrennt.

Starke Temperatur- und Dichteschwankungen

Das Resultat ist ein ionisiertes Plasma. Während wir auf der Erde mit jedem Atemzug mehrere Trillionen Gasatome aufnehmen, umfasst das gleiche Volumen eines solchen interstellaren Plasmas nur wenige Atome. Wenn die Temperaturen sinken, können sich die Elektronen mit den Wasserstoffkernen wieder zu neutralen Atomen verbinden. Solche Wolken aus neutralem Wasserstoffgas leuchten im Radiowellenbereich und können von Radioteleskopen beobachtet werden.

Damit sich Sterne aus den Gaswolken bilden können, muss die Temperatur noch weiter sinken, auf unter –220 °C. Erst dann können sich die Wasserstoffatome zu Molekülen verbinden. Dadurch steigt die Dichte auf mehrere 10 000 Atome pro Kubikzentimeter an. Der Prozess der Molekülbildung läuft umso schneller ab, je mehr Staub in der Wolke enthalten ist. Staub ist sozusagen ein Katalysator der Sternbildung.

Wasserstoff-Molekülwolken sind also Geburtsstätten für Sterne. Sie strahlen zwar nicht selbst, können aber glücklicherweise durch in ihnen angereicherte Moleküle, wie etwa Kohlenmonoxid, sichtbar gemacht werden. Dadurch kennen wir die Verteilung von kalten Wasserstoffwolken in der Milchstraße, aus denen neue Sternen- und Planetensysteme entstehen können.

Durch die Erforschung der interstellaren Materie sind wir also imstande, eine Art zentralen Recycling-Hof für Sternmaterial zu erkunden, der essentiell wichtig ist für die Entstehung von Sternen und Planeten wie unsere Erde. Die Gas- und Staubwolken im interstellaren Raum sind also der Ursprung von neuen Planetensystemen und vielleicht sogar von neuem Leben.

Abbildung rechte Seite: Die UV-Strahlung der jungen Sterne in NGC 3324 bringt das umgebende interstellare Medium zum Leuchten.

Abbildung rechte Seite: ESO

www.universum-fuer-alle.de/sternstunde/38

39 Woher kommen die chemischen Elemente?

Norbert Christlieb

Astronomische und kosmologische Messungen der letzten Jahrzehnte belegen, dass das Universum einen Anfang hatte. Wir nennen diese Entstehung des Weltalls den Urknall (mehr dazu in Kapitel 3).

In den ersten Minuten war das Universum extrem heiß und hatte eine sehr hohe Dichte. Dies sind genau die Bedingungen, die notwendig sind, um Atomkerne miteinander zu verschmelzen und chemische Elemente mit größerer Masse zu erzeugen. Wurden also alle bekannten Elemente im Urknall erzeugt?

Entstehung der chemischen Elemente

Deuterium + Tritium = ^{4}He + Neutron

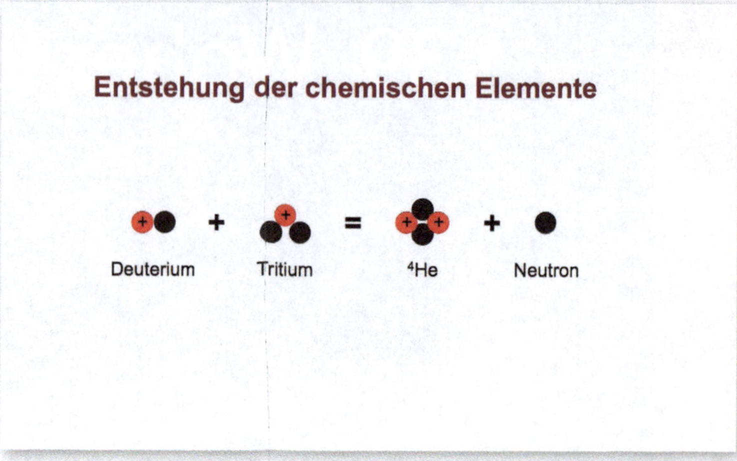

Alle Elemente beim Urknall?

Diese Hypothese können wir durch gezielte Beobachtungen mit unseren Teleskopen überprüfen. Aus der Materie, die kurz nach dem Urknall existierte, haben sich irgendwann die ersten Sterne gebildet, viel später dann, nach etwa 9 Milliarden Jahren, unsere Sonne. Wenn alle Elemente im Urknall erzeugt worden wären, dann müssten alle Sterne, die wir heute am Himmel sehen können, eine sehr ähnliche chemische Zusammensetzung haben.

Die chemische Zusammensetzung von Sternen kann man mit Hilfe der Spektroskopie bestimmen. Hierbei wird das Licht wie in einem Regenbogen in seine „Farben" zerlegt. Gustav Kirchhoff und Robert Bunsen haben in der Mitte des 19. Jahrhunderts in Heidelberg herausgefunden, dass jedes chemische Element einen charakteristischen „Fingerabdruck" in einem solchen Spektrum hinterlässt: Wenn man eine Probe eines Elements in einer Flamme verbrennt, sieht man bei ganz bestimmten Farben bzw. Wellenlängen helle Linien, die für das jeweilige Element charakteristisch sind und Emissionslinien genannt werden (siehe nächste Seite unten).

Absorptions- und Emissionslinien

Im Spektrum der Sonne und anderer Sterne sieht man an diesen Stellen dagegen dunkle Linien, sogenannte Absorptionslinien (siehe nächste Seite oben). Das im Inneren der Sonne erzeugte Licht wird von den Atomen und Molekülen in ihren äußeren, kühlen Schichten absorbiert. Die Stärke einer solchen Absorptionslinie gibt Auskunft darüber, wieviele Atome dieses Elements in den äußeren Schichten des Sterns vorhanden sind.

Abbildung vorhergehende Seite: NASA, ESA und das Hubble Heritage Team STScI/AURA); Supernova-Überrest E0102 (unten links, bläulich) und Sternentstehungsregion N 76 (oben rechts, rötlich) in der Kleinen Magellanschen Wolke (SMC)
Abbildungen rechte Seite: Wikipedia, gemeinfrei

Absorptionsspektrum der Sonne mit den Fraunhofer-Linien, die charakteristisch für bestimmte Elemente sind

Sind viele Atome vorhanden, wird an der betreffenden Stelle im Spektrum viel Licht absorbiert und die Absorptionslinie ist sehr stark; sind weniger Atome vorhanden, wird weniger Licht absorbiert und die Linie ist schwächer. Wenn man nun die Absorptionslinien vieler Elemente in einem Spektrum eines Sterns vermisst und analysiert, kann man die chemische Zusammensetzung des Sterns bestimmen.

HD19445 und HD149283

Im Jahre 1951 haben Joseph W. Chamberlain und Lawrence H. Aller zum ersten Mal nachgewiesen, dass es Sterne gibt, die eine andere chemische Zusammensetzung als die Sonne haben. Ihre Messungen ergaben, dass zwei der von ihnen untersuchten Sterne, die Sterne Nr. 19445 und 149283 im Katalog von Henry Draper, (kurz HD19445 und HD149283), viel weniger Kalzium und Eisen enthalten als die Sonne. Die in der Sonne vorhandenen zusätzlichen Mengen an Kalzium und Eisen müssen also entstanden sein, als diese beiden Sterne bereits geboren waren.

Elemententstehung im Sterninneren?

Auch im Inneren von Sternen herrschen sehr hohe Temperaturen von mehreren Millionen Grad Celsius und sehr hohe Dichten. So lag die Vermutung nahe, dass bestimmte Elemente auch im Inneren von Sternen entstehen könnten. Der direkte Nachweis ist Paul W.

Emissionslinien des Wasserstoffs (Balmer-Linien)

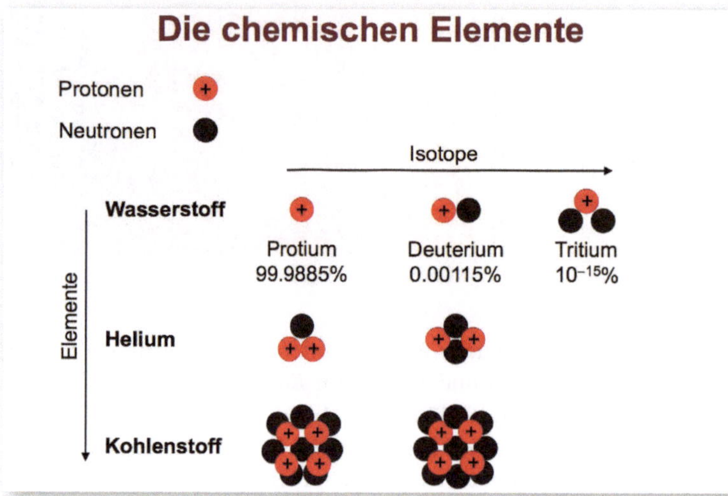

Merrill im Jahre 1952 gelungen. Er hat in den Spektren einiger Sterne Absorptionslinien des Elements Technetium gefunden.

Dies war sehr überraschend, denn Technetium ist kein stabiles Element, es ist radioaktiv und zerfällt sehr schnell in andere Elemente. Technetium-99, das am häufigsten vorkommende Isotop, hat eine Halbwertszeit von nur 210 000 Jahren, das ist eine SEHR kurze Zeit verglichen mit der Lebensdauer von Sternen, die Milliarden Jahre beträgt. Damit war also bewiesen: Das von Merrill beobachtete Technetium muss sehr lange nach der Geburt dieser Sterne entstanden sein, nämlich in den Sternen selbst!

Technetium ist das Schlüssel-Element

Durch eine Vielzahl weiterer astronomischer Beobachtungen und theoretischer Überlegungen wissen wir heute, dass im Urknall nur Wasserstoff, Helium und sehr geringe Mengen von Lithium erzeugt wurden. Alle schwereren Elemente, wie etwa Stickstoff, Kalium oder Eisen, sind nach und nach entweder im Inneren von Sternen oder bei Sternexplosionen, sogenannten Supernovae, entstanden – auch der Sauerstoff, den wir atmen, und der Kohlenstoff, aus dem alle Lebewesen bestehen. Wir alle sind daher zum großen Teil „Sternenstaub“ (mehr dazu im nächsten Kapitel 40)!

Diese in einer Supernova erzeugten Elemente verteilen sich in ihrer Umgebung und „verschmutzen“ Gaswolken in der Nähe. Aus diesen Gaswolken bildet sich dann die nächste Generation von Sternen. Diese Abfolge von Sterngeburt, Erzeugung von Elementen im Sterninneren und bei Supernova-Explosionen, Verteilung der Elemente in der Umgebung, und erneute Sterngeburt, nennt man den kosmischen Materiekreislauf (siehe auch Abbildung rechte Seite).

Nur massereiche Sterne enden als Supernova!

Jede Generation von Sternen enthält aber auch solche, die nicht als Supernova explodieren. Damit es zu einer Supernova reicht, müssen die Sterne nämlich mindestens 8-mal so viel Masse haben wie die Sonne. Sterne, die nur 80 % der Masse der Sonne haben, verbrauchen ihren nuklearen Brennstoffvorrat so langsam,

Abbildung rechte Seite: Autor

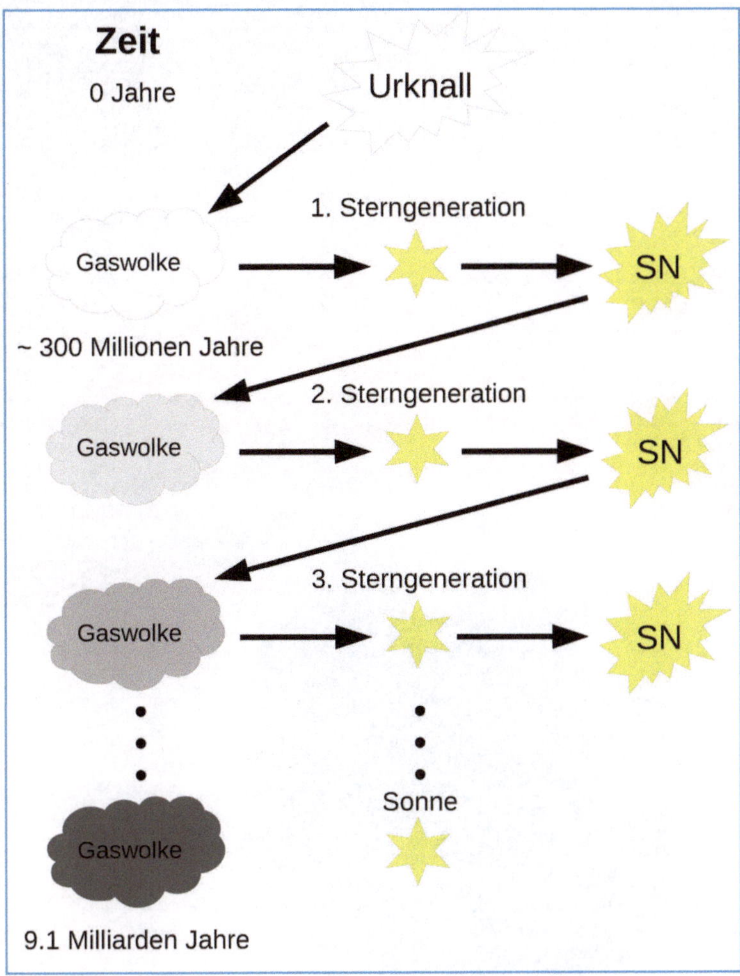

Kosmischer Materiekreislauf: Nach dem Urknall formten sich aus den beiden Elementen Wasserstoff und Helium erste Gaswolken, in denen die erste Sterngeneration entstand. Die massereichen Sterne erreichten bald die Supernova-Phase und reicherten bei dieser Explosion die Umgebung mit schwereren Elementen an. Die zweite Sterngeneration, die sich aus diesen Gaswolken bildete, enthielt bereits Spuren von schwereren Elementen. In diesem Zyklus ging es weiter, bis sich nach etwa neun Milliarden Jahren unsere Sonne aus bereits angereicherten Gaswolken bildete.

dass sie sehr lange leuchten, nämlich 20 Milliarden Jahre lang!

Massearme Sterne überleben bis heute

Jede Sterngeneration enthielt auch einige so massearme Sterne, dass diese bis heute überlebt haben und uns als kosmische Botschafter der schrittweisen Anreicherung des Universums mit den chemischen Elementen dienen können. So auch die beiden Sterne HD19445 und HD149283, die aufgrund ihres niedrigeren Gehalts an schweren Elementen zu einer Generation von Sternen gehören muss, die viel früher als die Sonne geboren wurden.

www.universum-fuer-alle.de/sternstunde/39

40 Sind wir wirklich aus Sternenstaub gemacht?

Thorsten Lisker

Was hat eine typische Fußgängerzone in einer Stadt wie Heidelberg mit dem frühen Universum zu tun? Wer versucht, sich am Samstag Vormittag durch die Menschenmassen der Hauptstraße zu bewegen, merkt schnell, dass man nur wenige Schritte gehen kann, ohne angestoßen zu werden oder ausweichen zu müssen.

Die vielen Menschen verhindern zudem den Blick in die Ferne. In der Sprache der Physik würde man die Fußgängerzone so beschreiben: In dem undurchsichtigen Medium finden viele Wechselwirkungen zwischen den Teilchen statt.

In ähnlicher Weise lassen sich die Zustände im frühen Universum kurz nach dem Urknall beschreiben. Es war nämlich mit einem sehr heißen, undurchsichtigen Gas angefüllt. Das führte dazu, dass Teilchen nicht in der Lage waren, längere Wegstrecken ohne Wechselwirkung mit freien Elektronen zurückzulegen

In dieser extrem dichten Teilchen-„Suppe" der Frühzeit bildeten sich die ersten leichten Elemente, zunächst Wasserstoff, dann Helium und schließlich ganz wenig Lithium. Fünf Minuten nach dem Urknall kam die Elementbildung aber bereits zu einem plötzlichen Ende: Das Universum hatte sich so schnell ausgedehnt, dass nun Dichte und Temperatur nicht mehr hoch genug waren, um die Fusionsprozesse aufrecht zu erhalten. Alle schwereren Elemente entstanden also erst viele Millionen Jahre danach im Innern von Sternen.

Der Mensch: chemische Zusammensetzung

Element	Gewichts-%	Atom-%
Sauerstoff (O)	56.1	25.5
Kohlenstoff (C)	28.0	9.5
Wasserstoff (H)	9.3	63
Stickstoff (N)	2.0	1.4
Calcium	1.5	0.31
Chlor (Cl)	1	
Phosphor (P)	1	
Kalium (K)	0.25	0.06
Schwefel (S)	0.2	0.05
Natrium (Na)		0.03
Magnesium (Mg)		0.01

Wir bestehen also aus „Sternenstaub" und auch „Urknallstaub"!
(eigentlich „Sternengas" und auch „Urknallgas")

Institut für Chemie, FU Berlin

Sterne auf der Hauptreihe

Aber woher wissen wir das so genau? Astronomen untersuchen die Eigenschaften von Sternen, wie etwa ihr Alter, ihre Temperatur, ihre Masse und ihre Größe. Sie stellen die Sterne als Punkte im sogenannten Hertzsprung-Russell-Diagramm dar, in dem nach oben die Leuchtkraft und nach rechts die Farbe (oder Temperatur) dargestellt wird, siehe Abbildung rechts. Anhand der Farbe der Sterne und ihrer Helligkeit lässt sich nämlich erkennen, in welchem Entwicklungs-

Abbildung rechte Seite: Im Hertzsprung-Russell-Diagramm werden die Sterne nach ihrer Helligkeit (größere Leuchtkraft ist oben) und ihrer Farbe (blau ist links, rot ist rechts) dargestellt. Es zeigt sich, dass die Sterne den größten Teil ihrer „Lebenszeit" auf der Diagonalen von links oben nach rechts unten verbringen, der „Hauptreihe".

Abbildung vorhergehende Seite: ESO; Helixnebel
Abbildung rechte Seite: Wikipedia, gemeinfrei

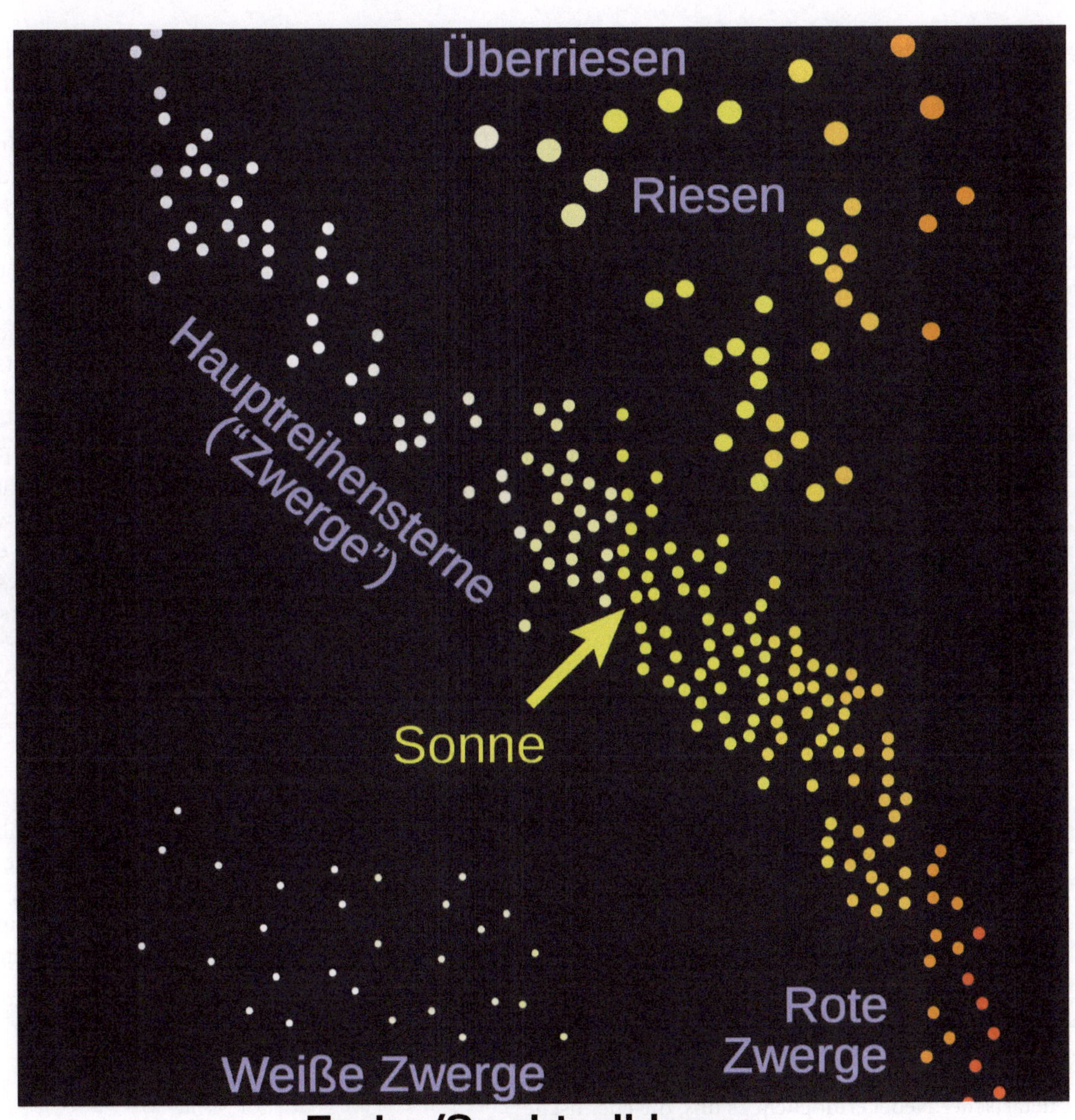
Überriesen
Riesen
Hauptreihensterne
("Zwerge")
Sonne
Weiße Zwerge
Rote
Zwerge
Leuchtkraft
Farbe/Spektralklasse

stadium sie sich befinden. Sterne, die wie unsere Sonne im normalen Fusionsbetrieb laufen, befinden sich in einem schmalen Band, das dieses Diagramm diagonal durchzieht, der sogenannten Hauptreihe.

Rote Sterne sind generell kälter als blaue. Je blauer und heller ein Stern ist (je weiter links oben er steht), um so mehr Masse besitzt er. Unsere Sonne wird sich am Ende ihres Lebens zu einem „Roten Riesen" aufblähen, also in die obere rechte Ecke des Diagramms wandern. Wir sind heute in der Lage, mit dem Computer Entwicklungsrechnungen für unterschiedliche Sterne durchzuführen, die es uns ermöglichen, die Fusionsprozesse im Innern der Sterne quantitativ zu verstehen.

Rote Sterne: Kühler als blaue

Die Einzelheiten der Kernfusion hängen stark von der Dichte und der Temperatur ab. Die meisten Fusionsprozesse finden im Zentrum eines Sterns statt. In späteren Entwicklungsphasen kann es auch vorkommen, dass ein Stern großer Masse etwa in seinem Zentralbereich Eisen erzeugt, während in weiter außen liegenden Schichten Sauerstoff und Kohlenstoff entsteht.

Diese Modellrechnungen lassen sich durch Beobachtungen von planetarischen Nebeln (Abbildung rechte Seite) überprüfen. Solche Gasnebel entstehen, wenn ein Stern am Ende seines Lebens einen Großteil seiner Masse in einer Explosion in den umliegenden Raum abgibt. Das Spektrum solcher Planetarischer Nebel ermöglicht es uns, die chemische Zusammensetzung des zuvor explodierten Sterns – sozusagen posthum – zu bestimmen. Sternexplosionen geschehen auf kosmischen Zeitskalen sehr häufig.

Dadurch werden Gas- und Staubwolken im interstellaren Raum ständig durch neue Elemente und neuen Sternenstaub versorgt. Die nächste Generation von Sternen, die sich dann aus diesen angereicherten Gaswolken bildet, hat eine andere chemische Zusammensetzung als die erste Generation. Insbesondere können diese Sterne der zweiten Generation dann Elemente wie Kohlenstoff und Eisen enthalten, die zur Entstehung erdähnlicher Planeten notwendig sind.

Schauen wir noch mal in die Heidelberger Fußgängerzone: Jeder Mensch darin besteht zu ungefähr 56 % seines Gesamtgewichts aus Sauerstoff und zu weiteren 28 % aus Kohlenstoff. Diese Elemente würde es nicht geben, wären sie nicht zuvor im Inneren eines Sterns erzeugt und bei seinem Ableben an das Universum abgegeben worden.

Mensch: Sternenstaub und Urknallgas

Nur etwa 9 % unseres Körpergewichts ist Wasserstoff zuzuschreiben, der so schon im frühen Universum vorhanden war. In diesem Sinne bestehen wir also in der Tat aus (einer Menge) Sternenstaub und (etwas) Urknallgas. Vielleicht erinnern wir uns ja bei unserem nächsten Gang durch eine Einkaufsstraße daran.

Abbildung rechte Seite: Sauerstoff-Atome sind verantwortlich für die grünlich leuchtende innere Region des Hantel-Nebels, die rötlichen äußeren Bereiche zeigen Wasserstoff-Atome. Das Gas wird durch den sehr heißen Zentralstern angestrahlt und ionisiert.

Abbildung rechte Seite: ESO

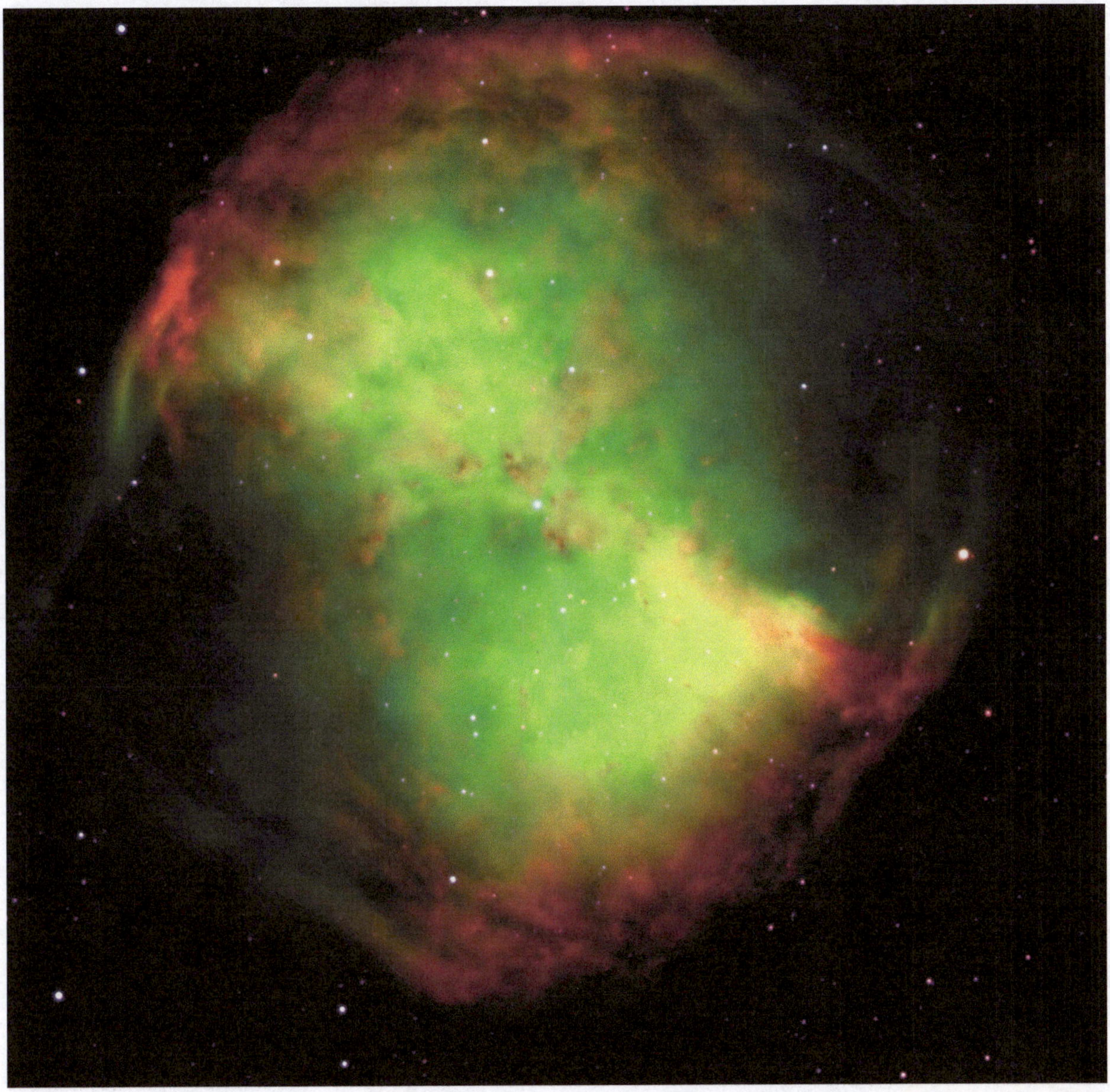

www.universum-fuer-alle.de/sternstunde/40

41 Wenn der Weltraum zittert: Astronomie mit Gravitationswellen

Markus Pössel

Wer verstehen möchte, wie der direkte Nachweis von Gravitationswellen herkömmliche astronomische Beobachtungen zu ergänzen verspricht, tut gut daran, sich zunächst mit dem Unterschied zwischen Sehen und Hören zu beschäftigen. Wenn wir sehen, dann mit jedem Auge zweidimensional: Wir können unterscheiden, welches Licht uns aus welcher Region unseres Beobachtungsobjekts erreicht und daraus ein zweidimensionales Bild des Objekts rekonstruieren.

Wenn wir beispielsweise eine Orgelpfeife anschauen, dann können wir die verschiedenen Details des Pfeifenkörpers unterscheiden. Der Klang einer Orgelpfeife, den wir hören, lässt sich dagegen nicht einfach einzelnen Regionen zuordnen. Der Klang entsteht durch die Orgelpfeife als Ganzes.

Hören und Sehen

Auch bei üblichen astronomischen Beobachtungen entstehen zweidimensionale Bilder. In diesem Kapitel soll es um eine neue Art der Astronomie gehen, die derzeit noch Zukunftsmusik ist und die sich zu herkömmlichen Beobachtungen ähnlich verhält wie das Hören eines Klangs zum Sehen eines Bildes: die Gravitationswellen-Astronomie.

Was sind Gravitationswellen? Die moderne Physik beschreibt die Schwerkraft mit Hilfe von Albert Einsteins Allgemeiner Relativitätstheorie. Gravitation ist in dieser Theorie keine Fernkraft, die direkt zwischen zwei Massen wirkt, sondern eine Eigenschaft von Raum und Zeit. Vereinfacht ausgedrückt: Körper, beispielsweise eine große Masse wie die Sonne, verzerren Raum und Zeit in ihrer Umgebung. Diese Verzerrung bewirkt, dass beispielsweise ein Planet in Sonnennähe nicht geradeaus fliegt, sondern die Sonne auf einer Umlaufbahn umkreist.

Massen verzerren Raum und Zeit

Diese Beschreibung hat eine interessante Konsequenz, denn bestimmte Verzerrungen können sich wellenartig durch den Raum fortpflanzen. Grob vereinfacht kann man sich einen ganz mit Wackelpudding ausgefüllten Raum vorstellen: Ruckle ich an einem bestimmten Ort in diesem Raum am Wackelpudding, dann pflanzt sich das Zittern, dann pflanzen sich Störungen in alle Richtungen fort.

Was heißt es im Falle der Gravitationswellen, dass sich dort ein Zittern im Raum ausbreitet? Insbesondere bedeutet es folgendes: Wenn Sie zwei Massen betrachten, die eigentlich relativ zueinander ruhen, dann ändert sich deren Abstand beim Durchgang der Gravitationswelle um einen winzigen Betrag – er wird in Form einer Schwingung mit der Zeit immer wieder kleiner und größer.

Gravitationswellen werden beispielsweise überall dort erzeugt, wo zwei Massen umeinander kreisen. Es bedarf allerdings ziemlich extremer Bedingungen, damit die Gravitationswellen so stark sind, dass man hoffen kann, sie jemals messen zu können: So müssen sehr massereiche Objekte beteiligt sein, die extrem kompakt

Rechte Seite: Detail der Orgel von Friedrich Albert Mehmel in der Kirche in Starkow (Nordvorpommern)

Abbildung vorhergehende Seite: PD-USGOV-NASA/wikipedia; Künstlerische Darstellung von Gravitationswellen, die den Weltraum durchwandern und von den LISA-Satelliten detektiert werden sollen.
Abbildung rechte Seite: Wikipedia, Creative Commons Attribution-Share Alike 3.0 Unported license, Autor Klugschnacker

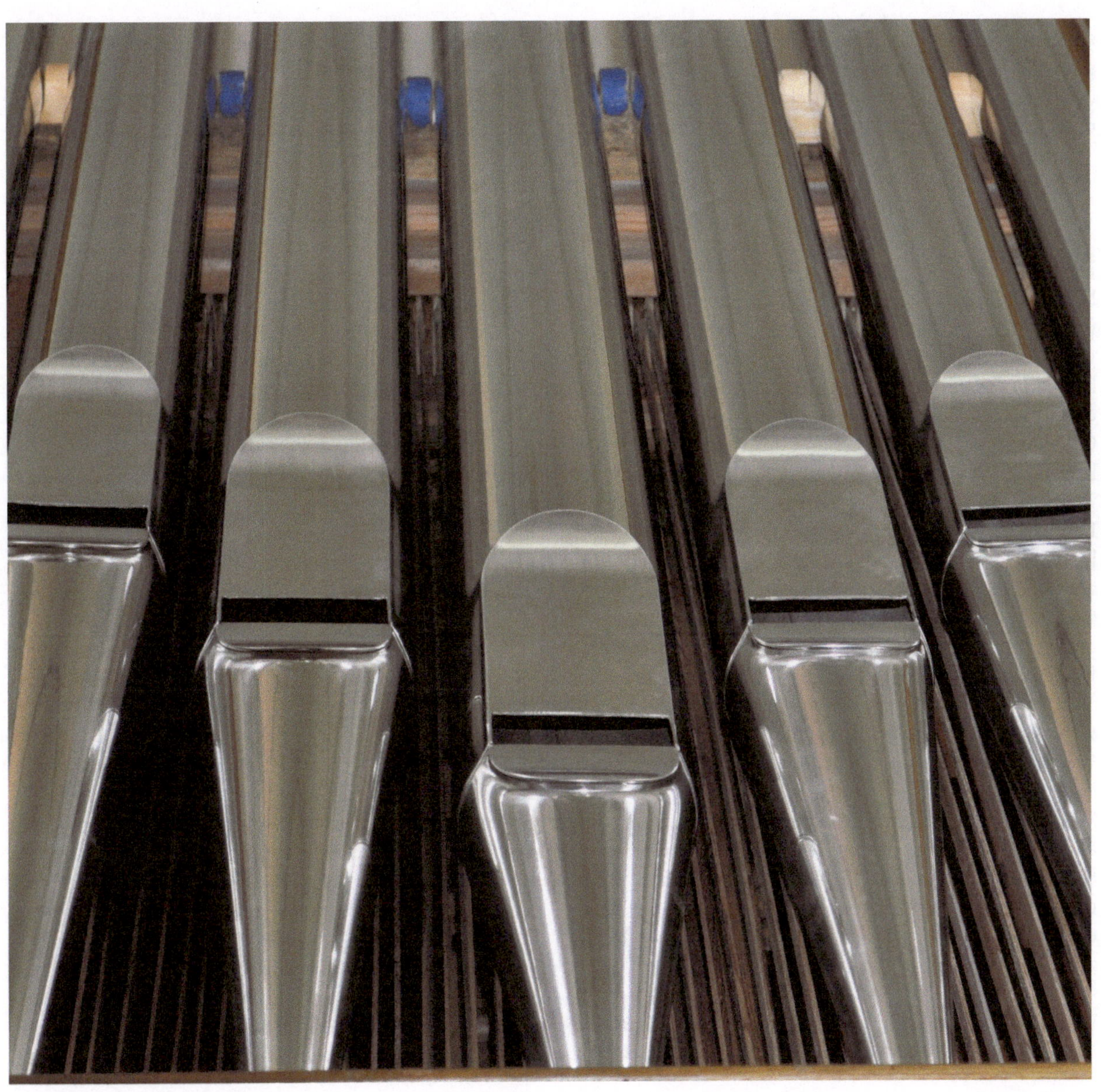

sind und sich in geringem Abstand, also mit hoher Geschwindigkeit umeinander bewegen. Sich umkreisende oder gar miteinander verschmelzende Neutronensterne oder Schwarze Löcher sind geeignete Kandidaten.

Physik-Nobelpreis 1993

Der indirekte Nachweis von Gravitationswellen ist bereits gelungen. Hintergrund ist, dass einem System umeinander kreisender Objekte durch die Abstrahlung von Gravitationswellen Energie entzogen wird. Das bewirkt, dass die Umlaufbahnen solcher Objekte umeinander mit der Zeit immer kleiner werden und die Objekte sich dementsprechend immer schneller umkreisen.

Die beiden amerikanischen Astrophysiker Joseph Taylor und Russell Hulse konnten mit geduldigen Beobachtungen zweier sich umkreisender Neutronensterne (vgl. Kapitel 44), deren Umlaufbahn umeinander sie ab den 70er Jahren verfolgten, nachweisen, dass deren Umlaufzeit genau in der Weise abnimmt, die Einsteins Theorie vorhersagt. Für diesen ersten indirekten Nachweis von Gravitationswellen erhielten Hulse und Taylor 1993 den Physik-Nobelpreis.

Wirklich spannend ist, dass Physiker derzeit konkret auf einen direkten Nachweis von Gravitationswellen hinarbeiten – und was sie dabei herausfinden könnten. Ein direkter Nachweis ist nicht einfach, denn Gravitationswellen können selbst durch dichte Materie ziemlich problemlos hindurchschwingen.

Übrigens, um zum Vergleich vom Anfang zurückzukehren, ganz im Gegensatz zu Licht: Um das sichtbare Licht eines Sterns abzuschirmen, reicht es schon, dass zwischen Ihnen und dem Stern eine große Staubwolke sitzt. Gravitationswellen dagegen können auch große Materiemengen fast ungestört durchdringen.

Das hat interessante Konsequenzen: Könnten wir die entsprechenden Gravitationswellen auffangen, dann könnten wir beispielsweise in das Innere einer Supernova „horchen“, wo gerade ein Neutronenstern entsteht. Oder wir könnten das Universum erkunden, als es noch mit einem heißen, undurchsichtigen Plasma gefüllt war – alles Informationen, die uns Licht und andere elektromagnetische Strahlung nicht bieten können.

In jedem dieser Fälle liefern uns die Gravitationswellen zwar kein detailliertes Bild, aber eine Art Gesamtklang, aus dem sich Informationen über interessante Eigenschaften, etwa die Massen der beteiligten Objekte, ableiten lassen.

Gravitationswellen durchdringen Materie

Dass Gravitationswellen Materie so gut wie unbehelligt durchdringen, gilt leider auch für Detektoren, und deswegen ist ein direkter Nachweis äußerst schwierig. Was man für einen Nachweis tun muss? Erinnern Sie sich an die erwähnten winzigen Abstandsänderungen zwischen Testmassen, die eine Gravitationswelle bewirkt?

Solche Abstandsänderungen kann man versuchen, mit Hilfe sogenannter Laser-Interferometer nachzuweisen. Allerdings sind die Anforderungen an die Genauigkeit enorm: Um eine typische Gravitationswelle anhand der

Abstandsänderung nachzuweisen, die sie zwischen Erde und Sonne bewirkt, müsste man diesen Abstand (rund 100 Millionen Kilometer) bis auf einen Wasserstoffatomdurchmesser (rund ein zehnmilliardstel Meter) genau vermessen.

Umso spannender ist, dass sich die modernen Gravitationswellendetektoren in diesen Jahren an eben diese Genauigkeitsgrenze heranarbeiten. Das ist eine gewaltige technische Herausforderung. Experimente wie der deutsch-britische Detektor GEO 600 in Hannover, an dem das Max-Planck-Institut für Gravitationsphysik maßgeblich beteiligt ist, sind so empfindlich, dass selbst Erschütterungen aufgrund der fast 200 Kilometer entfernten Nordseewellen, die an den Strand schlagen, als Störquelle nachgewiesen werden können.

Geo 600 und Advanced LIGO

Mit den derzeitigen Detektoren ist der Nachweis allerdings Glückssache. Wenn beispielsweise zwei Neutronensterne in nicht allzu großer Entfernung von uns verschmelzen würden, könnte man die entstehenden Gravitationswellen bereits mit heutiger Technik nachweisen. Prognosen über die Häufigkeit solcher messbaren Ereignisse variieren allerdings zwischen einem Ereignis in fünf Jahren und einem Ereignis in 5000 Jahren.

Wenn allerdings die bei GEO 600 entwickelte und einige weitere Technik erst einmal in den großen Advanced LIGO-Detektoren in den USA eingebaut ist, was Ende 2013 der Fall sein sollte, wird es ernst: Dann sollte sich etwa zwischen, optimistisch geschätzt, 400-mal im Jahr und, pessimistisch, einmal alle zweieinhalb Jahre eine nachweisbare Neutronensternverschmelzung ereignen.

Gravitationswellen-Astronomie

In nur wenigen Jahren wird sich also ein neues Fenster ins All für uns öffnen, und die Gravitationswellen-Astronomie nimmt ihren Anfang. Oder aber, falls ein direkter Nachweis ausbleibt: Wir finden heraus, dass unser Verständnis der grundlegenden Eigenschaften der Gravitation große Lücken aufweist. In beiden Fällen gilt: Es wird spannend.

www.universum-fuer-alle.de/sternstunde/41

42 Was ist eigentlich „die Milchstraße"?

Cecilia Scorza

Die Milchstraße, das seltsam diffuse, leuchtende Band am Nachthimmel, hat die Fantasie der Menschheit von je her beflügelt. So sahen die Aborigines, die Ureinwohner Australiens, in ihr das Bild eines fliegenden Emus.

Im antiken Griechenland verband man die Entstehung der Milchstraße mit der mythologischen Heldenfigur des Herakles: Als Sohn des Zeus, dem obersten aller Götter, und der sterblichen Alkmene, Tochter des Königs von Mykene, waren ihm göttliche Kräfte nicht von Natur aus gegeben.

Um diese zu erlangen, wollte Zeus Herakles an der Brust seiner göttlichen Frau Hera trinken lassen, während diese schlief. Herakles saugte aber so stark, dass Hera erwachte und ihn wegstieß. Ein Strahl ihrer Milch ergoss sich dabei über den Himmel und erzeugte das uns vertraute Band der Milchstraße.

Leuchtendes Band

Etwas prosaischer, aber nichtsdestotrotz sehr dramatisch, ist die Entdeckungsgeschichte der Milchstraße, wie wir Sie heute kennen. Eine der wichtigsten neuen Erkenntnisse, die Galileo Galilei Anfang des 17. Jahrhunderts gewann, als er als erster das Teleskop gen Himmel richtete, war: Das weißliche Band der Milchstraße besteht aus einer gigantischen Zahl von einzelnen Sternen! Diese Entdeckung hat unser Weltbild nachhaltig verändert.

Edwin Hubble klassifiziert Galaxien

William Herschel baute um 1780 eine Reihe großer Teleskope, mit denen er das Milchstraßensystem genauer untersuchte und näher erforschte. Daraus ergaben sich einige hochinteressante Fragestellungen, die Naturwissenschaftler wie Philosophen bis ins 20. Jahrhundert beschäftigen sollten, etwa „Wie groß ist die Milchstraße?", „Gehören alle Objekte, die wir am Himmel sehen, zur Milchstraße?" und „Gibt es noch andere Milchstraßen?".

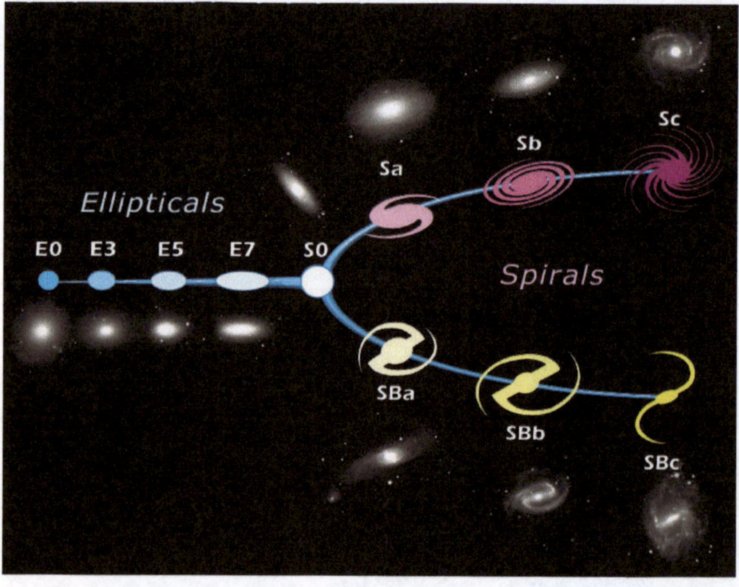

Die Klassifikation in elliptische Galaxien, Spiralgalaxien und Balkenspiralgalaxien geht zurück auf Edwin Hubble.

Abbildung vorhergehende Seite: ESO; Die Milchstraße
Abbildung oben: NASA/ESO
Abbildung rechte Seite: G. Hüdepohl/ESO

Milchstraßenband, aufgenommen in der Atacama-Wüste

Der US-amerikanische Astronom Edwin Hubble brachte 1936 Ordnung in den Zoo der bis dahin gefundenen unterschiedlichsten Himmelskörper. Er konnte den Abstand zum „Andromeda-Nebel" messen und damit nachweisen, dass dieser nicht zur Milchstraße gehört, sondern im Gegenteil eine benachbarte, selbständige „Welten-Insel" darstellt, die Andromeda-Galaxie.

Milchstraße: Eine von 100 Milliarden Galaxien

Heute wissen wir, dass die Milchstraße eine von schätzungsweise 100 Milliarden Galaxien im sichtbaren Universum ist. In Kapitel 7 erfahren Sie mehr über die kosmische Struktur von Galaxien und Galaxienhaufen. Edwin Hubble führte darüber hinaus ein Schema ein, nach dem sich Galaxien ihrer äußeren Form entsprechend klassifizieren lassen, etwa in spiralförmige oder elliptische Galaxien (siehe linke Seite).

Die Milchstraße ist eine sogenannte Balkenspiralgalaxie. Sie besteht aus mehreren Spiralarmen, die sich in einer Scheibe winden, in deren Mitte sich eine rundliche Ausbuchtung, „Bulge" genannt, befindet (siehe Abbildung auf der übernächsten Seite). Darüber hinaus gehört eine gerade, längliche Struktur, die als Balken bezeichnet wird, zum zentralen Merkmal des Milchstraßensystems. Das gesamte Gebilde ist eingebettet in eine Sphäre vereinzelter Sterne, dem sogenannten Halo, der von der unbekannten Dunklen Materie dominiert wird.

Milchstraße in Bewegung

In der Milchstraße gibt es etwa 200 Milliarden Sterne. Das Sonnensystem befindet sich in der Scheibe am Rand eines Spiralarms, deshalb nehmen wir die Milchstraße als schmales Band am Himmel wahr. Könnten wir die Scheibe verlassen und ein Bild der Milchstraße „von oben" machen, so würde sich uns ein Anblick ähnlich der Abbildung auf der übernächsten Seite bieten.

Die Größe der Milchstraße kann man sich nur schwer vorstellen. Die Sonne dreht sich (mit Erde und Planeten) um das Zentrum der Milchstraße. Dabei fliegt sie mit einer Geschwindigkeit von 220 Kilometern in der Sekunde. Das sind fast 800 000 Kilometer pro Stunde! Und dennoch braucht sie beinahe 220 Millionen Jahre für einen Umlauf.

Sterne, Gas, Staub und Dunkle Materie

In der Milchstraße gibt es nicht nur Sterne, sondern auch Gaswolken und Staub. Aus sich verdichtenden Gaswolken entstehen auch heute noch neue Sterne (mehr dazu in Kapiteln 24 und 33). Solche Sternentstehungsgebiete findet man vor allem entlang der Spiralarme. Ein Stern erzeugt seine Energie durch Kernfusion, dabei entstehen aus Wasserstoff schwerere Elemente.

Am Ende seines Lebens gibt der Stern diese Elemente in einer Supernova-Explosion wieder an den umliegenden Weltraum ab. Dadurch werden umgebende Gaswolken und Sternentstehungsgebiete mit diesen Fusions-Produkten angereichert. Insbesondere Elemente wie Kohlenstoff und Sauerstoff sind dabei für die Entstehung von Planetensystemen wichtig. Durch die Untersuchung des Sternenlichts, genauer gesagt durch eine Analyse der Stern-Spektren, lässt sich die Menge solcher Elemente und damit das Alter der Sterne bestimmen.

Supernova-Explosionen reichern an

Untersucht man nun das Licht der Sterne in den verschiedenen Bereichen der Milchstraße, so zeigt sich Erstaunliches: Die Sternpopulationen im Zentralbereich und im sphärischen Halo sind älter als die Sterne in der Milchstraßen-Scheibe, zu denen auch unsere Sonne gehört. Messungen des bisher ältesten gefundenen Sterns im Milchstraßen-Halo ergaben ein Alter von etwa 13,2 Milliarden Jahren (mehr dazu in Kapitel 2).

Die ältesten Sterne in der Milchstraßen-Scheibe hingegen sind lediglich etwa 9 Milliarden Jahren alt. Das lässt auf einen gestaffelten Entstehungsprozess schließen. Wie es genau dazu kam, ist noch unklar. Möglicherweise spielen aber kleinere Galaxien, die sich mit der jungen Milchstraße vereinigten, eine entscheidende Rolle in der wieder aufkeimenden Sternentstehung.

Gaia-Satellit bringt neue Kenntnisse

Die präzise Untersuchung der unterschiedlichen Sternpopulationen ist für die Erforschung der Entstehungs- und Entwicklungsgeschichte der Milchstraße sehr wichtig. Mehr Informationen über das Alter, den Ort und die Bewegung der Sterne in unserer Galaxie werden wir durch die Weltraum-Mission Gaia der Europäischen Weltraumorganisation (ESA) erhalten, deren Start für August 2013 geplant ist. Der Gaia-Satellit wird die Positionen, Geschwindigkeiten und chemischen Zusammensetzungen von einer Milliarde Sternen in unserer Milchstraße messen und uns damit helfen, dem Ursprung der Milchstraße auf den Grund zu gehen.

Abbildung rechte Seite: Künstlerische Darstellung unserer Milchstraße mit verschiedenen Spiralarmen, dem zentralen Balken („Galactic Bar") und der Position der Sonne („Sun")

Abbildung rechte Seite: NASA/JPL-Caltech/R. Hurt (SSC/Caltech)

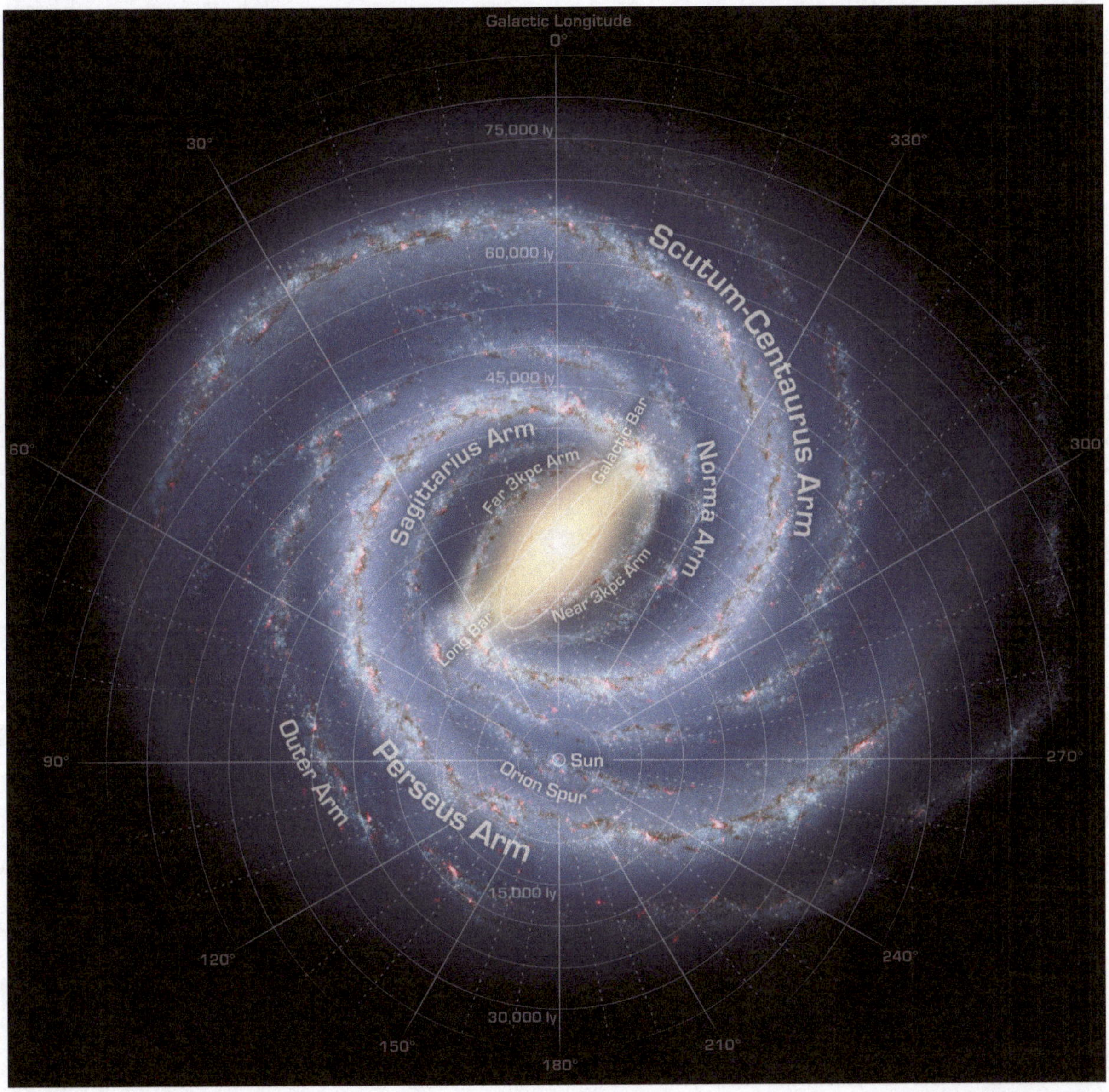

Galactic Longitude
0°
30°
330°
60°
300°
90°
270°
120°
240°
150°
210°
180°
75,000 ly
60,000 ly
45,000 ly
30,000 ly
15,000 ly
Scutum-Centaurus Arm
Sagittarius Arm
Norma Arm
Far 3kpc Arm
Galactic Bar
Near 3kpc Arm
Long Bar
Outer Arm
Perseus Arm
Sun
Orion Spur

www.universum-fuer-alle.de/sternstunde/42

43 Woher wissen wir, wie weit entfernt ein Stern ist?

Siegfried Röser

Wenn wir wissen wollen, wie breit ein Bett, wie hoch ein Schrank oder wie weit entfernt das Nachbarhaus ist, dann stellt uns das vor keine größeren Probleme. Schließlich gibt es Zollstöcke, Maßbänder und Lasermessmethoden.

Wollen wir dagegen die Distanz zu einem weit entfernten Objekt bestimmen, zu dem wir nicht einfach hingehen, -fahren oder -fliegen können, dann müssen wir auf andere Verfahren zurückgreifen.

Parallaxe ist einfach

Eine als Parallaxe bekannte Methode ist dabei sehr wichtig für Entfernungsmessungen in der Astronomie. Sie lässt sich relativ einfach erklären. Betrachten wir dafür einen weit entfernten Punkt mit nur einem Auge. Verdecken wir den angepeilten Punkt mit unserem Daumen.

Öffnen wir nun das bisher geschlossene zweite Auge und schließen das erste, dann hat sich der Daumen scheinbar relativ zum angepeilten Hintergrundobjekt bewegt. Das vorher vom Daumen verdeckte Objekt ist nun wieder zu sehen, obwohl Objekt und Daumen ihre Positionen nicht verändert haben.

Wiederholen wir das Experiment bei unterschiedlichen Abständen zwischen Auge und Daumen, so erkennen wir: Je geringer der Abstand des Daumens zu unserem Auge, um so größer der Winkelabstand zwischen Hintergrundobjekt und Daumen bei der Betrachtung mit dem zweiten Auge.

Ein solches Experiment lässt sich mit kosmischen Maßstäben wiederholen. Das Objekt, dessen Entfernung wir bestimmen möchten, sei nun anstelle unseres Daumens ein Stern. Und das fixierte Hintergrundobjekt sei eine ferne Galaxie. Der unterschiedliche Blickwinkel, der vorher durch den Abstand unserer Augen zustande kam, wird nun durch den Durchmesser der Umlaufbahn der Erde um die Sonne erzielt (siehe Abbildung nächste Seite). Der halbe Abstand zwischen den zwei Beobachtungspositionen wird als Basislinie bezeichnet.

Während die Erde im Laufe eines Jahres ihre Position auf ihrer Umlaufbahn um die Sonne verändert, wandert der Stern scheinbar auf

Abbildung vorhergehende Seite: Wikipedia, lizenziert unter GFDL 1.2 vom Autor Eclipse, übertrage nach Commons von User:Jutta234 unter Nutzung von CommonsHelper: Sternbild Großer Wagen
Abbildung rechte Seite: Wikipedia, allgemeinfrei

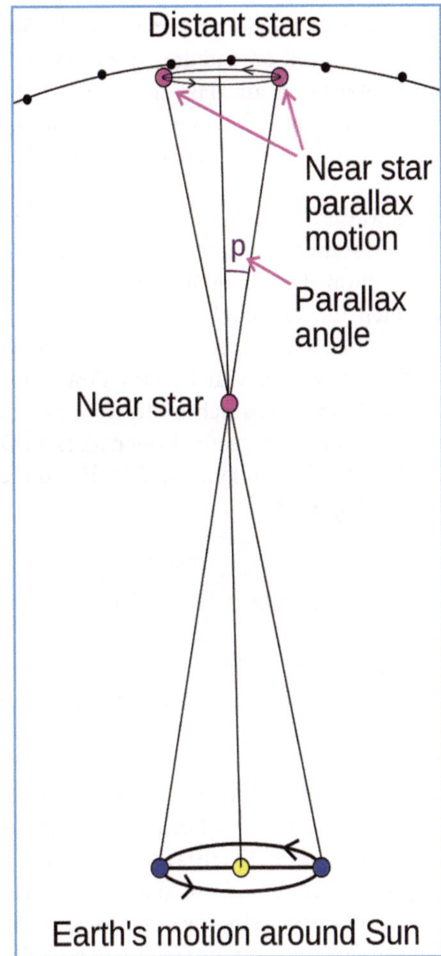

Parallaxe: Durch die Bewegung der Erde (blau) um die Sonne (gelb) scheint ein nahe gelegener Stern (rosa, Mitte) im Laufe des Jahres gegenüber weit entfernten Sternen (schwarz, oben) eine kleine Ellipsenbewegung durchzuführen (rosa, oben). Mit Parallaxen-Winkel p und Basislinie Erdbahnradius lässt sich mit dieser Methode der Abstand zum nahen Stern bestimmen.

einer kleinen Ellipsenbahn relativ zum Hintergrund. Die maximale Positionsänderung des Sterns – dieser Winkel wird *jährliche* Parallaxe genannt – ist allerdings sehr klein. Selbst für den der Sonne nächstgelegenen Stern Proxima Centauri – er ist etwa vier Lichtjahre entfernt – ist dieser Winkel kleiner als eine Bogensekunde (das ist der 3600. Teil eines Winkelgrads).

In den Zeiten, als viele Menschen noch am geozentrischen Weltbild festhielten, wäre das Auffinden der Parallaxe naher Sterne ein immens wichtiger Beweis für das heliozentrische Weltbild gewesen. Denn diese Methode funktioniert nur, wenn die Erde sich um die Sonne dreht. Für einen solchen Nachweis mussten allerdings zuallererst die Abstände zwischen Erde und Sonne sowie der Erdumfang bestimmt werden.

Der Umfang der Erde war schon in der Antike bekannt. Eratosthenes (276 v. Chr. bis 195 v. Chr.) lagen als Direktor der Bibliothek von Alexandria Aufzeichnungen vor, die besagten, dass die Sonne zur Sommersonnenwende fast genau senkrecht über einem Brunnen in Syene – dem heutige Assuan – stand.

Eratosthenes misst den Erdumfang

Der Leuchtturm von Alexandria warf jedoch zur gleichen Zeit einen Schatten, dessen Winkel 7 Grad betrug (siehe Abbildung nächste Seite). Aus diesen unterschiedlichen Sonnenständen und dem Nord-Süd-Abstand zwischen Alexandria und Syene von etwa 835 km ließ sich der Erdumfang berechnen. Eratosthenes bestimmte ihn ziemlich genau zu 41 750 km.

Etwa 100 Jahre später hatte der Grieche Posidonius (135 v. Chr. bis 51 v. Chr.) den Erdumfang erneut berechnet, diesmal mit einem ziemlich südlich gelegenen Stern. Er kam zunächst ebenfalls auf ungefähr 40 000 km, änderte dann aber seine Meinung und korrigierte den Wert auf 28 800 km.

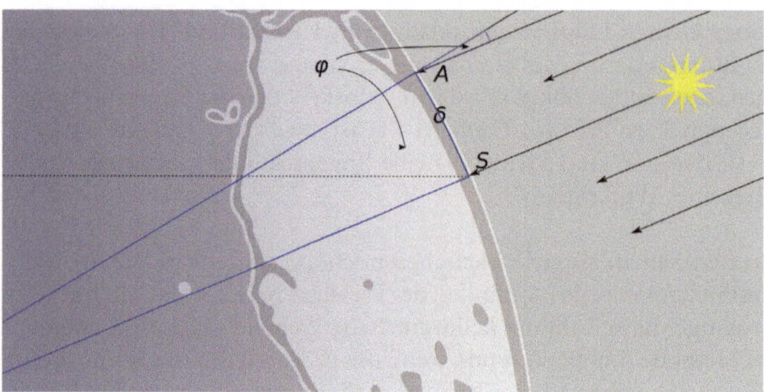

Berechnung des Erdumfangs nach Eratosthenes: Am 21. Juni steht die Sonne senkrecht über Syene (S), in Alexandria (A) dagegen wirft sie zur gleichen Zeit einen Schatten von 7 Grad. Aus dem Nord-Süd-Abstand zwischen diesen beiden Städten ergibt sich mit einer solchen Winkelmessung ein Erdumfang von etwa 42000 km.

Ptolemäus (ca. 100 n. Chr. bis vermutlich 180 n. Chr.), einer der einflussreichsten Wissenschaftler der damaligen Zeit, hat sich diesem Wert angeschlossen. Dies war ein folgenschwerer Fehler, den Christoph Kolumbus (1451–1506) noch 1300 Jahre später büßen musste: Nur weil er von diesem kleineren Wert des Erdumfangs ausging, hielt er es für möglich, Indien auf dem Seeweg nach Westen erreichen zu können. So führen manchmal also auch wissenschaftliche Irrtümer zu großen Entdeckungen.

Die zweite Entfernung, die es zu bestimmen galt, war der Abstand Erde – Sonne. Aristarch von Samos (310 v. Chr. bis 230 v. Chr.) hatte sich dazu bereits im dritten vorchristlichen Jahrhundert den Mond zu Nutze gemacht. Ihm war klar, dass die Mondphasen bedeuteten: Die Sonne muss viel weiter von der Erde entfernt sein als der Mond. Darüber hinaus musste bei Halbmond ein rechter Winkel zwischen den Verbindungslinien Erde – Mond und Sonne – Mond liegen.

Aristarch bestimmte diesen Winkel und ermittelte, dass der Abstand zur Sonne ungefähr 19-mal dem Abstand zum Mond entspräche (heute wissen wir, dass die Sonne tatsächlich 400-mal so weit weg ist wie der Mond). Er schloss daraus, dass die Sonne 19-mal so groß ist wie der Mond. Weiterhin nahm Aristarch an, dass der Mond halb so groß sei wie die Erde. Somit musste die Sonne etwa 10-mal so groß sein wie die Erde.

Auch wenn Aristarchs Messungen und Rechnungen stark fehlerhaft waren, schlussfolgerte er schon damals qualitativ korrekt: Es ist ziemlich unwahrscheinlich, dass ein so großer Körper wie die Sonne sich um die kleine Erde bewegen würde. Das Ptolemäische Weltbild hatte dennoch mehr als 1000 Jahre Bestand. Erst Nikolaus Kopernikus (1473–1543) stellte im 16. Jahrhundert die Sonne in den Mittelpunkt.

Parallaxe ist schwierig

Darunter hatte Galileo Galilei (1564–1642) zu leiden, der das kopernikanische Weltbild vertrat. In seinen Auseinandersetzungen mit dem Orden der Jesuiten wurde er aufgefordert, das heliozentrische Weltbild anhand der Sternparallaxe zu beweisen. Doch dazu fehlten ihm damals einfach die technischen Möglichkeiten. Er wusste, die Sterne mussten so weit entfernt sein, dass die Messgenauigkeit seiner Teleskope einfach nicht ausreichte. Und so sollte es noch weitere 200 Jahre dauern, bis der Nachweis der Parallaxe gelang.

Die Parallaxe eines nahen Sterns ist leichter zu messen als die eines weit entfernten. Daher galt es zunächst, die nahen Sterne zu

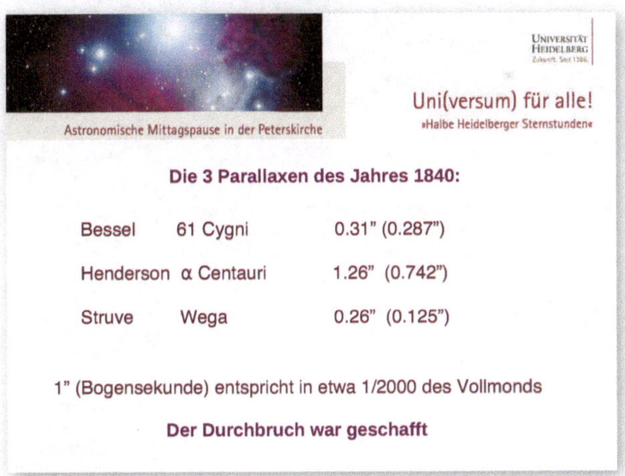

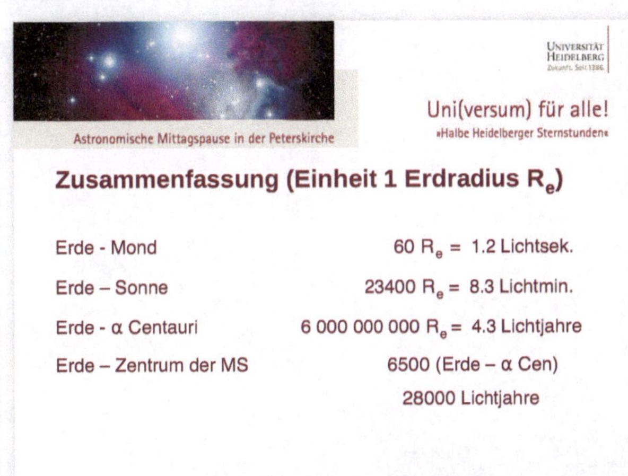

identifizieren. Friedrich Wilhelm Bessel (1784–1846) überlegte sich: Ein Stern ist wahrscheinlich dann nah, wenn er entweder hell ist, oder eine große Eigenbewegung hat oder wenn er Teil eines Doppelsternsystems mit großem Winkelabstand ist.

Bessel misst den Sternabstand

Im Jahre 1838 gelang Bessel dann tatsächlich die erste Entfernungsbestimmung eines Sterns mit Hilfe der Parallaxen-Methode, nämlich bei 61 Cygni. Die von ihm bestimmte Parallaxe des Sterns betrug 0,31 Bogensekunden, also ungefähr ein Sechstausendstel des Vollmonddurchmessers. Daraus konnte Bessel die Entfernung von 61 Cygni zu 11,4 Lichtjahren berechnen. Viele weitere Parallaxenbestimmungen sollten in den kommenden Jahren folgen.

Bis heute konnten wir dank des Satelliten Hipparcos (1989–1993) die Entfernungen von etwa 120 000 Sternen mit der Parallaxen-Methode messen. Die ESA-Satellitenmission Gaia, die im Jahr 2013 starten soll und an der Heidelberger Astronomen maßgeblich beteiligt sind, wird mit der Parallaxen-Methode die Entfernungen von einer Milliarde Sterne messen.

Wie dem auch sei, die Genauigkeit von Winkelmessungen ist auch mit solch hochpräzisen Instrumenten limitiert, so dass auch die Reichweite von Parallaxenmessungen durch Gaia auf die Milchstraße beschränkt ist. Zur Entfernungsbestimmung entfernter Galaxien müssen wir andere Methoden nutzen (siehe Kapitel 32).

Dennoch hat die Messung der Entfernung zu unseren Nachbar-Sternen mit der Methode der jährlichen Parallaxe große historische Bedeutung: Sie hat bestätigt, dass sich die Erde um die Sonne bewegt und damit einen Beweis für das heliozentrische Weltbild erbracht.

44 Was sind eigentlich Neutronensterne?

Max Camenzind

Neutronensterne sind die kleinsten und kompaktesten Sterne, die wir kennen. Sie messen gerade mal 20 km im Durchmesser, haben aber 1,2- bis 1,8-mal soviel Masse wie die Sonne.

Mindestens 100 Millionen Neutronensterne gibt es in der Milchstraße. Sie sind der Endzustand der Entwicklung massereicher Sterne, wie sie in Kapitel 50 erklärt wird. Unsere Sonne wird nicht als Neutronenstern enden, sondern als Weißer Zwerg, weil ihre Masse zu gering ist.

Über die Eigenschaften solcher Neutronensterne spekulierten schon Anfang der 1930er Jahre der Physiker Lev Landau und die Astronomen Walter Baade und Fritz Zwicky, kurz nachdem das Neutron von James Chadwick experimentell gefunden worden war. Man erkannte damals, dass Materie in Neutronensternen neue, ungeahnte Zustände annehmen kann. Der Grund dafür liegt in der außerordentlichen Dichte, die im Inneren solcher Objekte herrscht.

Am Ende ihres Lebens vermögen Sterne ihrer eigenen Schwerkraft nichts mehr entgegenzusetzen, der Druck des mehrere Milliarden Grad heißen Plasma-Gases kann den Kollaps nicht mehr aufhalten und der Stern fällt in einer gewaltigen Implosion in sich zusammen.

Elektronen durch Neutronen ersetzen

- 1929 **Chadwick entdeckt das Neutron (Fermion).**
- 1930 **Chandrasekhar Grenzmasse für Weiße Zwerge:**
  - erste dokumentiere Spekulation über kompakte Objekte, die selbst das Licht vollständig anziehen.
- 1930 **Lev Landau** spekuliert nach Entdeckung des n:
  - da Neutronen auch Fermi-Teilchen ➔ Sterne?
- 1939 **Tolman, Oppenheimer & Volkoff (Einstein)**
  - Struktur der Neutronensterne kann nur geometrisch im Rahmen von Raum und Zeit verstanden werden.
- **1967 Nsterne werden als Radiopulsare entdeckt**
  - **Rotierender NStern mit Dipolmagnetosphäre;**
  - **Pulsar im Krebsnebel**
- **1970 Nsterne werden als Röntgenpulsare entdeckt**
  - **Akkretierende Nsterne in Doppelsternsystemen**

Protonen und Neutronen im Atomkern

Um diesen Vorgang zu verstehen, müssen wir uns erst den Aufbau von Materie näher anschauen. Materie besteht aus Atomen – ein Atom ist aus einem Atomkern und einer Hülle von Elektronen zusammengesetzt. Der Atomkern besteht aus Nukleonen, den Neutronen und Protonen (siehe Abbildung rechte Seite oben). Nukleonen sind wiederum aus Quarks aufgebaut. All diese Teilchen ähneln sich in einer besonderen physikalischen Eigenschaft, dem sogenannten Spin – sie sind alle Fermionen und haben halbzahligen Spin. Nach dem Pauli-Prinzip benötigen Fermionen ein Mindestvolumen im Phasenraum (Ortsraum plus Impulsraum), das durch das Plancksche Wirkungsquantum gegeben ist. Versucht man Fermionen zusammenzudrücken, erzeugen sie einen Quantendruck. Durch diesen Quantendruck der Elektronen werden Weiße Zwerge stabilisiert, wie man erst Ende der 1920er Jahre herausgefunden hat. Aber das funktioniert nur bis zu etwa 1,4 Sonnenmassen. Diese Grenzmasse für Weiße Zwerge heißt heute Chandrasekhar-Masse.

Abbildung vorhergehende Seite: ESO; Krebsnebel, in dessen Zentrum sich ein Neutronenstern befindet, Überbleibsel einer Supernova-Explosion im Jahre 1054
Abbildung rechte Seite: Wikipedia, GFDL 1.2, User Yzmo

Weiße Zwerge

In Weißen Zwergen sind die Atome vollständig ionisiert, freie Elektronen liefern den Druck, um die Gravitation auszugleichen. Der thermische Druck spielt keine Rolle mehr. Am Ende der Entwicklung eines Sterns von 8 bis 25 Sonnenmassen entsteht im Zentrum ein solcher Weißer Zwerg aus Eisenatomen, auf den immer mehr Materie fällt.

Da seine Masse die Chandrasekhar-Masse überschreitet, muss er kollabieren. Dabei werden die Elektronen unter hohem Druck in den Atomkern gepresst und verschmelzen mit den Protonen zu Neutronen unter Freigabe von Neutrinos. Es entsteht ein Neutronenstern, der überwiegend aus einer reibungsfreien Neutronenflüssigkeit aufgebaut ist. Die Hülle des Sterns wird in einer gewaltigen Explosion abgesprengt und wird zum Supernova-Überrest.

Auf diese Weise wird also ein Weißer Zwerg mit etwa 1,4 Sonnenmassen zu einer Kugel mit nur 20 km Durchmesser zusammengedrückt.

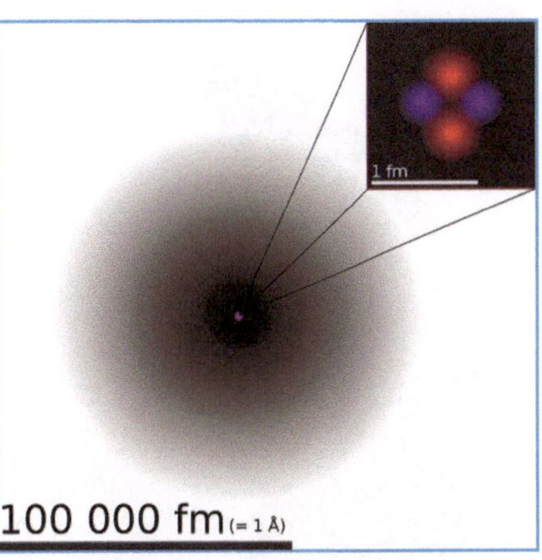

Ein Atom besteht aus einer Hülle negativ geladener Elektronen (grau) und einem Kern (oben rechts vergrößert) aus positiv geladenenen Protonen und elektrisch neutralen Neutronen

> 100 Mio. NeutronenSterne in Galaxis !

- ~ 2000 NS bekannt als Radiopulsare.
- ~ 500 NS bekannt als Röntgensterne!
- Neutronensterne haben **2 Parameter**: Masse & Periode
- **Masse** kann kinematisch bestimmt werden.
- Der Spin wird über die Radiostrahlung gemessen
- **➔ Magnetosphäre erzeugt einen Leuchtturmeffekt ➔ Perioden von 1,4 msec bis zu 10 Sekunden.**
- **Neutronensterne entstehen in der Supernova massereicher Sterne ➔ 100 Mio. NS in Galaxis.**
- **Schnell rotierende Pulsare auch als Gammaquellen.**
- **Zukunft: bis zu 20.000 Radiopulsare mit SKA.**
- **Pulsare in Doppelsternsystemen weisen die Existenz von Gravitationswellen nach.**

Schwere Atomkerne wie etwa Eisen können nur noch an der Sternoberfläche in Form einer 1 bis 2 km dicken Kruste existieren. Darunter befindet sich dann ein See dieser Neutronenflüssigkeit, noch mit einigen Protonen und Elektronen angereichert. Die Dichte in diesem Bereich beträgt etwa zwei- bis viermal die Dichte in Atomkernen. Dies ist der äußere Kern des Neutronensterns.

Im Zentrum des Sterns, wo eine noch höhere Dichte herrscht, verlieren sogar die Neutronen ihre Identität. Ihre Bausteine, die Quarks, gehen dann zusammen mit ihren Wechselwirkungsteilchen, den Gluonen, in einen ungebundenen

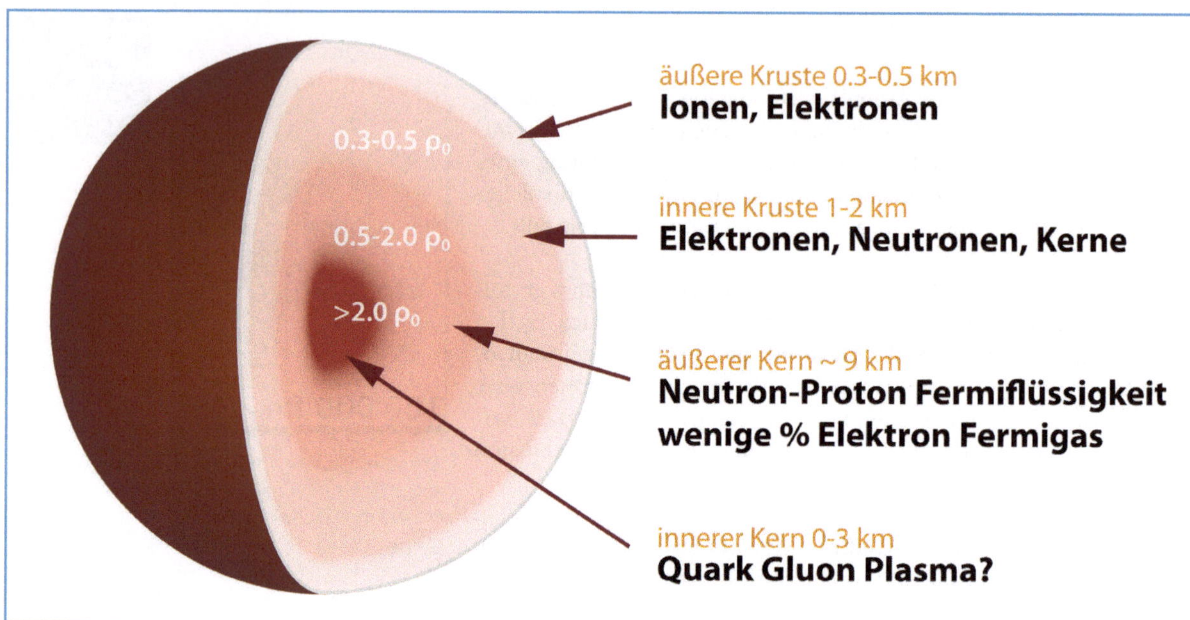

Innerer Aufbau eines Neutronensterns

Zustand über, der als Quark-Gluon-Plasma bezeichnet wird.

Extrem hohe Dichte

Im Labor sind diese Plasmen nicht einfach herzustellen. Mit Hilfe von Beschleuniger-Experimenten, wie z.B. dem „Relativistic Heavy Ion Collider Experiment" (RHIC) und dem „Large Hadron Collider" (LHC) am CERN in Genf können Quark-Gluon-Plasmen aber in sehr energiereichen, d.h. „heißen" Kollision von Gold bzw. Bleiatomen erzeugt und untersucht werden. Physiker der Ruprecht-Karls-Universität Heidelberg sind an diesen Experimenten ebenfalls beteiligt.

Warum ließ die direkte Beobachtung von Neutronensternen so lange auf sich warten? Ganz einfach, die Astronomen hatten die falschen Objekte gesucht! Es war purer Zufall, als im November 1967 Jocelyn Bell ein mysteriöses, periodisches Signal mit dem gerade in Betrieb genommenen Radioteleskop der Universität Cambridge aufzeichnete.

Zunächst spekulierte man sogar über eine intelligente außerirdische Lebensform als Absender dieser Signale. Doch Tommy Gold fand die Erklärung schon 1968: Pulsare pulsieren nicht, Pulsare sind schnell rotierende Neutronensterne. Neutronensterne verfügen über starke Magnetfelder, wie sie in viel schwächerer Form auch bei der Erde und der Sonne vorkommen.

Abbildung oben: Wikipedia, GFDL 1.2, Robert Schulze
Abbildung rechte Seite: NASA/JPL-Caltech/O. Krause (Steward Observatory)

Dadurch wirkt der rotierende Neutronenstern wie ein Leuchtturm, wenn die Rotationsachse des Sterns von der magnetischen Dipolachse verschieden ist. Die Strahlung von der sich drehenden magnetischen Polkappe wird auf der Erde als periodisches Radiosignal empfangen.

Supernova-Überrest Cassiopeia A mit Neutronenstern (bläulicher Punkt im Zentrum); kombinierte Aufnahme aus Bildern im sichtbaren Bereich (Hubble Teleskop), im Infrarotbereich (Spitzer-Teleskop) und im Röntgenbereich (Chandra-Teleskop).

Pulsare: Neutronensterne

Dieses Signal wurde von Jocelyn Bell von dem Pulsar PSR 1919+21 beobachtet. Mittlerweile sind über 2000 Pulsare bekannt. Sie unterscheiden sich in ihrer Rotationsperiode und Magnetfeldstärke. Die meisten Pulsare rotieren mit Perioden von ein paar Sekunden. Die sogenannten Millisekunden-Pulsare drehen sich mit Perioden im Millisekunden-Bereich um die eigene Achse, der schnellste 716-mal pro Sekunde. Sie sind vor allem in Kugelsternhaufen zu finden.

Der Pulsar im Krebsnebel, der 1054 n. Chr. in einer Supernova-Explosion geboren wurde, rotiert 33-mal pro Sekunde (siehe Abbildung Seite 264/265). Dieser Pulsar beweist den Zusammenhang zwischen Supernova und Geburt eines Neutronensterns. In der Milchstraße kommen Supernova-Explosionen nur ein bis zwei Mal in hundert Jahren vor.

Der jüngste uns bekannte Supernova-Überrest ist Cassiopeia A (Abbildung oben), der um 1680 in einer gewaltigen Sternexplosion entstanden ist. Diese war leider durch Staub verhüllt und deshalb nicht von der Erde aus sichtbar. Der Neutronenstern im Zentrum von Cassiopeia A hat heute eine Oberflächentemperatur von 1,5 Millionen °C und leuchtet damit als Punktquelle im Röntgenbereich.

Cassiopeia A

Diese Energie stammt nur aus der inneren Energie der Neutronen im Kern des Neutronensterns. Zurzeit werden diese Neutronen gerade superflüssig, indem sie sich paaren, was zu einer besonders schnellen Kühlung führt. In einer Million Jahren wird dieser Neutronenstern soweit abgekühlt sein, dass er nicht mehr sichtbar sein wird.

45 Arbeiten Astronomen nur nachts?

Thorsten Lisker

Die Sterne sind nur nachts sichtbar. Astronomen studieren und untersuchen die Sterne. Kann man daraus schließen, dass Astronomen nur nachts arbeiten? Die kurze Antwort ist: Nein, wir Astronomen arbeiten vor allem tagsüber! Im folgenden möchte ich beschreiben, wie ein normaler Arbeitstag eines Sternen- oder Galaxienforschers aussieht.

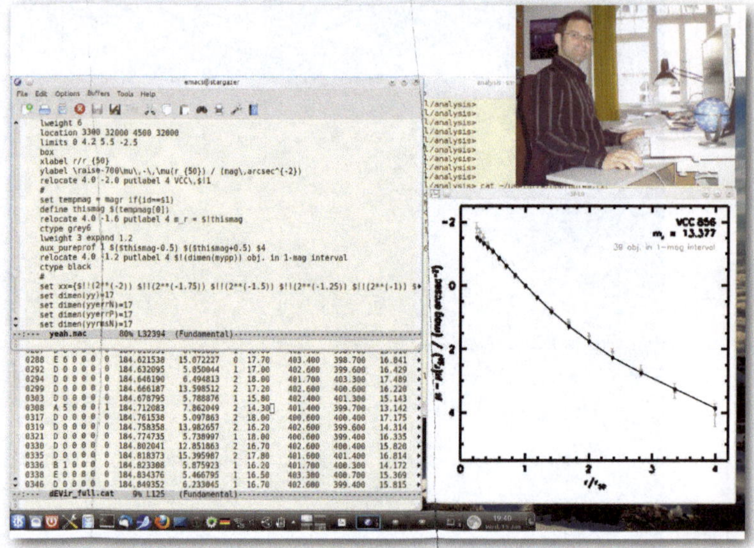

Es geht zum einen darum, wie astronomische Forschung heutzutage ausgeübt wird, was die Astronomen also in ihren Büros machen. Zum andern werde ich Ihnen zeigen, dass es auch möglich ist, tagsüber astronomische Messungen und Beobachtungen durchzuführen.

Arbeit am Computer

Einen großen Teil der Arbeitszeit sitze ich an meinem Computerbildschirm und werte Daten aus. Dabei ist mein Bildschirm (Abbildung rechts oben) mal gefüllt mit Datenkolonnen, mal mit Text einer Programmiersprache, mal mit einem Diagramm das aufsteigende oder abfallende Kurven zeigt, aber auch mal mit den Aufnahmen schöner Galaxien.

Bleiben wir bei diesen Galaxien: Wie können wir aus solchen Bildern etwas lernen? Wir sehen eigentlich nur Schnappschüsse einer Welteninsel, die aus sehr, sehr vielen Sternen besteht. Wir fotografieren allerdings viele verschiedene solcher Galaxien. Und da jede Galaxie in einem anderen Entwicklungszustand ist, erhalten wir dadurch Momentaufnahmen, die verschiedenen „Lebensaltern" entsprechen.

Wir wollen als Analogie zur Arbeit mit den Galaxien zunächst mal die Menschen betrachten: Auf einem Schnappschuss aus dem Heidelberger Schlosspark sehen wir zwei ältere Menschen, eine Frau stützt sich auf einen Rollator. Daraus kann man schließen: Menschen nutzen eine Geh-Hilfe, und Menschen haben graue oder weiße Haare. Bei einer anderen Momentaufnahme an der Neckarwiese fährt ein Paar Fahrrad. Also: Ein anderer Typ Fortbewegungshilfe. Schon können wir also unterscheiden: Es gibt zwei Arten Fortbewegungsmittel, nennen wir Sie Typ 1 und Typ 2, Rollator und Fahrrad.

Beim Studium weiterer Fotos stellen wir fest: Typ 2 Fortbewegung gibt es nicht nur mit grauem und weißem Haar, häufig auch mit braunem,

Abbildung vorhergehende Seite: ESO; Astronomen im Kontrollraum des Very Large Telescope (VLT) in Chile

Übersicht der Resultate

Umgebung	Personentyp	Fortbewegungs-
Typ I (Stadt)	Typ A	Typ 1
	Typ B	Typ 2, auch 1
Typ II (Land)	Typ A	Typ 1 und 2
	Typ B	Typ 1 und 2

Mehr Beobachtungsdaten nötig

- für verschiedene Umgebungen
- für feinere Unterscheidungen des Personentyps
- für feinere Unterscheidungen des Fortbewegungstyps
- ...

schwarzem, blondem oder rotem Haar. Nun können wir auch Personen in zwei Kategorien einteilen: Typ A (weißes/graues Haar) und Typ B (nicht weiß/grau).

Nach der Auswertung weiterer Aufnahmen könnten wir den Schluss ziehen (und dies als wissenschaftlichen Artikel veröffentlichen): Fortbewegungshilfen vom Typ 1 und Personen vom Typ A hängen zusammen. Typ 2-Fortbewegungshilfen gibt es sowohl bei Typ A als auch bei Typ B Personen.

Klassifizierung: Typ 1 und 2, Typ A und B

Jetzt liest jemand diesen Artikel (oder hört den Vortrag) und sagt: Moment, dazu habe ich auch Bildmaterial. Diese Fotos zeigen Leute ohne graue Haare mit Stock als Fortbewegungshilfe: Ist dies ein Widerspruch zu unserem obigen Ergebnis? War unser ursprünglicher Datensatz nicht komplett? Vielleicht lag es daran, dass die erste Studie auf Städte beschränkt war, während die zweite Studie aus dem ländlichen Raum stammt. Das heißt, nun sollten wir als weiteres Kriterium die Umgebung hinzuziehen: Typ I (städtisch), Typ II (ländlich).

So kommt man bald zu einer Ergebnistabelle, die schnell auch groß werden und viele Eigenschaften umfassen kann. Und oft kann man dann die Zusammenhänge, welche Eigenschaft mit welcher Umgebung „korreliert", nicht mehr einfach durch Hinschauen erkennen, sondern muss dies mit Computerprogrammen auf statistische Weise herausfinden. Meist ist das Ergebnis: Wir brauchen mehr Beobachtungsdaten, müssen mehr Umgebungstypen definieren, oder die Personentypen feiner unterscheiden.

Zwerggalaxien

Mein Forschungsschwerpunkt sind Zwerggalaxien. Jede dieser „Mini-Milchstraßen" umfasst etwa 100 Millionen Sterne, was für astronomische Verhältnisse ziemlich wenig ist. Der erste Schritt beim Verständnis ist ihr Bewegungszustand: Manche bewegen sich ziemlich langsam in ihrer Umgebung, andere fliegen sehr schnell. Gibt es beim Anschauen dieser beiden Gruppen von „Nebelfleckchen" weitere Unterschiede?

Es stellt sich heraus, dass es unter den schnellen Zwerggalaxien sehr viel mehr längliche oder abgeplattete Formen gibt. Das bedeutet, die Form von Galaxien hat offensichtlich damit zu tun, wie schnell sie sich bewegen. Mit dieser einfachen Arbeitsmethode – Bilder betrachten, Formen sehen, Geschwindigkeit messen und Eigenschaften vergleichen – versuchen wir, etwas Neues über die Entwicklung dieser Zwerggalaxien zu lernen.

Rund, länglich oder abgeflacht?

Eine Ursache für diese Unterschiede könnte etwa sein, dass die langsam fliegenden Galaxien länger die Anziehungskraft ihrer Nachbar-Galaxien spüren und durch die in verschiedene Richtungen wirkenden Gezeiten-Kräfte nach und nach „runder" werden. Die schnellen können entsprechend länger ihre ursprüngliche Form bewahren. Aber um sicher zu sein, dass dieser Erklärungsversuch zutrifft, brauchen wir mehr Beobachtungsdaten. Ganz allgemein gesprochen sind wir Astronomen immer auf Messdaten aus dem Weltall angewiesen.

Tageslicht-Astronomie?

Jetzt nochmal zurück zur Frage, wann Astronomen eigentlich arbeiten. Eingangs war schon die Rede davon, dass wir die Sterne natürlich nur nachts sehen können. Gibt es also keine Möglichkeiten, tagsüber astronomische Beobachtungen zu machen?

Die Antwort ist ganz eindeutig: Doch, es gibt auch astronomische Messungen am Tage! Das beste Beispiel ist die Sonne: Sie ist ein ganz normaler Stern und kann natürlich am Tage – und zwar *nur* am Tage – vermessen und untersucht werden. Dabei studiert man etwa die Zahl, Größe und Entwicklung der Sonnenflecken, die zusammenhängen mit sogenannten „Sonnenstürmen". Die Sonnenphysik gehört also ganz eindeutig zu der „Tageslicht-Astronomie"!

„Unsichtbares Licht"

Das „sichtbare" Licht ist ein sehr kleiner Teil des elektromagnetischen Spektrums. Infrarot- und UV-Licht, aber auch Röntgenstrahlung und Radiowellen gehören ebenso dazu. Inzwischen nutzt die Astronomie fast den kompletten elektromagnetischen Spektralbereich für ihre Messungen aus (mehr dazu in Kapitel 36). Astronomische Objekte wie Planeten, Sterne, Galaxien oder Gaswolken strahlen in vielen Wellenlängenbereichen.

Nicht alle Strahlung erreicht uns auf der Erdoberfläche. Die Röntgenstrahlung etwa wird in der Atmosphäre absorbiert (zum Glück!). Aber Radiowellen können die irdische Lufthülle größtenteils ungestört durchdringen. So bauen die Astronomen seit vielen Jahrzehnten große Radioteleskope, mit denen sie dann auch tagsüber den Himmel vermessen können (und nachts natürlich ebenfalls!).

Satelliten-Astronomie

Eine weitere Möglichkeit, tagsüber astronomische Beobachtungen durchzuführen, sind Satelliten-Teleskope. Einige, wie etwa das Hubble-Teleskop, messen im sichtbaren Licht, und können außerhalb der Atmosphäre sehr scharfe Aufnahmen machen. Andere Teleskope,

Abbildung rechte Seite: NASA/JPL-Caltech/GSF C/SDSS

Zwerggalaxien im Coma-Galaxienhaufen

wie das Röntgenteleskop ROSAT oder das Infrarot-Teleskop Herschel, messen in Wellenlängenbereichen, die vom Erdboden aus gar nicht zugänglich sind. Und auch diese Satelliten-Teleskope sind natürlich rund um die Uhr in Betrieb, bei Nacht wie bei Tage.

Zusammengefasst lässt sich sagen: Wir Astronomen arbeiten meistens am Tage im Büro, überwiegend am Computer. Ein paar Nächte pro Jahr sind wir am Teleskop. Die Daten – Fotografien, Spektren, Zeitserien – reichen meist aus, um uns das ganze Jahr über zu beschäftigen. Es gibt inzwischen aber auch eine ganze Reihe von astronomischen Observatorien in verschiedenen Wellenlängenbereichen, die tagsüber oder rund um die Uhr betrieben werden.

46 Warum funkeln die Sterne?

Martin Kürster

Das Funkeln der Sterne hat für die meisten Menschen etwas sehr Romantisches. Astronomen sind oft auch sehr romantische Menschen. Sie sind allerdings vom Funkeln der Sterne gar nicht begeistert. Denn dieses Funkeln erschwert es, gute Aufnahmen von Sternen zu machen.

Die Abbildung unten zeigt eine sehr kurz belichtete Negativ-Aufnahme eines Sternes. Man sieht dort aber nicht etwa einen scharfen Punkt oder Kreis, sondern mehrere, verschieden große, unregelmäßige Flecken, die sich über eine bestimmte Fläche verteilen, ein ausgeschmiertes Muster. Dieses Flecken-Muster ändert sich sehr schnell und wandert gewissermaßen herum.

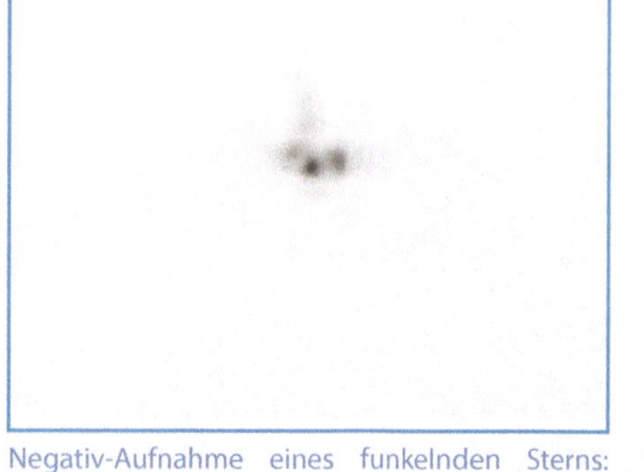

Negativ-Aufnahme eines funkelnden Sterns: Durch die Bewegung der Luft in der Atmosphäre schwankt die Bildposition bei langen Belichtungszeiten und „schmiert" das Bild somit aus.

Warum funkeln die Sterne?

Turbulente Erdatmosphäre:

- Wärmeausgleichströmungen erzeugen Wirbel, Luftblasen bewegen sich gegeneinander, die Lichtablenkung wird variabel

➔ die Sterne funkeln

- Effekt ist stärker in Horizontnähe, da das Licht einen längeren Weg durch die Atmosphäre genommen hat

- Effekt ist stärker bei Sternen als bei Planeten, weil Planeten eine größere Winkelausdehnung aufweisen, so dass sich die Schwankungseffekte ausgleichen

- Folge: länger belichtete Bilder werden unscharf

➔ die Sterne funkeln; die Astronomen reden von schlechtem *"Seeing"*

Wenn Astronomen einen weit entfernten Stern sehr lange belichten müssen, weil seine Helligkeit sehr schwach ist, dann überlagern sich sehr viele solcher Bilder. Man sieht zuletzt keine Details mehr, sondern nur noch einen breiten, verwaschenen Fleck.

Sie kennen das alle von langen Belichtungen mit normalen Kameras: Auch da wirken die Bilder verwaschen und ausgeschmiert, wenn sich die Menschen während der Belichtung bewegen. Aber was bewegt sich bei einer astronomischen Aufnahme? Warum funkeln die Sterne eigentlich?

„Verwaschene" Aufnahme

Ein erster Erklärungsversuch wäre, dass die Sterne selbst aktiv am Funkeln beteiligt sind und ihre Helligkeit ständig verändern. Tatsächlich kennt man viele Typen von Sternen, die genau das tun. Auch die

Abbildung vorhergehende Seite: European Space Agency & NASA, Davide De Martin (ESA/Hubble) und Edward W. Olszewski (Univ. of Arizona, USA)
Abbildung oben: Autor
Abbildung rechte Seite: Autor

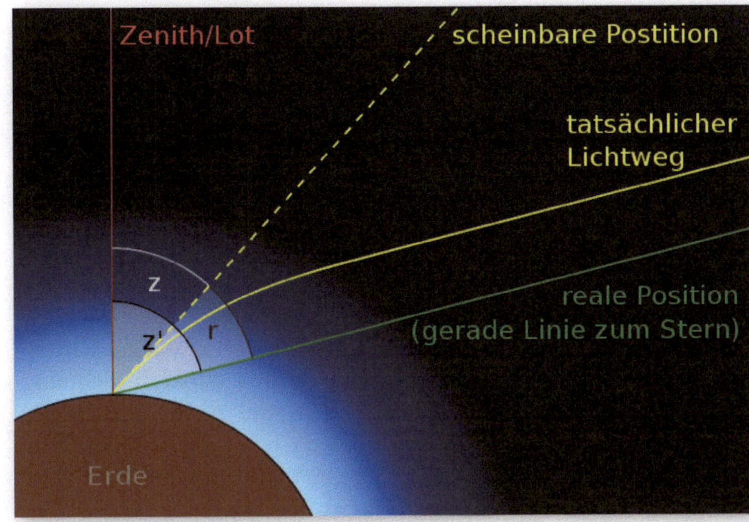

Wenn ein Stern strahlt, dann breitet sich sein Licht wellenförmig in alle Richtungen aus, ähnlich der Wasserwelle, wenn Sie einen Stein in einen See werfen. Weil die Sterne sehr weit von uns entfernt sind, erreicht uns von dieser Kugelwelle jedoch nur ein winzig kleiner Ausschnitt, der wie eine flache Welle wirkt. Man beschreibt eine solche ebene Welle als „Wellenfront" – das ist die Ebene eines Wellenberges, die durch den Raum voranschreitet. Ein Lichtstrahl steht sozusagen senkrecht zur Wellenfront. Dieses Konzept werden wir später noch brauchen.

Sonne gehört dazu – ihre Helligkeit schwankt aber so minimal, dass man es nur mit empfindlichen Instrumenten nachweisen kann.

Die „veränderlichen" Sterne variieren ihre Helligkeit über Tage und Wochen hinweg, also sehr langsam; und es sind nur wenige. Die allermeisten Sterne strahlen tatsächlich ziemlich konstant hell, wie etwa Sirius oder Wega. Das kann also nicht der Grund für das Funkeln sein.

Lichtweg ist nicht kerzengerade

Wenn man Sterne ganz nahe am Horizont betrachtet, dann bemerkt man, dass sie deutlich mehr flackern als wenn sie hoch am Himmel stehen. Dies deutet bereits darauf hin, dass das Funkeln, das wir von der Erde aus sehen, vielleicht gar nicht nicht vom Stern selbst ausgeht. Wodurch aber entsteht es dann?

Ebene Welle trifft Atmosphäre

Nach einer größtenteils geradlinigen Ausbreitung durch das All trifft eine solche ebene Welle dann auf die Erdatmosphäre. Die Lufthülle der Erde wird von oben nach unten immer dichter, dadurch wird die Wellenfront – und somit der Lichtstrahl – leicht gekrümmt, wenn er schräg einfällt. Weil wir als Beobachter immer annehmen, dass Licht auf geradem Weg zu uns kommt, verlängern wir den Strahl, der unser Auge trifft, immer geradlinig zurück, und denken zwangsläufig, der Stern stünde an einer leicht anderen Position, als er es eigentlich tut (siehe Abbildung oben links).

Dies führt zu interessanten Effekten: So erscheint uns beim Sonnenuntergang die Sonne oval. Dies liegt daran, dass die tief stehenden Bereiche nach oben abgebildet werden, und dies quetscht die Sonne zusammen.

Zurück zu den funkelnden Sternen. Die Erdatmosphäre ist nicht statisch, sondern turbulent. Das kennen wir in Form von Wind oder Sturm. Durch die Sonnenbestrahlung wird der Boden erwärmt, warme Luft steigt auf. Nach Sonnenuntergang kühlt sich der Boden langsamer ab als die Luft, es entstehen Luftwirbel, aufsteigende Blasen, die sich gegeneinander bewegen.

Dadurch wird jede dieser ebenen Lichtwellen, die von den Sternen zu uns kommen, etwas anders beeinflusst, als die vor ihr oder die nach ihr. Es sieht für uns so aus, als ob jeder folgende Lichtstrahl eines Sterns aus einer ganz leicht geänderten Richtung kommt. Der Stern „wackelt herum" – und das bewirkt dann das „Funkeln". Deswegen ist das Funkeln in Horizontnähe auch deutlich stärker als im Zenit, weil das Licht dort einen längeren Weg durch die Atmosphäre zurücklegt – so dass es länger und stärker ab- und umgelenkt werden kann.

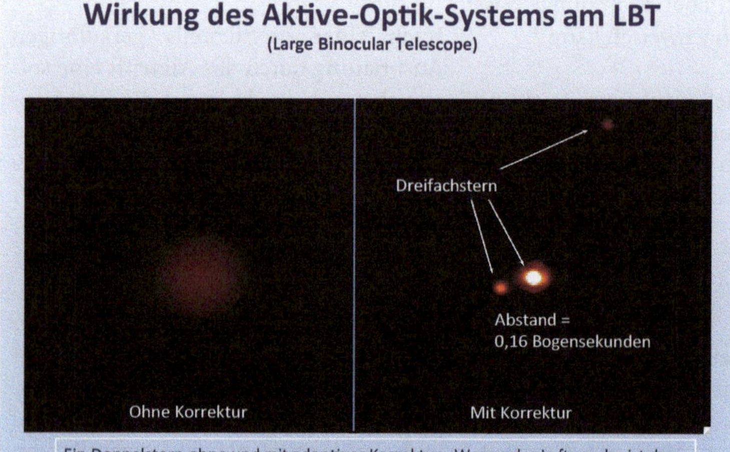

Ein Doppelstern ohne und mit adaptiver Korrektur. Wegen der Luftunruhe ist der schwache Begleiter des Sterns ohne Adaptive Optik nicht erkennbar. Mit Adaptiver Optik wird noch ein lichtschwacher dritter Stern sichtbar (LBT-Pressemitteilung).

Sterne sind so weit von uns entfernt, dass sie selbst mit den größten Teleskopen „punktförmig" erscheinen. Für Planeten gilt das nicht: Sie sind als kleine Scheibchen erkennbar, ihre Winkelausdehnung am Himmel ist viel größer, so dass die Schwankungen sich da gegenseitig besser ausgleichen und kompensieren. Deswegen sehen wir Planeten als helle und kaum funkelnde Objekte am Nachthimmel.

Das Funkeln eines Sterns schlägt sich bei einer Langzeitaufnahme dann so nieder, dass wir viele verschiedene Punktbilder überlagert sehen, ein „ausgeschmiertes" Bild, wie anfangs beschrieben und auf Seite 278 gezeigt. Für gute, richtig „scharfe" Aufnahmen müssen Astronomen einige Tricks anwenden, um das Funkeln auszuschalten. Einer davon ist, in den Weltraum auszuweichen – dort gibt es keine Atmosphäre.

Raus aus der Atmosphäre?

Aber Weltraumteleskope sind sehr teuer. Daher sucht man auch auf der Erde

Abbildung oben: Autor

nach Standorten, an denen dieser atmosphärische Effekt nicht so stark ist. Auf hohen Bergen sind die Luft-Turbulenzen deutlich geringer – schon allein, weil der Lichtweg durch die Atmosphäre kürzer ist. Deshalb werden heutzutage große Teleskope dort gebaut. So liegt das Large Binocular Telescope (LBT), an dem die Heidelberger Astronomen beteiligt sind, auf dem Mount Graham in Arizona (mehr dazu in Kapitel 55).

Lucky Imaging und Adaptive Optik

Das sogenannte „Lucky Imaging" ist eine weitere Methode, um das für die Astronomen unerfreuliche Funkeln auszuschalten, die besonders bei hellen Sternen gut anwendbar ist. Man macht sehr viele Kurzzeit-Belichtungen des Sterns und wählt dann die besten aus. Dabei werden zunächst sämtliche Aufnahmen überlagert. Bei einer Belichtungszeit von 1/40 Sekunde sind das bis zu 50 000 Bilder. Dann muss man jedes einzelne Bild so verschieben, dass die Helligkeitszentren übereinstimmen. Dieses Zwischenstadium erzeugt dann schon ein deutlich besseres Bild.

Wenn man dann die Anzahl der Aufnahmen reduziert und nacheinander nur die allerschärfsten Einzelbilder auswählt, dann erhält man ein tatsächlich extrem detailreiches Bild und kann manchmal erkennen, dass auf einer solchen Aufnahme nicht nur ein einzelner Stern zu sehen ist, sondern zwei oder manchmal sogar drei.

Zum Schluss möchte ich noch die sehr erfolgreiche Technik der adaptiven Optik erwähnen. Diese nutzt direkt die Wellenfront, von der ich anfangs gesprochen habe. Wenn die Wellenfronten eines Sterns nicht mehr eben sind, sondern durch die Turbulenzen der Luft verbogen, dann kann man in den Strahlengang einen Sensor stellen, der die Verbiegung der Wellenfront mißt und sofort auf einen biegsamen weiteren Spiegel rückmeldet. Dieser sehr dünne zweite Spiegel wird mechanisch verformt, so dass er genau diese Verbiegung der Wellenfront ausgleicht, und zwar bis zu 1000-mal pro Sekunde!

Die Abbildung auf der linken Seite zeigt eine solche Aufnahme des LBT. Links erkennt man zunächst ein verschwommenes Lichtfleckchen, wie es sich ohne Korrektur ergibt. Auf der rechten Seite zeigt sich das Bild nach dem Einschalten der adaptiven Optik: Man erkennt das scharfe Foto eines Doppelsterns, neben dem sogar noch ein dritter Stern zum Vorschein kommt. Mit dieser Technik der adaptiven Optik können Aufnahmen gemacht werden, die schärfer sind als mit dem Hubble-Teleskop (vgl. Abbildung Seite 334).

Das Funkeln der Sterne ist also für die Astrofotografie und für die Wissenschaft eher ein Problem, das aber inzwischen recht gut umgangen werden kann. Und für die nächtlichen Beobachter bleibt ein funkelnder Stern natürlich weiterhin ein romantischer Anblick.

47 Ebbe und Flut: Was haben die Gezeiten mit dem Mond zu tun?

Christoph Leinert

Wer schon einmal am Meer war, kennt die Gezeiten, dieses unablässige Kommen und Gehen des Wassers am Meeresstrand. Sechs Stunden während der Flut steigt das Wasser bis zum Höchststand, sechs Stunden zieht es sich bei Ebbe wieder zurück bis zum Tiefststand.

Dieser Zyklus wiederholt sich zweimal am Tag mit unbeirrbarer Regelmäßigkeit. An der französischen Atlantikküste kann der Anstieg des Wasserspiegels, der Tidenhub, durchaus 4-5 m betragen. Die Strandlinie kann sich dabei um Hunderte von Metern verschieben und den Charakter des Strandes völlig ändern (siehe Abbildung rechts).

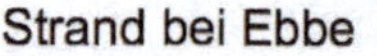

Strand bei Ebbe und bei Flut 6 Stunden spaeter

Flutzeitpunkt ändert sich

Nächst dem täglichen Auf und Ab ist es die auffälligste Eigenschaft der Gezeiten, dass sie sich von Tag zu Tag um etwa eine dreiviertel Stunde verschieben. Diese einfache Beobachtung lässt schon die wesentliche Ursache hinter den Gezeiten erkennen. Es ist der Mond, dessen Aufgang sich ebenfalls von Tag zu Tag in dieser Weise nach hinten verschiebt.

Da auch der Tidenhub im Rhythmus eines halben Mondmonats ab- und wieder zunimmt und jeweils bei Vollmond und Neumond am größten ist, bestand schon zu der griechischen Antike kein Zweifel mehr: Die Gezeiten haben mit dem Mondlauf zu tun.

Eine Erklärung der Gezeiten wurde erst im 17. Jahrhundert möglich, nachdem der Physiker Isaac Newton das Gravitationsgesetz von der allgemeinen Anziehung aller Massen gefunden hatte. Es besagt, dass die Anziehung zwischen zwei Körpern umso stärker ist, je größer ihre jeweiligen Massen sind, dass die Anziehung aber mit größer werdender Entfernung zwischen den Körpern abnimmt.

Ursache: Schwerkraft des Mondes

Die Abbildung auf der folgenden Seite oben links illustriert ein häufiges Missverständnis über das Zustandekommen der Gezeiten. Sie gibt einen Blick von Norden auf das Erde-Mond-System. Wenn die Flut alleine durch die Anziehung des Wassers durch den Mond zustande käme, dann würde sich nur auf der dem Mond zugewandten Seite der Erde ein Flutberg bilden, der immer auf den Mond ausgerichtet bliebe.

Abbildung vorhergehende Seite: Wikipedia/GLFD 1.2, cc-3.0, Autor Luc Viatour/www.Lucnix.be
Abbildungen oben: Autor

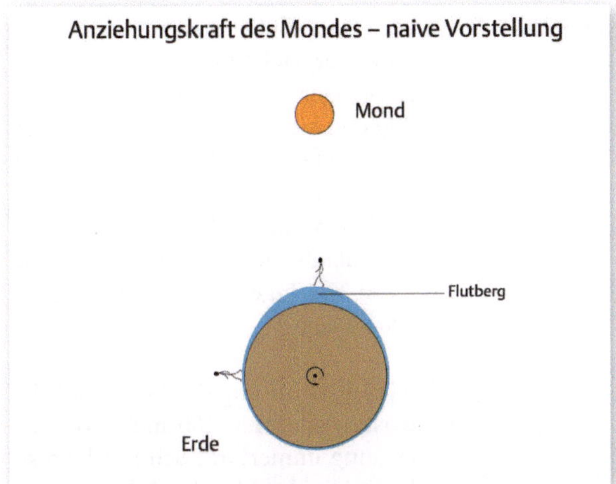

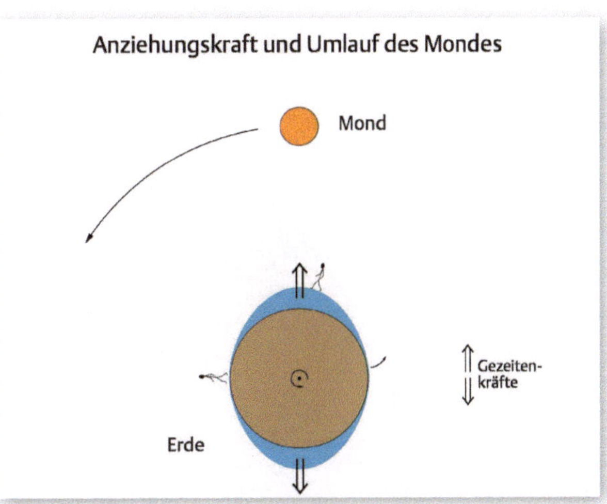

Der darauf stehende kleine Spaziergänger genießt gerade den Höchststand des Wassers.

Sechs Stunden später hat sich die Erde mit ihm weitergedreht, sodass er sich jetzt links befindet und einen Tiefstand des Meeresspiegels erlebt. Nach weiteren sechs Stunden würde er – nun unten angelangt – statt der tatsächlich auftretenden Flut in diesem Szenario einen noch weiter zurückgegangenen Meeresspiegel sehen. Dieser allzu einfache Erklärungsversuch ist also gescheitert, er ist falsch.

Zwei Flutberge!

In der Abbildung oben rechts wird nun die Anziehungskraft des Mondes genauer betrachtet. Sie nimmt, wie bereits erwähnt, mit zunehmender Entfernung vom Mond ab. Auf den festen Erdkörper wirkt eine Kraft, die dem Abstand des Erdmittelpunkts vom Mond entspricht. Auf der mondzugewandten Seite ist dieser Abstand geringer, die Anziehungskraft des Mondes auf das Wasser der Ozeane also größer. Es bildet sich ein Flutberg aus.

Auf der mondabgewandten Seite ist der Abstand zum Mond größer, die Anziehungskraft also kleiner als für den festen Erdkörper. Hier wird der Erdkörper nach oben vom Wasser der Ozeane weggezogen. Unten bildet sich dabei also ein zweiter Flutberg aus.

Für einen Beobachter auf der festen Erde ist es dasselbe, als ob hier das Wasser nach unten vom Erdkörper weggezogen wird. Wichtig ist dabei nicht die Anziehungskraft des Mondes selbst, sondern der Unterschied zwischen der Anziehungskraft auf das Wasser an einem bestimmten Ort und der auf den Erdkörper als Ganzes wirkenden Kraft.

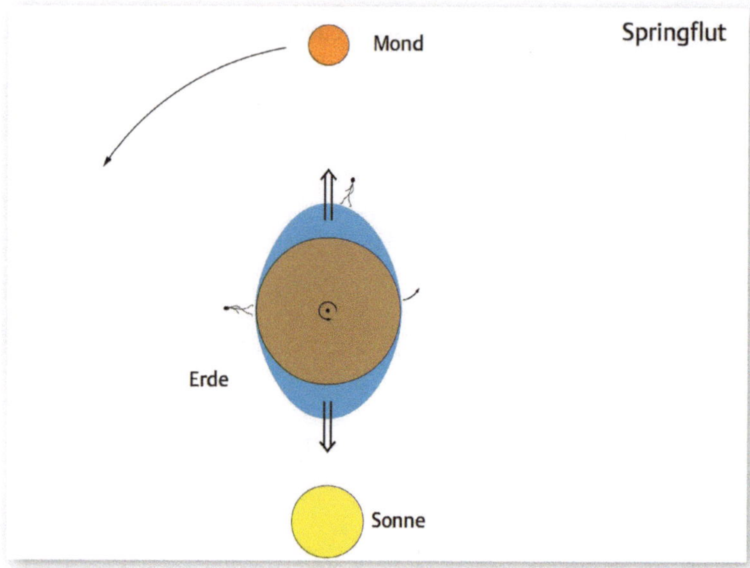

Diese Differenz nennt man Gezeitenkraft. Sie ist etwa 30-mal kleiner als die reine Anziehungskraft des Mondes. In der Abbildung ist sie nur für den mondnächsten und den mondfernsten Punkt gezeigt. In den meisten Bereichen der oberen und der unteren Erdhälfte wirkt sie tangential zur Erdoberfläche und schiebt das Wasser in die Flutberge. Betrachtet man nun in diesem Szenario, wie der Spaziergänger mit der Erde mitgedreht wird, so erkennt man, dass er hier tatsächlich zweimal täglich Ebbe und Flut erlebt, so wie es unserer Erfahrung entspricht.

Zweimal täglich Ebbe und Flut

Auch die tägliche Verzögerung der Gezeiten ist aus der Abbildung auf der vorherigen Seite oben rechts zu erkennen. Einen Tag später wäre der Mond ein Stück weit längs seiner Bahn in Pfeilrichtung weitergewandert. Der Flutberg würde dann vom Mond weiter nach links mitgezogen. Der Spaziergänger wird deshalb am nächsten Tag den Höchststand nicht mehr zur gleichen Zeit erleben. Er muss dazu noch solange warten, bis die Erde ihn wieder unter den Mond gedreht hat, was bei einer Umlaufszeit des Mondes um die Erde von 29,5 Tagen etwa eine dreiviertel Stunde dauert.

Die Gezeitenwirkung der Sonne auf die Erde ist trotz ihrer 400-mal größeren Entfernung immerhin noch fast halb so stark wie die des Mondes. Wenn Sonne und Mond „am gleichen Strang" ziehen, verstärken sich die beiden Wirkungen, der Tidenhub wird dann besonders groß. Man nennt das „Springflut".

Springflut bei Neumond und Vollmond

Das ist offenbar bei Neumond der Fall, wenn Sonne und Mond hintereinander stehen; aber, wie die Abbildung oben links zeigt, auch bei Vollmond, wenn der nahe Flutberg der Sonne den fernen Flutberg des Mondes verstärkt und umgekehrt der ferne Flutberg der Sonne mit dem nahen des Mondes zusammenfällt.

Bei „Halbmond", wie die Abbildung auf der rechten Seite zeigt, fallen die Flutberge der Sonne in die Fluttäler des Mondes

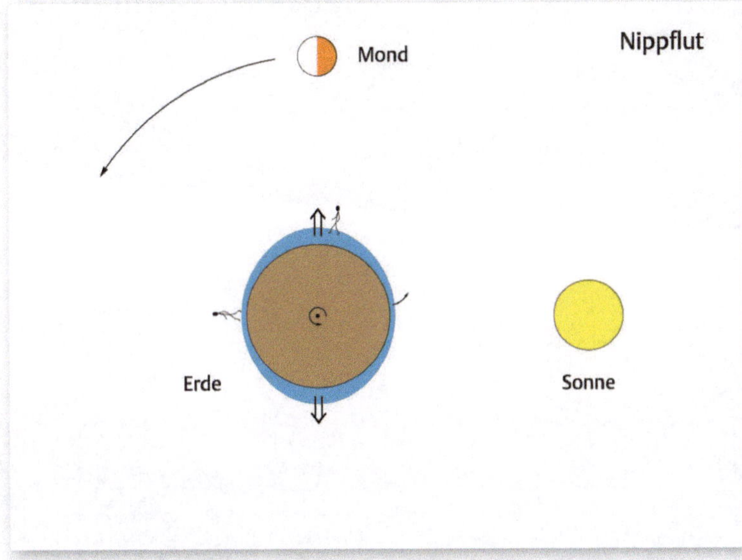

und schwächen den Tidenhub ab. Man nennt dies „Nippflut". So entsteht der auffällige vierzehntägige Zyklus in der Stärke der Gezeiten.

Die Gezeiten wirken auch auf den festen Erdkörper. Einerseits verformen sie die Erdkruste, wobei „Flutberge" von etwa 25 cm Höhe entstehen. Andererseits dreht sich die Erde täglich unter den Flutbergen der Ozeane hindurch. Die damit verbundene Reibung bewirkt eine – wenn auch ganz allmähliche – Abbremsung der Erdrotation.

Gezeiten verlängern den Tag

Dadurch wird ein Tag im Laufe der Zeit immer länger. Untersuchungen an den täglichen Kalkablagerungen bestimmter Korallen haben gezeigt, dass vor 400 Millionen das Jahr tatsächlich noch 400 Tage hatte. Die Tage waren damals entprechend zwei Stunden kürzer als heute.

Gezeitenwirkung ist keine Einbahnstraße. Was der kleine Mond bei der Erde kann, bewirkt die große Erde beim Mond in noch viel stärkerem Maße. Sie hat die ursprüngliche Rotation des Mondes soweit abgebremst, dass er nun zu einer Umdrehung genau einen ganzen Umlauf braucht.

Anders gesagt: Der Mond wendet uns immer dieselbe Seite zu. Der „Mann im Mond" zeigt uns das eindrücklich. Ein „Flutberg" auf dem Mond wird also stets an derselben Stelle stehen, eine Bremswirkung auf die Mondrotation wird er nicht mehr haben. Der Mann im Mond wird für alle Zeiten auf die Erde herabschauen.

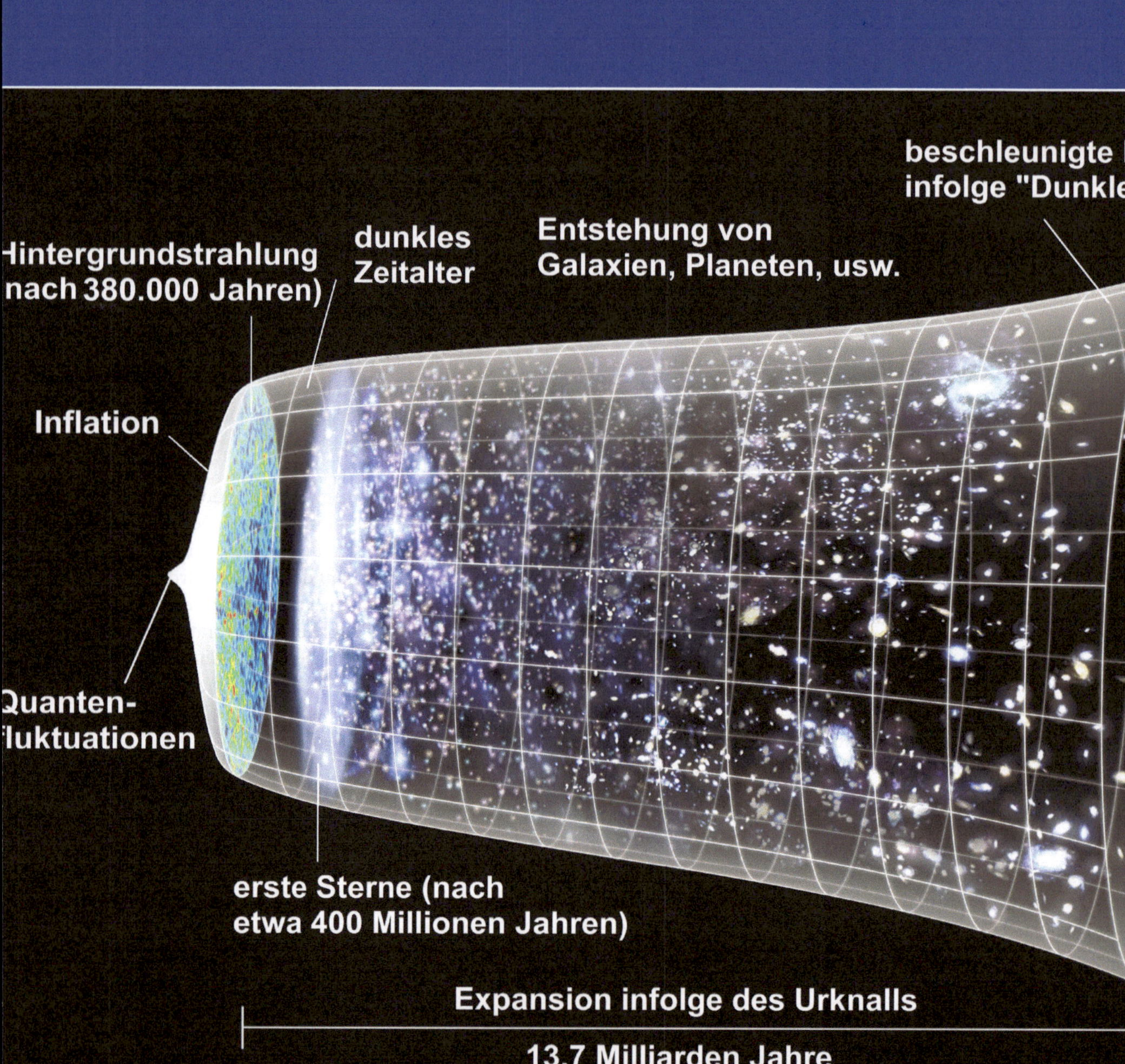
beschleunigte
infolge "Dunkle
Entstehung von
Galaxien, Planeten, usw.
Hintergrundstrahlung
(nach 380.000 Jahren)
dunkles
Zeitalter
Inflation
Quanten-
fluktuationen
erste Sterne (nach
etwa 400 Millionen Jahren)
Expansion infolge des Urknalls
13,7 Milliarden Jahre

on
ie"

48 Wird das Universum ewig leben?

Volker Springel

Wir wissen heute recht genau, dass das Universum 13,7 Milliarden Jahre alt ist. Aber über den Zeitpunkt Null und die eigentliche Ursache für den Urknall wissen wir nicht besonders viel.

Sicherlich gibt es eine Reihe von Theorien hierzu: Es mag etwa ein fluktuierendes Quantenfeld gegeben haben, also einen spontanen Auslöser des Urknalls. Von da an expandierte das damals noch heiße Universum sehr schnell, kühlte dadurch ab und formte irgendwann Sterne und Galaxien. Über all dies ist in Kapitel 14 einiges zu erfahren. Ungleich schwieriger scheint die Frage nach dem zukünftigen Schicksal des Universums. Aber die Vergangenheit lässt durchaus recht genaue Aussagen über die Zukunft des Universums zu.

Im Standardmodell der Kosmologe ist....

- der Raum flach. $\Omega = \Omega_m + \Omega_\Lambda = 1$
- eine kosmologische Konstante vorhanden, die bereits heute die Energiedichte dominiert. $\Omega_m = 0.25$ $\Omega_\Lambda = 0.75$

Konsequenzen:

Das Universum wird sich **ewig** weiter ausdehnen.

Das Universum hat eine Phase der **beschleunigten Expansion** begonnen.

Weitere **Strukturentstehung "friert" aus** – es wird z.B. keine noch größeren Galaxienhaufen geben.

Urknall-Ursache: Unbekannt

Albert Einstein warf diese kosmologische Frage erstmals im Jahre 1915 auf. Seine damals entstandene Allgemeine Relativitätstheorie verknüpft Raum und Zeit auf elegante Weise untrennbar miteinander. Seine neue dynamische Theorie, die entweder ein sich ausdehnendes oder ein kollabierendes Universum beschrieb, musste sich damals gegen das vorherrschende Bild eines statischen Universums durchsetzen.

Von letzterem überzeugt, versuchte Einstein im Jahre 1917 zunächst, dieses statische Weltbild durch die Einführung einer „kosmologischen Konstanten" zu retten. Ein mathematischer Trick, den Einstein kurz darauf als dumme Idee wieder verwarf. Mit der Entdeckung, dass sich alle Galaxien von uns entfernen – je weiter weg, desto schneller – war die kosmologische Konstante überflüssig geworden: Neue Beobachtungen hatte bewiesen, dass sich das Universum tatsächlich ausdehnt!

Kosmologische Konstante: Dumme Idee?

In den 1990er Jahren häuften sich allerdings Hinweise darauf, dass sich das Universum nicht mit konstanter Rate ausdehnt, sondern sogar beschleunigt! Die sich zeitlich verändernde Ausdehnungsgeschwindigkeit des Universums wurde durch die Beobachtung von weit entfernten Supernova-Explosionen bestätigt. Dafür gab es im Jahr 2011 den Nobelpreis für Physik.

Abbildung vorhergehende Seite: Original: NASA/WMAP Science Team; bearbeitet für Wikipedia von Yikrazuul; gemeinfrei
Abbildung rechte Seite: NASA/Robert Gendler

Um diese Eigenschaft der beschleunigten Expansion in Einsteins Theorie zu integrieren, musste die kosmologische Konstante wiederbelebt werden. Sie steht stellvertretend für eine als „Dunkle Energie" bezeichnete Eigenschaft des Raums, die im Gegensatz zu normaler Materie alles beschleunigt auseinander treibt. Daraus folgt ganz automatisch eine der wichtigsten kosmologischen Fragen. Wird die Ausdehnung des Universums ewig weitergehen?

Entscheidend: Dichteparameter

Die zeitliche Entwicklung des Universums und seine Geometrie wird in Einsteins Theorie maßgeblich durch die sogenannten Dichteparameter festgelegt, das sind die Dichte der Materie und der Dunklen Energie. Stellen wir uns vor, dass das Universums durch den Urknall eine Art Schwung mitbekommen hat, der den Raum immer größer werden lässt, so wirkt die Materiedichte durch ihre Schwerkraft dem Schwung entgegen und vermag es, ihn abzubremsen.

Andromeda-Galaxie (M31), Nachbarin der Milchstraße

Die Beobachtungen des vergangenen Jahrzehnts deuten allerdings alle darauf hin, dass sich das Universum ewig weiter ausdehnen wird, und zwar sogar immer schneller. Das bedeutet, dass die Strukturentstehung im Universum immer langsamer wird und irgendwann gänzlich zum Erliegen kommt. Dadurch können keine Objekte mehr entstehen, die größer sind als die größten uns bisher bekannten Strukturen (siehe Kapitel 7).

In diesem Zusammenhang sprechen Astrophysiker auch vom „Ausfrieren" der Strukturen im Universum. Nichtsdestotrotz können bereits entstandene Strukturen miteinander wechselwirken. So wird in etwa 4 Milliarden Jahren die Milchstraße mit der Andromeda-Galaxie (Abbildung links) verschmelzen und dann die Milkomeda Galaxie – ein Wortspiel aus Milky Way und Andromeda – bilden.

Düstere Zukunft?

Die richtig ferne Zukunft des Universum sieht jedoch eher düster aus: In etwa 1000 Milliarden Jahren würde uns, als Folge der zunehmenden Ausdehnung des Universums, das Licht ferner Galaxien nicht mehr erreichen können. Wir sähen nur noch Milkomeda. Wenn schließlich

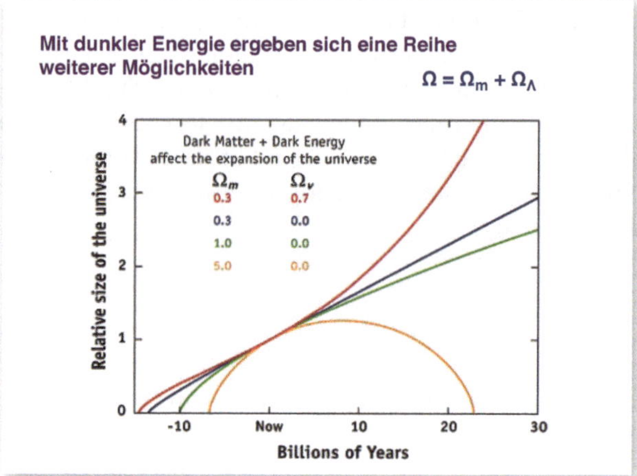

alle Sterne langsam ausbrennen und keine neuen Sterne mehr entstehen können, würde das Universum den „Big Chill" erleiden, den Kältetod.

Dunkle Energie und Dunkle Materie

Das beschriebene Szenario geht von einer konstanten Dunklen Energie aus. Es sind allerdings auch andere Varianten des Standardmodells denkbar. Statt konstant zu bleiben könnte es auch sein, dass die Dunkle Energie mit der Zeit zunimmt. Das Ende würde uns dann im sogenannten „Big Rip", dem großen Zerreißen, ereilen. Nach etwa 30-40 Milliarden Jahren würde die immer stärker werdende Ausdehnung des Universums erst Galaxien von einander trennen, dann würden die Sterne in den Galaxien ihren Zusammenhalt verlieren. Und schließlich würden sich nicht mal mehr Planeten auf ihren Umlaufbahnen halten können. Zuletzt würde jeg-

Abbildung oben: NASA

Die wichtigsten Möglichkeiten für das Schicksal des Universums

Big Chill	Ewige Ausdehnung, Ausfrieren der Strukturentstehung, Vereinzelung der Galaxien.
Big Rip	Sogenannte Phantom Dunkle Energie wird mit der Zeit immer stärker. Alle Strukturen, selbst Atome werden nach endlicher Zeit zerrissen.
Big Crunsh	Zusammensturz des Universums nach endlicher Zeit in eine Singularität.

licher Zusammenhalt zwischen den Atomen, aus denen wir bestehen, verloren gehen.

Wenn die Energiedichte im Universum größer wäre als die kritische Dichte, dann käme der „Big Crunch“ als apokalyptisches Endszenario in Frage, der Wärmetod. Das Universum würde sich immer langsamer ausdehnen, es würde zum Stillstand kommen und schließlich wieder schrumpfen und immer schneller in sich zusammenstürzen. Das immer kleiner werdende Universum würde als Singularität enden, also genau in dem Zustand, aus dem es vor 13,7 Milliarden hervorging.

Big Crunch oder Big Chill?

Wird das Universum also ewig leben? Nach unseren heutigen Erkenntnissen lautet die Antwort: Sehr wahrscheinlich ja! Aber wie Mark Twain einst sagte: „Prognosen sind schwierig, besonders wenn sie die Zukunft betreffen.“

49 Was machen Astronomen eigentlich die ganze Nacht?

Jochen Heidt

Die am häufigsten gestellte Frage bei Führungen in der Landessternwarte auf dem Königstuhl ist: Was machen Astronomen denn eigentlich die ganze Nacht über? Genau das möchte ich Ihnen hier erzählen.

In der Tat sieht die Nacht eines modernen Astronomen ganz anders aus, als man sich dies vielleicht vorstellen mag. Denn heute kommt es eigentlich nicht mehr vor, dass ein Astronom nachts unter dem freien Sternenhimmel am Sichtrohr seines Teleskops sitzt und von dort in die Weiten des Universums hinausblickt.

Tages(Nacht)Plan eines Astronomen am Teleskop im September

-16h	Frühstück
-17h	Erstellen Beobachtungsplan für die Nacht
-18h	Öffnen Teleskopkuppel
-18.30h	Sonnenuntergang
-19h	Kalibrationsaufnahmen am Himmel (Flatfields)
-19.30h	Eichung Helligkeit
-20h	Anfahren des ersten wissenschaftl. Objektes
	hie und da: check Wetter, viel Kaffee, Mitternachtssnack
- 5h	Letzte wissenschaftl. Aufnahme beendet
- 5.30h	Eichung Helligkeit
- 6h	Kalibrationsaufnahmen (Flatfields)
- 6.30h	Schliessen Teleskopkuppel
- 7h	Schlafenszeit

Mehr Teamwork als früher

Einen Unterschied zu früheren Zeiten sieht man bereits, wenn man sich astronomische Fachpublikationen ansieht. Früher hat ein Astronom, wenn er seine Messungen und Untersuchungen abgeschlossen hatte, seine Ergebnisse in einem Aufsatz veröffentlicht. Manchmal war auch noch ein Kollege als Ko-Autor dabei.

Heutzutage haben solche wissenschaftlichen Artikel viele, manchmal sogar sehr viele Autoren. Gerade habe ich einen Artikel gesehen mit 265 Autoren aus 95 astronomischen Instituten. Werke einzelner Forscher sind heutzutage die große Ausnahme. Neue Entdeckungen werden heute nahezu ausschließlich von großen Teams gemacht. Aber wie sieht nun so ein Arbeitstag – oder vielmehr: eine Arbeitsnacht – eines einzelnen Astronomen aus?

Frühstück gegen 16 Uhr

Eine Arbeitsnacht am Teleskop dauert in der Regel etwa 15 Stunden und beginnt typischerweise mit einem Frühstück gegen 16 Uhr. Um 17 Uhr geht der Astronom nochmals seinen Beobachtungsplan für die Nacht durch – dies ist sehr wichtig, ich werde später noch mehr darüber erzählen. Um 18 Uhr öffnet er mit seinen Kollegen die Teleskopkuppel. Gegen 18:30 Uhr etwa geht dann im September die Sonne unter. Es ist noch nicht dunkel genug für die eigentlichen Messungen, aber die Astronomen müssen ihre Instrumente noch kalibrieren und eichen. Und dann kommt die Nacht – und es wird gemessen, überprüft, wieder gemessen, Kaffee getrunken und nachgedacht.

Abbildung vorhergehende Seite: Wikipedia, veröffentlicht unter cc-Lizenz 2.5, Jorgechp; Calar Alto Teleskop in Südspanien

Gegen 5 Uhr in der Früh ist die Zeit für die wissenschaftlichen Aufnahmen dann meist vorbei, weil der bevorstehende Sonnenaufgang den Himmel schon leicht erhellt. Etwa um 5:30 Uhr eichen die Forscher ihre Geräte nochmals: Sie überprüfen die Helligkeitsmessungen. Gegen 6:30 Uhr schließlich nähert sich der Feierabend. Die Teleskope werden in die Ruheposition gefahren, die Kuppeln geschlossen. Und dann geht es ins Bett. In dieser oder ähnlicher Weise hat man sich den Arbeitstag eines Astronomen oder einer Astronomin am Anfang des 21. Jahrhunderts vorzustellen.

16 Uhr bis 7 Uhr: Arbeitsnacht mit 15 Stunden!

Schauen wir uns einige dieser Arbeitsabschnitte nochmal genauer an. Da wäre einerseits die Planung der Nacht. Diese findet täglich gegen 17 Uhr statt. Es gibt eine ganze Reihe von Dingen, die die Astronomen beachten müssen. Zum einen ist es beispielsweise so, dass nicht jeder Stern oder jede Galaxie in jeder Nacht sichtbar ist. Das wissen Sie alle, das Sternbild Orion etwa ist nur in den Wintermonaten gut zu sehen. Grund dafür ist, dass sich die Erde einmal pro Tag um sich selbst, im Jahreslauf aber einmal um die Sonne dreht.

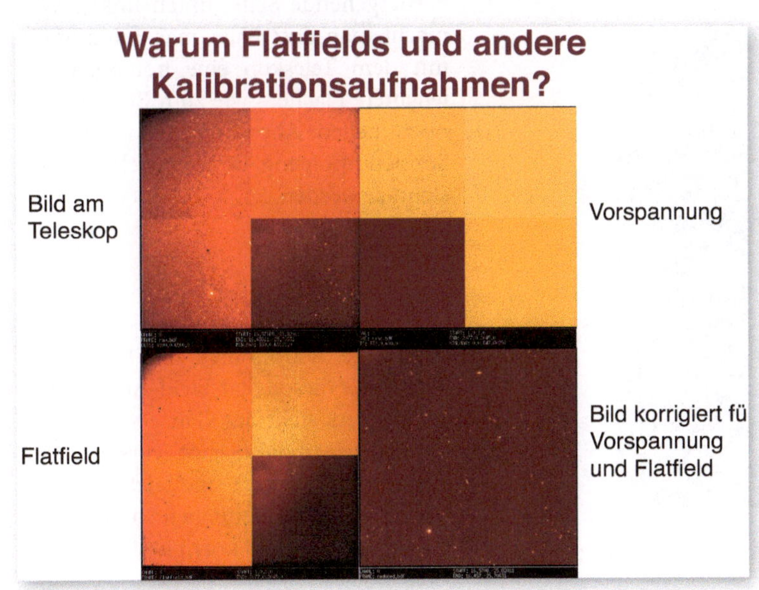

Man sieht in jeder Nacht deshalb nur jeweils einen Teil des Himmels. Durch die Erddrehung um sich selbst gehen viele Sterne im Laufe der Nacht im Westen unter, wie auch Sonne oder Mond. Man muss also vorher überlegen, welches Objekt man wie lange beobachten will und wann es jeweils sichtbar ist.

Wie wird das Wetter?

Wichtig ist – natürlich – auch das Wetter: Sind Wolken zu erwarten? Wie ist die Luftunruhe? Wo steht der Mond (Mondlicht ist für die Messungen immer störend und ungünstig!). Man muss immer auch auf unerwartete Situationen vorbereitet sein, Astronomen sollten immer einen Plan B haben. Das liegt nicht nur daran, dass man oft viele Monate darauf warten muss, bis die beantragte Beobachtungszeit genehmigt und die Beobachtung eingeplant ist.

Teleskopzeit ist *sehr* wertvoll. Ein modernes Teleskop ist ein sehr teures High-Tech-Gerät. Wenn man sämtliche Kosten mit einrechnet, kann eine Stunde Beobachtungszeit etwa beim Very Large Telescope der ESO bis zu 100 000 € wert sein. So ist es die Pflicht der Astronomen, die Nächte optimal zu nutzen und bestens darauf vorbereitet zu sein, auch auf unerwartete Situationen.

Mit Flat-Field und Vorspannung ...

Wenn am Abend die Sonne untergegangen ist, wird die Kuppel geöffnet. Die Kuppel schützt das eigentliche Teleskop vor Wind und Wetter. Man muss aber bereits einige Zeit bevor die eigentlichen Messungen beginnen die Kuppel öffnen, um die Teleskope auf die Temperatur der Umgebungsluft zu bringen. Ein Temperaturunterschied zwischen drinnen und draußen würde zusätzliche Luftunruhe mit sich bringen und die Aufnahmen unscharf machen.

12 Nächte und 6 Monate Arbeit zu Hause später.

Und dann geht es ans Kalibrieren. Die Abbildung auf der vorherigen Seite zeigt ein Beispiel. Die Aufnahme oben links („Bild am Teleskop") wurde vier Minuten lang belichtet. Man sieht ein paar Sterne und Galaxien, das ganze Bild sieht aber nicht einheitlich aus. Wir erkennen deutlich vier verschieden helle Quadranten. Um das zu korrigieren, müssen wir zunächst die Vorspannung des Detektors messen und diese berücksichtigen (oben rechts: „Vorspannung").

Darüber hinaus müssen wir die sogenannten „Flat Fields" messen, um für jedes Bildelement im Detektor die Empfindlichkeit relativ zu anderen Bildelementen zu berücksichtigen (Abbildung vorhergehende Seite, unten links). Wie macht man das? Nun, man fotografiert mit dem Teleskop eine homogen beleuchtete Fläche – wie zum Beispiel den noch hellen Abendhimmel nach dem Sonnenuntergang, bevor einzelne Sterne sichtbar werden.

... kalibrieren

Wenn die Astronomen die Bilder der Sterne mit diesen Flat-Field-Aufnahmen korrigieren, sieht das Ganze schon eher so aus, wie man es sich vorstellt: Die Sterne und Galaxien sind leicht erkennbar vor einem einheitlichen Hintergrund (unten rechts: „Bild korrigiert").

Dieses Kalibrieren machen Astronomen jede Nacht von Neuem, da die technischen Feinheiten der CCD-Kameras sich immer leicht ändern können, etwa abhängig von der Umgebungstemperatur oder von der Luftfeuchtigkeit.

Mit den Daten aus ein paar Beobachtungsnächten hat man dann das Rohmaterial für viele Monate Bearbeitungszeit im Büro des heimischen Instituts. Schließlich kann man dann eine schöne Kompositaufnahme eines kleinen Teils des Nachthimmels erhalten mit sehr vielen Details.

Die Abbildung auf der linken Seite zeigt eine Fläche, die so groß ist wie etwa 1/30 der Vollmondscheibe am Nachthimmel – also sehr klein. Trotzdem findet man dort insgesamt etwa 10 000 Galaxien: Eine beeindruckende Aufnahme als Resultat einer langen Beobachtungszeit und einer noch viel längeren Bearbeitungszeit!

6h: Frühmorgens auf dem Catwalk...bald Zeit für die Flatfields

Nacht im Kontrollraum

Lassen Sie mich noch erzählen, wo sich die Astronomen die Nacht über eigentlich befinden. Heutzutage sitzt niemand mehr direkt am Leitrohr des Teleskops, sondern im Kontrollraum (siehe Abbildung Seite 270/271), der in der Regel neben dem Teleskop angebaut ist, und zwar thermisch abgetrennt. Dadurch vermeiden wir zusätzliche Luftunruhe durch menschliche oder Computer-Wärme.

Bis vor einigen Jahren, als man die Wetterbedingungen noch nicht so einfach über das Internet abfragen konnte, sind Astronomen während der Nacht häufig außen an den Teleskopen auf einem schmalen Gang entlanggelaufen, um den Himmel nach Wolken abzusuchen. Dieser Weg wird „Catwalk" genannt, weil er so schmal ist, als wäre er für Katzen gebaut.

Das Ganze war deutlich beschwerlicher als heutzutage der Klick im Netz. Dafür konnte man aber auch ab und zu innehalten und selbst nach oben blicken. Denn gerade dort, wo Teleskope stehen, ist der Nachthimmel oft überwältigend schön und großartig. Das gab uns Gelegenheit, ähnlich wie die Astronomen früherer Jahrhunderte den faszinierenden Nachthimmel ganz ohne Technik nur mit bloßem Auge zu bewundern – und zu staunen.

50 Der Lebensweg der Sterne

Ralf Launhardt

Wenn Sie in einer klaren Nacht an den Himmel blicken, dann werden Sie dort Sterne sehen, die Sie wiedererkennen, weil sie in den Ihnen bekannten Sternbildern angeordnet sind – Sterne, die Ihre Eltern, ihre Großeltern und selbst die alten Griechen schon gesehen haben.

Es scheint, als würden die Sterne schon immer am Himmel stehen – und auch für immer. Aber auch Sterne entstehen und vergehen, auch sie haben eine Geburt und einen Tod.

Wie können wir den Lebensweg der Sterne verstehen, wenn kein Mensch je die Gelegenheit hatte, Sterne altern zu sehen? Stellen Sie sich dazu einmal eine Eintagsfliege vor, die auf eine Gruppe von Menschen blickt: Sie sieht kleine und große Personen, dicke und dünne, junge und alte. Zunächst einmal weiß sie nicht, was sie damit anfangen soll. Aber schließlich hat diese Fliege einen guten Einfall: Wenn die Menschen Lebewesen sind, dann müssen die ganz jungen klein sein, so wie ihre eigenen Kinder, und die älteren müssen groß und kräftig sein.

So versucht die Fliege das, was sie sieht, mit ihrer Vorstellung vom Lebensweg der Menschen in Übereinstimmung zu bringen; und siehe da, plötzlich ergibt sich ein sinnvolles Bild! Sie kann den Lebensweg der Menschen rekonstruieren, ohne dass sie jemals die Chance hatte, mitzuverfolgen, wie ein einzelner Mensch altert.

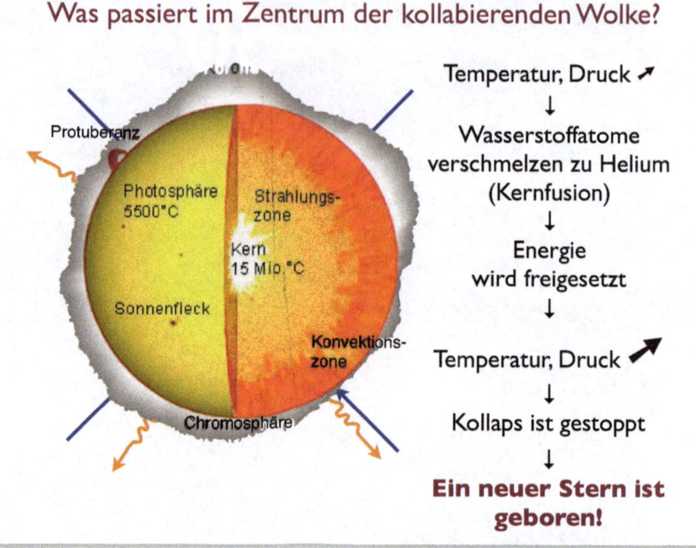

Wie man Lebenswege rekonstruiert

Genau diese Methode wenden die Astronomen an, wenn sie die Sterne verstehen wollen. Deswegen kann ich Ihnen heute den Lebensweg der Sterne erklären, auch wenn wir nie sehen können, wie ein Stern altert.

Im Gebirge kann man in klaren Nächten wunderbar die Milchstraße sehen, unsere Heimatgalaxie. Bestimmt haben Sie darüber schon mal gestaunt und auch bemerkt, dass dieses weißliche Band aus Milliarden von Sternen nicht gleichmäßig hell ist, sondern dunkle Flecken hat. Wir wissen heute, dass diese dunklen Flecken keine sternlosen Gebiete sind, sondern dass sich dort riesige Wolken aus Gas und Staub befinden, die das Licht der dahinter liegenden Sterne blockieren.

Abbildung vorhergehende Seite: ESO/S. Steinhöfel; Der Lebensweg sonnenähnlicher Sterne (schematische Darstellung)

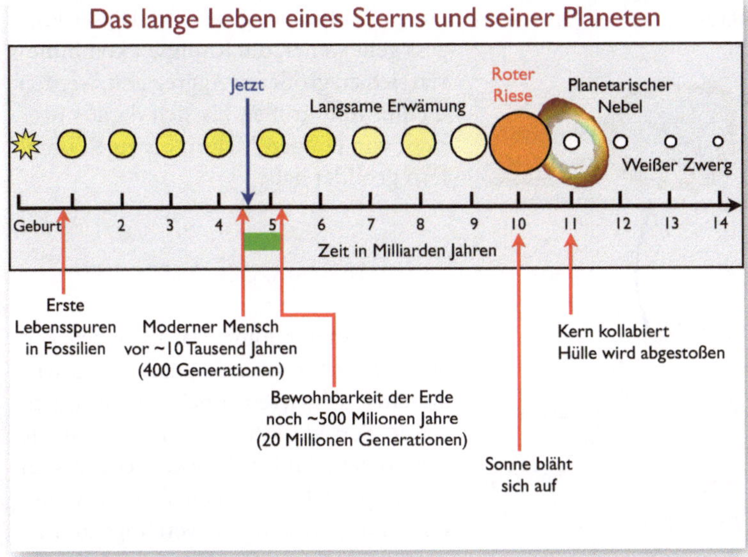

Diese Gaswolken spielen eine wichtige Rolle bei der Geburt von Sternen. Sie sind oft über große Raumbereiche von vielen Lichtjahren ausgedehnt. Im Innern einer solchen Wolke wirbeln die einzelnen Atome und Moleküle wild durcheinander und stoßen gelegentlich zusammen. Dadurch erzeugen sie einen Druck, der die Wolke auseinander zu drücken versucht.

Schwerkraft und innerer Druck in Gaswolken

Dieser Druck ist umso größer, je höher die Temperatur ist, genau wie in einem Dampfkessel oder bei einem Heißluftballon, der sich aufbläht, wenn die Luft darin erhitzt wird. Andererseits übt aber auch jedes Molekül durch seine Masse eine Anziehungskraft auf alle anderen Moleküle aus. Und da diese Gaswolken aus sehr, sehr vielen Molekülen bestehen, wirkt diese Schwerkraft insgesamt so, dass sie die Wolke zusammenziehen will.

Wenn der thermische Druck nach außen und die Schwerkraft nach innen gerade gleich groß sind, dann ist diese Wolke im Gleichgewicht. Wenn jedoch die Temperatur sinkt, lässt der thermische Druck nach und die Gravitation überwiegt: Die Schwerkraft wird dann immer stärker, je näher die Teilchen zueinander rücken, so dass die Wolke kleiner wird, und zwar immer schneller, bis sie unter ihrer eigenen Schwerkraft vollständig kollabiert.

Bis zur Kernfusion

Was geschieht dann mit dieser Wolke? Wenn die Schwerkraft alle Atome und Moleküle enger zusammendrückt, stoßen diese heftiger aufeinander und die Temperatur steigt immer mehr. Erst werden die Elektronen von den Atomkernen abgelöst. Wenn die Temperatur immer höher steigt und viele Millionen Grad Celsius heiß ist, kommen sich einzelne Wasserstoff-Atomkerne so nahe, dass sie miteinander verschmelzen. Dann entsteht aus vier solchen Protonen ein Helium-Atomkern.

Bei diesem Prozess – Kernfusion genannt – wird sehr viel Energie frei. Diese Energie wiederum heizt das Gas auch in den äußeren Bereichen auf, der Druck wird wieder größer. Ein neues Gleichgewicht zwischen Druck und Schwerkraft entsteht, der Gravitationskollaps ist

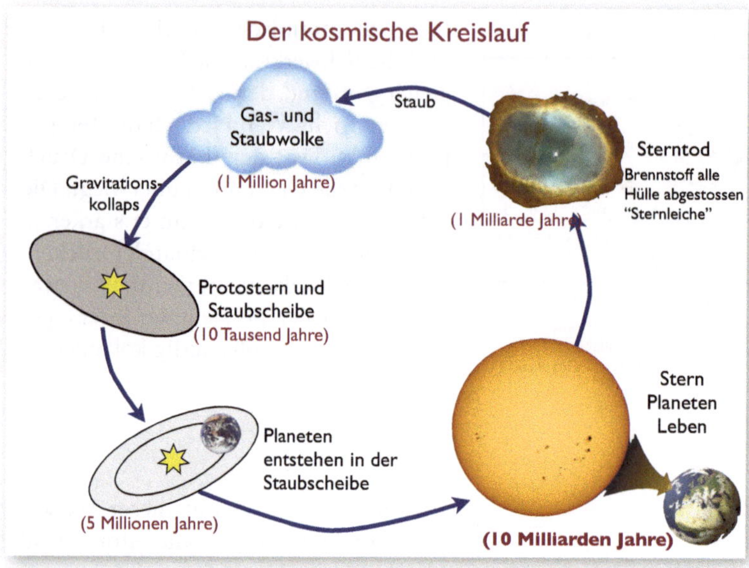

gestoppt worden und die Wolke hat sich in einen glühenden Gasball verwandelt: In diesem Moment wurde ein neuer Stern geboren.

Unsere Sonne ist eine solche glühende Gaskugel. Und all die kleinen Lichtpünktchen am Nachthimmel sind ähnliche Gaskugeln. Wenn ich also mal „Stern" sage und mal „Sonne", dann ist das das gleiche.

Die Sonne: Glühende Gaskugel

Beim Schrumpfen der ursprünglichen Gas- und Staubwolke hat sich um die heiße, zentrale Kugel eine Art Scheibe aus Staub und Gas gebildet, die wie ein Karussell rotiert. Schauen wir uns diese Staubscheibe um den jungen Stern genauer an. Der Staub in dieser Scheibe bildet Flocken, Fusseln und Flusen, wie sie sich manchmal unter unserem Bett bilden, wenn wir lange nicht Staub gesaugt haben. Und diese Flusen ballen sich weiter zusammen und formen poröse Klumpen, die einige Zentimeter groß sind. Dieser Prozess geht weiter, die Klumpen kombinieren sich zu größeren Aggregaten, werden dichter und größer, bis sich daraus Brocken von einigen Metern bis zu Kilometern gebildet habe.

Planeten und Asteroiden

Einige dieser kilometergroßen Brocken aus der Geburtsstunde unseres Sonnensystems schwirren noch heute durch unser Sonnensystem: Wir nennen sie Asteroiden. Andere Brocken jedoch sind weiter gewachsen, haben sich mit weiteren Klumpen und Gas vereinigt und zu immer größeren Strukturen entwickelt. Daraus haben sich die Planeten gebildet. Und auf mindestens einem davon konnte sich Leben entwickeln.

Auf der Erde kann man erste Lebensspuren als Fossilien bereits aus der Zeit kurz nach ihrer Entstehung nachweisen. Trotzdem hat es über 4,5 Milliarden Jahre gedauert, bis sich daraus im Laufe der Evolution vor etwa 600 000 Jahren der Homo Heidelbergensis entwickelt hat. Er war ein Vorläufer des heutigen Menschen-Typus, wie wir ihn seit etwa 10 000 Jahren kennen. Bezogen auf die Erdgeschichte sind 10 000 Jahre übrigens sehr wenig – nur etwa 400 Menschengenerationen, wenn man eine Generation mit etwa 25 Jahren ansetzt.

Abbildung rechte Seite: ESO/ Y. Beletsky

Die Sonne wird noch sehr lange Zeit weiter strahlen und die Erde bewohnbar halten. Sie wird mindestens weitere 500 Millionen Jahren mit ähnlicher Helligkeit leuchten, das entspricht also weiteren 20 Millionen Menschengenerationen. Somit stehen wir erst am Anfang der Menschheitsgeschichte.

Sterne entstehen und vergehen

Nach 500 Millionen Jahren wird die Sonne dann langsam anfangen, sich stärker aufzuheizen, weil durch die Kernfusion immer mehr schwere Elemente entstehen. Dadurch wird die Erde irgendwann unbewohnbar werden (mehr dazu in Kapitel 62). In etwa 5 Milliarden Jahren wird der meiste Wasserstoff zu Helium verbrannt sein, dann wird sich die Sonne aufblähen zu einem roten Riesenstern. Danach wird sie ihre äußere Hülle abstoßen und der innere Bereich der Sonne wird zu einem sogenannten weißen Zwergstern kollabieren. In einem solchen Weißen Zwerg, der kaum größer ist als die Erde, findet keine Kernfusion mehr statt, er kühlt einfach nur noch langsam ab.

So also werden Sterne geboren und so sterben sie. Und Planeten entstehen nebenher in der Staubscheibe eines solchen Sternes. Auch wir Menschen bestehen also aus Sternenstaub, wie Sie in Kapitel 40 genauer nachlesen können.

www.universum-fuer-alle.de/sternstunde/50

51 Das Universum expandiert – aber was heißt das?

Markus Pössel

Stellen Sie sich eine Landkarte ihrer näheren Umgebung vor. Maßstabsgetreu sind darin Straßen, Flüsse, Wege und diverse Landmarken eingezeichnet. Jetzt stellen Sie sich bitte vor, dass in der Nacht von heute auf morgen etwas ganz Sonderbares passiert.

Alle Entfernungen zwischen den Orten, die Sie auf dieser Karte sehen, verdoppeln sich – alle Straßen, Häuser, Plätze in, sagen wir, Heidelberg sind auf einmal doppelt so groß, doppelt so lang, doppelt soweit von Ihrem eigenen Wohnhaus entfernt.

Mit solch einer Veränderung dürften Sie einige praktische Probleme haben; mich interessiert hier allerdings nur: Was müssten Sie auf der Landkarte ändern, um wiederzugeben, was da geschehen ist? Die Lösung ist einfach.

Kosmische Maßstabsänderung

Sie müssen nichts neu zeichnen, sondern lediglich eine Zahl korrigieren, die auf Ihrer Landkarte vermerkt ist: den Kartenmaßstab. Stand dort vor der Verdopplung aller Längen der Maßstab 1 : 50 000 (ein Zentimeter auf der Karte entspricht 500 Metern in der Wirklichkeit), muss dort jetzt 1 : 100 000 stehen (ein Zentimeter auf der Karte entspricht jetzt 1 000 Metern).

Nun zum Weltall: In dem vereinfachten Modell, das wir hier betrachten wollen, hat das Universum keine komplizierten Strukturen, es besteht nur aus Galaxien, die frei nebeneinander im Raum schweben. Unser Modelluniversum ist homogen und isotrop. Die Galaxiendichte ist überall, zumindest im Mittel, die gleiche, und egal in welche Richtung Sie schauen: Die Verteilung der Galaxien ist in jeder Blickrichtung im Mittel die gleiche.

Wenn dieses Modelluniversum expandiert, dann heißt das, dass sich alle Abstände zwischen den Galaxien in der gleichen Weise ändern. Genau wie bei unserer Landkarte lässt sich diese Abstandsänderung mit einem einzigen Skalenfaktor beschreiben, der in diesen Modellen *kosmischer* Skalenfaktor heißt.

Skalenfaktor

Der Skalenfaktor enthält alle Informationen darüber, wie das Universum expandiert: Verdoppelt er sich, verdoppeln sich auch die Entfernungen zwischen allen Galaxien. Verdreifacht er sich, verdreifachen sich auch die Galaxienentfernungen, und so weiter. Das ist die erste wichtige Eigenschaft der Expansion des Universums, die man kennen sollte: Sie lässt sich durch einen kosmischen Skalenfaktor komplett beschreiben.

Die Skalenfaktor-Expansion hat eine wichtige Konsequenz. Nehmen wir an, Galaxie A sei zwei Millionen Lichtjahre von uns entfernt, Galaxie B drei Millionen Lichtjahre (die genauen Zahlenwerte sind an dieser Stelle nebensächlich). Alle Entfernungen verändern sich bei der kosmischen Expansion, wie gesagt, um den gleichen Faktor.

Abbildung rechte Seite: Wenn sich in Heidelberg alle Entfernungen exakt verdoppeln würden, dann müsste man auf dem Stadtplan nur den Maßstab ändern.

Abbildung vorhergehende Seite: ESO and Digitized Sky Survey 2. Acknowledgement: Davide De Martin., eso1124c: Das „COSMOS Feld"
Abbildung rechte Seite: Autor/gemeinfrei

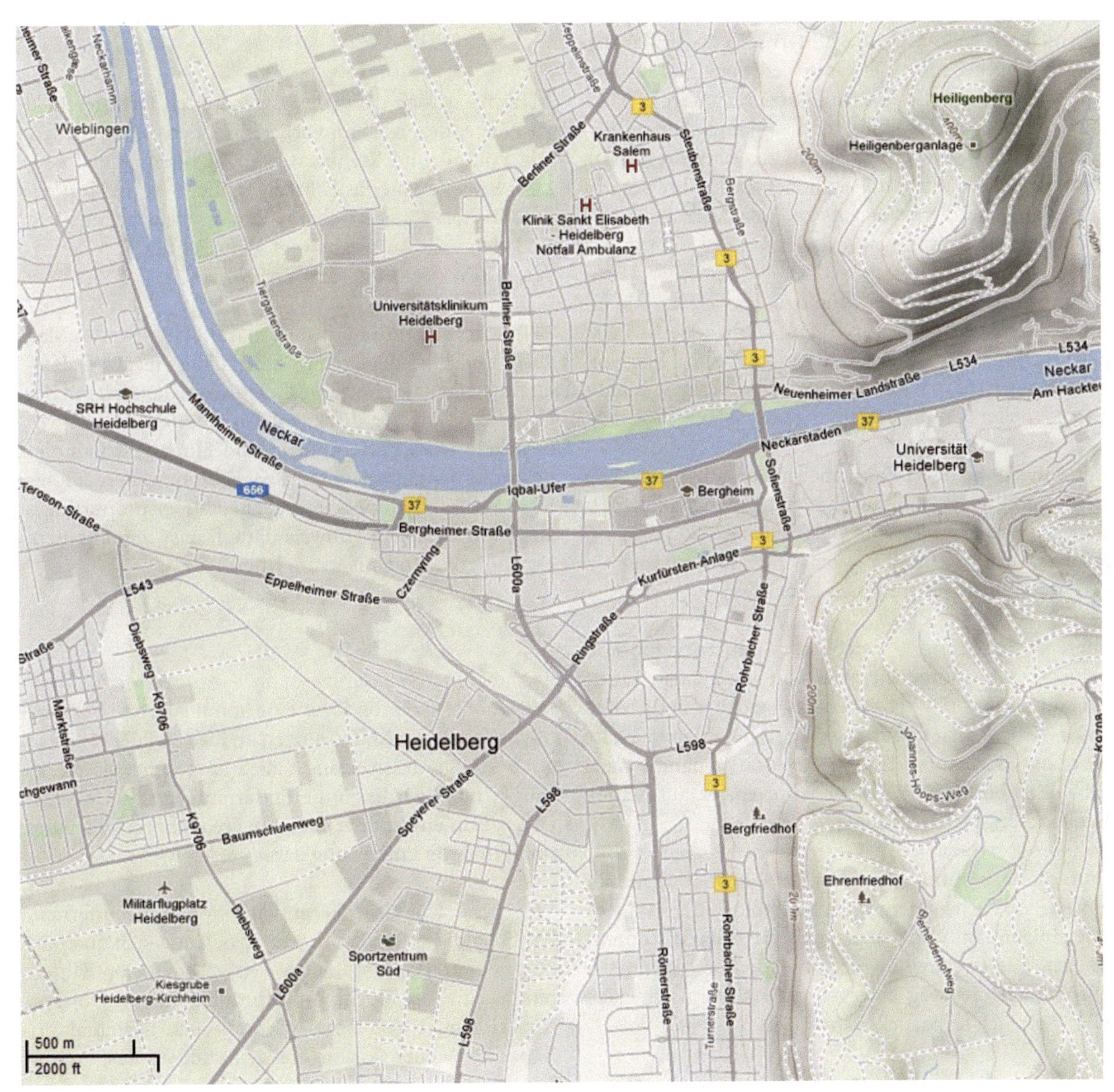
Wieblingen
Neckarhamm
Heiligenberg
Heiligenberganlage
Krankenhaus Salem
Berliner Straße
Steubenstraße
Bergstraße
Klinik Sankt Elisabeth - Heidelberg Notfall Ambulanz
Tiergartenstraße
Universitätsklinikum Heidelberg
L534
Neckar
Am Hackteu
Neuenheimer Landstraße
SRH Hochschule Heidelberg
Mannheimer Straße
Neckarstaden
Universität Heidelberg
656
Iqbal-Ufer
Bergheim
Sofienstraße
Teroson-Straße
Bergheimer Straße
Kurfürsten-Anlage
L543
Eppelheimer Straße
Czernyring
L600a
Ringstraße
Rohrbacher Straße
Diebsweg
K9706
Marktstraße
Heidelberg
L598
Johannes-Hoops-Weg
Speyerer Straße
Baumschulenweg
Bergfriedhof
Ehrenfriedhof
Militärflugplatz Heidelberg
Sportzentrum Süd
Kiesgrube Heidelberg-Kirchheim
Römerstraße
Turnerstraße
200m
500 m
2000 ft
3
37

Nehmen wir weiter an, die Entfernungen würden sich in einem gegebenen Zeitraum verdoppeln. Dann ist Galaxie A anschließend 4 Millionen Lichtjahre von uns entfernt, Galaxie B 6 Millionen Lichtjahre. Anders ausgedrückt: Die Entfernung von uns zu Galaxie A hat sich in diesem Zeitraum um 2 Millionen Lichtjahre vergrößert, die Entfernung von uns zu Galaxie B aber um 3 Millionen Lichtjahre.

Wenn wir die gleiche Terminologie verwenden wie für normale Bewegungen durch den Raum (das ist nicht ganz richtig, aber diese Subtilität wollen wir hier vernachlässigen), dann würden wir sagen, Galaxie B habe sich schneller von uns fortbewegt als Galaxie A.

Mit einigen weiteren Zahlenbeispielen überzeugt man sich schnell, dass dahinter eine allgemeine Gesetzmäßigkeit steht: Je weiter eine Galaxie bereits von uns entfernt ist, umso schneller wächst ihre Entfernung von uns im Laufe der kosmischen Expansion.

Diese Beziehung zwischen Entfernung und „Fluchtgeschwindigkeit", wie man auch sagt, wurde zuerst im Jahre 1927 von Georges Lemaître hergeleitet. Seine Arbeit geriet aber in Vergessenheit, und heute wird die Beziehung Hubble-Relation genannt, nach Edwin Hubble, der sie zwei Jahre später aus seinen Beobachtungsdaten ableitete.

Entfernungsbestimmung ist in der Astronomie immer eine heikle Sache (mehr dazu in Kapitel 32), lässt sich mit einigem Aufwand aber auch für Galaxien durchführen. Die Geschwindigkeit, mit der sich Himmelskörper von uns weg bewegen, ist im Vergleich dazu relativ einfach festzustellen.

Dopplereffekt bei Schall und Licht

Man macht sich dafür den sogenannten Dopplereffekt zu Nutze, den wir von vorbeifahrenden Schallquellen, wie Polizei- und Rettungswagen, aus dem Alltag kennen: Solange sich das Fahrzeug nähert, ist der Ton des Martinshorns etwas höher; wenn es vorbeigefahren ist und sich von uns wegbewegt, dann ist der Ton niedriger, die Frequenz hat sich verringert.

Beim Licht funktioniert dies in ähnlicher Weise: Man kann mit Hilfe der Frequenz des Lichts ferner Galaxien feststellen, wie hoch die Geschwindigkeit ist, mit der sich diese Galaxien direkt auf uns zu oder von uns weg bewegen. Dass Entfernungen und Fluchtgeschwindigkeiten ferner Galaxien den Beobachtungsdaten zufolge tatsächlich in guter Näherung zueinander proportional sind, war der erste Hinweis darauf, dass wir in einem expandierenden Universum leben.

Die Hubble-Beziehung

Die Hubble-Relation (bzw. eine kompliziertere Version, die bei größeren Entfernungen an ihre Stelle tritt) ist so gut bestätigt, dass sie längst auch umgekehrt als Werkzeug genutzt wird, um die Entfernungen von Galaxien zu bestimmen – indem man ihre Frequenzverschiebung misst und die Entfernung daraus ableitet.

Wer sieht, wie sich alle anderen von ihm entfernen, könnte auf die Idee kommen, er befände sich an einer besonderen Position, sei ein ausgezeichneter Mittelpunkt, eine Art Fluchtpunkt für alle anderen Objekte. Tatsächlich ist aber bei der kosmischen Skalenfaktor-Expansion keine Galaxie vor den anderen ausgezeichnet: Alle Abstände zwischen Galaxien ändern sich in der gleichen Weise.

Ein weiterer Umstand ist bei der Skalenfaktor-Expansion wichtig. Denken Sie an unser Anfangsbeispiel mit der expandierenden Landschaft zurück. Wenn sich darin auch die Metermaße und sonstigen Messapparaturen vergrößert hätten, könnten wir keinerlei Größenänderung feststellen, denn wir können Längen immer nur mit anderen Längen vergleichen.

Für die kosmische Expansion ist analog hierzu wichtig, dass sich gebundene Systeme, etwa Galaxien, Planetensysteme, Meterstäbe und ähnliches, praktisch nicht ausdehnen – erst ab bestimmten extragalaktischen Größenskalen reicht die gegenseitige Schwerkraftanziehung nicht mehr aus, um die Galaxien zusammenzuhalten, und die kosmische Expansion macht sich bemerkbar.

Urknall-Modelle

Auf solchen Größenskalen sind die fernen Gebilde, Albert Einsteins Allgemeiner Relativitätstheorie folgend, so etwas wie frei schwebende Teilchen, zwischen denen der Raum selbst expandiert und die Entfernungen der Galaxien zueinander wachsen lässt. Wenn sich das Universum heute ausdehnt, dann bedeutet das auch, dass die Galaxien früher näher beieinander waren, dass die Materie im Weltraum in der Vergangenheit also dichter gepackt war als heute.

Diese einfache Überlegung bringt uns zu den sogenannten Urknall-Modellen, nach denen unser Kosmos vor 13,7 Milliarden Jahren aus einem heißen und dichten Anfangszustand hervorgegangen ist. Diese Modelle sind dann allerdings wieder ein Kapitel für sich (in diesem Buch: Kapitel 3). In diesem Kapitel 51 möchte ich es bei den Grundlagen bewenden lassen: der Skalenfaktor-Expansion und einigen einfachen ihrer Eigenschaften und Konsequenzen.

52 Kann uns der Himmel auf den Kopf fallen? Von Meteoriten und herabstürzenden Satelliten

Joachim Wambsganß

In den Geschichten von Asterix und Obelix gibt es die Figur des Majestix, der ständig davor Angst hat, dass ihm der Himmel auf den Kopf fallen könnte. Das klingt ein bisschen „balla-balla“, oder?

Aber auch heutzutage liest man ja ab und zu, dass ein Asteroid die Erde nur ganz knapp verfehlt habe. Oder es wird von einem Meteoriteneinschlag berichtet. Und wir wissen ja auch, dass die Dinosaurier durch einen gewaltigen solchen Einschlag vor 65 Millionen Jahren ausgerottet wurden. In jüngster Zeit kommt es dazu immer häufiger vor, dass von Menschen gemachte Satelliten in Umlaufbahnen an Höhe verlieren und schließlich auf die Erde stürzen. Müssen wir uns sorgen? Droht Gefahr von oben? Kann uns der Himmel auf den Kopf fallen?

Statistik von “großen” Einschlägen

- “Tunguska”-Ereignisse (30m Steinmeteorit):
  - alle paar 100 Jahre
- 500m-Meteoriten:
  - alle 100 000 Jahre
- 5km-Meteoriten:
  - alle 10 Mio Jahre
- Chicxulub-Krater (Yucatan, vor 65 Mio Jahre, 15km, Dinosaurier!):
  - alle 100 Mio Jahre

Gefahr von oben?

Als Meteorit bezeichnet man ein „Gestein“ kosmischen Ursprungs, das von außen kommend die Erdatmosphäre durchquert und den Erdboden erreicht hat. Es gibt zwei Sorten davon: Steinmeteoriten und Eisenmeteoriten. Wie groß sind nun diese Körper, und wie viele gibt es davon?

Nun, Meteoriten kommen in allen Größen vor, die allermeisten sind aber winzig klein, meist Staubkörner oder kleine Gesteins- oder Metallkörner. Insgesamt fallen täglich etwa 10 Milliarden davon auf die Erde, mit einer Gesamtmasse von 1000 Tonnen pro Tag! Die meisten verdampfen in großen Höhen von etwa 80 Kilometern. Manchmal können wir ein solches Ereignis als Sternschnuppe sehen. Nur wenige größere Brocken erreichen die Erdoberfläche. Es gibt etwa zehn Berichte pro Jahr über von Menschen wahrgenommene Meteoriteneinschläge weltweit.

1000 Tonnen Gestein aus dem Weltall pro Tag!

Der allergrößte Teil der auf die Erde fallenden Materie erreicht uns als Mikrometeore, die kleiner als 0,1 mm sind und weniger als 2 Mikrogramm wiegen. Körper mit Größen von 1 mm bis 1 cm und Massen von 2 mg bis 2 g verglühen in der Erdatmosphäre. Wenn ein größerer Meteorit einschlägt, dann ist der Einschlagskrater 20- bis 40-mal so groß wie der Brocken selbst.

Abbildung vorhergehende Seite: NASA; Barringer-Krater in Arizona, Durchmesser ca. 1800 m, entstanden vor ca. 50 000 Jahren, Einschlagskörper hatte vermutlich etwa 50 m Durchmesser.

Im Jahre 1908 gab es in Sibirien in der Region Tunguska eine gewaltige Explosion. Noch in 50 km Entfernung wurden Fenster eingedrückt, auf 2000 Quadratkilometern wurden über 50 Millionen Bäume umgeknickt. Weil diese Gegend so dünn besiedelt ist, gab es nur geringe Personenschäden (die Berichte widersprechen sich ein wenig). Da es keinen Einschlagskrater gibt, gilt als wahrscheinlichste Ursache heute ein Asteroid von 50 m Durchmesser, der in 10 km Höhe explodiert ist. Kann uns der Himmel also auf den Kopf fallen?

Viele Leser kennen das Nördlinger Ries zwischen Schwäbischer und Fränkischer Alb, eine nahezu kreisförmige flache Region von 25 km Durchmesser. Dort wurden Quarz-Gesteine gefunden, die nur bei extremen Temperatur- und Druck-Bedingungen entstehen können. Damit kommt nur ein Meteoriteneinschlag als Ursache in Frage, den man auf ein Alter von 14,6 Millionen Jahren datieren kann. Er soll einen Durchmesser von 1,5 km gehabt haben und mit einer Geschwindigkeit von 90 000 km/h angeflogen sein. Kann uns also der Himmel auf den Kopf fallen?

Krater = Einschlag

Auf Bildern der Mondoberfläche sehen wir viele Krater, einige große, sehr viele kleine. Diese Mondkrater kamen alle durch kosmische Einschläge zustande. Und wieder müssen wir uns die Frage stellen: Kann uns der Himmel auf den Kopf fallen?

Jetzt kann ich die Antwort geben: Ja, aber … . Und eigentlich müsste man das als ganz kleines „ja“ und als ganz großes „aber“ schreiben, also:

ja, **aber!**

Schauen wir uns die Statistik „großer“ Einschläge genauer an, dazu zählen Meteoriten über 100 g (das entspricht einer Tafel Schokolade): Pro Jahr fallen 20 000 solcher Brocken auf die Erde. Im Mittel treffen nur etwa 15 davon auf Deutschland. Die in den letzten 50 Jahren weltweit bekannt gewordenen Schäden durch Meteoriten kann man allerdings an einer Hand abzählen: Im Jahre 1954 durchschlug ein

Risiken/Chancen im Vergleich: Todesursachen in Deutschland im Jahre 2009

Insgesamt:	854 544	100 %
Transportmittelunfälle	4 471	0,5 %
Stürze	8 503	1,0 %
Vorsätzliche Selbstbeschädigung	9 616	1,1 %
Badeunfall/Ertrinken	894	0,1 %
Tätlicher Angriff	447	0,05 %
Tuberkulose	282	0,033 %
Bienenstich	10	0,001 %
Meteoriteneinschlag	0	0,0000 %

[Quelle: Statistisches Bundesamt]

5 kg-Meteorit in Alabama ein Dach; 1972 soll in Venezuela eine Kuh durch einen Meteoriten erschlagen worden sein. Und 1992 wurde im Staat New York ein Auto von einem 12 kg-Meteoriten getroffen, ein Chevy Malibu. Wie sieht es aus mit menschlichen Schäden? Lediglich ein dokumentierter Fall einer Verletzung, indessen kein zweifelsfrei nachgewiesener menschlicher Todesfall durch einen Meteoriten.

Kuh und Chevy Malibu

Betrachten wir jetzt die Häufigkeit sehr großer Einschläge: Tunguska-Ereignisse (Steinmeteorit, 30 m) erwartet man alle paar 100 Jahre; ein 500 m-Meteorit sollte die Erde etwa alle 100 000 Jahre treffen. Alle 10 Millionen Jahre rechnet man mit einem 5 km-Meteoriten. Und ein großer Brocken von 15 km Durchmesser – wie der, der vor 65 Millionen Jahren in Yucatan den Chicxulub-Krater erzeugt hat und zum Aussterben der Dinosaurier führte – erwartet man alle 100 Millionen Jahre.

Unter-/Überschätzte Risiken/Chancen

weltweit sterben durch

- Verkehrsunfälle: mehr als 1 Million Menschen pro Jahr
- Blitzschlag: etwa 1000 Menschen pro Jahr
- Haie: etwa 10 Menschen pro Jahr
- Bienenstich: etwa 1000 Menschen pro Jahr
- herunterfallende Kokosnüsse: etwa 150 Menschen pro Jahr

- Meteoriten: 0 Menschen

100 Millionen Jahre sind eine sehr lange Zeit: Wenn Sie jede Woche mit einem Kästchen Lotto spielen, haben Sie in 100 Millionen Jahren 400-mal sechs Richtige, davon 40-mal mit Superzahl.

Kokosnuss: 150 – Meteorit: 0

Hier kommt eine weitere Statistik, nämlich die der menschlichen Todesursachen auf der Erde. Weltweit sterben in einem einzigen Jahr mehr als 1 Million Menschen durch Verkehrsunfälle, etwa 1000 durch Blitzschlag, ebenfalls etwa 1000 durch Bienenstiche, 150 durch herunterfallende Kokosnüsse, und 10 Menschen kommen durch Haie ums Leben. Durch Meteoriteneinschläge: Null.

Jetzt mögen Sie einwenden: Aber *wenn*, dann kommen gleich ganz viele Menschen um! Auch dies trifft nicht zu: Kleine und mittelgroße Meteoriten sind viel häufiger als ganz große. Deshalb werden kleine und mittelgroße Schäden viel häufiger auftreten als ganz große. Und auch kleine und mittelgroße Schäden sind sehr selten, wie wir oben sahen.

Wie sieht es aber mit abstürzenden Satelliten aus? Viele dieser Satelliten umkreisen uns in etwa 400 km Höhe, sie fliegen alle 96 Minuten einmal um die Erde. Dort oben ist die Atmosphäre extrem dünn, es gibt nur ganz wenig Luft-

Moleküle. Die Begegnung eines solchen Satelliten mit einem Gasmolekül führt dennoch immer zu einer winzig kleinen Abbremsung. Dadurch sinkt der Satellit ein winzig kleines bisschen ab. Dort trifft er mit der Zeit auf ein paar mehr Moleküle, die ihn etwas mehr bremsen, womit er etwas schneller sinkt, womit er noch stärker gebremst wird, bis er schließlich abstürzt.

Satelliten-Abstürze?

Die Bahnen von 13 000 Satelliten und anderen Objekten in Erdumlaufbahnen werden von den Raumfahrt-Behörden verfolgt. Täglich stürzt etwa ein solches Objekt ab. Die meisten verglühen in der Atmosphäre, nur wenige erreichen die Erde. Und die Erdoberfläche ist so groß, dass auch diese Gefahr gering ist.

Dazu nun noch eine letzte Abschätzung: Es gibt etwa 7 Milliarden Menschen auf der Erde. Wenn man annimmt, dass jeder Mensch eine Fläche von zwei Metern mal zwei Meter einnimmt, also 4 m², dann passt die gegenwärtige Weltbevölkerung auf 28 Milliarden Quadratmeter, das sind 28 000 km². Eine solche Region ist kleiner als die Fläche von Baden-Württemberg (35 752 km²). Mathematisch gesprochen fände also die gesamte Menschheit Platz im Land Baden-Württemberg (!).

Unter-/Überschätzte Risiken/Chancen

- 7 Milliarden Menschen auf der Erde
- 4 m² pro Mensch → 28 Mrd m² "Menschenfläche" = 28 000 km²
  → kleiner als die Fläche von Baden-Württemberg! (35 752 km²)
- Erdoberfläche: 510 Millionen km²
- Anteil Baden-Württemberg an Erdoberfläche:
  - 35 000 km² / 510 000 000 km² = 0,00007 = 1 / 15 000
- Wahrscheinlichkeit, dass Mensch getroffen wird: 1 / 15 000 !

Die Erdoberfläche ist insgesamt 510 Millionen km² groß. Der Anteil Baden-Württembergs daran entspricht (35 752 km² / 510 000 000 km²) = 0,000 07 = 1/15 000. Das heißt, selbst wenn ein Brocken von Meter-Größe (Meteorit oder Raketenteil) auf die Erde fällt, ist die Wahrscheinlichkeit, dass ein Mensch getroffen wird, nur 1 : 15 000. Also ziemlich klein.

Gefahr nicht ausgeschlossen – aber minimal

Und nun zum letzten Mal: Kann uns der Himmel auf den Kopf fallen? Zweifellos gibt es ab und zu größere Meteoriten-Einschläge auf der Erde. Das Risiko, dass Menschen durch herabfallende Objekte aus dem Weltall oder aus der Erdumlaufbahn zu Schaden kommen, ist zwar nicht vollständig ausgeschlossen, aber sehr winzig extrem minimal klein. Die Sorge des Majestix ist also ziemlich unbegründet.

www.universum-fuer-alle.de/sternstunde/52

53 Astronomen als Detektive – wie wurden die geheimnisvollen Quasare entlarvt?

Klaus Jäger

Quasare zählen zu den spektakulärsten Objekten im Universum. Die Geschichte ihrer Enträtselung illustriert beispielhaft die Detektivarbeit der Astronomen, um der Natur auf die Schliche zu kommen. Wie in einem Krimi verfolgt man manchmal zunächst eine falsche Spur, doch Indizien und handfeste Beweise führen schließlich auf die wahre Spur des „Täters".

Der erste Quasar: 3C273

Die ersten Quasare, darunter auch das Objekt 3C273, wurden Anfang der 1960er Jahre mit Hilfe von Radioteleskopen entdeckt. Im Gegensatz zu anderen hellen Radioquellen zeigt jedoch ein optisches Teleskop am Ort von 3C273 nur einen unscheinbaren schwachen Lichtpunkt.

Da manchmal auch gewöhnliche Sterne wie die Sonne Radiowellen abstrahlen, vermutete man, auf diese Weise eine neue Klasse von Radio-Sternen entdeckt zu haben. Später stellte sich heraus, dass dies eine falsche Spur war. Sie gab den Objekten aber ihren Namen: *Quasar* steht für *Quasi-Stellare Radioquelle*.

In der Astronomie gilt: „Ein Bild sagt mehr als 1000 Worte, aber ein Spektrum sagt mehr als 1000 Bilder". Deshalb muss man von einem Stern oder einer Galaxie ein Spektrum aufnehmen, wann immer man die Physik dieser Objekte genauer erforschen will. Dabei wird das Licht der Quelle – wie das Sonnenlicht bei einem Regenbogen – in seine Farben zerlegt, es wird also nach den Wellenlängen aufgespalten.

Was sind Quasare?

Sind Quasare wirklich so weit entfernt?

Falls ja:

Warum sind Quasare dann so hell?
Warum ist die Strahlungsquelle so klein?

Wie kann die Energie erzeugt werden?

Emissions- und Absorptionslinien im Spektrum

Wenn Atome oder Moleküle eines bestimmten Gases Licht verschlucken (oder bei leuchtendem Gas auch selbst Licht aussenden), geschieht das nur bei ganz bestimmten, für das Gas charakteristischen Wellenlängen. Das Spektrum zeigt also wie ein Fingerabdruck ein für dieses Gas typisches Muster aus dunklen (oder hellen) Linien und verrät uns so die Zusammensetzung und viele andere physikalischen Eigenschaften eines Objektes.

Spektrallinien können sogar Bewegungen verraten. Wie sich aufgrund des Dopplereffektes die vom Beobachter gemessene Tonhöhe (und

Abbildung vorhergehende Seite: European Space Agency, NASA, Keren Sharon (Tel-Aviv University) und Eran Ofek (CalTech); Quasar J1004+4112, der durch den Gravitationslinseneffekt vierfach abgebildet ist (vier bläulich-weißliche Punkte nahe Zentrum)

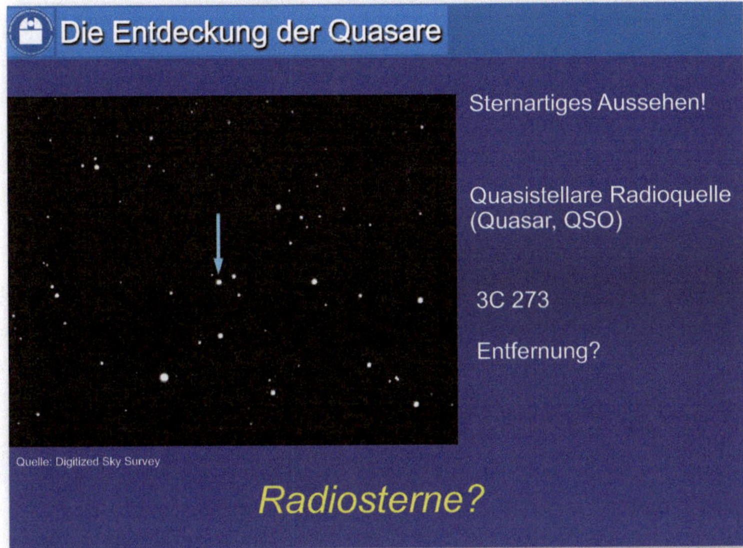

damit Wellenlänge und Frequenz des Tones) eines vorbeifahrenden Autos ändert, so verschiebt sich auch die gemessene Lage einer Spektrallinie zu kürzeren (blauen) oder längeren (roten) Wellenlängen, je nachdem, ob sich ein Objekt auf uns zu oder von uns weg bewegt.

Die Linien verraten sogar einiges über Bewegungen im Objekt selbst. Je breiter die Linien sind, umso höher sind die internen Geschwindigkeiten. Teile des Objekts bewegen sich auf den Beobachter zu, andere von ihm weg. In der Summe ist eine Linie deshalb durch blau- und rotverschobene Anteile verbreitert.

Entdecker: Maarten Schmidt

Als der Astronom Maarten Schmidt im Jahre 1963 das Spektrum des punktförmigen Objektes 3C273 analysierte, konnte er es sich zunächst nicht erklären. Es sah ganz anders aus als die üblichen Spektren von Sternen und Galaxien. Auffällig waren kräftige, extrem breite helle Emissionslinien. Doch ihre Wellenlängen passten nicht zu den bekannten Elementen.

Nach langem Grübeln hatte Schmidt eine gute Idee, die ihn sogar auf die Titelseite des Time Magazines beförderte: Er nahm an, dass es sich um die bekannten Linien des Wasserstoffs handelte. Ihre gegenseitigen Abstände stimmen jedoch nur dann, wenn man eine (für die damalige Zeit) extrem große Fluchtgeschwindigkeit des Quasars annimmt.

Linien sind rot-verschoben

Diese kommt durch die Expansion des Universums zustande: Galaxien entfernen sich von uns, und zwar umso schneller, je weiter sie weg sind. Für 3C273 bedeutet dies: Das Objekt ist etwa zwei Milliarden Lichtjahre entfernt! Dann aber muss dieser unscheinbare Punkt 1000-mal so viel Energie abstrahlen wie eine ganze Galaxie mit 100 Milliarden Sternen! War das möglich? Zudem zeigen die breiten Linien, dass sich dort Gas mit Tausenden von Kilometern pro Sekunde bewegen musste!

Es gab noch andere sonderbare Befunde: Eine weitere dramatische Eigenschaft ergibt sich aus Messungen der Lichtkurve, bei der die Helligkeit des Objekts über der Zeit aufgetragen wird. Quasare zei-

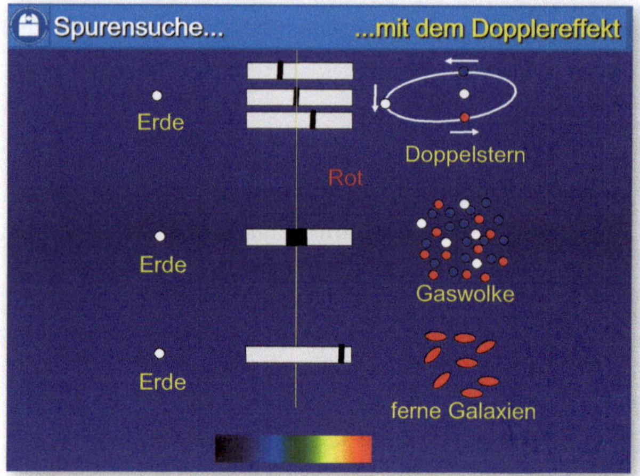

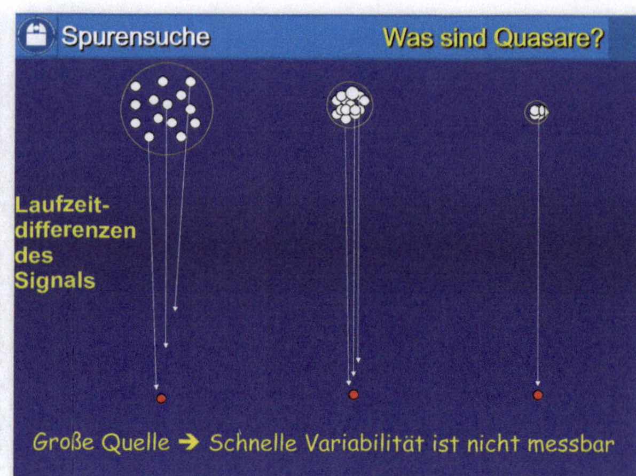

gen hier extrem große Schwankungen innerhalb sehr kurzer Zeiträume von Wochen oder gar Tagen.

Dies bedeutet: Die Strahlungsquelle muss sehr klein und kompakt sein. Hätte die Lichtquelle einen Durchmesser von vielen Lichtjahren, dann könnte der Beobachter nämlich keine kurzen, scharfen Änderungen in der Helligkeit messen. Solche Feinheiten des Signals würden verbreitert und „ausgewaschen", weil die Strahlung aus verschiedenen Bereichen der Quelle unterschiedlich lang zu uns unterwegs ist. Somit muss die enorm helle Strahlung des Quasars aus einer Region kommen, die nur so groß ist wie unser inneres Planetensystem!

Was ist ein Quasar?

Was also ist ein Quasar? Unfassbar weit entfernt, extrem hell, hohe interne Geschwindigkeiten und dabei auch noch winzig klein? Das wollten viele Astronomen nicht glauben. Doch immer bessere Teleskope lieferten nach und nach klare Beweise. So gelang es, in der Umgebung der Quasare schwaches Licht normaler Galaxien nachzuweisen. Quasare entpuppten sich als leuchtkräftige und aktive Zentralbereiche von weit entfernten Galaxien. Die großen Entfernungen und damit die gigantischen Leuchtkräfte sind also real!

Wie strahlt ein Quasar?

Doch welcher Mechanismus erzeugt diese enorm helle Strahlung? Normales Sternlicht konnte es nicht sein, das wäre viel zu schwach. Als einzige Erklärung dieser und anderer Quasar-Eigenschaften etablierte sich, dass im Zentrum solcher Galaxien Schwarze Löcher mit bis zu 10 Milliarden Sonnenmassen existieren müssen. Ein solches Schwarzes Loch ist von einer rotierenden Scheibe aus Gas und Staub umgeben, aus der Materie in das

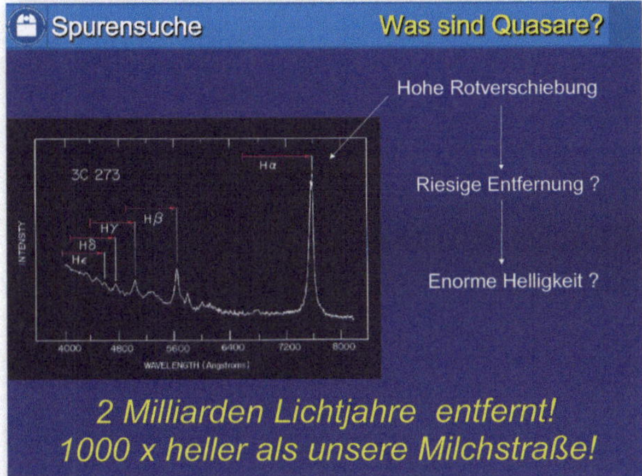

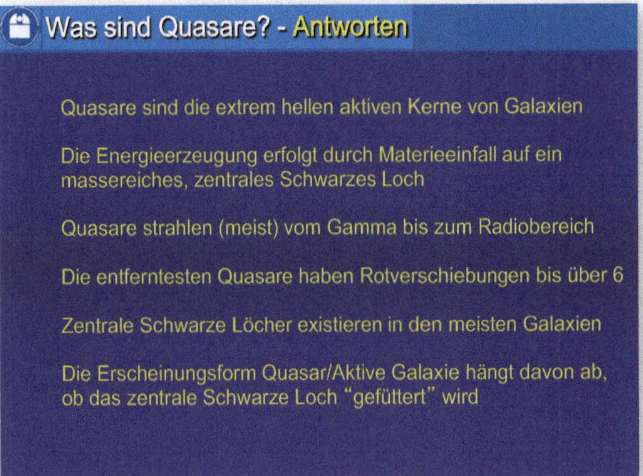

„Schwerkraftmonster“ hineinfällt. Reibung und hohe Temperaturen sorgen für extrem starke Strahlung.

Die Materie umkreist das Schwarze Loch mit hohen Geschwindigkeiten, und Veränderungen der „verschluckten“ Menge an Materie sorgen für Änderungen der Helligkeit. Dass dieses Bild stimmig ist, beweisen mittlerweile auch Beobachtungen der Zentren relativ naher Galaxien. Man sieht dort direkt die erwarteten Strukturen und kann die zentrale Masse und die Bewegungen bestimmen. Die eigentliche Energiequelle für Quasare ist die Umwandlung von „Ruheenergie“ der Materie in Strahlung.

Aktive Galaxien(zentren)

Sogar im Zentrum unserer Milchstraße hat man ein massereiches Schwarzes Loch entdeckt mit etwa 4 Millionen Sonnenmassen. Dies ist gelungen, indem man die Bahnen von Sternen ganz nahe beim Galaktischen Zentrum verfolgt hat: Sie bewegen sich mit gewaltig hohen Geschwindigkeiten, die wiederum von einer sehr großen Masse in einem sehr kleinen Raumbereich erzeugt werden müssen. Zu sehen ist aber nichts. Bleibt als einzig mögliche Erklärung: ein Schwarzes Loch.

Schwarze Löcher mit großen Massen befinden sich offenbar in den Zentren fast aller Galaxien. Und vermutlich hängen sie eng zusammen mit der Entwicklung dieser Galaxien. Ob jedoch der Zentralbereich einer Galaxie als Quasar leuchtet, hängt davon ab, ob das zentrale Schwarze Loch gerade mit Materie „gefüttert“ wird. Die „Quasar“-Eigenschaft tritt anscheinend nur episodisch zu Tage: Meist sind die Galaxien-Zentren in einer Art Ruhe-Zustand, manchmal werden sie aktiv und strahlen dann für – astronomisch gesprochen – relativ kurze Zeit extrem hell. Noch sind viele Detailfragen offen, doch die grundsätzliche Natur der Quasare ist inzwischen verstanden.

www.universum-fuer-alle.de/sternstunde/53

54 Welche Teleskope nutzen Heidelberger Astronomen?

Andreas Quirrenbach

Die Geschichte des Teleskops begann vor etwa 400 Jahren im frühen 17. Jahrhundert. Galileo Galilei war tatsächlich der erste, der ein Teleskop für astronomische Beobachtungen genutzt hat. Seitdem haben sich die Beobachtungsinstrumente der Astronomie immer rasanter fortentwickelt.

In Heidelberg wurde Ende des 19. Jahrhunderts von Max Wolf auf dem Königstuhl die Landessternwarte gegründet. Anfang des 20. Jahrhunderts erhielt sie ihr erstes modernes Teleskop. „Modern" trifft auch deswegen zu, weil es zum großen Teil aus privaten Spenden finanziert wurde, unter anderem von der Familie Waltz, weswegen es auch Waltz-Reflektor heißt. Wenn Sie die Landessternwarte besuchen, können Sie dieses historische Instrument noch heute besichtigen.

Königstuhl, Heidelberg

Die Heidelberger Astronomen haben dieses Waltz-Teleskop viele Jahre für ihre Forschungen genutzt. Professoren und Assistenten wohnten dazu oben auf dem Königstuhl. Wann immer es das Wetter zuließ, öffneten sie die Kuppel und beobachteten die ganze Nacht hindurch.

Leider ist es aber so, dass in Heidelberg die beiden Todfeinde der Astronomen, nämlich Wolken und Lichtverschmutzung, eine große Rolle spielen. Es gibt hier oft Nebel, und die Rhein-Neckar-Region wurde überdies durch die Industrialisierung zunehmend heller. Die Investitionen für moderne Teleskope sind heute so groß, dass man es sich nicht mehr leisten kann, Teleskope an einer Stelle zu bauen, an denen die Beobachtungsbedingungen nicht ideal sind.

Ab den 1960er Jahren war man deswegen zunehmend bestrebt, moderne Sternwarten dorthin zu bauen, wo die Bedingungen möglichst gut sind. Dass man dies überhaupt so planen konnte, lag daran, dass man plötzlich sehr schnell um die Welt reisen konnte. Was Anfang des 20. Jahrhunderts noch undenkbar war, nämlich für ein paar Beobachtungsnächte auf einen anderen Kontinent zu reisen, wurde durch den zunehmenden Flugverkehr zur Selbstverständlichkeit.

Astronomen in Heidelberg beschlossen deshalb, ihre großen Teleskope in Südspanien zu bauen. Mit dem Bau eines Teleskops auf dem

Abbildung vorhergehende Seite: ESO/F. Kamphues; Die vier VLT-Teleskope (Very Large Telescope) der europäischen Südsternwarte (ESO) auf dem Cerro Paranal in Chile
Abbildungen oben und rechte Seite: Autor

Die Feinde der Astronomen: Wolken und Lichtverschmutzung

Calar Alto gründete man schließlich auch das Max-Planck-Institut für Astronomie (MPIA) in Heidelberg. Denn zum Betrieb eines solch großen Observatoriums (mit 3,5 Metern Spiegeldurchmesser) brauchte man ein ganzes Institut.

Calar Alto, Spanien

Parallel dazu entwickelte sich unter den Astronomen Europas ein immer stärkerer Wille, zusammenzuarbeiten, um gemeinsam Größeres leisten zu können. Dies lag auch darin begründet, dass ab Anfang des 20. Jahrhunderts die Astronomie sehr stark von amerikanischen Forschern dominiert wurde, insbesondere aus Kalifornien. Das lag nicht zuletzt daran, dass die Berge an der kalifornischen Küste sehr gut für astronomische Beobachtungen geeignet sind. In den 1960er Jahren beschlossen die Astronomen in Europa daher, gemeinsam ein Observatorium auf der Südhalbkugel zu bauen.

Damit hatte man nicht nur generellen Zugang zum Südhimmel, ein weiterer Vorteil war, dass sich die Milchstraße von der Südhalbkugel aus besser beobachten lässt, da das interessante Milchstraßen-Zentrum am Südhimmel liegt. Auch die Magellanschen Wolken befinden sich in der Südhemisphäre.

La Silla und Paranal, Chile

Mehrere europäische Staaten gründeten gemeinsam also die europäische Südsternwarte ESO (European Southern Observatory). Die Teleskope der ESO befinden sich in der Atacama Wüste in Chile – an einem der trockensten Orte der Welt. Es gibt dort Gegenden, in denen es noch nie geregnet hat, seit es menschliche Aufzeichnungen gibt. Das ist natürlich ein Paradies für Astronomen.

Inzwischen hat die ESO etwas weiter nördlich in Chile ein zweites großes Observatorium gebaut, das Very Large Telescope (VLT). Dort stehen jetzt einige der wichtigsten Instrumente der europäischen Astronomie: Vier Teleskope mit Spiegeldurchmessern von 8 Metern (siehe Abbildung auf der vorhergehenden Doppelseite).

Durch diese gemeinsamen europäischen Teleskop-Projekte änderte sich auch die Rolle, die die astronomischen Institute

an einer Universität spielen können. Sie betreiben nicht mehr selbst große Teleskope, erfüllen aber nach wie vor wichtige Funktionen beim Bau von Spektrographen und Kameras für diese ESO-Teleskope. So konnte die Landessternwarte Königstuhl gemeinsam mit den Universitäten München und Göttingen die beiden FORS-Spektrografen für das VLT bauen, die sehr intensiv genutzt werden.

Mount Graham, Arizona

Heidelberger Astronomen – sowohl die Landessternwarte, die zum Zentrum für Astronomie der Universität Heidelberg gehört, als auch das Max-Planck-Institut für Astronomie – sind an einem Doppel-Teleskop mit zwei jeweils 8,4m großen Spiegeln beteiligt, das in Arizona auf dem Mt. Graham steht: das Large Binocular Telescope (LBT). Für das LBT haben wir Heidelberger den Spektrografen Lucifer gebaut, der gerade erste Ergebnisse geliefert hat (mehr dazu im Kapitel 55).

Es gibt weitere internationale Einrichtungen, an denen Heidelberger Astronomen beteiligt sind, etwa H.E.S.S., das High Energy Stereoscopic System. Das steht in Namibia in der Nähe des Gamsbergs. H.E.S.S. ist nun kein Teleskop, das sichtbares Licht beobachtet, sondern hier wird elektromagnetische Strahlung mit hohen Energien gemessen: Gammastrahlen.

Gamsberg, Namibia

Wenn ein Gammastrahl aus dem All auf die Atmosphäre trifft, löst er Lichtblitze aus, und diese Lichtblitze werden von den vier H.E.S.S.-Teleskopen mit jeweils 10 Meter Durchmesser aufgefangen. Diese schwachen Lichtblitze erlauben Rückschlüsse auf die Gammastrahlen, die aus dem Kosmos auf uns zukommen. Auf diesem Gelände ist übrigens gerade ein Teleskop mit 25 m Durchmesser in Betrieb genommen worden (mehr dazu in Kapitel 29).

Erdumlaufbahn, Weltraum

Heidelberger Astronomen bewerben sich auch um Beobachtungszeit bei internationalen Weltraumteleskopen, wie Hubble im sichtbaren Licht oder XMM-Newton im Röntgenbereich. Und sie bauten Instrumente für das Herschel

Abbildung oben: ESO
Abbildungen rechte Seite: NASA (Hubble) und ESA 2002/Medialab (Herschel)

Hubble Weltraumteleskop über der Erde

Herschel Weltraumteleskop noch auf der Erde (vor dem Start)

Weltraumteleskop. Letzteres nimmt Infrarotstrahlung auf und kann damit die Geburt neuer Sterne beobachten, sowie Galaxien in der Frühzeit des Universums.

Es gibt übrigens leider keine schönen Bilder des Herschel-Teleskops im All. Dies liegt daran, dass Herschel mit einer unbemannten Rakete ins Weltall gelangte, anders als das Hubble Teleskop, das mit einem bemannten Space Shuttle ins All flog und von Astronauten fotografiert werden konnte (siehe oben).

Zukunft der Astronomie: International

Sie sehen also, Astronomen sind mit Ihren Beobachtungsmethoden seit Galilei ganz schön weit gekommen. Sie beobachten allerdings nur noch selten von Deutschland aus, weil die Wetter- und Lichtbedingungen anderswo deutlich besser sind. Und sie nutzen auch kaum noch eigene/individuelle Teleskope, sondern meist Observatorien, die gemeinsam in internationalen Großprojekten errichtet wurden, teils europäisch, teils weltweit.

Der nächste Schritt in der europäischen Entwicklung von astronomischen Beobachtungsinstrumenten ist ein Teleskop mit etwa 40 Metern Durchmesser: Das entspricht 5-mal dem Durchmesser der derzeit größten Teleskope, oder 25-mal der derzeit größten Spiegelfläche. Dazu mehr in Kapitel 25. Es bleibt also sehr spannend, und glücklicherweise kann man heutzutage den faszinierenden Neuigkeiten aus der Astronomie oft sogar in der Tageszeitung folgen.

55 Wie Heidelberger Astronomen das „Large Binocular Telescope" nutzen

Jochen Heidt

Viele von Ihnen haben sicherlich schon davon gehört oder gelesen – vom LBT, dem *Large Binocular Telescope*. „Large" ist es in der Tat, sogar sehr groß, und „Binocular" heißt es, weil es ein bisschen aussieht wie ein riesiges Fernglas.

Denn dieses Observatorium besteht eigentlich aus zwei Teleskopen – jedes besitzt einen 8,4 m-Spiegel –, die auf einer gemeinsamen Montierung sitzen. Dies ist eine sehr neue und innovative Beobachtungsmethode. Astronomen arbeiten permanent daran, die beiden Spiegel noch effektiver miteinander zu kombinieren, so dass wir in den nächsten Jahren eine einzigartige Auflösung im optischen Bereich erreichen werden.

LBT mit zwei 8,4 m-Spiegeln auf einer gemeinsamen Montierung: Wahrhaft riesig!

Zwei Spiegel, ein Teleskop

Das LBT ist aus einer ganzen Reihe von Gründen besonders. Zunächst einmal ist es eigentlich ein „Privatteleskop". Finanziert wird es von einzelnen Instituten in den USA, Italien und Deutschland (und nicht etwa von Regierungen oder nationalen/internationalen Vereinigungen). Die deutsche Beteiligung verteilt sich auf fünf Astronomie-Institute, nämlich das Max-Planck-Institut (MPI) für Radioastronomie in Bonn, das Leibniz Institut für Astrophysik in Potsdam, das MPI für Extraterrestrische Physik in Garching, sowie das MPI für Astronomie und die Ruprecht-Karls-Universität in Heidelberg.

Jeder dieser Partner zahlt jährlich eine bestimmte Summe Geld ein, um das Teleskop zu betreiben und zu erhalten. Und je nach Anteil des Geldes bekommt man eine entsprechende Menge Beobachtungszeit zugeteilt. Die Universität Heidelberg beispielsweise ist ein kleiner Partner mit 6 % finanzieller Beteiligung, das entspricht etwa vier bis fünf Nächten Beobachtungszeit pro Jahr.

Das LBT befindet sich auf dem Mount Graham, 250 km östlich von Tucson in Arizona (USA). Auf diesem Berg stehen zwei weitere Observatorien, das Heinrich-Hertz-Teleskop für astronomische Messungen im Submillimeter-Wellenlängenbereich, sowie die Vatikanische Sternwarte (Vatican Advanced Technology Telescope, VATT), die tatsächlich vom Vatikan betrieben wird.

Abbildung vorhergehende Seite: LBT, David Steele; Das Large Binocular Telescope (LBT) auf dem Mt. Graham in Arizona (USA)
Abbildung oben: Autor

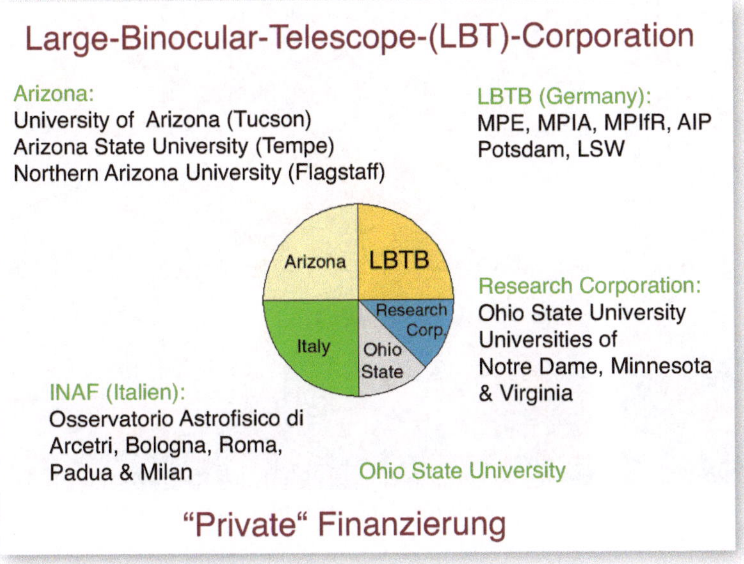

Large-Binocular-Telescope-(LBT)-Corporation

Arizona:
University of Arizona (Tucson)
Arizona State University (Tempe)
Northern Arizona University (Flagstaff)

LBTB (Germany):
MPE, MPIA, MPIfR, AIP Potsdam, LSW

Arizona | LBTB | Italy | Research Corp. | Ohio State

Research Corporation:
Ohio State University
Universities of
Notre Dame, Minnesota & Virginia

INAF (Italien):
Osservatorio Astrofisico di Arcetri, Bologna, Roma, Padua & Milan

Ohio State University

"Private" Finanzierung

Ende 2004 wurde „First Light" für das Large Binocular Telescope verkündet, das LBT wurde eingeweiht. Die ersten wissenschaftlichen Daten wurden im Juli 2005 geliefert. Aber auch vorher hatte das LBT schon spannende Zeiten erlebt: Im Juli 2004 gab es nämlich einen gewaltigen Waldbrand auf dem Mount Graham. Das Feuer war so unkontrollierbar, dass der ganze Berg evakuiert werden musste. Die Flammen konnten nur etwa 100 m vom Teleskop entfernt gestoppt werden. Ein riesiges Glück, denn sonst wäre das Teleskop wohl geschmolzen.

Mount Graham, mit Vatikan- und Hertz-Teleskop

Das LBT ist riesig groß (siehe Abbildung links und vorherige Doppelseite): Der Kuppelbau ist 30 m hoch und steht auf einer Grundfläche von 40m x 40m. Damit ist das LBT höher als die Heidelberger Peterskirche. Es hält Windgeschwindigkeiten bis 225 km/h Stand und wiegt 580 Tonnen. Die Kuppel selbst ist sogar 2500 Tonnen schwer.

Wenn in einigen Jahren die beiden Spiegel interferometrisch gekoppelt sein werden, wird das LBT die räumliche Auflösung eines 23 m-Durchmesser-Teleskops erreichen. Damit wird das LBT für einige Jahre das größte optische Teleskop der Welt sein wird. Ab dem Jahre 2020 soll dann voraussichtlich das europäische Extremely Large Telescope mit ungefähr 40 Meter Durchmesser in Betrieb gehen (dazu mehr in Kapitel 25).

Adaptiver Sekundärspiegel

Was am LBT jedoch besonders innovativ ist, das sind die adaptiven Sekundärspiegel. Das Licht der Sterne wird zunächst wie üblich von den großen Spiegeln des LBT aufgefangen, reflektiert und fokussiert. Im Anschluss fällt es auf die adaptiven Sekundärspiegel mit 91 cm Durchmesser. Das Glas dieser Spiegel ist nur 1,5 mm dick, also extrem dünn und damit leicht verformbar. Was genau machen diese Sekundärspiegel?

Sie werden mehrmals pro Sekunde auf sehr komplexe Weise verformt, um das Flimmern der Sterne auszugleichen. Wie Sie in Kapitel 46 lesen können, wird das Sternenlicht beim Durchgang durch die Atmosphäre aufgrund von Temperatur-

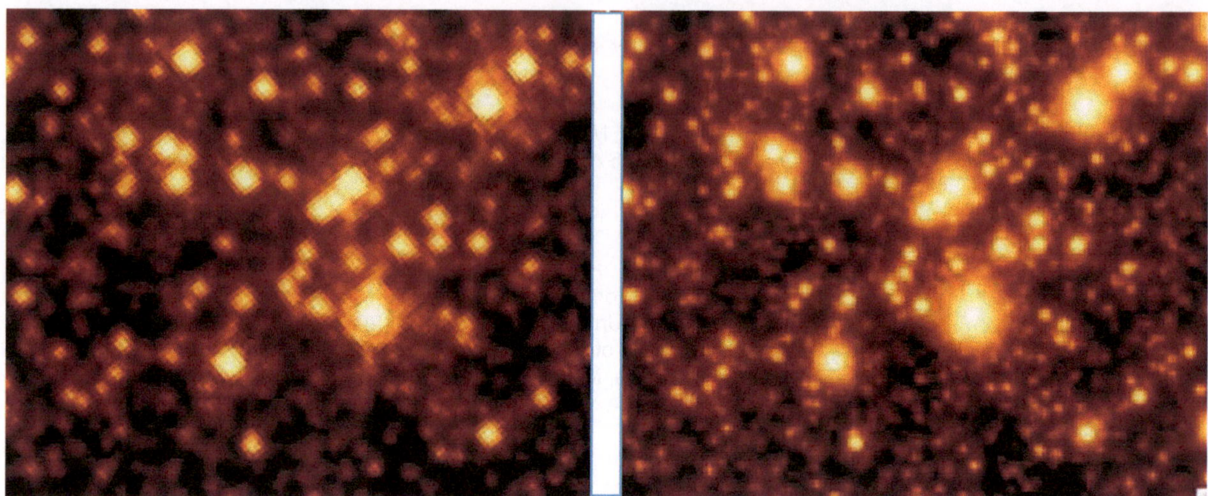

Zwei Aufnahmen der gleichen Himmelsregion, links mit dem Hubble Teleskop, rechts mit dem LBT unter Nutzung der adaptiven Optik. Das LBT-Bild ist dreimal schärfer als die Hubble-Aufnahme!

schwankungen der Luft verschiedenartig abgelenkt. Dadurch wird das „Bildchen" des Sterns ziemlich ausgeschmiert und verbreitert, also unscharf.

Mehr Schärfe durch 672 Aktuatoren

Mit Hilfe der adaptiven Optik kann man diese Schwankung korrigieren. Dazu nutzt man ein kleines Teleskop direkt neben dem LBT. Damit misst man mithilfe eines helleren Sterns in der Nähe des angepeilten Sterns die Luftunruhe. Wenn kein heller Stern in der Nähe der gewünschten Himmelsregion steht, dann erzeugt man sich sogar einen „künstlichen Stern" mit Hilfe eines Laserstrahls. Die Daten dieses „Hilfs-Sterns", das schnelle Hin-und-Her-Wackeln, werden dann sofort ausgewertet. Mit spezieller Software wird ausgerechnet, wie genau der Sekundärspiegel verformt werden muss, damit diese Luftunruhe gerade ausgeglichen wird.

Diese Information wird dann dem Sekundärspiegel zugeführt. Und dessen Oberfläche wird schließlich bis zu 50-mal in der Sekunde von 672 kleinen Hebeln, den sogenannten Aktuatoren, so verändert, dass die durch die Atmosphäre verformten Wellenfronten des Sternlichtes wieder „entbogen" werden. Dadurch erhalten wir wunderbar scharfe Bilder. Diese Technik der adaptiven Optik wurde im Mai 2010 erstmals erfolgreich am LBT angewandt.

Was das bringt? Das sehen Sie hier in der Abbildung oben. Links ist ein bestimmtes Sternfeld zu sehen, aufgenommen vom Hubble Space Telescope. Die Bilder sind sehr scharf, weil das Hubble-Teleskop ja in einer

Abbildung oben: LBT/Autor
Abbildungen rechte Seite: LBT/Autor

Baubeginn: Sommer 1999
Einweihung: Oktober 2004
"First light": 12 Okt. 2005

Fakten zum Large Binocular Telescope (LBT):

Grösse Gebäude: 30 m • 40 m • 40 m

Windbeständig bis 225 km/h

Gewicht Teleskop: ~ 580 Tonnen

Gewicht Kuppel: ~2500 Tonnen

2 Spiegel a 8,4m Durchmesser
(Lichtsammelfläche entspricht Spiegel von 11,8m Durchmesser)

Kombiniert: räumliche Auflösung eines 23m Teleskops

Erdumlaufbahn stationiert ist und das Licht deshalb nicht durch die Atmosphäre gehen muss ist. Auf der rechten Seite ist ein Bild des LBT zu sehen, aufgenommen mit adaptiver Optik, so dass das Bild schärfer wird als ohne diesen Ausgleich der Luftturbulenzen.

Tatsächlich gelingt dadurch eine Aufnahme des LBT, die sogar noch dreimal schärfer ist als das entsprechende Hubble-Bild! Wir arbeiten daran, die beiden Teleskope des LBT interferometrisch zu kombinieren, das heißt, sie komplett „zusammenzuschalten". Damit werden wir das Auflösungsvermögen eines 23 m-Teleskops erhalten, und nochmals eine zehnfache Verbesserung der Seh-Schärfe.

Cooles Teleskop

Mit dem LBT messen die Astronomen meist im infraroten Wellenlängenbereich (dazu mehr in Kapitel 4). Dafür ist es notwendig, die Kamera auf -220 °C zu kühlen. Das wird mit flüssigem Helium erreicht. Aus diesem Grund muss man für die Kameras und Spektrografen Materialien verwenden, die extrem kältebeständig sind. Moderne Teleskop-Kameras sind also auch in der Produktion äußerst anspruchsvoll. Es werden allerneueste Technologien verwendet, oft speziell zu diesem Zweck von der Industrie oder den Forschungsinstituten selbst entwickelt.

Das Large Binocular Telescope ist ein sehr modernes internationales Teleskop, das in den kommenden Jahren stetig weiterentwickelt und verbessert werden wird. Astronomen aus aller Welt – und gerade auch aus Heidelberg – werden mit diesem Doppelfernrohr noch viele großartigen Entdeckungen machen in unserem faszinierenden Universum.

www.universum-fuer-alle.de/sternstunde/55

CALENDARIUM PERPET
Aureus Num:
Litera Dom
Pascha
Pentecost.
Lit. Dom.
Bissextil
Aur. Num
Epact.
Mar.
Maj

56 Warum gibt es den 29. Februar so selten? Über Schalt-Jahre und Schalt-Tage

Ulrich Bastian

Der Titel dieses Vortrages könnte auch lauten: Warum gibt es Schaltjahre? Und die Antwort darauf ist eigentlich ganz einfach: Weil die Länge eines Jahres kein ganzzahliges Vielfaches der Länge eines Tages beträgt. Anders ausgedrückt: Ein Umlauf der Erde um die Sonne – also „ein Jahr" – dauert etwas länger als 365 Tage, aber kürzer als 366 Tage. Deshalb wird ab und zu ein Extra-Tag eingefügt.

Tageslänge = Rotationszeit der Erde

- Fast !
- Rotationszeit = 23 Std 56 min 4.09 sec
- Taglänge = 24 Std 00 min 0.00 sec
- Taglänge = mittlere Zeit zwischen Mittag und Mittag (bzw. zwischen Mitternacht und Mitternacht)

Ab und zu ein Extra-Tag

Um das nun genau zu verstehen, schauen wir uns zunächst einmal die zwei natürlichen Rhythmen an, die uns von der Natur vorgegeben werden. Unser tägliches Leben wird dominiert vom regelmäßigen Tag-Nacht-Wechsel, also der Länge eines Tages. Und auch der Wechsel der Jahreszeiten ist von großer Bedeutung, also die Länge eines Jahres. (Genau genommen gibt es noch einen dritten Rhythmus, den Wechsel der Mondphasen. Dies entspricht in etwa der Länge eines Monats, spielt aber heutzutage nur noch eine untergeordnete Rolle und wird im folgenden nicht weiter betrachtet.)

Die Tageslänge definiert sich also über die Rotationszeit der Erde. Wie lange dauert nun ein Tag? Sie werden sagen: Das ist doch klar, nämlich 24 Stunden! In der Tat ist die Tageslänge – definiert als die mittlere Zeitdauer zwischen Mittag (= Sonnenhöchststand) des einen Tages und Mittag des nächsten Tages – festgelegt zu exakt 24 Stunden. Die Rotationsdauer der Erde, also die Zeit, die die Erde braucht, um sich genau einmal um ihre eigene Achse zu drehen, ist aber davon *verschieden*: Die Rotationszeit der Erde für eine volle Drehung beträgt 23 Stunden, 56 Minuten und 4,09 Sekunden. (Dies wird – nebenbei bemerkt – ein „Sterntag" genannt.) Jetzt denken Sie vielleicht: Wie kann das sein?

Sonnentag ≠ Sterntag

Nun, dieser kleine Unterschied von nicht ganz vier Minuten kommt dadurch zustande, dass sich die Erde nicht nur um sich selbst dreht, sondern gleichzeitig auch auf ihrer Kreisbahn um die Sonne ein Stückchen weiterläuft. Und um nach einer Drehung um sich selbst auf ihrer

Abbildung vorhergehende Seite: Wikipedia/gemeinfrei (Foto von I. J. Andri, Müstair/CH, hochgeladen von Dr.-Ing. S. Wetzel alias Analemma. Original Uploader war Analemma auf de.wikipedia): Ewiger Kalender (Julianisch) von 1690 aus Graubünden/CH (Annahme des Gregorianischen Kalenders dort erst im 18. Jh.)

Der Unterschied:

Der Umlauf der Erde um die Sonne

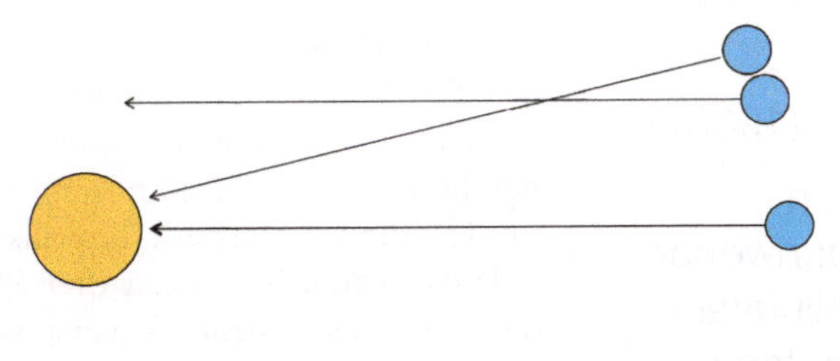

Kreisbahn dann genau wieder zur Sonne zu schauen, muss sich die Erde ein kleines bisschen weiter drehen als 360 Grad. Das ist in der Abbildung oben veranschaulicht.

1 Jahr = 365 Tage + 6 Std + 9 Min + 10 Sek

Wie sieht es nun mit der Jahreslänge aus? Die Umlaufzeit der Erde um die Sonne beträgt 365 Tage, 6 Stunden, 9 Minuten und 10 Sekunden. Die Jahreslänge – definiert als die Dauer von einem Frühlingspunkt zum nächsten – beläuft sich allerdings auf 365 Tage, 5 Stunden, 48 Minuten und 46 Sekunden. Das ist ein Unterschied von mehr als 23 Minuten! Wie kommt das zustande?

Um dies zu verstehen, müssen wir die Ursache der Jahreszeiten erläutern. Die Erde dreht sich um die Sonne und um sich selbst. Die Rotationsachse der Erde ist aber gegen die Ebene der Erdbahn um 23,5 Grad geneigt. Deswegen zeigt im (nördlichen) Sommer der Nordpol ein wenig zur Sonne hin, und auf der ganzen nördlichen Hemisphäre steht die Sonne etwas höher. Deshalb ist es im Sommer wärmer. Im Winterhalbjahr dagegen zeigt der Nordpol von der Sonne weg, und von uns aus gesehen steht die Sonne niedriger.

Die Neigung ist schuld

Wenn die Ebene der Erdbahn und die Richtung der Rotationsachse der Erde im Raum konstant blieben, dann wären auch die Umlaufszeit der Erde um die Sonne und die Jahreslänge genau gleich. Die Rotationsachse der Erde verlagert sich aber mit der Zeit, wenn auch nur ganz langsam. Diese Bewegung ist die gleiche, wie wenn ein Spielkreisel etwas „eiert". In der Astronomie wird dieser Effekt „Präzession der Erdachse" genannt, ein Umlauf dauert etwa 26 000 Jahre.

Jetzt aber zurück zur historischen Bestimmung der Jahreslänge. Eine gute Schätzung für die Dauer eines Erdjahres ist 365 Tage. Dies war sicherlich auch schon den prähistorischen Kulturen bekannt. Allerdings ist dieser Wert eben um etwa einen Viertel Tag zu kurz.

Jahreslänge = Umlaufzeit der Erde um die Sonne

- Fast !
- Umlaufzeit = 365d 6h 9m 10s = 365.25636 Tage (1900)
- Jahreslänge = 365d 5h 48m 46s = 365.24220 Tage (1900)
- Jahreslänge = mittlere Zeit zwischen Sonnwende und Sonnwende bzw. zwischen Frühlingsanfang und Frühlingsanfang

Wenn man also immer nur 365 Tage als ein Jahr zählt, dann verrutschen die Jahreszeiten langsam. In 100 Jahren käme immerhin schon fast ein Monat Verschiebung zusammen. Das fiel schon den Babyloniern auf. Im alten Ägypten hat man deshalb den Kalender im Jahre 238 v. Chr. korrigiert, indem man alle vier Jahre einen „Schalttag" eingefügt hat. Damit betrug die Jahreslänge im Kalender 365,25 Tage. Das ist schon eine viel bessere Näherung an die wahre Jahreslänge als die vorherige Regelung.

Warum der 29. Februar ?!?

Für uns ist das wichtig, weil Julius Cäsar – der in Ägypten offensichtlich nicht nur Kleopatra kennenlernte, sondern auch das Kalendersystem – im Jahre 45 v. Chr. im Römischen Reich diese Regelung in Form der nach ihm benannten Julianischen Kalenderreform einführte. Als Schalttag wurde der 29. Februar festgelegt.

Warum nun wurde aber gerade der 29. Februar zum Schalttag auserkoren? Mitten im Jahr? Wäre es nicht sinnvoller, einen solchen zusätzlichen Tag am Ende des Jahres einzufügen?

Julianisch

Nun, so schlau waren die Römer auch: Der Schalttag 29. Februar *war* bei den Römern am Jahresende! Bei ihnen lag nämlich der Jahresbeginn ursprünglich im Frühling: „Martius", „Aprilis" und „Maius" waren die ersten drei Monate des römischen Kalenders (entsprechend waren September, Oktober, November die siebten, achten und neunten Monate, wie man auch heute noch an den Namen erkennen kann ...).

Mit dieser Julianischen Regelung hatte das römische Jahr also eine Länge von 365,25 Tagen. Im Konzil von Nicaea des Jahres 325 n. Chr. wurde dieser Julianische Kalender auch für das Christentum übernommen. Alle Jahreszahlen, die Vielfache der Zahl vier sind, sollten Schaltjahre sein. Diese Julianische Jahreslänge entspricht zwar in der Tat schon ziemlich gut der tatsächlichen Jahreslänge, genaugenommen ist sie aber immer noch um 11 Minuten zu lang. Das ist nicht viel, aber nach 130 Jahre entspricht das immerhin schon einem ganzen Tag.

Im Laufe der Jahrhunderte wurde dieser Unterschied natürlich ständig größer, und gegen Ende des Mittelalters fiel es schon richtig auf. Im Jahre 1582 waren durch diese ungenaue Jahreslänge im Kalender bereits neun Tage Unterschied aufgelaufen.

Um dies nun zu korrigieren, beschloss Papst Gregor XIII. im Jahre 1582 eine weitere Kalenderreform. Darin wurde festgelegt, dass auf den 5. Oktober 1582 direkt der 15. Oktober folgen sollte. Der Wochenlauf wurde eingehalten: Auf Donnerstag, den 5.10.1582, folgte Freitag, der 15.10.1582. Das heißt, es wurden einfach neun Tage aus dem Kalender gestrichen: Den 12. Oktober 1582 etwa *gab es nicht*! (Allerdings wurde die Gregorianische Kalenderreform nicht überall zu diesem Zeitpunkt umgesetzt. In einigen Regionen geschah dies später und erstreckte sich teilweise sogar bis ins 20. Jahrhundert. Das ist der Grund, warum die „Oktoberrevolution" 1917 in Russland eigentlich im November stattfand ...)

Aber warum der 29. Februar ??

- Logischer wäre doch ein Zusatztag am Jahresende
- Der Schalttag war ursprünglich am Jahresende !
- Jahresbeginn = Frühlingsbeginn (naja, halt so ungefähr)
- Martius, Aprilis, Maius, Junius, Quintilis, Sextilis, September, October, November, December, (Januarius, Februarius als Schaltmonate)
- 154 v. Chr.: immer 12 Monate, Jahresanfang auf Januar
- Martius, Aprilis, Maius, Junius, Julius, Augustus September, October, November, December

Gregorianisch

Die Gregorianische Kalenderreform hat desweiteren auch die kalendarische Jahreslänge korrigiert. Sie verfeinerte die Regeln für ein Schaltjahr: Drei Schalttage pro 400 Jahre wurden gestrichen. Und um dies elegant umzusetzen, wurde folgendes festgelegt: Jahrhunderte sollten nur dann Schaltjahre sein, wenn sie durch 400 ohne Rest teilbar sind. Damit sind die Jahre 1700, 1800 oder 1900, ebenso 2100, 2200 oder 2300 keine Schaltjahre mehr, obwohl sie Vielfache von vier sind. Dagegen bleiben die Jahre 1600, 2000 oder 2400 Schaltjahre.

3000 Jahre Zeit für die nächste Kalenderreform

Insgesamt wurde mit dieser Gregorianischen Regelung der 29. Februar zwar noch etwas seltener, aber die kalendarische und die astronomische Jahreslänge stimmen nun schon sehr gut überein. Der Unterschied beträgt nur noch 26 Sekunden. Das addiert sich erst in etwa 3300 Jahren zu einem ganzen Tag Versatz. Damit bleibt den Menschen noch viel Zeit für die nächste Kalenderreform!

www.universum-fuer-alle.de/sternstunde/56

JUL 01
JUN 07

JUN04

JUN2010

57 Sind die Fixsterne eigentlich fix?

Martin Altmann

Von der Antike bis in die Zeiten der Rennaissance beherrschte das geozentrische Weltbild die menschliche Weltanschauung in der westlichen Welt. Es besagt, dass sich das Universum in Sphären aufbaut, in deren Zentrum unsere Erde liegt.

Dieses Weltbild wies dem Mond, der Sonne und den Planeten eigene ineinander geschachtelte Kugelschalen zu. Die äußerste Sphäre galt dabei als die Fixsternsphäre. „Fix“ deshalb, weil die auf ihr befindlichen Sterne ihre Positionen zueinander nicht veränderten, im Gegensatz etwa zu Sonne, Mond oder den Planeten (die deshalb auch „Wandelsterne“ genannt wurden).

Seitdem der Mensch seine Augen in den Himmel richtete, sah er, dass...

- ...die meisten Sterne scheinbar unveränderlich zueinander wie auf einer Sphäre stehen, welche sich um die Erde dreht (Fixsterne)
- ...einige, besonders helle Objekte, sich gegenüber dem Rest der Sterne bewegen, die Wandelsterne oder Planeten (Mond, Sonne, Merkur, Venus, Mars, Jupiter, Saturn)
- Die Ägypter fanden bereits heraus, dass die Erde eine Kugel ist
- Generell waren die Weltbilder der frühen Kulturen sehr erd-fixiert.

Sterne fix auf Kugelschale?

Auch nachdem Nikolaus Kopernikus (1473–1543) im 16. Jahrhundert unsere Sonne in das Zentrum des Universums gerückt hatte, blieb die Anschauung eines Fixstern-Himmels zunächst erhalten. Johannes Kepler (1571–1630) und Isaac Newton (1643–1727) entwickelten mit den physikalischen Gesetzen der Himmelsbewegungen die Basis für ein tieferes Verständnis der Welt.

Ein generelles Umdenken begann jedoch erst im 18. Jahrhundert, initiiert durch neue Beobachtungen durch James Bradley (1693–1762). Er konnte im Jahre 1728 als erster nachweisen, dass die Sterne *nicht* fix sind, dass sie sich tatsächlich bewegen. Bradley konnte die erste Positionsveränderung eines Sterns messen.

Friedrich Wilhelm Bessel schaffte es dann 1838 erstmals, die Entfernung eines Sterns mit der Parallaxen-Methode zu bestimmen, bei der sich die Position eines nahen Sterns im Laufe eines Jahres scheinbar auf einer kleinen Ellipse verschiebt (mehr dazu in Kapitel 43).

Und sie bewegen sich doch!

Die mit diesen Entdeckungen untrennbar verbundene Erkenntnis, dass Sterne nicht an einer Sphäre haften, dass sie unterschiedliche Entfernungen von uns haben und sich auch noch mit verschiedenen Geschwindigkeiten durch den Weltraum bewegen, revolutionierte unser Verständnis des Kosmos. Mit welchen Geschwindigkeiten und in welche Richtungen bewegen sich die Sterne nun aber genau?

Abbildung vorhergehende Seite: Wikipedia/cc-2.5; Alejandro Sanz Gómez; Barnards Pfeilstern zu vier verschiedenen Zeitpunkten zwischen 2001 und 2010
Abbildung rechte Seite: Wikipedia/GLFD 1.2/cc-3.0, Urheber: Brews Ohare; abgeleitete Version: CWitte

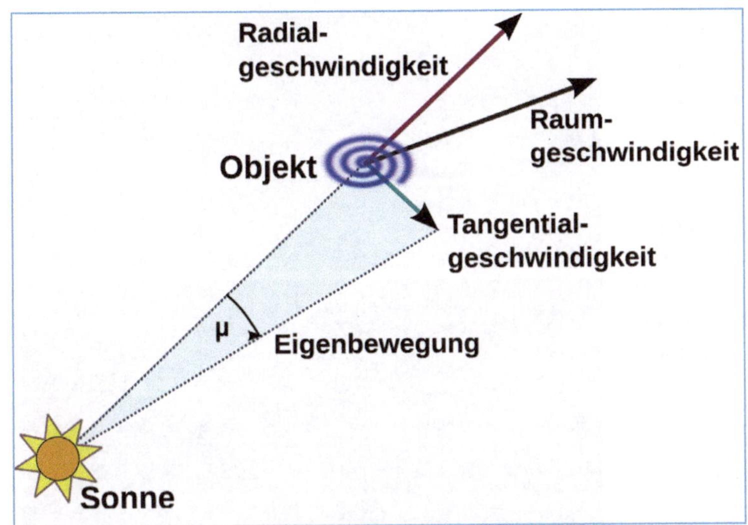

Unsere Sonne bewegt sich (mit der Erde) mit etwa 220 km/s um das Zentrum der Milchstraße. Das sind pro Tag über 19 Millionen Kilometer: eine ganz schöne Strecke! Damit ist die Sonne einer von vielen Milliarden Sternen, die sich innerhalb der galaktischen Scheibe auf ähnlichen Bahnen bewegen. Die galaktische Scheibe ist dabei kurz gesagt das, was wir als schmales, leuchtendes Band der Milchstraße am Nachthimmel wahrnehmen.

20 Millionen Kilometer pro Tag!?!

Die Bewegung der Sterne ist dabei aber nicht so wie bei den festgeschraubten Pferdchen auf dem sich drehenden Kinderkarussel. Jeder Stern hat eine etwas andere Geschwindigkeit und Bewegungsrichtung. Die Situation ähnelt eher einem richtigen Pferderennen, wobei ein Stern auch mal die Bahn wechselt oder einen anderen Stern auf der Innen- oder Außenbahn überholen kann.

Von der Erde aus können wir die Positionsänderung eines Sterns im Laufe der Jahre messen. Diese Winkelgeschwindigkeit wird „Eigenbewegung" genannt. Die „Radialgeschwindigkeit" ist sogar noch etwas leichter messbar, sie zeigt an, wie schnell sich ein Stern auf uns zu oder von uns weg bewegt.

Tangential und radial

Die Bewegung eines Sterns am Himmel messen die Astronomen als Winkelgeschwindigkeit in Milli-Bogensekunden pro Jahr. Das ist ein extrem kleiner Winkel: Eine Bogensekunde ist 1/3600 eines Winkelgrads, und „milli" steht für nochmals ein Tausendstel davon. Daran kann man schon erkennen, warum es so viele Jahrhunderte gedauert hat, bis Astronomen erstmals diese winzig kleinen Positionsänderungen der Sterne mit ihren Teleskopen erfassen konnten.

Die Winkelgeschwindigkeit eines Sterns sagt wenig über die tatsächliche Geschwindigkeit relativ zum Beobachter aus. Um die physikalische oder Raum-Geschwindigkeit bestimmen zu können, müssen wir die Entfernung des Sterns kennen. Lassen Sie mich das veranschaulichen: Wenn ich mit meinem Zeigefinger den Weg eines schnellen Flugzeugs verfolge, das gerade Heidelberg mit 800 km/h überfliegt, dann haben mein Finger und das Flugzeug die gleiche Winkelgeschwindigkeit, nämlich etwa zwei Grad pro Sekunde. Die physikalische Geschwindigkeit meines Finger beträgt allerdings nur 5 cm/sec und ist somit deutlich geringer als die des Flugzeugs.

Allgemein gilt: Hat ein Stern eine große Winkelgeschwindigkeit, so ist er wahrscheinlich auch relativ nah. Da sich die meisten Sterne in der Sonnennachbarschaft ähnlich wie sie bewegen, messen wir von unserem mitbewegten Standort für sie meist nur geringe Positionsänderungen.

Pfeilschnell: Barnards Stern

Es gibt aber auch richtig flinke Sterne, wie etwa den als „Barnards Pfeilstern" bezeichneten Schnellläufer, der mit einer Eigenbewegung von etwa zehn Bogensekunden pro Jahr über den Himmel eilt (siehe Seiten 342/343). Er ist mit sechs Lichtjahren Entfernung auch tatsächlich einer der uns nächstgelegenen Sterne.

Seine Reiseroute führt Barnards Pfeilstern in 8 000 Jahren auf bis zu 3,75 Lichtjahre an unsere Sonne heran. Die ungewöhnlich hohe Geschwindigkeit hat Barnards Pfeilstern seiner Entstehungsgeschichte zu verdanken. Er ist mit zehn Milliarden Jahren mehr als doppelt so alt wie unsere Sonne und stammt somit aus einer Epoche, als die Milchstraße noch jung und sehr dynamisch war.

Sternenhimmel verändert sich

Unser Sternenhimmel verändert sich also ständig. Das ist zwar von einem Jahr zum nächsten kaum meßbar,

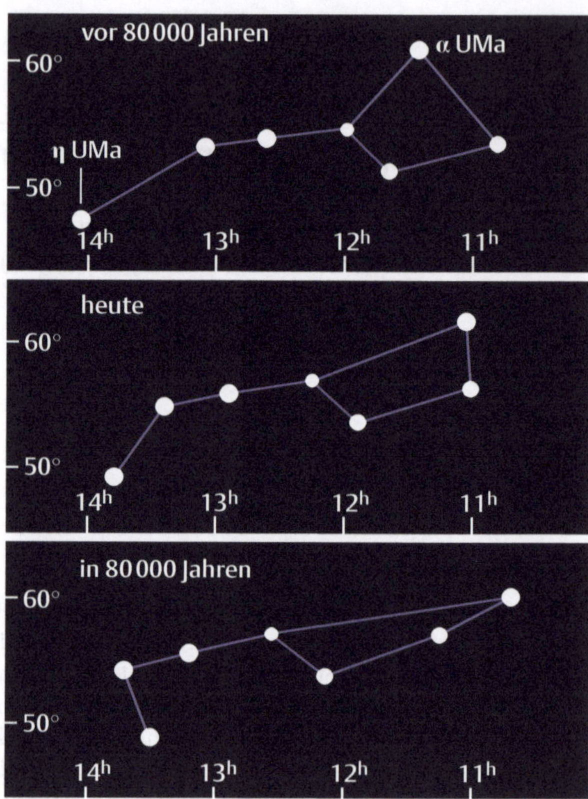

Das Sternbild Großer Wagen, wie es heute aussieht (Mitte), wie es vor 80 000 Jahren aussah (oben) und wie es in 80 000 Jahren aussehen wird (unten).

und auch über Jahrhunderte noch nicht mit bloßem Auge sichtbar. Wenn man aber den Himmel von vor Millionen Jahren sehen könnte, dann wären die uns bekannten Konstellationen deutlich verändert. Auf der Abbildung oben sind die Sterne des Großen Wagens dargestellt. Zu sehen sind sie in der heutigen Zeit (mitt-

Nun wissen wir's – Fixsterne bewegen sich. Na, und? Was haben wir davon?

- Bewegungen der Sterne (Kinematik) sind wichtiges Werkzeug zur Erforschung der Milchstrasse, und damit Galaxien
- Die Sterne der verschiedenen Komponenten der Milchstrasse (Scheibe, Halo, usw.) bewegen sich unterschiedlich
- Studien der Rotation der Scheibe lieferten erste Hinweise auf "Dunkle Materie"
- Heute wird die Kinematik mit anderen Messgrößen (Metallgehalt, Alter, räumliche Verteilung, u.v.m.) kombiniert, um ein detailliertes Bild der Entstehung und Entwicklung der Milchstrasse zu entwickeln
- Die ESA hat in den letzten 30 Jahren zwei wichtige Weltraummissionen zur Erforschung der Bewegungen durchgeführt, Hipparcos (1989-1997) und Gaia (2013-2020)

lere Darstellung), aber auch wie sie vor 80 000 Jahren standen (oben) und wie sie in 80 000 Jahren zu sehen sein werden (unten). Die Unterschiede sind auf solchen Zeitskalen sehr deutlich zu erkennen.

Aus Sternbewegungen: Es gibt Dunkle Materie!

Die Erforschung der Sternbewegungen gibt uns also Einblicke in eine ferne Vergangenheit. An Barnards Pfeilstern können wir etwa sehen, dass Eigenbewegungen Rückschlüsse auf den Ursprung eines Sterns zulassen. Zugleich verraten uns die Sterne durch ihre Bewegung aber auch, wie groß die Masse in der Milchstraße ist, weil die Schwerkraft ja ihr eigentlicher Motor ist. So konnte man aus den großen Geschwindigkeiten der Sterne insbesondere in den äußeren Bereichen der Milchstraße schließen, dass es eine große Menge nicht sichtbarer Materie geben muss – sogenannte Dunkle Materie, die sich in einer kugelförmigen Anordnung um die Milchstraße verteilt.

Hipparcos und Gaia

Die Untersuchung der Sternbewegungen ist ein wichtiges Werkzeug, um die Entstehung und die Entwicklung der Milchstraße besser zu verstehen. Zwei wichtige Weltraum-Missionen tragen daran wesentlichen Anteil, die eine in der Vergangenheit, die andere in der Zukunft. Der Satellit Hipparcos bestimmte zwischen 1989 und 1993 die Entfernungen und Winkelgeschwindigkeiten von über 100 000 Sternen.

Voraussichtlich im Herbst 2013 wird der Satellit Gaia von der europäischen Raumfahrtorganisation ESA gestartet werden. Gaia wird Entfernungen und Eigenbewegungen von über einer Milliarde Sterne mit sehr großer Genauigkeit messen. Auch eine Reihe Heidelberger Astronomen sind an der Gaia Mission beteiligt. Gaia wird das erste große Abenteuer der Milchstraßenforschung im 21. Jahrhundert werden, und garantiert unser Verständnis für die Galaxis revolutionieren.

www.universum-fuer-alle.de/sternstunde/57

58 Welche Farbe hat eigentlich die Sonne?

Carolin Liefke

Was würden Sie antworten, wenn man Sie nach der Farbe der Sonne fragte? Vermutlich spontan so etwas wie: „Na gelb, das weiß doch jedes Kind!". Tatsächlich zeichnen Kinder die Sonne üblicherweise als gelben, von Strahlen umgebenen Kreis. Aber ist die Sonne wirklich gelb?

Gelb oder weiß?

Beim Blick an den Himmel stellt man zunächst nur fest, dass sie gleißend hell ist. Schon nach einem Sekundenbruchteil muss man die Augen abwenden und ist dennoch geblendet. Abhilfe schaffen spezielle Brillen, wie sie häufig anlässlich von Sonnenfinsternissen erhältlich sind.

Diese Brillen sind mit einer Filterfolie ausgestattet, die die Sonnenstrahlung um das Hunderttausendfache abschwächt, also nur noch 0,001% des Sonnenlichtes durchlässt. Erst dann ist die Intensität der Sonnenstrahlung so weit gemildert, dass man die Sonnenscheibe gefahrlos betrachten kann.

Allerdings geben solche Sonnenfinsternisbrillen nicht unbedingt den richtigen Farbton der Sonne wieder. Sie könnten eingefärbt sein, ähnlich wie normale Sonnenbrillen auch. Auch gegenüber dem orangeroten Farbeindruck, den die Sonne bei Auf- und Untergang erweckt, sollte man skeptisch sein. Denn offensichtlich sind diese Farben im Licht der tiefstehenden Sonne nicht „original", sondern verfälscht.

Wenn die Sonne hoch am Himmel steht, empfindet man Gegenstände oder die Landschaft als neutral weiß beleuchtet. Im Gegensatz dazu wird Leuchtstoffröhren oder Energiesparlampen häufig ein kalt wirkendes, bläuliches Licht attestiert. Besonders deutlich wird dieser Unterschied im Vergleich zum orange-gelb wirkenden Kerzenschein. Leuchtet die Sonne also einfach nur in weiß?

Farbenlehre

Im Kunstunterricht in der Schule hat man irgendwann mal gelernt, dass Schwarz und Weiß gar keine richtigen Farben sind, sondern erst durch Mischung zustandekommen. Die Grundfarben Cyan, Gelb und Magenta werden zu Schwarz werden, wenn man sie beispielsweise

Abbildung vorhergehende Seite: Wikipedia, Nutzung genehmigt unter cc-by-sa-2.5, Autor Truzguiladh; Sonnenuntergang mit Leuchtturm von La Hague (Normandie)
Abbildungen oben und rechte Seite: Autorin

Die Sonne ist hell

- Der ungeschützte Blick in die Sonne blendet

- Ist die Sonne weiß?

als Malerfarben zusammenrührt. Dagegen ergibt rotes, grünes und blaues Licht kombiniert weißes Licht. Umgedreht hieße das dann aber auch, dass weißes Licht aus verschiedenen Farben zusammengesetzt sein muss.

Regenbogen

Dem ist tatsächlich so, das führt uns die Natur selber häufig vor, und zwar beim Regenbogen (siehe übernächste Seite). Regenbögen entstehen, wenn Sonnenstrahlen auf dem Weg zum Beobachter in Regentropfen gebrochen werden. Dabei werden die einzelnen Farben durch die Lichtbrechung im Wasser unterschiedlich stark abgelenkt und somit aufgespalten. Der entstehende Bogen hat dann die Farbfolge violett-blau-grün-gelb-orange-rot. Daran kann kann selbst erkennen: Aus all diesen Farben besteht also das Sonnenlicht.

Einen ähnlichen Lichtbrechungseffekt wie bei den Regentropfen kann man zuhause oder im Labor mit einem Glasprisma erzeugen. Man stellt sich sozusagen einen künstlichen Regenbogen her und kann damit das Sonnenlicht (oder andere Lichtquellen) näher untersuchen. Diese Technik nennt man Spektroskopie, und aus dem Regenbogen wird ein Spektrum.

Es gibt sogar noch eine zweite Möglichkeit, Licht in seine Farbbestandteile zu zerlegen, und zwar durch Ablenkung an einem ganz feinen Streifenmuster. In der Astronomie wird so etwas „Gitter" genannt, aber die Gitterstäbe sind so nahe beieinander, dass man sie mit bloßem Auge gar nicht mehr erkennen kann. Diesen Effekt sieht man gut an einer CD oder DVD, die schräg zu einer Lichtquelle gehalten wird und dadurch bunt schillert: Die Spurrillen wirken dabei genau wie ein solches optisches Gitter.

Ein Regenbogen erscheint immer etwas verschwommen. Im Labor kann man aber mithilfe weiterer optischer Bauteile eine scharfe Abbildung des Spektrums erreichen. Im Jahre 1802 fiel dem englischen Physiker William Wollaston als Erstem auf, dass das farbige Band des Sonnenspektrums nicht durchgängig, sondern von dunklen Linien durchzogen ist, dass also einzelne sehr schmale Farben fehlen.

In welcher Farbe leuchtet die Sonne am hellsten?

- **Farbe und Temperatur**
- **Farbmischung und Farbensehen**
- **Gibt es auch Licht, das wir nicht sehen können?**

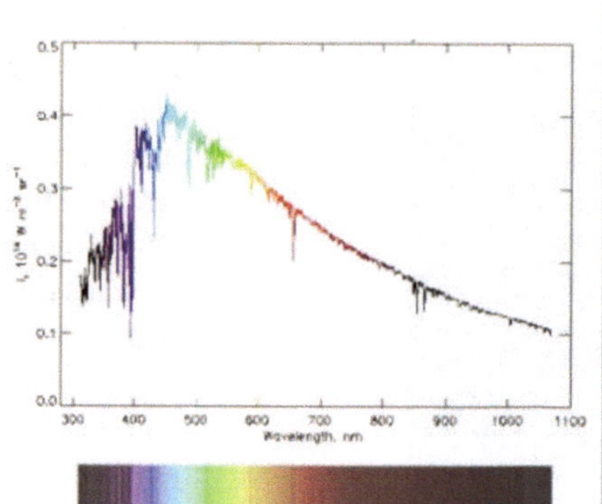

Elf Jahre später vermaß Joseph von Fraunhofer systematisch insgesamt 570 solche Spektrallinien der Sonne. Die heißen deshalb bis heute „Fraunhofer-Linien". Den entscheidenden Schritt zur Entschlüsselung dieser Spektrallinien machten der Physiker Gustav Kirchhoff und der Chemiker Robert Bunsen vor 150 Jahren in Heidelberg. Sie stellten fest, dass sich die einzelnen Linien bestimmten chemischen Elementen zuordnen ließen.

Spektralfarben und -linien

Letztlich sollte diese Entdeckung die Spektroskopie zur wichtigsten Untersuchungsmethode in der modernen Astronomie werden lassen. Die Einführung der Spektroskopie in die Astronomie eröffnete sogar einen vollständig neuen Wissenschaftszweig: die „Astrophysik". Seither können Astronomen aus den Spektren von Sternen wie der Sonne nicht nur die chemische Zusammensetzung ermitteln, sondern beispielsweise anhand von Form und Stärke einer Spektralinie sogar Temperatur und Dichte in den verschiedenen Atmosphärenschichten eines Sterns messen, seine Rotationsgeschwindigkeit bestimmen, und über Verschiebungen der Spektralinien sogar extrasolare Planeten entdecken.

Was aber bedeutet das nun für die Farbe der Sonne? Offenbar enthält das Sonnenlicht alle Farben, mit Ausnahme der schmalen Fraunhoferschen Linien. Die Linien selber machen aber nur einen kleinen Anteil des Spektrums aus und sind mehr oder weniger gleichmäßig über das Spektrum verteilt. Auswirkungen auf den Farbeindruck haben sie daher nicht. Als nächstes könnte man fragen, ob bestimmte Farben im Sonnenspektrum heller sind als andere.

Alles im grünen Bereich?

Eine solche Messung ist leicht gemacht. Wenn man in einer Grafik die Helligkeit gegen die Farbe aufträgt, erhält man eine Kurve, deren Maximum im grünen Bereich liegt. Ist unsere Sonne also grün? Zumindest strahlt sie im „grünen Bereich" die meiste Energie ab. Und die Natur hat sich daran sehr gut angepasst.

Die Blätter von Pflanzen beispielsweise sind grün, um die Sonnenstrahlung

Abbildung rechte Seite: Wikipedia, CC-by-sa 3.0/de, AlterVista möglichst effizient nutzen zu können. Auch das menschliche Auge ist im grünen Spektralbereich am empfindlichsten. Da sich das Grün aber zusammen mit den roten, orangenfarbenen, gelben, blauen und violetten Farbanteilen genau wieder zu weiß kombiniert, ergibt sich tatsächlich insgesamt ein weißlich-gelblicher Farbeindruck.

Licht jenseits des Lichtes

Wenn man das Sonnenlicht noch genauer untersucht, zeigt sich, dass es sogar „Farben" gibt, die der Mensch gar nicht mehr wahrnehmen kann. So schließt sich direkt an das Violett im Spektrum das unsichtbare Ultraviolett (oder UV-Licht) an. Dessen nicht ganz ungefährliche Wirkung bekommt man manchmal als Sonnenbrand zu spüren. Am roten Ende wird das Sonnenspektrum durch das Infrarote fortgesetzt, das man nur noch als Wärmestrahlung spürt. So ist die Antwort auf die Frage nach der Farbe der Sonne ganz schön bunt geworden.

Regenbogen über Melbourne, vom Flugzeug aus fotografiert. Schön zu sehen ist auch der deutlich schwächere Nebenregenbogen mit umgekehrter Farbanordnung und die dunklere Zone zwischen den beiden Bögen. Durch die höhere Perspektive ist ein größerer Bogen zu sehen als bei Aufnahmen von der Erde aus.

www.universum-fuer-alle.de/sternstunde/58

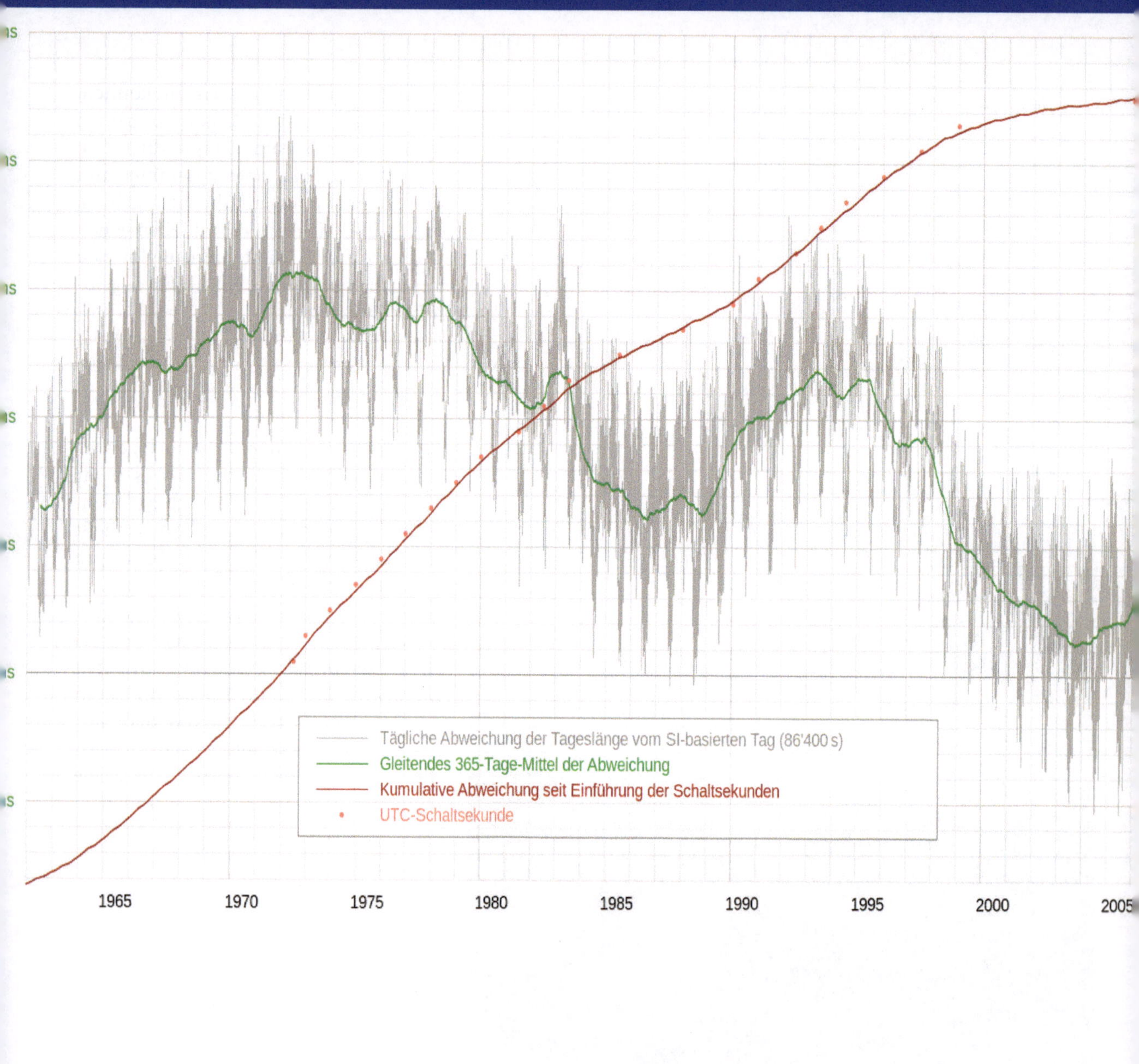

Tägliche Abweichung der Tageslänge vom SI-basierten Tag (86'400 s)
Gleitendes 365-Tage-Mittel der Abweichung
Kumulative Abweichung seit Einführung der Schaltsekunden
UTC-Schaltsekunde
1965
1970
1975
1980
1985
1990
1995
2000

59 Warum gibt es Schalt-Sekunden?

Ulrich Bastian

Gelegentlich liest man in der Zeitung, dass gerade wieder eine Schaltsekunde in unsere Uhrzeit eingefügt wurde. Was ist das eigentlich, eine Schaltsekunde, und warum müssen unsere Uhren ab und zu um eine solche Extrasekunde zurückgestellt werden?

Einfache Frage:
Warum gibt es Schaltsekunden?

- Einfache Antwort:
  Weil die mittlere astronomische Taglänge ein klitzekleines bisschen länger ist als 24 Atomzeitstunden.

Die erste Antwort auf diese Frage ist: Weil die mittlere astronomische Tageslänge – die Zeit von einem Sonnenhöchststand bis zum nächsten – ein bisschen länger ist als 24 sogenannte Atomzeitstunden, das sind Stunden, die von einer Atomuhr gemessen werden.

1 Tag = 86400 Sekunden?

Früher wurde die Zeit nach der Dauer eines durchschnittlichen Sonnentages festgelegt. Das war eine sinnvolle Regel – schließlich soll es hell sein, wenn die Uhr „12 Uhr mittags" anzeigt. Heutzutage ist die Zeit jedoch anders definiert.

Die Uhrzeit wird technisch mit Atomuhren bestimmt. Im Jahre 1958 hat man dazu bestimmt, dass eine solche Atomzeitsekunde gerade so lange dauert, wie 9192631770 Schwingungen des Hyperfeinstrukturübergangs von Caesium-133-Atomen im Grundzustand.

Das Problem ist nun, dass 24x3600 = 86400 dieser Atomsekunden leider nicht ganz perfekt die Dauer eines Tages darstellen. Das liegt daran, dass die astronomische Zeit nicht exakt konstant verläuft. Tatsächlich wird „ein Tag" nämlich allmählich immer etwas länger. Wie es dazu kommt, werden wir gleich sehen.

Sind Mond und Planeten zu schnell?

Zunächst ein kleiner Rückblick: Im 17. Jahrhundert konnte man mit Hilfe der Keplerschen Gesetze und des Newtonschen Gravitationsgesetzes den Lauf der Himmelskörper sehr präzise vorhersagen. Im Laufe des 19. Jahrhunderts stellte sich 200 Jahre später jedoch heraus, dass die Vorhersagen doch nicht ganz stimmten. Mond und Planeten schienen sich immer schneller im Sonnensystem zu bewegen. Das nannte man säkulare Akzeleration. Was war die Ursache? Waren die Grundgesetze der Physik falsch? Oder nahmen die Massen der Himmelskörper zu und damit ihre Anziehungskräfte?

Abbildung vorhergehende Seite: Wikipedia, gemeinfrei; Mittlere tatsächliche Tageslänge von 1962 bis 2012

Die Lösung lag wo ganz anders: Unsere auf den Sonnentag ausgerichtete Uhr wird allmählich immer langsamer! Und Sie können sich vorstellen, was das für eine Auswirkung hat: Wenn die Stoppuhr eines Kampfrichters beim olympischen 100 m-Lauf um 10 % zu langsam geht, dann bleibt sie bei 9,0 Sekunden stehen, wenn der Läufer die Ziellinie überschreitet. Und man denkt dann fälschlicherweise, er sei sehr schnell gelaufen.

Unsere Uhr läuft zu langsam!

Diesen Fehlschluss hatte man auf die Himmelskörper übertragen. Hieraus konnte man dann später aber andersherum folgern: Die Tageslänge auf der Erde – also die damals genutzte Uhr – nimmt allmählich zu! Für die präzise Wissenschaft Physik ist es aber natürlich sehr unpraktisch, eine Zeit-Definition zu haben, die nicht gleichmäßig ist, die sich im Laufe der Zeit ändert. Um dieses Problem zu umgehen, haben die sich Astronomen die Ephemeridenzeit definiert. Eine Ephemeride ist eine Tabelle, in der die Positionen der Planeten am Himmel und im Sonnensystem vorausberechnet und aufgetragen werden.

Die Tage werden länger

Nach diesen Positionen kann man eine Zeit einteilen – so dass genau dann 24 Stunden vergangen sind, wenn eine volle Drehung der Erde erfolgt ist. Diese Ephemeridenzeit führte dazu, dass die Planeten den physikalischen Gesetzen wieder exakt folgten. Damit war eine neue Zeit-Definition eingeführt, die nun aber mit der Erdrotation und dem Sonnentag zunächst nichts mehr zu tun hatte.

In dem Diagramm auf der nächsten Seite oben ist senkrecht die Differenz zwischen der Ephemeridenzeit und der Sonnenzeit aufgetragen, und zwar für die Jahre 1600 bis 2000 (waagrecht). Sie sehen, anfangs betrug die Differenz zwischen diesen beiden Zeit-Definitionen etwa 40 Sekunden – die Sonnen-Uhrzeit ging gegenüber der Planeten-Uhrzeit nach.

Diese Differenz verringerte sich über die Jahre. Die Sonnen-Uhrzeit ging dann plötzlich schneller als die Ephemeriden-

Sonnenzeit und physikalische Zeit

"Moderne" Daten, aus Planeten- und Mond-Beobachtungen, ca. 1660 bis 1980

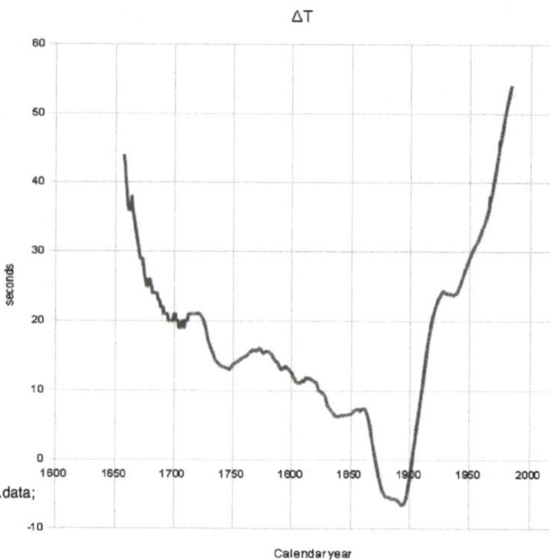

ET-UT gegen die Jahreszahl aufgetragen. Aus einer Tabelle des USNO, http://maia.usno.navy.mil/ser7/historic_deltat.data; Wikipedia, Wikimedia Commons

Zahlenwerte

- Nicht abstrakt berechenbar:
  Kompliziertheit der Meeresbecken und Kontinente
- Aber heutzutage direkt messbar! (seit 1970)
  Mond entfernt sich um ca. 4 cm / Jahr
- Daraus folgt ganz streng:
  Taglängenänderung knapp 2.5 ms/Jahrhundert
- Beobachtet wird aber:
  Taglängenänderung nur ca. 1.7 ms/Jahrhundert
- Nanu!

zeit, eine zeitlang verliefen beide etwa gleich schnell und jetzt im 20. Jahrhundert geht die Sonnen-Uhrzeit gegenüber der Ephemeriden-Uhrzeit wieder nach.

Blicken wir einmal auf einen etwas längeren Zeitraum zurück, von 700 v. Chr. bis heute. Was im ersten Diagramm ein paar Sekunden waren, schaukelt sich über lange Zeit zu ziemlich großen Unterschieden auf. Im Jahre 700 v. Chr., als man die ersten Beobachtungen von Sonnenfinsternissen aufschrieb, ging die Sonnen-Uhrzeit gegenüber der Ephemeriden-Uhr um 6 Stunden vor! Wie hat man dies bemerkt?

Sonnenfinsternis ganz woanders?

Nun, es gibt eine berühmte Sonnenfinsternis im alten Babylon. Mit unserer heutigen Kenntnis des Sonnensystems kann man in diese Zeiten zurück rechnen. Demnach hätte die Finsternis nicht in Babylon, sondern in Spanien stattfinden müssen! Die Erde hatte sich also um etwa 60 Grad oder 4,5 Stunden weitergedreht gegenüber der Position, an der sie nach der berechneten Ephemeridenzeit hätte sein sollen. Ähnliche Zeitverschiebungen findet man für alle Finsternisse aus dem Altertum und der arabischen Astronomie. Das heißt: Die Drehung der Erde verlangsamt sich mit der Zeit!

Erdrotation wird langsamer

Warum aber dreht sich die Erde zunehmend langsamer – warum also werden die Tage immer etwas länger, und um wieviel genau? Verantwortlich dafür ist vor allem der Mond. Er zieht die Erde an und die Erde wiederum zieht den Mond an, und dadurch entstehen die Gezeiten der Ozeane (mehr dazu in Kapitel 47). Die Erde dreht sich unter den Flutbergen hindurch, was zu Reibung führt. Diese Reibung bremst die Erdrotation ab – wie stark, kann man jedoch nicht genau berechnen, weil das davon abhängt, wie sehr die Gezeitenwellen an den Kontinentalrändern reiben.

Gezeitenreibung langfristig

- Vor ca. 400 Millionen Jahren hatte das Jahr ca. 400 Tage (zu je ca. 22 heutigen Stunden).
- Die Jahreslänge ist in dieser Zeit praktisch konstant geblieben.

- Abbremsung der Erdrotation bis Taglänge = Mondumlaufperiode (bei ≈ 50 heutigen Tagen)
- Nur sehr ungenau abschätzbar: $10^8 \ldots 10^9$ Jahre

Tag wird länger

Aber nicht nur die Flutberge stören die Rotation: Wenn auf der Erde Eis schmilzt oder sich Kontinentalplatten heben und die Erde in polarer Richtung strecken, dann wird sie dadurch am Äquator etwas schlanker und rotiert wieder ein bisschen schneller – wie die Eisläuferin, die die Arme anzieht. Auch Vulkanausbrüche, Erdbeben, El Niño und jedes große Tiefdruckgebiet haben Einfluss darauf, wie schnell sich die Erde dreht.

Um diese unkonstante Erdrotationsperiode mit der Ephemeridenzeit, also dem Laufe der Planeten, im Gleichtakt zu halten, wurde im Jahre 1971 beschlossen, immer dann, wenn die Differenz zwischen diesen beiden Zeitdefinitionen größer als 0,89 Sekunden geworden ist, eine Korrektur von einer Sekunde vorzunehmen.

In 40 Jahren: 26 Schaltsekunden

Die Kurve auf der Doppelseite 354/355 zeigt die 26 Schaltsekunden an, die es seit 1971 gegeben hat (rote Kurve). In den 1970er Jahren musste man fast jedes Jahr eine Schaltsekunde einfügen, später nur alle zwei bis drei Jahre und von 1999 bis 2006 schließlich war sieben Jahre lang keine einzige Schaltsekunde notwendig.

Sie haben nun also gelernt, dass die Erde ziemlich unstetig rotiert und immer langsamer wird. Und Sie wissen jetzt, was eine Schaltsekunde ist, wenn mal wieder die Sprache darauf kommt.

60 Wie entsteht ein Stern?

Ralf Klessen

Wolken aus Wasserstoff und Staub durchziehen den Raum zwischen den Sternen. Eine solche Wolke hat genug Masse für viele tausend Sonnen und ist über viele Lichtjahre ausgedehnt.

Diese interstellaren Wolken formen imposante Strukturen, wie beispielsweise den Adlernebel (siehe rechte Seite und nächste Doppelseite rechts). Die langgezogenen Gebilde im Adlernebel sind Geburtstätten von Sternen. Deshalb werden sie auch „Säulen der Schöpfung" genannt. Eine wichtige Voraussetzung für diesen Entstehungsprozess von Sternen ist ein günstiges Zusammenspiel von Temperatur, Dichte und chemischer Zusammensetzung.

Gaswolken stürzen in sich zusammen

Mit unseren Teleskopen können wir heute eine ganze Menge Sternentstehungsgebiete untersuchen und aus den Beobachtungen Rückschlüsse auf die Geburt der Sterne ziehen. Diese beginnt mit großen Wolken aus sich durcheinander bewegendem Gas und Staub. An manchen Stellen ist es dichter, an anderen weniger dicht.

Die Wolke als Ganzes ist instabil, das heißt, sie fällt unter ihrer eigenen Schwerkraft in sich zusammen. Dichtere Klumpen kollabieren dabei aber schneller als das Gesamtgebilde. In manchen Bereichen der Wolke verklumpt und verdichtet sich das Gas schließlich so stark, dass sich Vorstufen von Sternen bilden können, die die Astronomen „Proto-Sterne" nennen.

Bei diesen Proto-Sternen ist der Kollaps zum Erliegen gekommen, sie sind aber immer noch dabei, Materie aus der Umgebung einzufangen und sich noch weiter zu verdichten. Deshalb sind sie noch keine voll ausgewachsenen Sterne. Innerhalb der Gaswolke entstehen also nach und nach an verschiedenen Orten solche Proto-Sterne, die sich weiterhin aus dem Gasvorrat der umliegenden Wolke bedienen und so an Masse zulegen.

In Konkurrenz um Gas und Staub

Die jungen Sterne ringen buchstäblich miteinander um das umherschwebende Gas- und Staubmaterial. Bei diesem Kampf der Sterne untereinander geht es recht turbulent zu, wie man heute in Computer-Simulationen zeigen kann. Die Proto-Sterne kreisen, von ihrer gegenseitigen Schwerkraft angetrieben, in wilden Bewegungen umeinander, manchmal werden sie dabei auch weit weg von ihrer Geburtsstätte geschleudert. Schließlich beginnen diese Sterne zu leuchten, die Energie, die sie durch Kernfusion im Zentrum gewinnen, wird als Licht nach außen abgestrahlt.

Die „Gewinner", die massereichsten Proto-Sterne in solchen Sternentstehungsgebieten, beeinflussen durch ihre immer intensiver werdende Strahlung dann wiederum die Gaswolke und das gesamte Sternentstehungsgebiet. Die von ihnen ausgehende Strahlungsfront ist so intensiv, dass der Stern das umliegende Gas ionisiert. Dabei werden bei den Wasserstoffatomen die Elektronen abgetrennt, es bleiben positive geladene Protonen und negativ geladene Elektronen übrig.

Abbildung rechte Seite: Adlernebel (M16) im sichtbaren Licht mit den sogenannten „Säulen der Schöpfung" in der Mitte des Bildes (zu vergleichen mit der gezoomten Infrarotaufnahme auf Seite 365)

Abbildung vorhergehende Seite: NASA, ESA, M. Robberto (Space Telescope Science Institute/ESA) und das Hubble Space Telescope Orion Treasury Project Team; Orion-Nebel, Sternentstehungsregion
Abbildung rechte Seite: ESO

Die um den Stern erzeugte Blase aus heißem, ionisierten Gas ist nicht mehr in der Lage, einfach weiter zu kollabieren. Der Sternentstehungsprozess wird dadurch zunächst einmal unterbrochen. Die beschriebene Wirkung junger Sterne auf Ihre Umgebung führt dadurch auf natürliche Weise zu einer Massen-Obergrenze für die Sterne.

Sterne und Planeten

Eng verbunden mit der Entstehung von Sternen ist der Prozess der Planetenbildung. In Aufnahmen von jungen Sternhaufen, wie etwa dem Orionnebel (Abbildung Doppelseite 360/361) finden sich dunkle Strukturen um die jungen Proto-Sterne. Diese Flecken sind protoplanetare Staubscheiben, die den jungen Stern umgeben. Sie erscheinen dunkel, weil sie das Licht der im Hintergrund liegenden leuchtenden Gaswolken nicht durchlassen.

Die Staubscheiben entstehen beim Kollaps der protostellaren Wolke als Folge der Drehimpulserhaltung. Wir kennen diesen Effekt vom Eiskunstlauf: Je näher die Arme am Körper des Eiskunstläufers liegen, um so schneller dreht er sich um seine Achse.

In nur 100 000 Jahren

Bei solchen protoplanetaren Scheiben bewegen sich Gas und Staub auf Kreisbahnen, die Fliehkraft wirkt der Anziehungskraft des Proto-Sterns entgegen. Insgesamt dauert der Kollaps der Gaswolke zu einem Proto-Stern ein paar 100 000 Jahre. Verglichen mit der Lebensdauer der meisten Sterne von vielen Milliarden Jahren ist das eine sehr kurze Zeit, die Sternentstehung läuft also ziemlich rasant ab.

Reibungsprozesse innerhalb der protoplanetaren Scheibe bewirken ein eher gemächliches Zusammenballen der Staubscheibe zu größeren Brocken und Strukturen. Das dauert mehrere Millionen Jahre. In dieser Zeit formen sich aus dem Staub und Gas die Planeten.

Wenn schließlich der Fusionsprozess im Stern durch weiteres Verdichten und Aufheizen richtig angelaufen ist, erzeugt der Stern einen starken Wind aus geladenen Teilchen, die den in der Scheibe übriggebliebenen Staub aus dem noch jungen Planetensystem wegfegen.

Masse im Stern, Drehimpuls bei den Planeten

Was übrig bleibt sind dann unterschiedlich große Planeten, die 99 % des Drehimpulses der ursprünglichen Wolke auf sich vereinen. Die Untersuchung der Entstehung von Planetensystemen an Hand von Computer-Simulationen und ihre Erkundung mittels ausgefeilter Beobachtungstechniken sind hochaktuelle Forschungsgebiete in der heutigen Astronomie. Sie gestatten uns wertvolle Einblicke in die Entstehungsgeschichte unseres Sonnensystems und der Erde.

Abbildung rechte Seite: Infrarot-Aufnahme des Zentralbereichs des Adlernebels (M16) um die „Säulen der Schöpfung" (zu vergleichen mit der Aufnahme einer etwas größeren Region im sichtbaren Licht auf Seite 363)

Abbildung rechte Seite: ESO/M. McCaughrean & M. Andersen (AIP)

www.universum-fuer-alle.de/sternstunde/60

61 Wann und wie ist unser Mond entstanden?

Joachim Krautter

Der Mond ist das auffälligste Objekt am Nachthimmel. Von daher ist es nicht verwunderlich, dass sich viele Mythen um diesen Begleiter der Erde ranken. Es gibt sogar Menschen, die ihm magische Kräfte zuschreiben.

Tatsächlich ist unser Mond etwas ganz Besonderes im Sonnensystem. Zwar werden meisten Planeten von Monden umkreist. Insbesondere die großen Planeten – Jupiter, Saturn, Uranus und Neptun – haben eine ganze Reihe von Monden, die teilweise sogar größer sind als unser Erdmond.

Aber im Vergleich zum umkreisten Planeten ist unser Mond der Spitzenreiter: Die Masse des Mondes beträgt nämlich 1/81 der Erdmasse, also mehr als ein Prozent. Selbst die großen Jupitermonde haben maximal ein Promille der Planetenmasse.

Und noch etwas ist ungewöhnlich mit dem Erdmond: Kein anderer unter den inneren Planeten des Sonnensystems – Merkur, Venus, Mars – hat einen großen Mond. Der Mars wird zwar von zwei kleinen Monden umkreist, Phobos und Deimos sind aber wirklich winzig. Man weiß heute, dass diese beiden Mars-Monde ehemals als Kleinplaneten ihre Runden im Asteroidengürtel drehten und vom Mars eingefangen wurden.

Mond-Entstehung

- Dauer der Mondbildung **einige hundert bis tausend Jahre** (sehr schnell!).
- Zunächst bildet sich in etwa 100 Jahren ein **Protomond**, der dann restliche Trümmer „einsammelt“.
- Ursprüngliche bildete er sich in ~ **30000-50000 km** Entfernung
- Ereignis sollte vor mindestens 4,5 Milliarden Jahren stattgefunden haben, also in der Frühphase des Sonnensystems
- Aus Untersuchung Wolfram-182: Mond-Alter beträgt **$(4{,}527 \pm 0{,}010) \cdot 10^9$ Jahre**
- Mond sollte **geringere Dichte** als Erde haben - **ja**
- Mond sollte **anderen Aufbau** als Erde haben (keinen großen Eisenkern) - **ja**

Bevor wir zur Entstehung des ungewöhnlichen Erdmondes kommen, erst noch ein paar Worte zu seiner Struktur und seinem Aufbau. Der Durchmesser des Mondes beträgt 3 476 km, im Vergleich dazu liegt der Erddurchmesser bei etwa 12 742 km. Der innerste Kern der Erde besteht aus Eisen und Nickel, dann folgt eine flüssige Zwischenschicht.

Mond hat niedrigere Dichte als Erde

Die Struktur des Mondes sieht anders aus, er hat nur einen ganz kleinen inneren Kern mit etwa 200 km Durchmesser. Das führt uns auf einen wichtigen Unterschied zwischen Erde und Mond: Die Dichte des Mondes liegt bei nur 3,34 g/cm^3 und ist damit deutlich geringer als die Dichte der Erde von 5,52 g/cm^3. Zum Vergleich: Wasser hat eine Dichte von 1 g/cm^3.

Auf dem Mond gibt es keine Atmosphäre und darüber hinaus auch viel weniger leicht flüchtige Stoffe, wie etwa Wasser. Vor nicht allzu

Abbildung vorhergehende Seite: NASA/ESA/J. Garvin (NASA/GSFC); Mondoberfläche um die Landeregion der Apollo 17 Mission
Abbildung rechte Seite: ESO

Mondoberfläche östlich des Sinus Iridum

langer Zeit hat man festgestellt, dass der Mond zumindest zur Hälfte aus irdischem Material bestehen muss. Die Verwandtschaft zwischen Erde und Mond zeigt sich auch darin, dass einige chemische Elemente im gleichen Isotopenverhältnis auftreten, was bei anderen Objekten im Sonnensystem nicht der Fall ist.

Wie also ist unser Mond entstanden? Es gibt unter den Wissenschaftlern verschiedene Vorstellungen dazu. Das erste Modell besagt, dass der Mond gleichzeitig mit der Erde und den anderen Planeten entstanden ist. Wie Sie in Kapitel 33 lesen können, entstehen Sterne im Herzen kollabierender Gaswolken. Um einen jungen Proto-Stern bildet sich dann eine Scheibe aus Gas und Staub, in der Planeten entstehen.

Dieses erste Modell der Mond-Entstehung besagt nun, dass sich Mond und Erde an der gleichen Stelle in der Scheibe um die junge Sonne gebildet hätten. Mond und Erde hätten also seit etwa 4,6 Mrd. Jahren als Paar existiert. Wenn das zutrifft, dann sollten Mond und Erde sehr ähnlich aufgebaut sein. Aber wie Sie bereits gelesen haben, hat der Mond keinen Eisen-Kern und eine viel niedrigere Dichte als die Erde. Dieses Modell kann also nicht zutreffen.

Im zweiten Modell wird der Mond von der Erde "eingefangen". Der Mond hätte sich danach an einem anderen Ort im Sonnensystem gebildet, vielleicht in der Nähe der Marsbahn (der Mars hat mit 3,6 g/cm^3 eine ähnliche Dichte wie der Mond). In diesem Szenario hätte die Erde den Mond durch ihre Schwerkraft in eine Umlaufbahn zwingen müssen. So etwas klappt nur, wenn sich die beiden Körper einander sehr langsam nähern.

Drei Entstehungs-Modelle

Alle Computer-Simulationen zeigen jedoch, dass sich die Objekte im Sonnensystem immer sehr schnell relativ zueinander bewegen. Sie kennen das von Sternschnuppen, die sehr schnell über den Himmel hinweg fliegen. Bei solch hohen Geschwindigkeiten ist ein Einfang mit der Schwerkraft „als Lasso" nicht möglich. Aus diesem Grunde ist auch dieses Modell nicht haltbar.

Ein drittes Modell, das die ähnliche Zusammensetzung von Erde und Mond

Mondoberfläche um die Mare Humorum Region

besser berücksichtigt, ist das Tropfenmodell. In der Frühphase ihrer Entstehung hätte dabei die Erde sehr schnell rotieren müssen. Durch die schnelle Rotation könnte sich der Mond aus der noch flüssigen Erde wie ein großer Tropfen gelöst haben – in diesem Modell könnte der Pazifik die heute noch sichtbare Narbe dieser Auslösung sein.

Die unterschiedlichen Dichten von Erde und Mond unterstützen diese Theorie – denn die Mantelmaterie der Erde, aus der der Mond ausgelöst worden wäre, hat tatsächlich eine viel geringere Dichte als der inner Kern. Aber die Zusammensetzung der Mondmaterie passt letztlich doch nicht zum Modell. Und der gemeinsame Drehimpuls des Systems Mond-Erde ist ebenfalls nicht groß genug dafür, dass sich so ein großer Körper wie der Mond von der Erde gelöst haben könnte.

Mondbahn stark geneigt

Zudem liegt die Mondbahn auch nicht wie in einem solchen Szenario vorhergesagt in der Äquatorebene der Erde, sondern um 18 Grad dagegen geneigt. Auch dies spricht gegen eine solche Ablösung aus der Erde. Und selbst wenn die Idee mit dem Pazifik sehr plausibel klingt, so sah die Erde durch die Plattentektonik vor vier Milliarden Jahren doch ganz anders aus als heute. Also gilt auch für das Tropfenmodell: ade!

Schließlich gibt es noch das Kollisionsmodell. Bei diesem Szenario ist ein mindestens marsgroßer Körper in der Frühphase der Erde mit ihr zusammengestoßen. In einer Computer-Simulation sieht man: Der marsgroße Körper kollidiert mit der Erde, die beiden Planeten-Kerne verschmelzen, ein großer Teil der Mantelmaterie wird weggeschleudert. Daraus entwickelt sich ein um die Erde rotierender Torus, aus dem sich schließlich der Mond bildet. Eine Voraussetzung hierfür ist, dass der Stoß nicht

Abbildung oben: ESO
Abbildung rechte Seite: G. Gillet/ESO

zentral gewesen ist – also kein Frontalzusammenstoß –, denn sonst hätte es beide Körper zerrissen.

Die Relativgeschwindigkeit der beiden Körper darf bis zu 4 km/s betragen haben – eine Geschwindigkeit, die für das frühe Sonnensystem realistisch klingt. Der Mond bildet sich somit aus den leichteren Bestandteilen der aus der Erdoberfläche weggeschleuderten Materie. Innerhalb von nur etwa 100 Jahren hätte sich dann ein Proto-Mond gebildet, der bei seinen weiteren Umläufen die restlichen Trümmer aufsammelte.

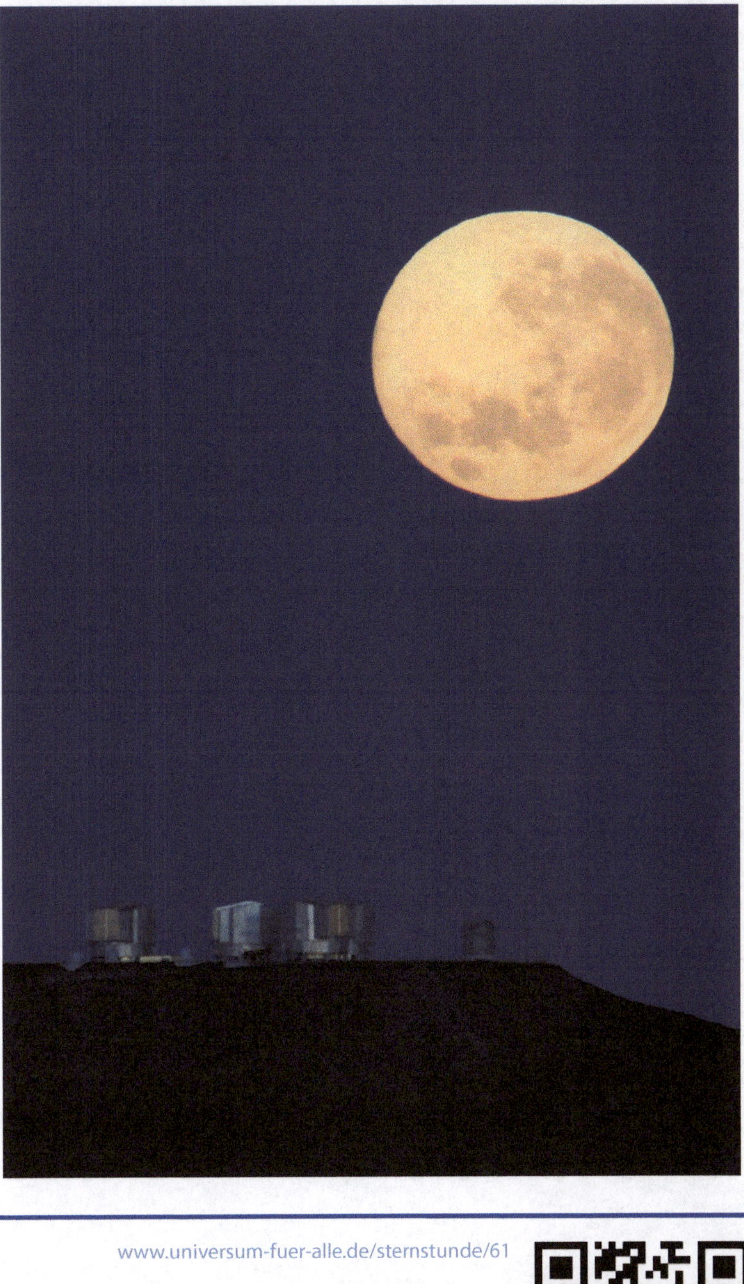

Mond entsteht durch Kollision

Nach diesem Modell sollte der Mond eine deutlich geringere Dichte als die Erde haben: Dies trifft zu. Und der Mond sollte auch eine andere Struktur als die Erde haben, nämlich keinen Kern aus schweren Elementen: Auch dies ist der Fall. Zwar gibt es zu diesem Modell noch einige kleine Unklarheiten, aber insgesamt ist es sehr überzeugend.

Sehr wahrscheinlich ist also unser Mond durch die Kollision der Erde mit einem kleineren Planeten entstanden – eine spannende Vergangenheit und sicher ein weiteres Mysterium, an das Sie denken dürfen, wenn Sie das nächste Mal nachts zum Mond aufblicken.

62 Das todsichere Ende der Erde – wieviel Zeit bleibt uns noch?

Dietrich Lemke

Die Furcht vor dem Weltuntergang begleitet die Menschheit seit dem Altertum. Papst Sylvester II. fürchtete den Untergang zum Ende des Jahres 999; er trat nicht ein – möglicherweise dank seiner innigen Gebete.

Steht das Ende der Welt bevor?

Martin Luther sah den Jüngsten Tag mehrfach für die 1530er Jahre kommen, vorher wollte er noch sein „Apfelbäumchen pflanzen". Astronomen verkündeten für das Jahr 1524 die Versammlung mehrerer Planeten im Sternbild Fische, anscheinend ein sicheres Anzeichen einer neuen Sintflut.

Todsicher ist, dass unsere Welt untergehen wird: Zuerst wird die Erde unbewohnbar werden und schließlich in der Sonne verglühen. Aber das dauert noch wesentlich länger als alle Termine bisheriger Weissagungen. Die Astrophysik liefert uns für den Untergang einen ziemlich genauen Kalender.

Für das Schicksal der Erde ist das der Sonne entscheidend, wir sind untrennbar mit ihr verbunden. Das Sonnensystem entstand vor 4,6 Milliarden Jahren durch den Kollaps einer großen interstellaren Wolke aus Gas und Staub. Im Zentrum bildete sich ein heißer Stern – unsere Sonne – und draußen, in der rotierenden Scheibe aus Sandkörnern und Eisflocken, formten sich die Planeten (mehr dazu in Kapitel 50).

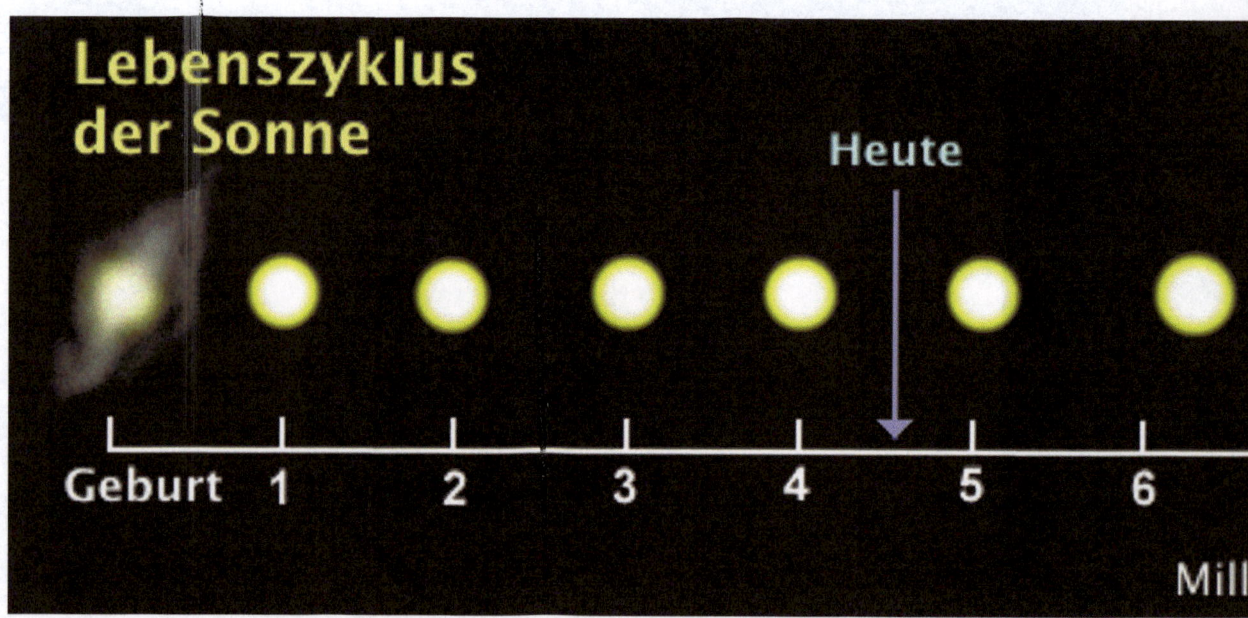

Abbildung vorhergehende Seite: ESA, NASA, HEIC und das Hubble Heritage Team STScI/Aura; Planetarischer Nebel NGC 6543, der Stern im Zentrum stieß zum Ende seines Lebens die äußeren Atmosphärenschichten ab.
Abbildung oben und rechte Seite: Wikipedia, GLFD 1.2, Originalautor Tablizer, ins Deutsche übersetzt von Ribald

Ein felsiger Planet, unsere Erde, entstand in 150 Millionen Kilometer Entfernung von der Sonne. Ein glücklicher Abstand: So konnte sich flüssiges Wasser über Jahrmilliarden auf der Erde halten. Auch ist die Erde groß genug, um eine Lufthülle an sich zu binden. Die gasförmige Atmosphäre, das flüssige Wasser und die moderate Sonneneinstrahlung waren Voraussetzungen für die Entstehung von Leben und dessen Erhalt!

Milliarden Jahre stabile Sonnenstrahlung

Die Sonne gewinnt ihre Energie aus der Kernverschmelzung von Wasserstoff zu Helium in ihrem Zentrum. Wir kennen die Masse und die chemische Zusammensetzung der Sonne, sie besteht überwiegend aus Wasserstoff. Knapp die Hälfte des Wasserstoffs im Sonnenkern wurde seit ihrer Entstehung verbraucht.

Das Wasserstoffbrennen setzt sich später vom Zentrum aus in einem langsam nach außen steigenden Schalenbrennen fort. Dabei vergrößert sich der Durchmesser der Sonne bei annähernd gleich bleibender Temperatur an der Sonnenoberfläche (etwa 5800 °C). Dadurch wird die Sonne heller strahlen, was wiederum zu steigenden Temperaturen auf der Erde führt.

Dieses Aufblähen der Sonne geht sehr langsam vor sich. Aber in etwa 6 Milliarden Jahren wird sich

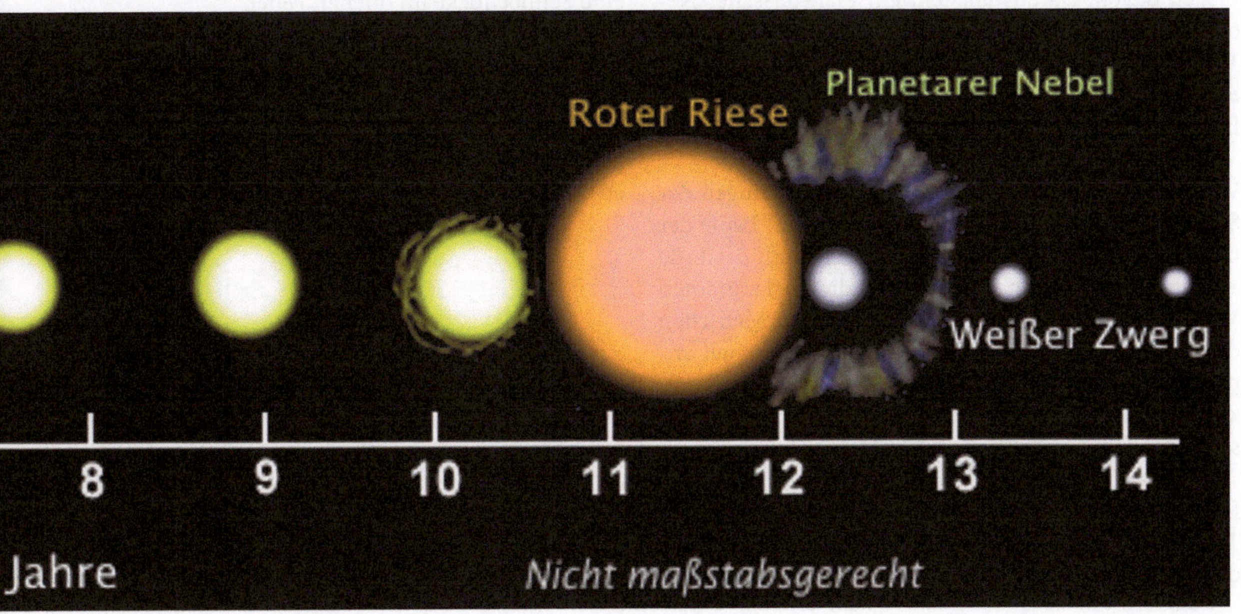

ihr Durchmesser verdoppelt haben. Der Vorgang beschleunigt sich dann, nach einer weiteren Milliarde Jahren ist der Durchmesser der Sonne über zweihundert Mal größer als heute und wird bis zur jetzigen Venusbahn reichen: Die Sonne ist zu einem roten Riesenstern geworden, ihre Leuchtkraft ist dabei um mehr als das Tausendfache angestiegen.

Roter Riese – Weißer Zwerg

Nun geht es schnell zu Ende. Das Helium fusioniert zu noch schwereren Elementen. Dabei verändern sich der Durchmesser und die Leuchtkraft der Sonne ständig, aber auf hohem Niveau. Dieser große, pulsierende Stern kann seine Außenschichten mit seiner Anziehungskraft nicht mehr halten. Sie lösen sich ab und fliegen davon. Daraus entsteht ein Planetarischer Nebel, der sich schließlich auflöst. Von der Sonne bleibt 12 Milliarden Jahre nach ihrer Entstehung nichts als ein Weißer Zwerg übrig, eine Sternleiche ohne weitere Energieerzeugung.

Wie werden sich diese drastischen Veränderungen der Sonne auf das irdische Leben auswirken? Im Laufe der nächsten hundert Millionen Jahre wird es auf der Erde allmählich wärmer und feuchter. Bei diesem langsamen Vorgang könnten sich Pflanzen, Tiere und Menschen den veränderten Bedingungen möglicherweise gut anpassen. Der Meeresspiegel steigt durch das Abschmelzen der Polkappen, die herausragenden Landmassen sind üppig und urwaldartig begrünt.

In etwa einer Milliarde Jahren erreichen die Ozeane Temperaturen von über 50 °C und beginnen zu verdunsten und schließlich zu verdampfen. Der Wasserdampf steigt in die hohe Atmosphäre und wird dort durch die Ultraviolettstrahlung der Sonne zersetzt. Das dabei entstehende Wasserstoffgas entweicht unwiederbringlich in den Weltraum: Die Erde trocknet dann langsam aus, alles höhere Leben wird erlöschen.

Ozeane verdampfen, Steine schmelzen

In 7 Milliarden Jahren schließlich werden die Steine auf der Erde unter der Sonnenglut schmelzen. Die Erde umkreist die Sonne dann noch immer und erzeugt durch Gezeitenwechselwirkung (ähnlich wie der Mond bei der Erde) in der Sonnenatmosphäre einen winzigen „Flutberg". Dieser „zieht" an der Erde und lässt sie schließlich in die Sonne hineinspiralen, sie endet wie eine Schneeflocke im offenen Feuer.

Da die in diesem Untergangskalender genannten Zeiträume von Milliarden Jahren schwer vorstellbar sind, hilft die folgende Veranschaulichung: Wir packen die gesamte bisherige Weltgeschichte seit dem Urknall (vor etwa 13,7 Milliarden Jahren) in ein menschliches Jahr.

Erdgeschichte im Zeitraffer

Am 1. Januar um 00:00 Uhr fand der Urknall statt, Mitternacht am 31. Dezember ist der heutige Zeitpunkt. Dann sind Mitte August Sonne und Erde entstanden (vor 4,6 Milliarden Jahren). Am Silvesterabend fünf Minuten vor Mitternacht lebten die Neandertaler und fünf Sekunden vor Neujahr Jesus. Erst in der letzten Zehntelsekunde des Jahres gelangen den Menschen die hier aufgeschriebenen Erkenntnisse über den Kosmos.

Die Geschichte und Zukunft der Welt im Zeitraffer
(13 700 000 000 Jahre veranschaulicht in 1 Jahr)

01 Jan	Urknall
10 Jan	Erste Sterne
20 Jan	Supernovae
15 Aug	Sonnensystem
01 Okt	Algen
23 Dez	Steinkohlenlager
27 Dez	Vögel
29 Dez	Säugetiere
31 Dez *23.55.00*	Neandertaler
31 Dez *23.59.55*	Jesus
31 Dez *23.59.59*	Entdeckung Amerikas Neujahr!

Das neue Jahr

01 Jan Ende der Menschheit ???

31 Jan	Ozeane verdampfen
März	Kollision Milchstrasse – Andromeda
April	Erdoberfläche ~400°C
Juni	Erdkruste schmilzt
Juli	Erde spiralt in Sonne
Aug	Sonne wird zu Weißem Zwerg

Was wird im neuen „Zeitrafferjahr" folgen? Ende Januar des zweiten Jahres verdampfen die Ozeane. Im März werden Milchstraße und Andromeda-Galaxie kollidieren und verschmelzen, aber seit Ende Januar gibt es keinen Menschen mehr, der dieses Schauspiel genießen könnte. Im August bleibt von der Sonne nur eine Sternleiche übrig, nachdem sie vorher noch die Erde verschluckt hat.

Gute Aussicht: Viele 100 Millionen Jahre o.k.!

Aus astrophysikalischer Sicht kann das Leben auf unserer Erde noch mehrere hundert Millionen Jahre andauern. Zwar drohen auch andere Gefahren wie Asteroideneinschläge, aber sie können nicht alles Leben vernichten (dazu mehr in Kapitel 68). Werden die Menschen diese uns gegebene lange Zeitspanne nutzen?

Daran gibt es einige Zweifel. Wir sind dabei, für wachsenden materiellen Wohlstand die Atmosphäre der Erde zu schädigen. Dem Klimawandel folgen Extremwetterereignisse, die Ausbreitung von Krankheiten, Artensterben, Versteppung. Die Weltbevölkerung wächst rasant, allein in meinem kurzen Menschenleben hat sie sich auf heute 7 Milliarden Menschen verdoppelt. Und jährlich kommen über 80 Millionen neue Erdbewohner dazu. Alle brauchen Nahrung, sauberes Wasser und möchten Wohlstand. Kann die Erde das auf Dauer verkraften, wird es zu tödlichen Verteilungskämpfen kommen?

Behandeln wir die Erde pfleglich!

Das astronomisch bedingte Ende der Erde liegt jedenfalls in unvorstellbarer Ferne. Viel größere Gefahr geht von uns Menschen aus. Wir sollten täglich so handeln, dass die Erde auch für viele Generationen nach uns lebenserhaltend bleibt.

www.universum-fuer-alle.de/sternstunde/62

63 Wie kann man bewohnbare Planeten finden?

Lisa Kaltenegger

Um bewohnbare Planeten zu entdecken, müssen wir zunächst einmal wissen, was einen Planeten überhaupt bewohnbar macht. „Bewohnbar“ oder „habitabel“ bedeutet, dass Leben, wie wir es von der Erde kennen, auf Dauer existieren kann. Nach allem, was wir aus der Biologie wissen, ist besonders eines dafür notwendig: Flüssiges Wasser.

Um flüssiges Wasser zu ermöglichen, muss der Planet genau im richtigen Abstand seinen Mutterstern umkreisen. „Richtig“ bedeutet in diesem Zusammenhang, dass die Energie, die der Stern auf den Planeten überträgt, grob gesagt eine Oberflächentemperatur im Bereich zwischen 0 °C und 100 °C erzeugt. Es darf nicht zu heiß und nicht zu kalt sein.

Habitabel: Angenehm warm

Es gibt natürlich noch mehr Bedingungen, die es zu erfüllen gilt: So muss der Planet in der Lage sein, durch seine Schwerkraft eine ausreichend dichte Atmosphäre zu halten. Andererseits darf der Treibhauseffekt nicht zu stark sein. Darüber hinaus beeinflussen Sternaktivität und Magnetfeld die Lebenschancen auf einem Planeten. Wie dem auch sei, das mit Abstand wichtigste Kriterium ist die Existenz flüssigen Wassers.

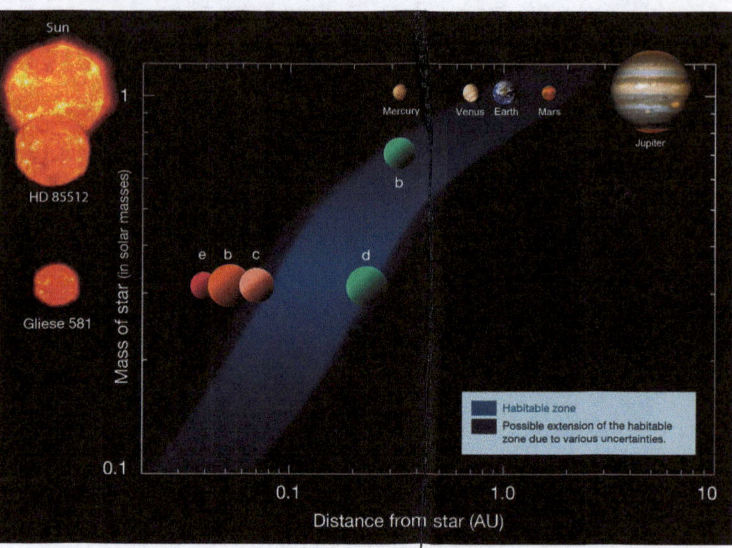

Das blaue Band illustriert die habitable Zone für Sterne verschiedener Masse. Ganz oben links steht die Sonne mit Masse 1, die Planeten Venus, Erde und Mars befinden sich in der habitablen Zone. Für Sterne kleinerer Masse (Beispiele: HD 85512 mit etwa 0,7 Sonnenmassen und Gliese 581 mit 0,3 Sonnenmassen) ist die Habitable Zone viel näher am Stern, in diesen beiden Fällen bei 0,2 bzw. 0,1 Erdabständen. Beide Sterne haben Planeten im Abstandsbereich der habitablen Zone.

Wir haben das außergewöhnliche Glück, mit unserem blauen Planeten in einem mittleren Abstand von 150 Millionen Kilometer um einen Stern zu kreisen, der eine Energie von ungefähr 4 mal 10^{20} Megawatt abstrahlt. Auf dieser Grundlage konnte sich das Leben auf der Erde über einen sehr langen Zeitraum entwickeln.

Die meisten Sterne: Schwächer als die Sonne

Mehr als 75 % aller Sterne strahlen weniger als 8 % dieser Energie ab. Würden wir um einen solchen viel schwächer leuchtenden Stern kreisen, wäre es auf der Erde bei gleichem Abstand viel zu kalt, sie wäre unbewohnbar. Dagegen läge der innerste unserer acht Planeten, der

Abbildung vorhergehende Seite: ESO; Künstlerische Darstellung eines Systems mit drei „Super-Erden“, in Anlehnung an das dreifache Planetensystem HD 40307 mit Umlaufsperioden von 4,3 Tagen, 9,6 Tagen und 20,4 Tagen.
Abbildung oben: ESO, based on an original diagram by Franck Selsis, Univ. of Bordeaux
Abbildung rechte Seite: NASA/Stefan Seip

Merkur, ziemlich genau in der Mitte der habitablen Zone eines solchen Sterns.

Aber vielleicht hat all das gar nicht viel mit Glück zu tun. Vielleicht gibt es ja so viele Planeten um andere Sterne, dass es sogar sehr wahrscheinlich ist, dass einige von Ihnen – wie die Erde – in der habitablen Zone ihrer Sterne liegen. Wenn es sie also gibt, wie können wir dann feststellen, ob andere Planeten Voraussetzungen mitbringen, um Leben zu ermöglichen?

Direkte Fotografie?

Da die möglicherweise lebensfreundlichen Planeten um andere Sterne von uns aus gesehen sehr nah an ihrem Mutterstern liegen, werden sie schlichtweg vom Stern überstrahlt. Direkte Fotografien mit dem Teleskop sind deshalb so gut wie ausgeschlossen.

Aus diesem Grunde nutzen die Astronomen indirekte Nachweismethoden zur Planetensuche. Eine Möglichkeit hierfür basiert auf der Grundlage, dass sich der Stern und die vorhandenen Planeten um einen gemeinsamen Schwerpunkt drehen. Nicht nur der Planet kreist um den Stern, sondern auch der Stern führt periodische Bewegungen aus. Und diese können von der Erde aus untersucht werden (mehr darüber in Kapitel 65).

Venus-Transit: Am 6. Juni 2012 lief die Venus von der Erde aus gesehen vor der Sonnenscheibe vorbei.

Eine weitere Möglichkeit der Planetenentdeckung besteht in der sogenannten Transit-Methode, die in günstiger Weise eine Aussage über die Bewohnbarkeit des Exoplaneten zulässt.

Transit: Bei der Sonne und bei Sternen

Um diese Methode besser zu verstehen, betrachten wir kurz das Geschehen in unserer Nähe. Am 6. Juni 2012 wurden wir Zeugen eines

Künstlerische Darstellung des Exoplaneten-Systems Kepler–11 mit sechs Planeten.

solchen Ereignisses in unserem eigenen Sonnensystem, da fand ein Venus-Transit statt: Von der Erde aus betrachtet schob sich die Venus vor die Sonnenscheibe (siehe Abbildung vorhergehende Seite).

Ähnliche Transits sind auch bei anderen Planetensystemen zu erwarten, wenn wir das Exoplaneten-System genau „von der Seite" sehen. Die Verdeckung durch den Planeten bewirkt dabei eine minimale Verringerung der Helligkeit des Sterns, die wir auch aus großer Ferne messen können. Seit 1999 wurden auf diese Weise schon mehr als 230 Exoplaneten aufgespürt.

Kepler–11: Sechs Planeten!

Insgesamt kennt man über 700 Planetensysteme um andere Sterne. Etwa 100 davon beherbergen sogar mehrere Planeten, wie etwa das System Kepler–11. Dieser unserer Sonne recht ähnliche Stern befindet sich im Sternbild Schwan, ist etwa 2000 Lichtjahre von uns entfernt und wird von mindestens sechs Exoplaneten umkreist (siehe Abbildung links). Sie wurden mit dem Weltraumteleskop Kepler in den Jahren 2010 und 2011 entdeckt.

Mit allen unseren Suchmethoden ist es sehr viel einfacher, große Planeten zu finden als kleine. Schauen wir uns die Gruppe der bisher entdeckten Exoplaneten an, so stellen wir fest, dass es ähnlich viele kleine Planeten gibt wie große.

Deshalb können wir den Schluss ziehen, dass kleine Planeten sehr viel häufiger sein müssen als große, und dass es noch weitaus mehr Planeten gibt als wir bisher gefunden haben. Je mehr Planeten wir entdecken, desto wahrscheinlicher ist es, dass einer von ihnen in der habitablen Zone liegt und vielleicht Leben beherbergt.

Wie ist der Abstand?

Wie wir nun wissen, ist ein geeigneter Abstand zum Mutterstern eine wichtige Voraussetzung für Leben. Aber wie können wir den Abstand aus der Ferne vermessen? Hierfür benötigen wir etwas Physik.

Abbildung oben: NASA/Tim Pyle
Abbildung rechte Seite: NASA/Kepler Team

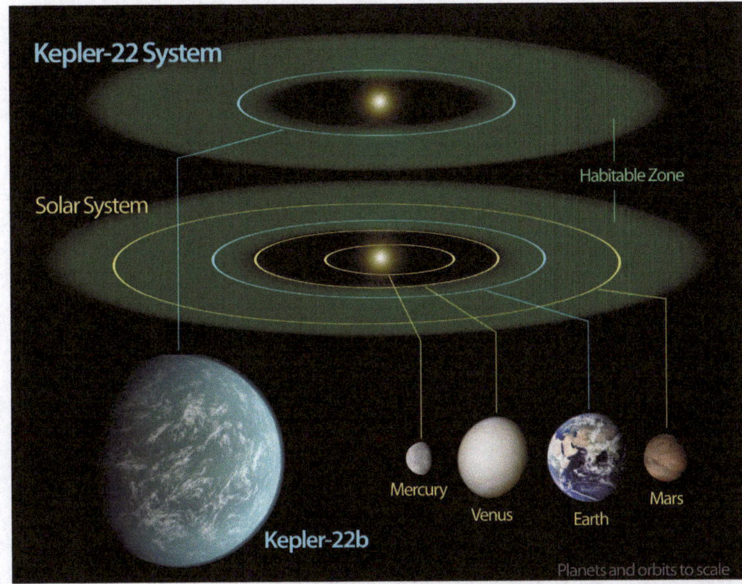

Die Bahn des Planeten Kepler-22b liegt innerhalb der habitablen Zone seines Mutter-Sterns Kepler-22 (oben). Zum Vergleich darunter die habitable Zone um die Sonne und die Bahnen von Merkur, Venus, Erde und Mars.

Nach Keplers drittem Gesetz ergibt sich ein relativ einfacher Zusammenhang zwischen der Umlaufperiode eines Planeten und seinem Abstand zum Stern. Da wir aus den Transit-Beobachtungen auch die Umlaufzeit der Exoplaneten kennen, können wir ihre Abstände zum Mutterstern unmittelbar berechnen.

Kepler-22: Bester Kandidat?

Und mit Blick auf die verschiedenen Abstände können wir es auch wagen, abzuschätzen, wie wahrscheinlich flüssiges Wasser auf einem Exoplaneten ist. Weitere Untersuchungen, die die Atmosphäre der Exoplaneten berücksichtigen, lassen dann genauere Rückschlüsse auf die dortigen Klimaverhältnisse zu.

Die NASA veröffentlichte im Jahre 2011 Beobachtungsdaten der Kepler-Mission. Aus ihnen geht hervor, dass mehr als 50 der 1235 entdeckten Planetenkandidaten innerhalb der habitablen Zone liegen. Ende 2011 wurde dann die Entdeckung des ersten erdähnlichen Exoplaneten, Kepler-22b, bekannt gegeben (Abbildung links).

Zweite Erde?

Der Planet Kepler-22b liegt – wie die Erde – innerhalb der habitablen Zone seines Muttersterns. Ein Jahr auf Kepler-22b dauert 290 Tage. Seine nächsten Transits werden es uns ermöglichen, mehr über die Zusammensetzung seiner Atmosphäre zu erfahren. Vielleicht haben wir mit ihm ja schon jetzt eine zweite Erde entdeckt!

64 Kometen – Wanderer im Sonnensystem

Joachim Krautter

Zu Beginn einer Erzählung von Hans Christian Andersen heißt es: „Und der Komet kam, schimmerte mit seinem Feuerkern und drohte mit seinem Schweif; er ward betrachtet aus dem reichen Schloss, aus der armen Hütte, aus dem Menschengedränge auf der Straße und von dem einsamen Wanderer, der über die wegelose Heide schritt. Ein jeder hatte seinen Gedanken dabei."

Durch alle Epochen hindurch beflügelten Kometen die Fantasie der Menschen. Häufig wurden die unerwarteten, spektakulären Himmelserscheinungen als Vorboten drohenden Unheils interpretiert und als Anzeichen dafür, dass die göttliche Ordnung verletzt worden war.

Als Wilhelm der Eroberer um das Jahr 1066 England angriff, wurde das Auftreten des Halleyschen Kometen von der angelsächsischen Bevölkerung als böses Omen für die bevorstehende Schlacht verstanden, und das zu Recht, wie wir heute wissen. Als Zeitzeuge dieser Ereignisse dient der Teppich von Bayeux, der im 11. Jahrhundert entstand und das Auftreten des Kometen dokumentiert.

Selbst im wissenschaftlich schon recht aufgeschlossenen 17. Jahrhundert waren Kometen für die Menschen noch zutiefst im Aberglauben verhaftet. So interpretierte selbst Johannes Kepler Kometen als

Szenen 32 und 33 des Teppich von Bayeux (entstanden um 1070): Einige Männer zeigen auf einen Kometen, der heute als der Halleysche Komet identifiziert ist.

ominöse Vorzeichen. Als Tycho Brahe die Schweiflänge des Kometen von 1577 mit mindestens 230 Erdradien abschätzte und daraus korrekt schloss, dass Kometen keine Phänomene der Erdatmosphäre sein könnten, widersprach ihm Galileo Galilei.

Kometen als Unheilsbringer?

Und sogar noch im Jahre 1910 wurde aufgrund der bevorstehenden Wiederkehr des Halleyschen Kometen der Weltuntergang vorhergesagt, da sich die Erde durch seinen Schweif bewegte, in dem kurz zuvor geringste Mengen Blausäure nachgewiesen wurden. Dabei hatte man schon im antiken Griechenland versucht, Kometen auf wissenschaftlichere Weise zu verstehen. Aristoteles und Ptolemäus hielten Kometen zum Beispiel für Ausdünstungen der Erdatmosphäre.

Womit haben wir es denn nun bei diesem Kometen-Phänomen wirklich zu tun? Der Name Komet kommt vom griechischen Wort „κωμητηζ", was „der Haarige" bedeutet. Gemeint ist damit natürlich

Abbildung vorhergehende Seite: G. Hüdepohl/ESO; Komet McNaught über dem Cerro Paranal mit Teleskopen (Chile)
Abbildung oben: Wikipedia, gemeinfrei
Abbildung rechte Seite: NASA/JPL-Caltech/UMD

Komet Tempel 1 in einer Nah-Aufnahme der Sonde Deep Impact

der lange, aufgefächerte Schweif des Kometen, der zusammen mit dem hellen Kometenkopf zu den beiden markantesten Charakteristiken gehört.

Der eigentliche Kern eines Kometen ist für die Teleskope unsichtbar, weil er von einem leuchtend hellen Bereich, der sogenannten Koma, überstrahlt wird. Erst seit man Kometen mit Raumsonden besuchen und aus der Nähe erforschen kann, sind Nahaufnahmen möglich, wie auf der Abbildung oben, die den Kometen Tempel 1 in einer Aufnahme der NASA-Sonde Deep Impact zeigt. Ein Kometenkern ist im Durchmesser zwischen 100 m und 50 km groß und bringt zwischen einer Milliarde und einer Billion Tonnen auf die Waage. Kometen bestehen aus einer Mischung von Eis und Gestein sowie diversen Molekülen. Somit werden sie auch ganz zu Recht als „schmutzige Schneebälle" bezeichnet.

Schauen wir uns einen Kometen etwas genauer an, so finden wir neben einem langen „Plasma"-Schweif häufig auch noch einen zweiten, kürzeren und meist gekrümmten „Staub"-Schweif, der in einem leicht anderen Winkel vom Kopf des Kometen wegzeigt.

Zwei Schweife

Die beiden Schweifkomponenten entstehen folgendermaßen: Der Komet wird durch die Strahlung der Sonne aufgeheizt, dadurch lösen sich Gas und Staub vom Kern des Kometen und bilden die Koma. Der Plasma-Schweif wird dann durch den sogenannten Sonnenwind angetrieben. Der Sonnenwind ist ein kontinuierlicher Strom elektrisch geladener Teilchen aus der Sonne, der mit hoher Geschwindigkeit (mehr als 100 Kilometer pro Sekunde!) auf den Kometen trifft. Er bewirkt, dass das ionisierte Gas in der Koma regelrecht weggeblasen wird.

Deshalb entwickelt sich der Schweif eines Kometen auch nur dann, wenn er in der Nähe der Sonne seine Kurven dreht. Der Sonnenwind ist dafür verantwortlich, dass der Schweif immer von der Sonne weg zeigt. Der Staub-Schweif ist leicht gekrümmt und weist in eine etwas andere Richtung als der Plasma-Schweif, da die Staubteilchen je nach Größe stärker vom der Strahlung der Sonne beeinflusst und dadurch abgebremst und auf andere Umlaufbahnen gezwungen werden.

Die europäische Raumsonde Giotto besuchte 1986 den Halleyschen Kometen

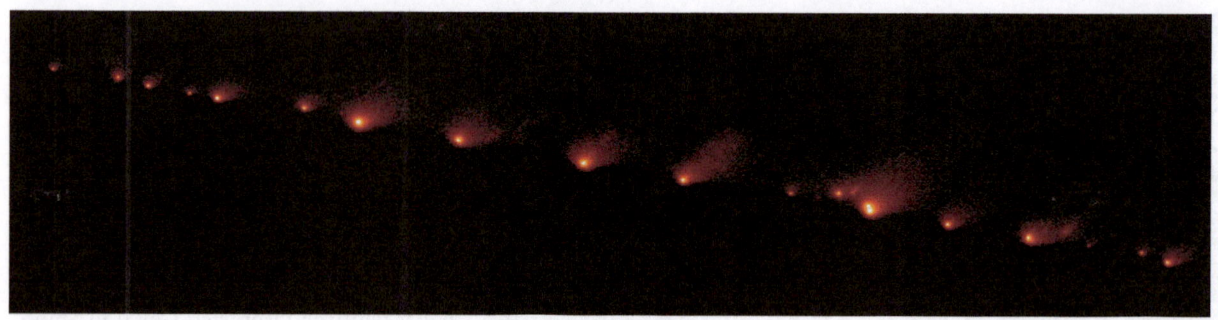
Der auseinander gebrochene Komet Shoemaker-Levy 9 im Jahre 1994, kurz bevor die Bruchteile auf den Jupiter stürzten

und konnte aus nächster Nähe seine Größe, seine Masse und seine Dichte vermessen. Man fand heraus, dass die Form des Halleyschen Kometen einer 15 km langen Erdnuss ähnelt. Bei einer Masse von 200 Milliarden Tonnen hat dieser Kometenkern allerdings eine sehr geringe Dichte, die weit unter der von Wasser liegt.

Komplexe Moleküle

Neben Wasserstoff und einfachen Kohlenstoffverbindungen wurden im Koma-Material auch Spuren komplexerer Moleküle nachgewiesen. Die Raumsonde Stardust konnte auf dem Kometen Wild-2 sogar die Aminosäure Glycin finden. Diese Entdeckung ist besonders interessant, weil Glycin Bestandteil von Proteinen im menschlichen Körper ist und dadurch die Diskussion über den Weltraum als Ursprung irdischen Lebens angefacht wurde (mehr dazu in Kapitel 23).

Heutzutage werden 20 bis 30 Kometen pro Jahr entdeckt, von denen man nur die wenigsten mit bloßem Auge sehen kann. Kometen stammen aus der sogenannten Oortschen Wolke, die 10 000-mal weiter von der Sonne entfernt ist als die Erde. Diese Wolke besteht aus über einer Billion Gesteinsbrocken, die aus der Zeit der Planetenentstehung übrig geblieben sind.

Durch die Anziehungskraft der äußeren Planeten wurden sie einst weit aus dem Bereich der Planetenbahnen herausgeschleudert. Nur sehr wenige davon geraten durch die Schwerkraft anderer Körper in die Nähe der Sonne. Einige davon sind regelmäßige Gäste im inneren Teil unseres Sonnensystems. Die kürzeste uns bekannte Periode besitzt der Komet „Encke", der etwa alle 3,3 Jahren wiederkehrt. Leider ist er sehr schwach, so dass er mit bloßem Auge nicht zu sehen ist.

Der Halleysche Komet hat hingegen eine Periode von 76 Jahren und wird uns den nächsten Besuch 2061 abstatten. Die meisten Kometen haben längere Perioden von über 100 Jahren bis zu Millionen Jahren. Das Schicksal, welches die einsamen Wanderer im Sonnensystem erwartet, ist recht trostlos. Bei jeder Annäherung an die Sonne verlieren Kometen einen Teil ihrer Masse, bis sie eines Tages gänzlich aufgelöst werden.

Abbildung oben: NASA, ESA und H. Weaver und E. Smith (STScI)
Abbildung rechte Seite: ESO/Y. Beletsky

Komet Lovejoy, der zum Jahreswechsel 2011/2012 auftauchte, am Himmel über Santiago de Chile

Manchmal werden sie dabei durch Gezeitenkräfte in mehrere Fragmente gerissen. Ganz selten kommt es vor, dass ein Komet auf die Sonne stürzt oder mit einem Planeten kollidiert. Dies konnten wir im Jahre 1994 mitverfolgen, als der Komet Shoemaker-Levy 9 zunächst in verschiedene Stücke zerbrach, die dann alle auf den Jupiter stürzten (siehe Abbildung linke Seite).

Aber nicht alle Kometen kehren wieder. Wenn ihre Geschwindigkeit groß genug ist, dann kommen sie nur einmal bei uns vorbei und verschwinden dann wieder in die Tiefen des Weltraums.

www.universum-fuer-alle.de/sternstunde/64

65 Wie findet man Planeten um andere Sterne?

Andreas Quirrenbach

Schon seit vielen hundert Jahren wird darüber spekuliert, ob es wohl Planeten um andere Sterne gibt. Erstmals gefunden wurden aber solche sogenannte Exoplaneten erst im Jahre 1992.

Daran wird schon deutlich: Es ist eine sehr schwierige Angelegenheit, Planeten um andere Sterne zu entdecken. Das Szenario ist vergleichbar mit einem Glühwürmchen, das einen Leuchtturm im Hafen von Athen umkreist und von Heidelberg aus erspäht werden soll.

Die Entdeckung von Planeten um andere Sterne ist sehr schwierig

- Planeten leuchten nicht selbst; sie reflektieren Licht von ihrem Mutterstern
- Deswegen leuchten sie sehr viel schwächer als der Stern (z.B. Venus im Vergleich zur Sonne)
- Ein Planet um einen anderen Stern ist ungefähr so hell wie ein Glühwürmchen, das einen Leuchtturm im Hafen von Athen umkreist (betrachtet von Heidelberg aus)

Indirekte Methoden

Das Problem dabei ist nicht, dass das Glühwürmchen eine so schwache Lichtquelle darstellt, sondern dass der Leuchtturm daneben so hell strahlt. Man könnte Planeten viel einfacher aufspüren, wenn sie von sich aus stark leuchten würden. Sie reflektieren aber lediglich das Licht ihres Muttersterns. Sie werden also von dem 100 Millionen Mal helleren Stern einfach überstrahlt. Deshalb lassen sich Exoplaneten nur in sehr wenigen Fällen direkt fotografieren und auch nur dann, wenn es sich um Riesenplaneten handelt, die sich weit weg von ihren Muttersternen befinden.

Fast alle der über 700 bis heute bekannten Exoplaneten wurden durch indirekte Nachweismethoden gefunden. Die weitaus erfolgreichste unter diesen wollen wir im Folgenden kennenlernen. Hierzu brauchen wir ein paar physikalische Grundkenntnisse.

Groß und Klein auf der Wippe

Stellen wir uns eine Wippe auf einem Spielplatz mit einer leichten und einer schweren Person vor. Die Stellung der Wippe wird zweifelsohne durch den schwereren Partner bestimmt. Soll das Gleichgewicht und damit der Spielspaß wieder hergestellt werden, muss der Schwerere näher zur Mitte der Wippe rücken. In diesem Fall hebt die Person mit dem größeren Gewicht, die nun näher am Drehpunkt der Wippe sitzt, beim Heben und Senken der Wippe weniger hoch vom Boden ab als die leichtere Person, die vom Drehpunkt weiter entfernt sitzt. Wir halten also fest: Große Massen führen im Gleichgewicht kleine Bewegungen aus, kleine Massen dagegen große Bewegungen.

Abbildung vorhergehende Seite: ESO/L. Calçada; Künstlerische Darstellung eines Exoplaneten, der sich entgegen der Rotationsrichtung des Sterns und in einer geneigten Ebene dreht (modelliert nach dem System WASP 8b)
Abbildung rechte Seite: Wikipedia, GLFD 1.2/cc-2.5-US, Georg Wiora (Dr. Schorsch) created this image from the original JPG, based on a public domain image created by Harold T. Stokes, and amended by Ian Tresman. Original upload in English Wikipedia by Iantresman

Im Falle eines Planeten in einer Umlaufbahn um einen Stern sieht es sehr ähnlich aus. Wir haben zwar alle gelernt, dass sich die Erde um die Sonne bewegt, aber ganz so stimmt das nicht. Die Erde und die Sonne bewegen sich beide um den gemeinsamen Schwerpunkt, vergleichbar mit der Mitte der Wippe.

Die Sonne: 300 000-mal langsamer

Die Sonne besitzt 300 000-mal soviel Masse wie die Erde. Folglich hat das Fliegengewicht Erde mit 150 Millionen Kilometern eine 300 000 mal größere Entfernung vom Massen-Schwerpunkt als die Sonne. Aber die Sonne bewegt sich doch! Wenn wir also wissen wollen, ob es einen Planeten um einen anderen Stern gibt, brauchen wir den Planeten selbst gar nicht zu sehen. Wir müssen nur auf die Bewegung des Sterns achten. Wenn wir sehen, dass sich der Stern periodisch auf uns zu und von uns weg bewegt, dann wissen wir, dass er von einem Planeten umkreist wird.

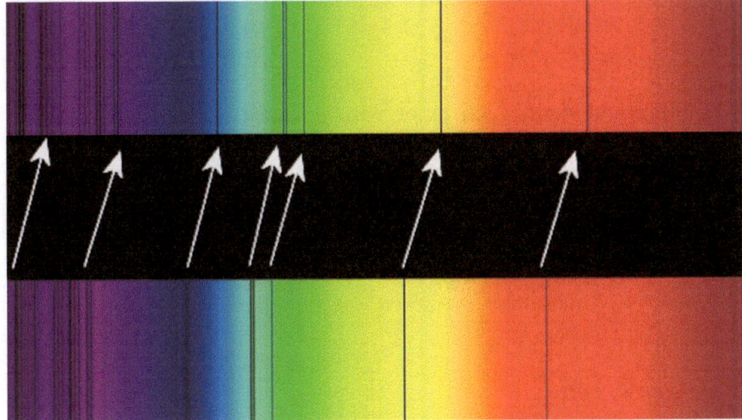

Illustration der Wellenlängenverschiebung durch den Dopplereffekt: Im Ruhezustand (unten) haben die Spektrallinien verschiedener Elemente bestimmte Wellenlängen oder Farben. Wenn sich der Stern nun von uns weg bewegt, dann sind die Linien alle zum roten Ende hin verschoben (oben). Je größer die Geschwindigkeit, desto größer die Verschiebung (der Effekt ist stark übertrieben dargestellt).

Die Geschwindigkeit der Sonne ist ebenfalls 300 000-mal geringer als die des Planeten Erde, und deshalb sehr klein: Die Erde bewegt sich mit etwa 30 km/sec um die Sonne, während die Bewegung der Sonne, wenn sie nur von der Erde umkreist würde, nur 10 cm/sec betragen würde.

In der Astronomie wurden Methoden entwickelt, um die Geschwindigkeiten von Sternen zu messen, die sich regelmäßig auf uns zu oder von uns weg bewegen. Dabei machen wir uns die Aufspaltung des Lichts der Sterne zu Nutze. Diese Auffächerung des Lichts in seine Farbanteile ist jedem von uns durch den Regenbogen bekannt. Jede Farbe entspricht einer bestimmten Frequenz des Lichts: Rot bedeutet niedrige Frequenz oder lange Wellenlänge, Blau heißt hohe Frequenz oder kurze Wellenlänge.

Spektrallinien helfen

Wenn wir uns das Spektrum der Sonne in einem Spektrografen in hoher Auflösung anschauen, also viel genauer, als es ein Regenbogen gestattet, so entdecken wir dunkle Linien in den Farbbändern. Atome und Moleküle in der äußeren Atmosphären-Schicht der Sonne (oder auch anderer Sterne) absorbieren das Licht bei bestimmten Frequenzen und sorgen so für teilweise sehr scharfe Linien im Spektrum. Diese Markierungen werden ausgenutzt, um die Bewegungen von Sternen zu messen.

Doppler-Methode

Das funktioniert so: Wenn sich ein Stern auf uns zu bewegt, dann erhöht sich die Frequenz der Lichtwellen und das gesamte Lichtspektrum wird blauer. Dabei werden auch diese Spektrallinien ins Blaue hinein verschoben. Umgekehrt verringert sich die Frequenz der Lichtwellen, wenn sich der Stern von uns weg bewegt. In diesem Fall werden die Markierungen zum roten Ende des Spektrums verschoben. Dieser sogenannte Doppler-Effekt ist uns aus dem Alltag vom Martinshorn eines vorbeifahrenden Krankenwagens bekannt.

Künstlerische Darstellung des extrasolaren Planeten GJ 1214b, der mit der Transitmethode entdeckt wurde.

Die Bewegung eines Sterns und seiner Planeten um den gemeinsamen Schwerpunkt führt also dazu, dass sich der Stern mal auf uns zu und mal von uns weg bewegt. Die Linien im Spektrum des Sterns verschieben sich somit im gleichen Rhythmus mal zu blauen und mal zu roten Farben. Könnten wir unser Sonnensystem von außen betrachten, so würden wir bei unserer Sonne eine Geschwindigkeit von etwa zehn Meter pro Sekunde messen, die vorwiegend durch den massereichsten Planeten Jupiter hervorgerufen wird.

Dies entspricht dann auch einer winzig kleinen Verschiebung aller Linien im Spektrum. Um solch minimale Schwankungen messen zu können, werden Spektrografen von höchster technischer Präzision für die Planetensuche eingesetzt. Das Resultat ist sehr beeindruckend: Über 450 Exoplaneten konnten bisher auf diese Weise entdeckt werden.

Transit-Technik

Es gibt eine Reihe weiterer astronomischer Beobachtungstechniken zur Planetenentdeckung. Die sogenannte „Transit-Methode" nutzt dabei aus, dass ein Planet regelmäßig vor der Sternscheibe vorbeiläuft und ihn dabei um einen winzig kleinen Anteil verdunkelt. Dies funk-

Abbildung oben: ESO/L. Calçada
Abbildung rechte Seite: NASA

Künstlerische Darstellung des extrasolaren Planeten OGLE-2005-BLG-390b, der mit der Gravitationslinsen-Methode entdeckt wurde.

tioniert aber nur, wenn wir das Planetensystem exakt von der Seite sehen.

Gravitationslinsen-Methode

Der Mikrogravitationslinsen-Effekt macht sich die Lichtablenkung durch Schwerkraft zu Nutze: Wenn ein Planetensystem vor einem weit dahinter stehenden Stern vorbeiläuft, dann verstärkt es die Helligkeit dieses Hintergrundsterns für kurze Zeit auf sehr charakteristische Weise. Wenn eine solche Lichtkurve neben einem gemächlichen Ansteigen und Abfallen noch gewisse kurzzeitige Schwankungen zeigt, dann kann man daraus schließen, dass der „Linsen-Stern" von einem Planeten begleitet wird.

Astrometrie

Schließlich versucht man auch, die oben schon genannte periodische Bewegung des Sterns direkt zu messen. Er verändert ja dabei auch seine Position ein winziges bisschen und führt eine kleine Ellipsenbewegung aus. Diese Technik ist allerdings so schwierig, dass bis heute noch kein Planet auf diese Weise entdeckt wurde. Die europäische Raumfahrtmission Gaia, die im Jahre 2013 gestartet werden soll, kann Positionen jedoch extrem genau vermessen, so dass wir in naher Zukunft viele Hundert Planetenentdeckungen mit dieser astrometrischen Methode erwarten.

Mehr als 700 Exoplaneten!

Insgesamt sind inzwischen mehr als 700 Planeten um andere Sterne bekannt. Und die Zahl der Entdeckungen steigt ständig! Die naheliegende nächste Frage ist nun: Kann es auf einem dieser Exoplaneten Leben geben? Darüber lesen Sie mehr in Kapitel 63.

66 Klare Nächte, heiße Drähte – Wie Astronomen heutzutage das Universum erforschen

Joachim Wambsganß

Die Themen, mit denen sich die Astronomen heute beschäftigen, kann man in vier Kategorien einteilen: Erstens wollen wir die Entstehung und Entwicklung des Universums als Ganzes verstehen. Dabei geht es um die Bestimmung kosmologischer Parameter, die Natur der Dunklen Materie und um das Phänomen der Dunklen Energie.

Das zweite Gebiet sind die Entwicklung von Galaxien und von sehr massereichen Schwarzen Löchern. Wir wollen die Schwarzen Löcher in den Zentren der Galaxien verstehen und wir wollen herausfinden, wann sich denn die ersten Galaxien gebildet haben.

Der dritte Themenkomplex betrifft die Entwicklung von Sternen und den Kreislauf der Materie. Damit zusammen hängen die Fragen, wann denn die ersten Sterne entstanden sind und wie sie an ihrem Lebensende die durch Kernfusion erzeugten schweren Elemente wieder an ihre Umgebung zurückgeben.

Was sind die wichtig(st)en astronomischen Fragestellungen im 21. Jahrhundert?

- **Entstehung und Entwicklung des Universums als Ganzes**
  - Genaue Bestimmung kosmologischer Parameter
  - Natur Dunkler Materie
  - Das Phänomen Dunkle Energie
- **Entwicklung von Galaxien und massereichen Schwarzen Löchern**
  - Schwarze Löcher in Galaxienzentren, Nachweis und Relation zu Galaxien
  - "Erste" Galaxien, wann, wie?
  - Milchstraße/Galaxien als dynamische Sternsysteme
- **Materiekreislauf und Sternentwicklung**
  - Erste Generation von Sternen: wann, wie massereich?
  - Wechselwirkung Sterne - Supernovae - Interstellares Medium - Scheiben
  - Akkretionsprozesse bei Sternen
- **Planetensysteme, Stern-/Planeten-Entstehung, Suche nach Leben**
  - Entstehung massereicher Sterne
  - Sind Planeten "Normalfall"? Was bestimmt Planetenparameter?
  - Suche nach Signaturen biologischer Aktivität

Wie arbeitet(e) ein/e Astronom/in?

Motto der Astronomie:

- schneller, höher, schärfer !
- schneller: kürzere Belichtungszeiten, mehr Messungen !
- höher: auf Bergspitzen, in die Erdumlaufbahn !
- schärfer: größere Spiegeldurchmesser !

Und schließlich geht es beim vierten Aspekt um Planeten, ihre Entstehung und Entwicklung und um die Frage nach Leben anderswo im Weltall.

Bilder, Spektren, Zeitserien

Wie erforschen aber nun Astronomen das Weltall und diese Fragen? Nun, sie brauchen dazu immer größere Teleskope, weil sie dadurch schärfer sehen und weiter schauen können. Zudem brauchen sie immer bessere spektrale Auflösung, um die Elementzusammensetzung und die Bewegung von Sternen und Galaxien besser untersuchen zu können. Und schließlich wollen sie die Aufnahmen ganz häufig wiederholen, um auch Veränderungen in Positionen, Helligkeiten und Geschwindigkeiten messen zu können.

Wie arbeiten Astronomen? Seit historischen Zeiten haben Astronomen den Himmel beobachtet und vermessen. Früher ging es dabei vor allem um Helligkeiten und Positionen von Sternen. Darüber hinaus haben die Astronomen immer auch gerechnet, erklärt und

Abbildung vorhergehende Seite: José Francisco Salgado/ESO; Nachthimmel über dem Cerro Paranal in der chilenischen Atacama Wüste

Techn(olog)ische Durchbrüche in der Astronomie

Computer:

- (Mechanische) Rechner: 1500
- (Menschliche) Rechner: 1880
- (Elektronische) Rechner: 1950
- Supercomputer: 2010

vorhergesagt (damit meine ich allerdings nicht das Voraussagen von Ereignissen im Leben der Menschen, sondern die von wissenschaftlichen Geschehnissen, wie etwa eine Sternbedeckung oder eine Mondfinsternis). Das ist noch heute so: Astronomen und Astrophysiker kann man grob gesprochen in zwei Gruppen einteilen, die „Beobachter" und die „Theoretiker".

Seit 400 Jahren: Teleskope

Die Werkzeuge der Astronomen haben sich über die Jahrhunderte stark verändert. Vom Altertum bis ins 17. Jahrhundert konnten die Menschen die Gestirne nur mit dem bloßen Auge beobachten. Galileo Galilei war im Jahre 1609 der erste Mensch, der ein Fernrohr gen Himmel richtete. Es hatte einen Durchmesser von 3 cm. Heutzutage haben die größten Teleskope Glas-Spiegel mit Durchmessern von acht bis zehn Metern. Und sowohl in den USA wie in Europa arbeitet man daran, Teleskope mit Durchmessern von 30 bis 40 Metern zu bauen.

Wie wurde das, was man am Himmel beobachtet hat, „aufbewahrt"? Bis etwa zum Jahre 1900 haben die Astronomen die Dinge, die sie zunächst mit dem bloßen Auge, später mit dem Fernrohr gesehen haben, mit der Hand aufgezeichnet und abgemalt. Erst Ende des 19. Jahrhunderts wurde die Fotografie auch für die Astronomie nutzbar.

Der Heidelberger Astronom Max Wolf war einer der Pioniere auf diesem Gebiet. In der Astronomie wurden Fotoplatten verwendet, dabei war eine Glasscheibe das Trägermedium für die Fotoemulsion. Während später bei fast allen Anwendungen der Fotografie Negativfilme aus Zelluloid verwendet wurden, blieb man in der Astronomie sehr lange bei Glasplatten, weil sie Formstabilität, Ebenheit und Widerstandsfähigkeit gegen Umwelteinflüsse garantierten. (Heutzutage nennt man so etwas Nachhaltigkeit.) Und in der Tat werden auch heute noch neue wissenschaftliche Erkenntnisse gewonnen bei der Auswertung 100 Jahre alter Fotoplatten – insbesondere bei der Suche nach Kleinplaneten.

Das Universum im Computer

- Newton: Gravitationsgesetz
- Kepler: Planetengesetze
- Logarithmentafeln
- Mathematik/Störungsrechnung:
  - 2-Körperproblem
  - 3-Körperproblem
  - N-Körperproblem
    - N = 1000 (1980)
      In Worten: "Tausend!"
    - N = 100 000 000 000 (2010, Springel)
      In Worten: "Hundert Milliarden!"

Ring-Galaxie, bekannt als „Hoag's Object": Ein Ring junger blauer Sterne umgibt den Zentralbereich einer Galaxie voller alter Sterne

Buntstift, Fotoplatte, CCD

Zurück zur Jetzt-Zeit: Seit etwa 1980 verwendet man in der Astronomie CCD-Kameras, wie sie heute in jedem Handy zu finden sind, um die himmlischen Geschehnisse digital festzuhalten. Dabei nahm die Größe der digitalen Kameras eine gigantische Entwicklung. Begonnen hat es mit 512 mal 512 Pixeln (über diese 0,26 Megapixel lächelt heute jeder Teenager ...), heutzutage ist man bei astronomischen Kameras mit 1,5 Gigapixel angekommen, das sind 1 500 Megapixel!

Zunächst wurde nur abgemalt oder abfotografiert, was sich so am Himmel zeigt: Planeten, planetarische Nebel, Galaxien. Doch im Jahre 1860 entwickelten Gustav Kirchhoff und Robert Bunsen in Heidelberg die Spektroskopie, die es erlaubt, das Licht in seine Regenbogenfarben aufzufächern und dabei die für jedes chemische Element charakteristischen Linien zu untersuchen. Damit wurde es möglich, die chemische Zusammensetzung von Planeten, Sternen und Galaxien zu analysieren und auch ihre Bewegungen zu messen. Dies war die Geburtsstunde der „Astro-Physik", denn nun konnte man sehr viel lernen über die physikalischen Zustände der himmlischen Objekte.

Bei den Teleskopen hat sich im Laufe der Zeit nicht nur die Größe geändert, sondern auch der Standort. Wurden noch Ende des 19. Jahrhunderts Weltklasse-Teleskope auf Hügel in der Nähe von Städten positioniert (wie etwa auf dem Heidelberger Königstuhl), so baut man seit 1950 Teleskope eigentlich nur noch auf sehr hohe Berge oder in trockene Wüstengegenden, die sehr weit entfernt sind von menschlichen Siedlungen.

Gründe dafür sind einerseits die klare und saubere Luft. Denn die Luftverschmutzung ist eine große Behinderung für die astronomische Forschung. Dreckige Luft lässt natürlich deutlich weniger Licht durch als eine klare Atmosphäre. Aber auch die Lichtverschmutzung ist ein Grund für die Entscheidung zu abgelegenen Teleskop-Standorten. Die Beleuchtung in großen Stadtgebieten ist durch die Reflexion an Wolken und Staub oft noch kilometerweit zu sehen und beeinflusst natürlich ebenfalls die Qualität der astronomischen Aufnahmen.

Eine neue Entwicklung in der Fernrohr-Technologie sind robotische Teleskope, die „remote-controlled", d.h. von einem weit entfernten Computer im Büro oder sogar automatisch gesteuert werden. Es war für mich ein ganz besonderes Erlebnis, schon vor fast 20 Jahren morgens im Büro in Deutschland mit einem Teleskop in New Mexico (USA) noch „live" Himmelsaufnahmen eines Mehrfachquasars zur Messung des Mikrogravitationslinsen-Effekts zu machen.

Abbildung oben: NASA/ESA und das Hubble Heritage Team STScI/AURA
Abbildung rechte Seite: Volker Springel

Noch besser als auf hohen Bergen ist es natürlich, den Einfluss der Erdatmosphäre vollständig auszuschalten. Denn sie macht alle Aufnahmen von Sternen etwas unscharf. Deshalb baut man seit den 1970er Jahren Weltraumteleskope, die mit Raketen in Erdumlaufbahnen gebracht werden.

Es gibt inzwischen sogar astronomische Missionen, die auf unseren Nachbarplaneten landen oder in die Atmosphäre ihrer Monde eindringen und dort direkt vor Ort extrem wichtige Daten zu Temperatur, Druck oder chemischer Zusammensetzung erheben. Bestimmt kennen Sie einige der Aufnahmen, die die Voyager-Sonden von Jupiter oder Saturn gemacht haben, oder Sie sind so fasziniert wie ich von den Fotos der Mars-Rover, die auf unserem Nachbarplaneten herumdüsen.

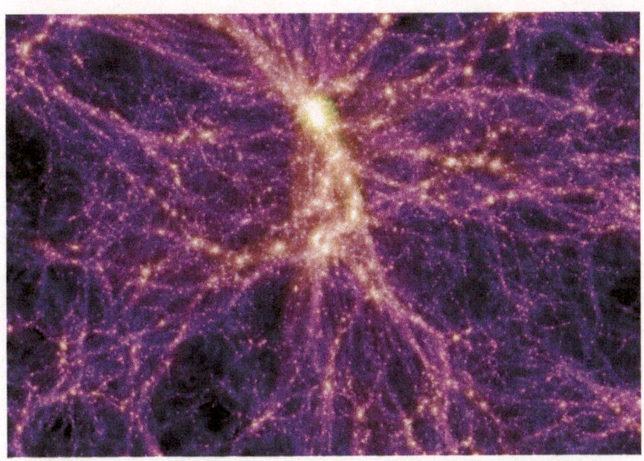

Millennium-Simulation: Die Entwicklung des Universums vom Urknall bis heute wird in Vielteilchen-Rechnungen nachvollzogen

Logarithmentafel und Supercomputer

Die eher theoretisch/mathematisch arbeitenden Astronomen nutzten viele Jahrhunderte lang ihre Köpfe, Papier und Bleistift sowie Logarithmentafeln. Die ersten mechanischen Rechenmaschinen wurden im 16. Jahrhundert gebaut. Die Entwicklung der elektronischen Rechner ab etwa 1950 sorgte schließlich für eine wahre Revolution in der Astronomie. Von Beginn an gehörten die Astrophysiker immer zu den eifrigsten Nutzern der neuesten Generation von Computern und Supercomputern. Das ist noch heute so.

Auch bei den astrophysikalischen Simulations-Rechnungen gab es in den letzten 60 Jahren gigantische Fortschritte. Vor Ankunft der Computer konnte man gerade mal die Schwerkraftwirkungen von drei Körpern untereinander „von Hand" lösen, und auch das nur in besonderen Fällen. Dagegen war es in den 1980er Jahren schon möglich, sogenannte n-Body-Rechnungen mit 1000 „Teilchen" durchzuführen. In den größten heutigen Computer-Simulationen kann man inzwischen bereits 100 Milliarden individuelle Teilchen berücksichtigen (mehr dazu in Kapitel 48). Damit gelingt es uns, die Entstehung von Sternen und Planeten besser zu verstehen und auch die kosmologische Entwicklung des Universums als Ganzes.

Aber auch heute sind – wie vor vielen Jahrzehnten – vor allem drei Ingredienzien notwendig für die erfolgreiche Erforschung des Universums: Klare Nächte (für ein Teleskop auf einem hohen Berg), heiße Drähte (in einem großer Computer im gekühlten Keller) und kreative Köpfe (wie die AstronomInnen in Heidelberg).

67 Gibt es Leben anderswo im Weltall?

Lisa Kaltenegger

Wie können Astronomen herausfinden, ob es auf fernen Planeten Leben gibt? Sie begeben sich auf eine Spurensuche, auf die Jagd nach dem Licht einer fremden Erde.

In den vergangenen Jahren wurden über 700 solche Begleiter um fremde Sterne entdeckt, sie werden extrasolare Planeten genannt, oder einfach nur kurz Exoplaneten. Die meisten haben sich als gewaltige Gasriesen entpuppt, ähnlich dem Jupiter in unserem Sonnensystem, oder sogar noch größer. Aber es gibt auch kleinere Exoplaneten und vermutlich haben einige davon sogar eine felsartige Oberfläche. Als die Astronomen sie genauer analysierten, stellten sie fest, dass ein paar dieser Exoplaneten eine ähnliche Dichte haben wie die Erde und bei manchen sogar die Masse ziemlich ähnlich ist.

Erdähnliche Planeten? Zu heiss!

Die meisten dieser erdähnlichen Planeten sind allerdings sehr nahe an ihren Muttersternen. Deshalb ist es auf ihrer Oberfläche extrem heiß. Das bedeutet aber nicht, dass es nicht auch weiter entfernte und kühlere Exoplaneten gibt. Für die Astronomen ist es nur viel leichter, solche Planeten zu finden, die nah bei ihrem Mutterstern stehen. In den nächsten Jahren werden auch viele Exoplaneten mit größeren Abständen entdeckt werden.

Es ist sehr aufregend, dass in den letzten Jahren solche erdähnlichen Planeten gefunden wurden, und zwar sowohl für professionelle Astronomen wie auch für interessierte Laien. Uns alle interessiert: Gibt es dort möglicherweise auch Leben? Diese Frage ist nicht so einfach zu beantworten.

Das größte Problem sind die riesigen Entfernungen in der Milchstraße und die relativ kompakten Planetensysteme. Wir Astronomen können deshalb selbst mit unseren größten Teleskopen nicht sehr nah an fremde Sterne und ihre Planeten herankommen. Hier ein Vergleich: Wenn unser ganzes Sonnensystem so groß wäre wie ein Keks, dann befände sich der nächstgelegene Stern zwei Fußballfelder von uns entfernt – also weit, weit weg.

Einfach mal Hinfliegen und den Exoplaneten mit einer Kamera fotografieren, das geht gar nicht. Aber eines können wir von hier aus immerhin versuchen, nämlich das Licht des Planeten einzufangen. Und jetzt wird es langsam interessant. Denn wenn wir dieses Licht mit unseren Teleskopen sehen, dann können wir es zerlegen. Wie geht das? Weißes Licht, das auf ein Prisma fällt, spaltet sich in die Farben des Regenbogens auf. Genau so kann man auch Sternenlicht aufspalten. Und eben auch das Licht ferner Planeten.

Nicht immer aber verteilt sich das Licht gleichmäßig in alle Farben des Regenbogens. Manchmal fehlen bestimmte Frequenzen. Und genau diese charakteristischen Fehlstellen in Form von dunklen Linien zeigen uns dann, wie der Stern oder der Planet aufgebaut ist, von dem das Licht stammt.

Spektrum entspricht Fingerabdruck

Wenn man die Intensität des Lichtes eines solchen Sterns oder Planeten über der Wellenlänge aufträgt, dann erhält man eine Kurve. Diese Kurve hilft bei der Spurensuche. Ein Planet beispielsweise, der keine Atmosphäre besitzt, hätte eine ziemlich glatte, nur wenig

Abbildung vorhergehende Seite: ESA, NASA, M. Kornmesser (ESA/Hubble) und STScl; Künstlerische Darstellung des Exoplaneten HD 189733b
Abbildung rechte Seite: Autorin

gezackte Kurve (vergleiche die gestrichelten und durchgezogenen Linien in der Abbildung rechts).

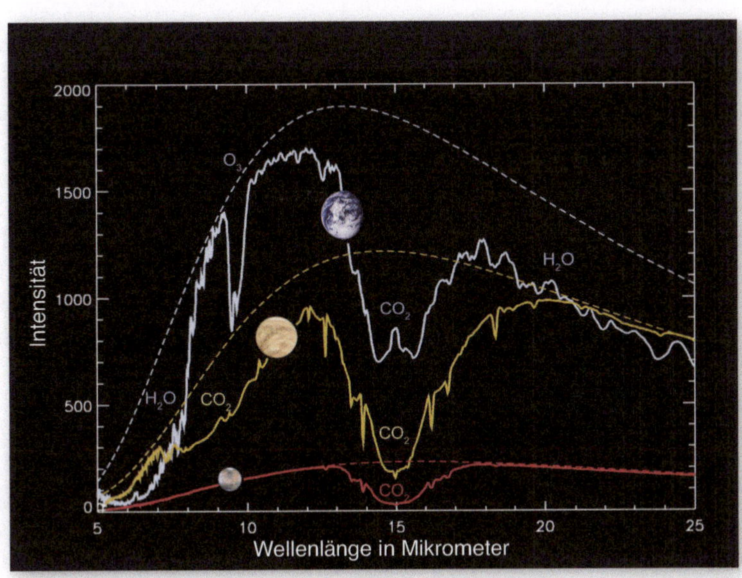

Wenn aber ein solcher Planet eine Atmosphäre hat wie unsere, in der beispielsweise Sauerstoff vorhanden ist, oder auch Wasser und Kohlendioxid, dann ist diese Kurve an bestimmten Stellen ziemlich stark gezackt. Bei einer solchen Spekral-Analyse erhält man also so etwas wie den Fingerabdruck des Planeten. Und wenn wir mal einen Abdruck mit vielen solchen Zacken finden, dann wissen wir, dass es ein Planet ist ähnlich unserer Erde.

Sauerstoff ist der Schlüssel

In der Darstellung rechts sieht man die Spektren der Erde, des Mars und der Venus. Es zeigt sich, dass auf dem Mars und der Venus nur ein paar Spuren von Kohlendioxid zu finden sind. Dort gibt es kein Wasser und keinen Sauerstoff. Aber bei der Erde, da sehen wir die Signaturen dieser Verbindungen. Ein spektraler Fingerabdruck aus Licht kann uns also sagen, was in der Atmosphäre eines Planeten zu finden ist – und ob Sie dort gegebenenfalls atmen könnten!

Wir müssen aber einen weiteren Aspekt beachten: Das Licht, das auf unsere Teleskope trifft, ist sehr weit gewandert. Und es war manchmal sehr, sehr lange unterwegs. Wenn es in unser Teleskop fällt, zeigt es den Astronomen also den Fingerabdruck eines Planeten, wie er vor langer Zeit gewesen ist. Aber ein solcher spektraler Fingerabdruck kann sich verändern.

Auch die Erde hatte nicht immer denselben Fingerabdruck. Als sie jung war, gab es wenig Sauerstoff und sehr viel Kohlendioxid in der Erdatmosphäre. Wenn also ein fremdes Lebewesen aus sehr weiter Entfernung auf uns schauen würde – könnte es dann sagen, ob es auf der Erde Leben gibt? Würde es erkennen, ob es auf dem Planeten gerade nur winzige Bakterien gibt? Oder schon Dinosaurier und andere Tiere? Oder ... intelligentes Leben?

Wir können uns die Geschichte der Erde an einem 12-Stunden-Zifferblatt veranschaulichen. Zwischen 0 und 3 Uhr beginnt das Leben auf der Erde mit Bakterien. Gegen 3 Uhr gab es jene Wesen, die wir heute als die ältesten Fossilien finden. Gegen 9 Uhr erscheinen die ersten Vielzeller. Um 11:30 Uhr laufen, fliegen und schwimmen die Dinosaurier, aber erst kurz vor Mitternacht kommen wir Menschen auf die Erde. Die allermeiste Zeit hätte man auf dem Planeten Erde also höchstwahrscheinlich nur primitive Lebensformen entdecken können, aber keine Städte, Autobahnen, Radiosender oder Teleskope.

Erdgeschichte in zwölf Stunden

Wenn ein ferner Beobachter das Licht der jungen Erde aufspaltete, dann würde er Wasser und Kohlendioxid erkennen. Erst etwa nach der Hälfte der Zeit – ab 6 Uhr auf unserer Uhr – sieht er auch Sauerstoff. Der Nachweis von Sauerstoff ist ein gutes Zeichen für einen belebten Planet – Astronomen sprechen von einem „Habitat".

Was man also im Fingerabdruck eines Planeten wirklich sucht ist: Sauerstoff in großen Mengen. Sauerstoff ist nämlich nicht nur das Gas, das Mensch und Tier zum Atmen brauchen. Sauerstoff ist auch ein Gas, das sehr leicht mit anderen Elementen Verbindungen eingeht und dann nicht mehr nachweisbar ist.

Auch Erde war mal ohne Sauerstoff

Das bedeutet: Wenn Sauerstoff in der Atmosphäre von Exoplaneten entdeckt wird, dann muss er vor relativ kurzer Zeit dort hin gekommen sein. Er könnte von Lebewesen erzeugt worden sein wie auf der Erde. Bei uns produzieren Pflanzen den Sauerstoff in der Erdatmosphäre durch die Photosynthese.

Im Jahre 2010 wurde der Exoplanet Gliese 581b entdeckt, der der Erde sehr ähnlich zu sein scheint. Durch seinen Abstand vom zentralen Stern sollte dort ein ähnliches Klima herrschen wie auf unserer Erde. Die Temperaturen sollten flüssiges Wasser ermöglichen. Wir wissen nicht, ob es dort Leben gibt, weil wir das Licht dieses Planeten noch nicht direkt analysieren können. Gliese 581b ist aber unter den bisherigen Exoplaneten der beste Kandidat für Leben. Er ist übrigens 18 Lichtjahre von uns entfernt, ein Signal wäre also 18 Jahre lang unterwegs.

Guter Kandidat: Gliese 581b

In den USA und in Europa wird ein neues Weltraumteleskop geplant, das James Webb Telescope. Es soll in einigen Jahren das Hubble-Teleskop ablösen. Mit diesem Teleskop werden wir Gliese 581b und einige andere Exoplaneten sehr genau anschauen und untersuchen können. Dann werden wir sehen, ob es dort Sauerstoff und damit Hinweise auf Leben gibt. Die Suche nach fremden Planeten bleibt also spannend. Und ganz besonders die Frage, ob es irgendwo da draußen gar noch anderes Leben gibt.

Abbildung rechte Seite: Künstlerische Darstellung des Exoplanetensystems Gliese 581b (im Vordergrund links), 581c und 581d. Rechts oben ist der umkreiste Stern als rotes Objekt dargestellt.

Abbildung rechte Seite: ESO

www.universum-fuer-alle.de/sternstunde/67

68 Drohen Gefahren aus dem Weltall?

Dietrich Lemke

Eine Sternschnuppe zeigt uns eindrücklich, dass es im erdnahen Weltraum Gesteinstrümmer gibt, die auf die Erde fallen können. Diese Leuchtspuren werden von kleinen Teilchen mit Durchmessern von wenigen Millimetern erzeugt, die wegen ihrer hohen Geschwindigkeiten in der Atmosphäre verglühen. Größere Brocken können den Erdboden erreichen und Einschlagskrater hinterlassen. Sie stammen aus dem Asteroidengürtel zwischen Mars und Jupiter.

Kometen kommen vom Kuiper-Gürtel am äußeren Rand des Planetensystems. Bahnstörungen durch die großen Planeten bringen diese eisigen Besucher gelegentlich ins innere Sonnensystem. Hier verdampft das Eis und der Komet hinterlässt eine Trümmerspur; kreuzt die Erde diese Bahn, erleben wir einen Sternschnuppenschauer.

Zeitgenössische Darstellung des Leoniden-Meteorsturms am 12./13. November 1833 über den Niagarafällen.

Sternschnuppen und Meteoriten

Auf der Erde kennen wir knapp 200 Einschlagskrater. Es muss im Laufe ihrer 4,6 Milliarden Jahre alten Geschichte sehr viel mehr Einschläge gegeben haben, aber Wind und Wetter und die Bewegung der Kontinentalplatten haben die meisten Krater verschwinden lassen. Ein Archiv für Meteoriteneinschläge bietet uns der Mond. Dort gibt es keine Atmosphäre und damit keine Verwitterung. Die Mondoberfläche ist übersät mit Kratern, wenigen großen alten und zahllosen kleineren jüngeren, die manchmal innerhalb der großen Krater liegen (siehe Abbildung Seite 413).

Der Barringer-Krater in Arizona mit einem Durchmesser von 1,5 km ist einer der besterhaltenen Einschlagskrater auf der Erde (siehe Abbildung Seite 312/313). Vor 50 000 Jahren ging dort ein 50 m großer Eisenmeteorit nieder. In der Umgebung findet man heute noch die eisernen Canon Diabolo Meteoriten. Im Jahre 1908 explodierte über Sibirien ein 50 m großer Steinmeteor und verwüstete ein Gebiet von 1000 km^2. Vom Explosionsort dieses Tunguska-Meteors waren über viele Kilo-

Abbildung vorhergehende Seite: Wikipedia, gemeinfrei; Zeichnung des Einschlags eines sehr großen Asteroiden mit 1000 km Durchmesser auf die Erde, wie es vermutlich in der Frühzeit der Erdgeschichte häufiger vorkam.
Abbildung oben: Wikipedia, gemeinfrei; ursprünglich aus Weiß, E.: Bilder-Atlas der Sternenwelt, Stuttgart [1892]
Abbildung rechte Seite: NASA image created by Jesse Allen, using data provided courtesy of NASA/GSFC/METI/ERSDAC/JAROS and U.S./Japan ASTER Science Team

Höhenkarte der Region um das Nördlinger Ries; der Krater mit einem Durchmesser von 25 Kilometern ist deutlich zu erkennen.

meter alle Bäume nach außen hin umgeknickt und verbrannt. Ein Krater war nicht entstanden, was ein starker Hinweis auf eine Explosion in etwa 8 km Höhe ist.

Der größte bekannte Krater mit einem Durchmesser von 180 km liegt bei der Halbinsel Yukatan in Mexiko, überwiegend unter Wasser. Beim Einschlag dieses 10 km großen Meteoriten vor 65 Millionen Jahren wurde die Hälfte aller Lebewesen auf der Erde ausgelöscht, darunter die Dinosaurier. Ihr Verschwinden erlaubte den Aufstieg der Säugetiere und schließlich des Menschen. So haben kosmische Katastrophen immer wieder Entwicklungsschübe bewirkt. Auch heute noch schlagen Meteoriten ein: 2007 erzeugte ein etwa 50 cm großer Meteorit einen 14 m Krater in Peru.

Nördlinger Ries und Steinheimer Becken

Wir finden zwei berühmte Meteoritenkrater vor unserer Haustüre: Das Nördlinger Ries (Abbildung links) und das Steinheimer Becken. Der Ries-Meteorit hatte einen Durchmesser von 1,5 km. Sein Einschlag vor 16 Millionen Jahren erzeugte einen Krater von 25 km Durchmesser. Beim Niederschlag der aufgewirbelten Glutwolke wurden Gesteinstrümmer eingebacken und es entstand der berühmte Schwabenstein (Suevit).

Aus diesem Material wurde die St. Georg Kirche in Nördlingen gebaut, von deren Turm man einen Überblick über den Rieskrater genießen kann. Das 40 km entfernte Steinheimer Becken ist gleich alt und wurde möglicherweise von einem Mond des Ries-Asterioden erzeugt. Es ist der einzige Krater auf der Erde, bei dem ein Zentralberg erhalten ist.

Aus den seltenen Meteoriteneinschlägen und dem „Kraterarchiv“ des Mondes lassen sich die Häufigkeiten der Ereignisse ableiten: Ein „Tunguska“-Ereignis (50 bis 300 m) trifft uns alle 250 Jahre, ein „Ries“-Meteorit (300 bis 1 500 m) alle 25 000 Jahre, ein „Dinosaurier-Killer“ (etwa 10 km) alle 100 Millionen Jahre. Ein solcher Einschlag eines 10-km-Meteoriten könnte zu jahrelanger Verfinsterung der Atmosphäre und zu Missernten führen, in deren Folge die Hälfte der Menschheit stirbt.

Wie können wir uns gegen einen Meteoriten-Einschlag wappnen? Zuallererst durch sorgfältiges Aufspüren aller Asteroiden und Kometen im Anflug. Dafür sind weltweit ständig Teleskope im Einsatz. Sie registrieren monatlich mehr als zehn größere Asterioden, ihre Bahnen führen aber meist Millionen km an der Erde vorbei.

Einer wird der Erde nahe kommen: Apophis mit einem Durchmesser von 270 m wird am Freitag, dem 13. April 2029 in 38 000 km Abstand an der Erde vorbeifliegen, das ist nur 1/10 des Mondabstandes. Sollte sich ein Asteriod der Erde noch weiter annähern oder gar drohen, auf die Erde zu stürzen, ist die erste Maßnahme die Evakuierung des vorausberechenbaren Einschlagsgebietes. NASA und ESA entwickeln zudem Verfahren, um erdnahe Asterioden von ihrer Bahn abzulenken.

Polsprung des Erdmagnetfeldes?

Eine ganz andere Gefahr aus dem Weltall könnte durch einen Polsprung des Erdmagnetfeldes drohen. Strömungen im glutflüssigen Metallkern der Erde erzeugen ein Magnetfeld, das so wirkt, als stecke ein großer Stabmagnet in der Erde. Dieser formt eine schützende Magnetosphäre um die Erde, die die gefährliche Teilchen-Strahlung der Sonne in den fernen Weltraum ablenkt.

Dieses Erdmagnetfeld hat im Laufe der Erdgeschichte schon mehrfach seine Richtung umgekehrt. Das zeigen Ablagerungen eisenhaltiger Teilchen in Schichten unter dem Meeresboden. Ein Polsprung findet nicht plötzlich statt, sondern dauert Jahrhunderte, in denen sich die Magnetosphäre chaotisch verhält. In dieser Zeit wäre die Erde einer erhöhten ionisierenden Strahlung (mit Wirkungen wie Röntgenstrahlung) ausgesetzt. Dabei können in der Atmosphäre Stickoxide entstehen, die die Ozonschicht gefährden: Die Krebsraten könnten ansteigen. Polsprünge gibt es durchschnittlich alle 100 000 Jahre. Deutet sich in Veränderungen des Erdmagnetfeldes im Südatlantik der nächste Polsprung an?

Supernova-Explosion?

Ähnlich schädigend für die Erdatmosphäre wäre eine Sternexplosion in unserer kosmischen Nachbarschaft. Einen nahen Kandidaten für eine solche Supernova-Explosion kennen wir: Beteigeuze, den linken Schulterstern des Orion. Sein Kernbrennstoff ist fast aufgebraucht, er hat sich bereits zu einem Roten Riesenstern aufgebläht. In weniger als 100 000 Jahren wird er als Supernova explodieren und dabei für viele Nächte so hell sein wie der Vollmond.

Gefahr droht von diesem Himmelsschauspiel kaum, denn Beteigeuze ist 500 Lichtjahre von uns weg. Schäden auf der Erde würden wir bei einer Supernova im Abstand von weniger als 25 Lichtjahren erwarten. Auch andere oft genannte Gefahren, wie Gammastrahlen-Blitze beim Verschmelzen von Sternen, oder der Durchflug der Sonne durch eine interstellare Staubwolke, liegen räumlich oder zeitlich in unvorstellbarer Ferne.

Wirkliche Gefahren gehen nur von den Menschen aus. Die Opferzahlen vergangener Kriege gehen in die Millionen. Die Folgen des menschengemachten Klimawandels könnten in der Zukunft zu neuen Verteilungskämpfen führen. Dagegen sind alle kosmischen Gefahren winzig klein: In der Menschheitsgeschichte kennen wir kein einziges Opfer durch einen Einschlag aus dem Weltraum.

Abbildung rechte Seite: Die Mondoberfläche ist übersät mit Kratern ganz verschiedener Größe. Sie zeugen von vielen Einschlägen.

www.universum-fuer-alle.de/sternstunde/68

69 Was wissen wir über die ersten Galaxien im Universum?

Eva Grebel

Nach dem Urknall breitete sich das Universum rasant aus. Erste Elemente entstanden in einer heißen „Suppe" aus Protonen, Neutronen, Elektronen und Photonen. Als Überbleibsel des frühen Universums sehen wir heute noch die kosmische Hintergrundstrahlung, die uns einen Blick auf das Universum 380 000 Jahre nach dem Urknall bietet. Erst viele 100 Millionen Jahre später erhellt das erste Sternenlicht das dunkle Weltall.

Die Phase vor der Entstehung der ersten Sterne wird auch das „Dunkle Zeitalter" genannt. Wir sind heute in der Lage, der ersten Sternentstehungs-Epoche mit extrem lange belichteten Himmelsaufnahmen ziemlich nahe zu kommen. In den als „Ultra Deep Field" bezeichneten Fotografien des Hubble Space Telescopes (vorhergehende Doppelseite und rechte Seite) lassen sich einige sehr weit entfernte Galaxien erkennen, die eine gewisse Ähnlichkeit mit heutigen Spiralgalaxien aufweisen.

Hubble Ultra Deep Field

Es sind aber auch viele relativ irregulär erscheinende Formen darunter. Das sind Objekte, die sich in ihrer äußeren Erscheinung von heutigen Galaxien stark unterscheiden. Sie befinden sich in einer sehr frühen Entwicklungsstufe, sind also erst gerade dabei, zu entstehen.

Im heutigen Universum gibt es viele verschiedene große, massereiche Galaxien. Das hat Edwin Hubble schon im letzten Jahrhundert erkannt. Hubble entwickelte ein Klassifikationsschema, in dem er große strukturlose, runde oder elliptische Objekte von spiralförmigen Galaxien trennt. Galaxien mit stark gestörter Struktur, die nicht in die üblichen Klassifikationsschemata passen, werden als pekuliäre Galaxien bezeichnet.

Galaxientypen ändern sich

Unter den verschiedenen Galaxientypen im nahen Universum machen die Spiralgalaxien mit 72 Prozent den größten Anteil aus, etwa 18 Prozent der Galaxien sind strukturlos, elliptisch oder auch linsenförmig und 10 Prozent gehören zum pekuliären Typus. Wenn wir diese heutige Häufigkeitsverteilung von Galaxienklassen mit der Verteilung im Universum vor 6 Milliarden Jahren vergleichen, ergibt sich folgendes Bild: Der Anteil elliptischer und linsenförmiger Galaxien ist beinahe unverändert. Die Häufigkeit von Spiralgalaxien war damals aber mit nur rund 30 % deutlich geringer. Dafür gehörte die Mehrheit der Galaxien zur Klasse der pekuliären Systeme. Daraus lernen wir vor allem, dass sich die Häufigkeiten der verschiedenen Galaxientypen im Laufe der Entwicklung des Universums verändern.

Gravitationslinseneffekt hilft

Astronomen machen sich den Dopplereffekt zu Nutze, um die Entfernung von Galaxien zu bestimmen (mehr dazu in Kapitel 51). Das Licht von Sternen, die sich auf uns zu bewegen, wird blauer und das Licht von Objekten, die sich von uns weg bewegen, erscheint roter. Galaxien gleichen Typs senden überall ein ähnliches Spektrum aus. Aus der Verschiebung ihrer Spektrallinien können wir auf die Fluchtgeschwindigkeiten der Galaxien schließen, und damit auch ihre Entfernungen bestimmen.

Abbildung vorhergehende Seite: NASA, ESA und S. Beckwith (STScI) und das HUDF Team; Hubble Ultra Deep Field (HUDF) mit Galaxien aus der Frühzeit des Universums
Abbildung rechte Seite: NASA, ESA und S. Beckwith (STScI) und das HUDF Team

Vergrößerte Ausschnitte aus dem Hubble Ultra Deep Field (HUDF), das auf der vorhergehenden Doppelseite dargestellt ist. Hier sind einzelne irregulär aussehende Galaxien zu sehen, die oft mit ihren Nachbarn in enger Wechselwirkung stehen.

Betrachten wir die Galaxie mit dem kryptischen Namen A1689-zD1. Ihr Licht war 13 Milliarden Jahre unterwegs. Ihre Rotverschiebung ist so groß, dass wir die Galaxie im sichtbaren Licht, dem Wahrnehmungsbereich unseres Auges, gar nicht mehr sehen können: Wir können die Galaxie nur mit Infrarot-Teleskopen untersuchen (siehe Abbildung nächste Seite)!

Diese Galaxie zeigt Anzeichen starker Sternentstehung, die schon seit einiger Zeit andauert, nämlich seit ein paar hundert Millionen Jahren. Es handelt sich hierbei also nicht mehr um eine ganz junge Galaxie. Im Vergleich zu ihrer Gesamtmasse enthält diese Galaxie nur höchstens 5 % so viel Sterne wie die Milchstraße. Auch das lässt erkennen, dass A1689-zD1 eine Galaxie in der

Der Galaxienhaufen Abell 1689 (gelbliche Galaxien) wirkt als Gravitationslinse auf dahinter liegende Galaxien (bläulich). Er verstärkt und verzerrt sie. Im weißen Quadrat ist die Galaxie A1689-zD1 markiert, die rechts in drei verschiedenen Filtern vergrößert dargestellt ist.

Frühphase ihrer Entwicklung ist. Sie unterscheidet sich außerdem durch ihre Größe stark von der Milchstraße: Sie ist deutlich kleiner als unsere Galaxis, ihr Durchmesser ist weniger als ein Zehntel so groß.

Ein Problem bei der Untersuchung sehr weit entfernter Galaxien ist deren geringe Helligkeit. Um sie sichtbar zu machen, müssen wir selbst mit sehr großen Teleskopen sehr lange belichten. Ab und zu hilft uns aber

Abbildung oben: NASA; ESA; L. Bradley (Johns Hopkins University); R. Bouwens (University of California, Santa Cruz); H. Ford (Johns Hopkins University); und G. Illingworth (University of California, Santa Cruz)

Galaxie A1689-zD1:

- Rotverschiebung 7.6
  → Nur im Infraroten detektierbar
- 13 Milliarden Lichtjahre von uns entfernt
  → Nur 700 Millionen Jahre nach dem Urknall!
- Starke Sternentstehung
  Sternalter im Bereich von ca. 45 - 320 Millionen Jahren
- Masse in Sternen: 2 – 4 Milliarden Sonnenmassen
  (Milchstraße: 20 – 40 mal mehr.)
- Ausdehnung: mindestens 6500 Lichtjahre.
  (Milchstraße: ca. 100.000 Lichtjahre.)

die Natur: In seltenen Fällen trägt der Gravitationslinseneffekt dazu bei, das Licht einer entfernten Galaxie zu bündeln und zu verstärken (mehr dazu in Kapitel 27). Tatsächlich hat erst dieser Verstärkungseffekt dazu geführt, dass die Galaxie A1689-zD1 überhaupt entdeckt werden konnte.

A1689-zD1 und UDFj-39546284

Galaxien, die noch weiter entfernt sind, können durch Infrarot-Beobachtungen mit dem Hubble Space Telescope entdeckt und untersucht werden. Sie werden durch ihr „Fehlen" im sichtbaren Licht und ihr „Auftauchen" im Infraroten erkannt. Solche Aufnahmen führten auch zu der Entdeckung der bisher am weitesten entfernten Galaxie: Das Objekt UDFj-39546284 ist 13,2 Milliarden Lichtjahre von uns weg.

Das Licht, das uns von dieser Galaxie heute erreicht, wurde von ihren Sternen ausgesandt, als das Universum gerade erst 500 Millionen Jahre alt war. Aufnahmen solch ferner Galaxien sind zwar ziemlich detailarm, sie gestatten uns aber trotzdem einen großartigen Einblick in die Entwicklungsgeschichte der ersten Galaxien.

Bisher kennen wir nur eine einzige Galaxie, die bereits 500 Millionen Jahre nach dem Urknall existierte. 650 Millionen Jahre nach dem Urknall finden sich aber schon etwa 50 Galaxien, aus der Zeit weitere 100 Millionen Jahre später sind uns bereits 100 Galaxien bekannt. So können wir dank neuester Infrarot-Messmethoden die Entwicklung der ersten Galaxien verfolgen.

Immer näher an den Urknall

Durch diese Untersuchungen wissen wir, dass die meisten Galaxien im Universum in den ersten zwei Milliarden Jahren nach dem Urknall entstanden sind und dass sie danach aus kleinen Objekten mit wenig Sternen zu immer größeren Gebilden heranwuchsen. Wir sind sehr gespannt darauf, zu sehen, in welche Tiefen des Alls die nächste Generation von noch größeren und noch empfindlicheren Infrarot-Teleskopen vordringen wird.

www.universum-fuer-alle.de/sternstunde/69

70 Das Funkeln der Nacht: Was fasziniert uns so am Sternenhimmel?

Joachim Wambsganß

Eigentlich wissen Sie selbst ja am besten, was Sie so fasziniert am Sternenhimmel, nicht wahr? Sicherlich ist es nicht für jede/n von uns genau das Gleiche, was uns mit Ehrfurcht oder Bewunderung über den Nachthimmel staunen lässt. Ich will Ihnen hier meine ganz persönlichen Gedanken zu dieser Frage schildern.

Dabei werde ich drei Wege wählen, die auf komplementäre Art versuchen, einer Antwort näher zu kommen. Zunächst versuche ich es auf (astro)physikalische Weise, dann eher metaphysisch, schließlich prosaisch/poetisch im Rückgriff auf große Dichter.

Was tut man heutzutage, um ein Phänomen zu erklären oder zu verstehen? Man schaut im Internet nach! Das habe ich für die folgenden sechs Worte aus dem Vortragstitel gemacht, gleich gefolgt von den im Juli 2011 in Wiktionary gefundenen Erklärungen:

Das Funkeln der Nacht –
Was fasziniert uns so am Sternenhimmel?

Erklärungsversuche:

- (astro)physikalisch
- metaphysisch
- prosaisch
- romantisch/poetisch

Faszination:

(1) anziehende Wirkung

(2) Begeisterung, euphorisches Interesse

(3) Verzauberung; die Ausübung eines mächtigen oder unwiderstehlichen Einflusses auf die Neigungen des Gemütszustands oder der Leidenschaft; unerklärlicher Einfluss

Auf den Sternenhimmel passen wohl alle drei Erläuterungen. Weiter geht es:

Himmel:

(1) Luftraum, Gewölbe über der Erde

(2) mythologischer Bereich des Göttlichen

(3) Astronomie: der Kosmos

(4) Decke aus Stoff oder ähnlichem Material

(5) Bezug des oberen Karosseriebleches in Kraftfahrzeugen

Die ersten drei passen, Nummer 4 und 5 stammen aus einem anderen Bereich.

Funkeln:

Dieser Eintrag existiert noch nicht.

(Da könnte mal jemand etwas schreiben.)

Abbildung vorhergehende Seite: ESO; Weihnachtsbaum-Sternhaufen (Christmas Tree Star Cluster) NGC 2264

Stern:

(1) Astronomie: massereiche, selbst leuchtende Gaskugel, Himmelskörper

(2) umgangssprachlich jeder Himmelskörper, der dem bloßen Auge punktförmig erscheint

(3) mehrstrahliges oder mehrzackiges Symbol

(4) Kosebezeichnung für einen geliebten oder verehrten Menschen

(5) metaphorisch: Bezeichnung für etwas Strahlendes

(6) Spezialzeichen auf der Tastatur

Außer der Nummer (6) kann man wohl alle Definitionen mit unserem Thema verbinden.

Nacht:

(1) Zeit der Dunkelheit, zwischen Abenddämmerung und Morgengrauen

Etwas fantasiearm, aber zutreffend.

Sternenhimmel:

Dieser Eintrag existiert noch nicht.

Verwunderlich, dass dies noch nicht erläutert ist.

Im Vergleich mit diesen aktuellen Definitionen habe ich mir erlaubt, in einem mehr als 150 Jahre alten Buch nachzuschauen. In *Pierer's Universal-Lexikon, Band 6, Altenburg aus dem Jahre 1858* fand ich folgende Erklärung für:

Funkeln ...

1) ... der S t e r n e (Meteorol.), die scheinbaren Schwankungen, Licht- und Farbeveränderungen, welche die Sterne, namentlich die Fixsterne, unter gewissen Bedingungen zeigen; die Planeten, namentlich Jupiter und Saturn, funkeln nicht. Die Ursache des Funkelns der Sterne beruht ... auf der ungleichen Brechung, welche das Licht in warmer und kalter, feuchter und trockener Luft erleidet.

2) ... der A u g e n, das vielleicht elektrische, in gewissen Zuständen ungewöhnlicher Aufregung Thier-, auch selbst Menschenaugen, bei höchst angeregtem geistigem Leben, entströmende Licht.

Die erste Definition trifft schon ziemlich genau das, was wir weiter unten als heutige Erklärung finden werden, wenn auch in etwas altertümlichen Worten (über die zweite mag jede/r selbst spekulieren).

Warum funkeln die Sterne?

- Diese winzig kleine Positionsänderung erscheint uns als "Funkeln"
- Die genaue Ablenkung (und damit Position) ist sogar von der Wellenlänge des Lichts abhängig, dadurch kommen Farbeffekte zustande

Warum funkeln die Planeten NICHT?

- Planeten sind so nahe, dass sie als kleine Scheiben erscheinen
- Die Ablenkung der Lichtstrahlen ist aber viel kleiner als die Größe der Scheibe (und mittelt sich zudem aus)
- Deshalb wirkt das Planetenscheibchen ruhig und nicht funkelnd

(Im Weltraum funkeln auch die Sterne nicht!)

Warum also funkeln die Sterne? Dazu zunächst einige astronomische Fakten: Sterne sind sehr groß. Die Sonne etwa, die ja ein ganz normaler Stern ist, hat einen Durchmesser von 1 400 000 Kilometern. Sterne sind aber auch sehr weit von uns weg. Und zwar so weit, dass uns Sterne immer nur als Punkte erscheinen. Das gilt nicht nur für das menschliche Auge; selbst mit dem größten Teleskop auf der Erde können wir bei einer normalen Aufnahme die größten und nächsten Sterne nur als Punkt-Abbildungen sehen.

Das Sternenlicht legt eine Strecke von vielen Lichtjahren zurück, bevor es uns auf der Erde erreicht. Auf den letzten Kilometern dieser langen Reise durchqueren die Lichtstrahlen der Sterne unsere Atmosphäre, die Lufthülle der Erde, bis wir sie dann auf der Erdoberfläche mit unserem Auge oder mit der Teleskop-Kamera „sehen". Durch die Luftunruhe in der Erdatmosphäre wird jeder Lichtstrahl ein winziges bisschen abgelenkt, so das er einen leichten Zickzack-Weg zurücklegt.

Wir denken aber immer, dass der Stern genau in der Richtung steht, unter der der Lichtstrahl schließlich in unser Auge (oder in unser Teleskop) eingetreten ist. Das entspricht der geraden rückwärtigen Verlängerung des Lichtstrahls in dem Augenblick, als er unser Auge erreicht hat. Dadurch erscheint der „Stern-Punkt" zu jedem Zeitpunkt an einer minimal anderen Stelle am Himmel. Die Luftunruhe der Atmosphäre ändert sich vielfach in Sekundenbruchteilen.

So verschiebt sich die Position des Sterns mehrfach pro Sekunde um ein winziges bisschen. Die Sternposition „wackelt" dadurch scheinbar ein klein wenig hin und her. Und genau dies nehmen wir wahr als Flimmern oder Flackern oder Funkeln. Diese Ablenkung ist winzig klein und genaugenommen sogar von der Wellenlänge des Lichtes abhängig. Deshalb kann man manchmal sogar Farbeffekte sehen.

Planeten dagegen funkeln nicht. Wenn wir die Venus oder den Jupiter am Nachthimmel sehen, dann sind beide sehr hell, aber auffälligerweise scheinen sie nicht zu flimmern. Das liegt daran, dass die Planeten als „Scheibchen" erscheinen, deren Durchmesser größer ist als diese winzigen Positionsänderungen einzelner Lichtstrahlen. Planeten sind zwar eigentlich viel kleiner als Sterne, aber sie sind – umgangssprachlich formuliert – noch viel, viel näher als sie kleiner sind. Deshalb gleicht sich dieser „Wackel-Effekt" der Erdatmosphäre aus und die „Planetenscheibchen" wirken ruhig und funkeln nicht.

Nebenbei bemerkt: Vom Weltall aus betrachtet funkeln Sterne überhaupt nicht (und der Himmel ist auch nicht blau, sondern rabenschwarz). Für die Astronauten auf der International Space Station ISS mag das unromantisch sein. Für die Astronomen, die etwa das Hubble Space Telescope nutzen, ist das aber ein großer Vorteil, weil dadurch die Fotos viel schärfer werden. Und das war tatsächlich auch einer der Gründe für den Bau des Hubble als Weltraumteleskop!

Was fasziniert uns so am Funkeln der Nacht / am Sternenhimmel?

"Weltall": eindrucksvoll, ehrfürchtig

- Blick in die Unendlichkeit/Ewigkeit
  - Gigantische Entfernungen
  - Unvorstellbare Zeiträume
- Wie winzig ist die Erde im Vergleich?
- Wie groß/klein ist die Bedeutung der Menschheit?
- (Wie belanglos sind mein Ärger mit dem Vermieter oder meine Kreuzschmerzen auf der kosmischen Skala?)

So, genug der Physik. Kommen wir zu den eher metaphysischen Aspekten der Frage, was uns so sehr fasziniert am Funkeln der Nacht: Sternenlicht wirkt schön, angenehm, freundlich. Das liegt einerseits am Licht selbst: Licht erhellt die Welt und wirkt schon generell positiv. Bereits in der biblischen Schöpfungsgeschichte ist das Licht das erste Werk Gottes.

Aber es kommt mehr dazu: Wenn Sterne zu sehen sind, dann muss der Himmel wolkenfrei sein, das heißt, die Nacht ist klar, vermutlich war/ist schönes Wetter. Gutes Wetter erzeugt oft schon allein eine angenehme Grundstimmung. Und schließlich betrachten wir die Sterne meist am Abend, das Tagwerk ist vollbracht, wir sind draußen in der frischen Luft, manchmal noch in Begleitung des oder der liebsten Menschen. All das trägt dazu bei, dass wir so fasziniert sind vom Betrachten des Sternenhimmels.

Manchmal kommen uns beim Blick zu den Sternen auch die gigantischen Entfernungen und die unvorstellbaren Zeiträume in den Sinn, die uns schon fast an die Unendlichkeit denken lassen. Auch die Winzigkeit der Erde in diesem kosmischen Maßstab wird uns gelegentlich bewußt. Es liegt dann nahe, über die tatsächliche Bedeutung unserer Menschheit zu spekulieren. Wie belanglos erscheinen etwa mein gestriger Ärger mit dem Vermieter oder meine Kreuzschmerzen auf einer solchen kosmischen Skala?

Sterne haben darüber hinaus etwas sehr Beruhigendes. Sie sind – bei wolkenlosem Nachthimmel – immer da, scheinbar unverändert und unveränderlich. Die Regelmäßigkeit und Vorhersagbarkeit ihrer Wiederkehr gibt uns Sicherheit, Ruhe und Verlässlichkeit. Zumindest dieser Aspekt der Welt ist vorbestimmt und zuverlässig vorhersagbar.

Den meisten von uns ist zudem bewusst, dass wir mit dem Betrachten der Sterne auch in die kosmische Vergangenheit schauen. Das kann uns ebenfalls nachdenklich stimmen: Die Andromeda-Galaxie ist etwa zwei Millionen Lichtjahre von uns entfernt (das sind ungefähr 20 Trillionen Kilometer). Als ich sie vor vielen Jahren zum erstenmal mit bloßem Auge bewusst gesehen habe und mir klar wurde, dass das Licht, das in diesem Augenblick mein Auge erreichte, schon zwei Drittel seines Weges zurück gelegt hatte, als der Homo Heidelbergensis vor 600 000 Jahren durch den Odenwald streifte, da lief mir in der Tat ein kleiner Schauer über den Rücken.

Und hat sich nicht jede/r von uns schon einmal die Frage gestellt: „Is there anybody out there?“ Gibt es Leben anderswo im Weltall? Allein dies ist ein enorm faszinierender Gedanke, der uns gleichzeitig mit Ehrfurcht und mit wissenschaftlicher Neugierde erfüllt.

Der gestirnte Himmel inspiriert schon seit vielen Jahrhunderten neben den Denkern auch die Dichter. Oft haben sie ihre Gedanken in wunderschöner Prosa und faszinierender Poesie formuliert. Gestatten Sie mir deshalb, dieses Kapitel und damit dieses Buch mit einigen Strophen zur Faszination des Sternenhimmels aus Gedichten großer Meister abzuschließen:

Hoffmann von Fallersleben

Mein Stern

Ich fragt einen Stern am Himmel:
Willst du mein Glückstern sein?
So oft ich ihn sah und fragte,
Gab er gar lieblichen Schein.

Ich sah ihn jeden Abend,
Er lächelte stets mir zu
Und sandte Trost hernieder
Und Frieden mir und Ruh.

Er war mein treuer Begleiter
Durch manche düstre Nacht,
Hat meine Pfade beleuchtet,
Mich immer ans Ziel gebracht.

Rainer Maria Rilke

Sterne

Seliger Sterne schimmernde Scharen
Schweben so ferne, blinken so schön;
Aber in blauenden Nächten, in klaren,
Gleiten sie leise von einsamen Höh'n.

Stürzen, von siegender Sehnsucht getrieben,
Jäh durch der Welten unendlichen Raum
Nieder und weben ihr leuchtendes Lieben
Ein in der Blüten keuschen Traum.

Doch wenn im Osten der Tag sich rötet,
Müssen zurück sie, verblichen und matt . . . .
Sahst du denn niemals noch ein verspätet
Sternlein hangen am Rosenblatt?

Johann Wolfgang von Goethe

Trost in Tränen

Die Sterne, die begehrt man nicht,
Man freut sich ihrer Pracht,
Und mit Entzücken blickt man auf
In jeder heitern Nacht.

www.universum-fuer-alle.de/sternstunde/70

Universum für alle: Die Autoren

Prof. Dr. Tom Abel
Heidelberger Institut für Theoretische Studien
Schloss-Wolfsbrunnenweg 35
69118 Heidelberg
und
Stanford University
Department of Physics
Varian Physics Bldg
382 Via Pueblo Mall
Stanford, CA 94305-4060, USA

Dr. Martin Altmann
Zentrum für Astronomie der Universität Heidelberg
Astronomisches Rechen-Institut
Mönchhofstr. 12 - 14
69120 Heidelberg

Prof. Dr. Matthias Bartelmann
Zentrum für Astronomie der Universität Heidelberg
Institut für Theoretische Astrophysik
Albert-Ueberle-Str. 2
69120 Heidelberg

Dr. Ulrich Bastian
Zentrum für Astronomie der Universität Heidelberg
Astronomisches Rechen-Institut
Mönchhofstr. 12 - 14
69120 Heidelberg

Priv.-Doz. Dr. Henrik Beuther
Max-Planck-Institut für Astronomie
Königstuhl 17
69117 Heidelberg

Apl. Prof. Dr. Max Camenzind
Zentrum für Astronomie der Universität Heidelberg
Landessternwarte Königstuhl
Königstuhl 12
69117 Heidelberg

Prof. Dr. Norbert Christlieb
Zentrum für Astronomie der Universität Heidelberg
Landessternwarte Königstuhl
Königstuhl 12
69117 Heidelberg

Prof. Dr. Cornelis Dullemond
Zentrum für Astronomie der Universität Heidelberg
Institut für Theoretische Astrophysik
Albert-Ueberle-Str. 2
69120 Heidelberg

Priv.-Doz. Dr. Christian Fendt
Max-Planck-Institut für Astronomie
Königstuhl 17
69117 Heidelberg

Prof. Dr. Eva Grebel
Zentrum für Astronomie der Universität Heidelberg
Astronomisches Rechen-Institut
Mönchhofstr. 12 - 14
69120 Heidelberg

Abbildung vorhergehende Seite: ESO; „Bleistiftnebel": Ungewöhnliche Wolke aus leuchtendem Gas., die aus einer Supernova-Explosion vor etwa 11 000 Jahren stammt

Dr. Roland Gredel
Max-Planck-Institut für Astronomie
Königstuhl 17
69117 Heidelberg

Apl. Prof. Dr. Jochen Heidt
Zentrum für Astronomie der Universität Heidelberg
Landessternwarte Königstuhl
Königstuhl 12
69117 Heidelberg

Prof. Dr. Thomas Henning
Max-Planck-Institut für Astronomie
Königstuhl 17
69117 Heidelberg

Dr. Tom Herbst
Max-Planck-Institut für Astronomie
Königstuhl 17
69117 Heidelberg

Prof. Dr. Werner Hofmann
Max-Planck-Institut für Kernphysik
Saupfercheckweg 1
691127 Heidelberg

Dr. Klaus Jäger
Max-Planck-Institut für Astronomie
Königstuhl 17
69117 Heidelberg

Priv.-Doz. Dr. Stefan Jordan
Zentrum für Astronomie der Universität Heidelberg
Astronomisches Rechen-Institut
Mönchhofstr. 12 - 14
69120 Heidelberg

Dr. Lisa Kaltenegger
Max-Planck-Institut für Astronomie
Königstuhl 17
69117 Heidelberg

Prof. Dr. Ralf Klessen
Zentrum für Astronomie der Universität Heidelberg
Institut für Theoretische Astrophysik
Albert-Ueberle-Str. 2
69120 Heidelberg

Apl. Prof. Dr. Joachim Krautter
Zentrum für Astronomie der Universität Heidelberg
Landessternwarte Königstuhl
Königstuhl 12
69117 Heidelberg

Dr. Martin Kürster
Max-Planck-Institut für Astronomie
Königstuhl 17
69117 Heidelberg

Dr. Ralf Launhardt
Max-Planck-Institut für Astronomie
Königstuhl 17
69117 Heidelberg

Apl. Prof. Dr. Christoph Leinert
Max-Planck-Institut für Astronomie
Königstuhl 17
69117 Heidelberg

Apl. Prof. Dr. Dietrich Lemke
Max-Planck-Institut für Astronomie
Königstuhl 17
69117 Heidelberg

Dr. Carolin Liefke
Haus der Astronomie
MPIA-Campus
Königstuhl 17
69117 Heidelberg

Priv.-Doz. Dr. Thorsten Lisker
Zentrum für Astronomie der Universität Heidelberg
Astronomisches Rechen-Institut
Mönchhofstr. 12 - 14
69120 Heidelberg

Dr. Hans-Günter Ludwig
Zentrum für Astronomie der Universität Heidelberg
Landessternwarte Königstuhl
Königstuhl 12
69117 Heidelberg

Dr. Holger Mandel
Zentrum für Astronomie der Universität Heidelberg
Landessternwarte Königstuhl
Königstuhl 12
69117 Heidelberg

Dr. Markus Pössel
Haus der Astronomie
MPIA-Campus
Königstuhl 17
69117 Heidelberg

Prof. Dr. Andreas Quirrenbach
Zentrum für Astronomie der Universität Heidelberg
Landessternwarte Königstuhl
Königstuhl 12
69117 Heidelberg

Prof. Dr. Hans-Walter Rix
Max-Planck-Institut für Astronomie
Königstuhl 17
69117 Heidelberg

Dr. Siegfried Röser
Zentrum für Astronomie der Universität Heidelberg
Astronomisches Rechen-Institut
Mönchhofstr. 12 - 14
69120 Heidelberg

Prof. Dr. Helmut Schwier
Theologische Fakultät, Universität Heidelberg
Praktisch-Theologisches Seminar
Universitätsprediger
Karlstr. 16
69117 Heidelberg

Dr. Cecilia Scorza
Haus der Astronomie
MPIA-Campus
Königstuhl 17
69117 Heidelberg

Prof. Dr. Volker Springel
Heidelberger Institut für Theoretische Studien
Schloss-Wolfsbrunnenweg 35
69118 Heidelberg
und
Zentrum für Astronomie der Universität Heidelberg
Astronomisches Rechen-Institut
Mönchhofstr. 12 - 14
69120 Heidelberg

Apl. Prof. Dr. Stefan Wagner
Zentrum für Astronomie der Universität Heidelberg
Landessternwarte Königstuhl
Königstuhl 12
69117 Heidelberg

Prof. Dr. Joachim Wambsganß
Zentrum für Astronomie der Universität Heidelberg
Astronomisches Rechen-Institut
Mönchhofstr. 12 - 14
69120 Heidelberg

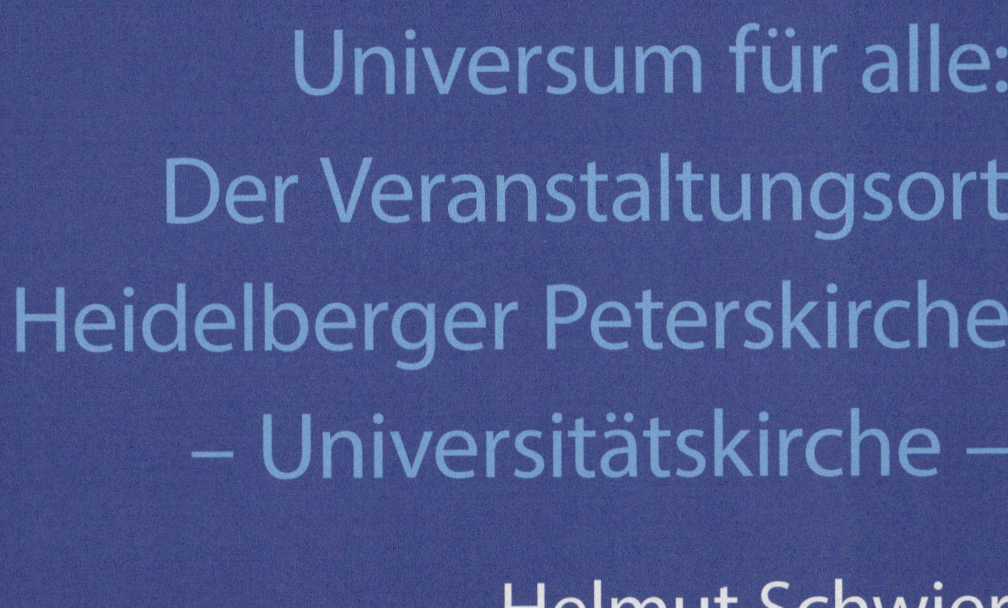
Universum für alle:
Der Veranstaltungsort
Heidelberger Peterskirche
– Universitätskirche –
Helmut Schwier

Die Heidelberger Peterskirche steht im Schnittfeld von Kirche und Universität, Religion und Wissenschaft und den damit verbundenen Herausforderungen, Ansprüchen und Spannungen. Sie ist ihrerseits zunächst ein beeindruckendes Kirchengebäude mit einer bewegten Bau- und Kunstgeschichte. Als älteste Kirche der Heidelberger Altstadt wurde sie spätestens bis 1196, also noch vor der Stadtgründung, erbaut und 1485–1496 im spätgotischen Stil stark erweitert.

Erbaut vor 1196

Von Anfang an war die Peterskirche mit der Universität eng verbunden, deren Gründungsrektor Marsilius von Inghen im Chorraum der Kirche 1396 begraben wurde. Über viele Jahrzehnte hatte die Universität das Patronatsrecht über die Kirche.

Nach der neogotischen Renovierung im 19. Jahrhundert wurde sie 1896 offiziell Universitätskirche und diente auch als Ausbildungsort für die Theologiestudenten und die Kandidaten des Predigerseminars – dies sogar schon seit 1838, allerdings nur im Sommer, da die Kirche damals nicht beheizbar war.

Universitätskirche seit 1896

Eine Wohnortgemeinde (Parochie) gibt es für die Peterskirche nicht. Ihre Mitte hat sie bis heute in den sonntäglichen Universitätsgottesdiensten, in denen vor allem die Lehrenden der Theologischen Fakultät predigen und auf diese Weise wissenschaftliche Theologie praktisch werden lassen.

Innenrenovation 2005

Die Kirche besitzt bedeutende Epitaphien aus dem 15. bis 19. Jahrhundert und erhielt 2005 nach einer umfassenden Innenrenovation neue Prinzipalstücke (Altar und Kreuz), außerdem Lesepult, Taufstätte und Osterkerzenständer des Leonberger Künstlers Matthias Eder. Sie prägen den Raum durch ihre geometrischen Formen und die Verbindung von Cortenstahl und Vergoldungen.

Schreiter-Fenster

Johannes Schreiter, einer der bedeutendsten Glaskünstler der Gegenwart, hat für die Peterskirche insgesamt neun Fenster entworfen, die von 2006 bis 2012 eingebaut wurden: drei Fenster in der südlichen Seitenkapelle (der sog. „Universitätskapelle), ein Fenster in der gegenüberliegenden kleinen nördlichen Seitenkapelle, die nun als Gebets- und Meditationsraum genutzt wird und schließlich fünf Fenster im Kirchenschiff.

Begegnung und Vertreibung

Die beiden äußeren Fenster der Universitätskapelle heißen „Begegnung“ und „Vertreibung“. In ihrer abstrakten Formensprache können sie gelesen werden als Erinnerung an Begegnungen zwischen Menschen,

Abbildung vorhergehende Seite: Autor
Abbildung rechte Seite: Autor

an Begegnungen zwischen Wissenschaft und Religion, an das Zusammenleben innerhalb der Universität über nationale und religiöse Grenzen hinweg.

Solche Begegnungen können gelingen, unterschiedlich intensiv verlaufen, sie können aber auch scheitern. Konkretisiert werden Begegnungen und Lebensschicksale durch die Gedenktafeln Heidelberger Professoren und Universitätsangehöriger, die die Universitätskapelle schmücken.

Marsilius von Inghen

Unter ihnen sind bekannte und unbekannte Namen: An erster Stelle steht Marsilius von Inghen (1335/40–1396), sodann Olympia Fulvia Morata (1526–1555), eine Emigrantin aus Ferrara, die früh als Verfasserin neulateinischer Dichtungen berühmt wurde. Desweiteren finden sich in der Kirche Grabdenkmäler von zwei Studenten, dem fränkischen Adligen Caspar von Rechenberg (gest. 1537) und dem polnischen Studenten Andreas Borkovsky (gest. 1585).

Auch einiger Professoren wird gedacht, unter ihnen sind die Theologen Richard

Begegnungsfenster von Johannes Schreiter

Rothe (1799–1867) und Heinrich Bassermann (1849–1909), der Komponist, Musiker und Leiter des Bachvereins, Philipp Wolfrum (1854–1919) sowie Mediziner, Naturwissenschaftler, Juristen, Philologen und Historiker.

Das Glasfenster „Vertreibung" erinnert an das Scheitern des Zusammenlebens innerhalb der Universität, wie es in manchen Epochen immer wieder eintrat und in der Entlassung und Vertreibung vieler Professoren und Dozenten in den Jahren 1933–1945 seinen brutalsten Ausdruck fand. Die Zeichen der Begegnung verwandeln sich in diesem Fenster in Zeichen der Bedrohung und Verfolgung. In dem ausliegenden „Gedenkbuch" werden ihre Namen genannt und so weit möglich ihr Lebenslauf rekonstruiert.

Das mittlere Fenster heißt „Auferstehung": Seine Zeichen sind nach oben geöffnet und lassen die Hoffnung auf Versöhnung und Neubeginn wachsen.

Suche nach Erkenntnis, Wahrheit und Weisheit

Die Peterskirche versteht sich als Teil der Universität Heidelberg. In diesem Selbstverständnis liegt der immer neu zu bewältigende Anspruch, christliche Religion öffentlich zu verantworten, sie der säkularen Suche nach Erkenntnis, Wahrheit und Weisheit als redlicher Gesprächspartner zu empfehlen und ihre Bildung und Orientierungskraft für den einzelnen Menschen wie für das gesellschaftliche Zusammenleben darzustellen. Dem dienen die wissenschaftliche Theologie und ihre öffentliche Praxis in Kirche und Gesellschaft.

Sternstunden in der Peterskirche

Die astronomischen Mittagspausen boten ihrerseits intellektuelle Sternstunden und zeigten die Kraft und Faszination naturwissenschaftlicher Forschung und Bildung. Dies ist ein gelungener Brückenschlag zwischen den Fakultäten, vor allem aber zu den an Wissenschaft und Bildung interessierten Menschen innerhalb und außerhalb der Universität und eine erfolgreiche Umsetzung des Mottos der Heidelberger Universität seit 1386 – „semper apertus", „stets geöffnet" ist das Buch der Weisheit. Mehr Informationen zur Peterskirche sowie aktuelle Veranstaltungshinweise sind zu finden unter der auf der rechten Seite unten rechts angegebenen Web-Adresse.

Rechte Seite: Die Heidelberger Peterskirche von Südosten

Abbildung rechte Seite: Autor

www.peterskirche-heidelberg.de